第一級陸上特殊無線技士 国家試験問題解答集

≪ 令和元年6月期〜令和4年10月期 ≫

一般財団法人 情報通信振興会

はしがき

　情報通信社会がますます発展するなか、あなたは今、無線技術者として活躍すべく、これに必要な無線従事者資格を取得するために国家試験合格を目指して勉学に励んでおられることでしょう。

　どんな試験も同じことですが、試験勉強は労力を極力少なくして能率的に進め、最短のコースを通って早く実力をつけ目標の試験に合格したい、これは受験する者の共通の願いでありましょう。そこで、本書はその手助けができるようにと編集したものです。

本書の利用に当たって

　資格試験に合格する近道は、何といっても、今までにどのような問題が出されたか、その出題状況を把握し、既出問題を徹底的にマスターすることです。このため本書では、最近の既出問題を科目別に分け、それを試験期順に収録しています。

　また、問題の出題形式は、全科目とも多肢選択式です。多肢選択問題の解答は、一見やさしそうに見えますが、出題の本質をつかみ正答を得るためには実力を養うことが肝要です。それには、できるだけ沢山の問題を演習することと確信します。これにより、いわゆる「切り口」の違った問題、新しい問題にも十分対処できるものと考えます。受験される方にはまたとない参考書としておすすめします。

　巻末には、最近の出題状況が一目で分かるように、一覧表がありますのでこれを活用して重要問題を把握するとともに、効率的に学習してください。

※本問題集に収録された試験期以前の問題等を必要とされる場合は、当会オンラインショップより「問題解答集バックナンバー」をご覧ください。

一般財団法人　情報通信振興会

一陸特の操作・監督の範囲

1 陸上の無線局の空中線電力500ワット以下の多重無線設備（多重通信を行うことができる無線設備でテレビジョンとして使用するものを含む。）で30メガヘルツ以上の周波数の電波を使用するものの技術操作
2 1に掲げる操作以外の操作で第二級及び第三級陸上特殊無線技士の操作の範囲に属するもの

無線従事者を必要とする職場

第一級陸上特殊無線技士は、一つの周波数の電波に、いくつもの信号を同時に乗せて通信する多重無線設備を使用した固定局等の無線設備を操作するための資格です。

これらを多く設置しているところは、電気通信事業会社（携帯電話各社）、JR、NHK、放送会社、電力会社、防衛省、国土交通省、警察庁、各県庁などがあります。

このほか、第一級陸上特殊無線技士の資格を有していると、電波法に基づく検査において登録検査等事業者等が行う無線設備等（海岸局、航空局、船舶局及び航空機局を除く。）の点検を行う点検員になることができます。

免許の取得方法

皆さんが、本資格を得ようとするときは、総務大臣の認定を受けた養成課程を修了して免許を取得する場合又は学校教育法に基づく学校の区分に応じ規則で定める無線通信に関する科目を修めて卒業し免許を取得する場合を除き、国の指定試験機関である「公益財団法人日本無線協会」が行っている国家試験に合格しなければなりません。

なお、免許証を取得するためには、試験合格後、総務大臣又は地方総合通信局長に対して免許申請を行い、免許証の交付を受ける必要があります。

試験科目、試験時間、出題形式

　第一級陸上特殊無線技士の試験科目は、「無線工学（24問）」と「法規（12問）」の２科目です。

　試験時間は、３時間で、同一時間に２科目の試験が行われます。

　（法規免除の場合の無線工学の試験時間は２時間30分）

　出題形式は、いずれも「多肢選択式」です。

本問題解答集による学習の仕方

　問題の設問内容を十分に理解して解き、解いた「答」が正しいか、誤りかの確認が容易になるように、各問下端に解答を載せてあります。

　問題が解けないときや、自分で解いた「答」が間違ったときは、それらの問題を繰り返し復習し、正解がでるよう学習してください（無線工学編には〔解答の指針〕、法規編には出題に用いられる〔根拠条文〕が付いておりますので、ご活用ください。）。その際、当会から発行している第一級陸上特殊無線技士養成課程用標準教科書「無線工学」、「法規」を参考にするとよいでしょう。

受験の手引き

試験の実施

　試験は、毎年３回、２月、６月、10月に行われています。また、午前と午後に実施されることがあり、そのいずれかを受験することになります。

試験の受付（申込み）期間

　試験の受付（申込み）期間は各試験期とも実施の２か月前です。受付は、試験を実施する公益財団法人日本無線協会で行いますので、申込み（インターネットによる申請）は同協会に行ってください。

　詳しくは、公益財団法人日本無線協会のホームページでご確認ください。
HP　https://www.nichimu.or.jp/

第一級陸上特殊無線技士国家試験問題解答集

目　　次

令和2年6月の国家試験は行われておりません。

無線工学編

試験概要

　試験問題：問題数／24問

　合格基準：満点／120点　合格点／75点

　配点：1問5点

出題範囲（対象）

「無線工学」の試験は、

(1) 多重無線設備（空中線系を除く。以下この項において同じ。）の理論、構造及び機能の概要

(2) 空中線系等の理論、構造及び機能の概要

(3) 多重無線設備及び空中線系等のための測定機器の理論、構造及び機能の概要

(4) 多重無線設備及び空中線系並びに多重無線設備及び空中線系等のための測定機器の保守及び運用の概要

について行われます。　　　　　　　　　　　　　　　（無線従事者規則第5条）

無線工学　令和元年6月施行（午前の部）

1　次の記述は、静止衛星について述べたものである。このうち誤っているものを下の番号から選べ。

1　静止衛星の軌道は、赤道上空にあり、ほぼ円軌道である。

2　静止衛星までの距離は、地球の中心から約36,000キロメートルである。

3　静止衛星が地球を回る公転周期は地球の自転周期と同じであり、公転方向は地球の自転の方向と同一である。

4　三つの静止衛星を等間隔に配置すれば、南極、北極及びその周辺地域を除き、ほぼ全世界をサービスエリアにすることができる。

2　次の記述は、直交周波数分割多重（OFDM）伝送方式について述べたものである。□□□内に入れるべき字句の正しい組合せを下の番号から選べ。

(1)　OFDM伝送方式では、高速の伝送データを複数の□A□なデータ列に分割し、複数のサブキャリアを用いて並列伝送を行う。

(2)　また、ガードインターバルを挿入することにより、マルチパスの遅延時間がガードインターバル長の□B□であれば、遅延波の干渉を効率よく回避できる。

(3)　OFDMは、一般的に3.9世代移動通信システムと呼ばれる携帯電話の通信規格である□C□の下り回線などで利用されている。

	A	B	C
1	低速	範囲内	LTE
2	低速	範囲外	スペクトル拡散（SS）通信
3	より高速	範囲内	スペクトル拡散（SS）通信
4	より高速	範囲外	LTE

3　図に示す回路において、端子 ab 間に直流電圧を加えたところ、7.0〔Ω〕の抵抗に1.5〔A〕の電流が流れた。端子 ab 間に加えられた電圧の値として、正しいものを下の番号から選べ。

1　12〔V〕

2　15〔V〕

3　19〔V〕

4　24〔V〕

5　28〔V〕

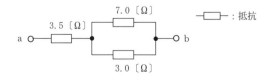

4　図に示す並列共振回路において、交流電源から流れる電流 I 及び X_C に流れる電流 I_{XC} の大きさの値の組合せとして、正しいものを下の番号から選べ。ただし、回路は、共振状態にあるものとする。

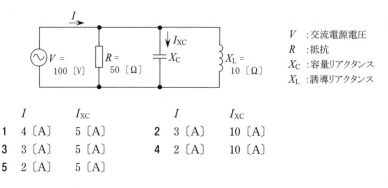

V :交流電源電圧
R :抵抗
X_C :容量リアクタンス
X_L :誘導リアクタンス

	I	I_{XC}		I	I_{XC}
1	4〔A〕	5〔A〕	2	3〔A〕	10〔A〕
3	3〔A〕	5〔A〕	4	2〔A〕	10〔A〕
5	2〔A〕	5〔A〕			

5　次の記述は、あるダイオードの特徴とその用途について述べたものである。この記述に該当するダイオードの名称として、正しいものを下の番号から選べ。

ヒ素やインジウムのような不純物の濃度が普通のシリコンダイオードの場合より高く、逆方向電圧を上げていくと、ある電圧で急に大電流が流れるようになって、それ以上、逆方向電圧を上げることができなくなる特性を有しており、電源回路等に広く用いられている。

1　ピンダイオード　　　2　バラクタダイオード　　　3　ツェナーダイオード
4　ガンダイオード　　　5　トンネルダイオード

6　図に示すＴ形抵抗減衰器の減衰量 L の値として、最も近いものを下の番号から選べ。ただし、減衰量 L は、減衰器の入力電力を P_1、入力電圧を V_1、出力電力を P_2、出力電圧を V_2 とすると、次式で表されるものとする。また、$\log_{10} 2 = 0.3$ とする。

$$L = 10\log_{10}(P_1/P_2) = 10\log_{10}\{(V_1{}^2/R_L)/(V_2{}^2/R_L)\} \ 〔dB〕$$

1　　3〔dB〕
2　　6〔dB〕
3　　9〔dB〕
4　14〔dB〕
5　20〔dB〕

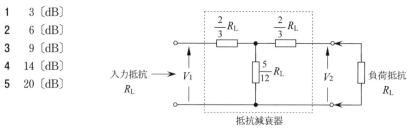

7 次の図は、フィルタの周波数対減衰量の特性の概略を示したものである。このうち低域フィルタ（LPF）の特性の概略図として、正しいものを下の番号から選べ。

1　α
f_{C1}　f_{C2}　f
$\leftarrow$T$\rightarrow$$\leftarrow$G$\rightarrow$$\leftarrow$T$\rightarrow$

2　α
f_C　f
$\leftarrow$G$\rightarrow$$\leftarrow$T$\longrightarrow$

3　α
f_C　f
$\leftarrow$T$\rightarrow$$\leftarrow$G$\rightarrow$

4　α
f_{C1}　f_{C2}　f
$\leftarrow$G$\rightarrow$$\leftarrow$T$\rightarrow$$\leftarrow$G$\rightarrow$

α　：減衰量
f　：周波数
f_C, f_{C1}, f_{C2}：遮断周波数
G　：減衰域
T　：通過域

8 次の記述は、図に示すパルス符号変調（PCM）方式を用いた伝送系の原理的な構成例について述べたものである。　　内に入れるべき字句の正しい組合せを下の番号から選べ。

(1)　標本化とは、一定の時間間隔で入力のアナログ信号の振幅を取り出すことをいい、入力のアナログ信号を標本化したときの標本化回路の出力は、　A　波である。

(2)　振幅を所定の幅ごとの領域に区切ってそれぞれの領域を1個の代表値で表し、標本化によって取り出したアナログ信号の振幅を、その代表値で近似することを量子化といい、量子化ステップの数が　B　ほど量子化雑音は小さくなる。

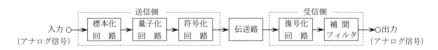

	A	B
1	パルス振幅変調（PAM）	多い
2	パルス位相変調（PPM）	多い
3	パルス振幅変調（PAM）	少ない
4	パルス位相変調（PPM）	少ない

9 次の記述は、16値直交振幅変調（16QAM）について述べたものである。
□□□内に入れるべき字句の正しい組合せを下の番号から選べ。ただし、信号空間ダイアグラム上の信号点が変動し、受信側において隣接する信号点と誤って判断する現象をシンボル誤りといい、シンボル誤りが発生する確率をシンボル誤り率という。また、信号空間ダイアグラムにおける信号点の間の距離のうち、最も短いものを信号点間距離とする。

(1) 16QAMは、周波数が等しく位相が A 〔rad〕異なる直交する2つの搬送波を、それぞれ B のレベルを持つ信号で変調し、それらを合成することにより得られる。

(2) 16QAMを16相位相変調（16PSK）と比較すると、一般に両方式の平均電力が同じ場合、16QAMの方が信号点間距離が C 、シンボル誤り率が小さくなる。

	A	B	C
1	$\pi/4$	8値	短く
2	$\pi/4$	8値	長く
3	$\pi/2$	8値	長く
4	$\pi/2$	4値	短く
5	$\pi/2$	4値	長く

10 図に示す構成のスーパヘテロダイン受信機において、受信電波の周波数が149.6〔MHz〕のとき、影像周波数の値として、正しいものを下の番号から選べ。ただし、中間周波数は10.7〔MHz〕とし、局部発振器の発振周波数は受信周波数より低いものとする。

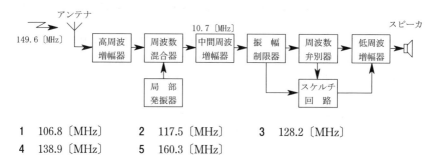

1	106.8〔MHz〕	2	117.5〔MHz〕	3	128.2〔MHz〕
4	138.9〔MHz〕	5	160.3〔MHz〕			

11 次の記述は、符号分割多元接続方式（CDMA）を利用した携帯無線通信システムについて述べたものである。□□□内に入れるべき字句の正しい組合せを下の番号から選べ。

(1) ソフトハンドオーバは、すべての基地局のセル、セクタで A 周波数を使用することを利用して、移動局が複数の基地局と並行して通信を行うことで、セル B での短区間変動の影響を軽減し、通信品質を向上させる技術である。

(2)　マルチパスによる遅延波を RAKE 受信と呼ばれる手法により分離し、遅延時間を合わせて　C　で合成することで受信電力の増加と安定化を図っている。

	A	B	C		A	B	C
1	同じ	中央	逆位相	2	同じ	境界	同位相
3	同じ	境界	逆位相	4	異なる	境界	逆位相
5	異なる	中央	同位相				

12　次の記述は、マイクロ波通信等におけるダイバーシティ方式について述べたものである。　　　内に入れるべき字句の正しい組合せを下の番号から選べ。

(1)　ダイバーシティ方式とは、同時に回線品質が劣化する確率が　A　二つ以上の通信系を設定して、それぞれの通信系の出力を選択又は合成することによりフェージングの影響を軽減するものである。

(2)　十分に遠く離した二つ以上の伝送路を設定し、これを切り替えて使用する方法は　B　ダイバーシティ方式といわれる。

(3)　二つの受信アンテナを空間的に離すことにより二つの伝送路を構成し、この出力を選択又は合成する方法は　C　ダイバーシティ方式といわれる。

	A	B	C		A	B	C
1	大きい	ルート	偏波	2	大きい	周波数	スペース
3	大きい	ルート	スペース	4	小さい	周波数	偏波
5	小さい	ルート	スペース				

13　次の記述は、図に示すマイクロ波（SHF）通信における2周波中継方式の一般的な送信及び受信の周波数配置について述べたものである。このうち誤っているものを下の番号から選べ。ただし、中継所 A、中継所 B 及び中継所 C をそれぞれ A、B 及び C で表す。

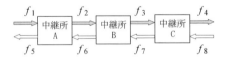

1　B の受信周波数 f_2 と C の送信周波数 f_7 は、同じ周波数である。

2　A の送信周波数 f_2 と C の受信周波数 f_3 は、同じ周波数である。

3　B の送信周波数 f_3 と A の受信周波数 f_1 は、同じ周波数である。

4　A の送信周波数 f_5 と C の送信周波数 f_4 は、同じ周波数である。

5　A の受信周波数 f_6 と C の受信周波数 f_8 は、同じ周波数である。

答　　11：2　　12：5　　13：2

14 地上系マイクロ波（SHF）の多重通信回線におけるヘテロダイン（非再生）中継方式についての記述として、正しいものを下の番号から選べ。

1 中継局において、受信したマイクロ波をいったん復調して信号の波形を整え、また同期を取り直してから再び変調して送信する方式である。

2 反射板等で電波の方向を変えることで中継を行い、中継用の電力を必要としない中継方式である。

3 中継局において、受信したマイクロ波を固体増幅器等でそのまま増幅して送信する方式である。

4 中継局において、受信したマイクロ波を中間周波数に変換して増幅し、再びマイクロ波に変換して送信する方式である。

15 次の記述は、パルスレーダーの性能について述べたものである。このうち誤っているものを下の番号から選べ。

1 最小探知距離は、主としてパルス幅に比例し、パルス幅を τ〔μs〕とすれば、約300τ〔m〕である。

2 距離分解能は、同一方位にある二つの物標を識別できる能力を表し、パルス幅が狭いほど良くなる。

3 方位分解能は、アンテナの水平面内のビーム幅でほぼ決まり、ビーム幅が狭いほど良くなる。

4 最大探知距離は、送信電力を大きくし、受信機の感度を良くすると大きくなる。

5 最大探知距離は、アンテナ利得を大きくし、アンテナの高さを高くすると大きくなる。

16 次の記述は、気象観測用レーダーについて述べたものである。 内に入れるべき字句の正しい組合せを下の番号から選べ。

(1) 気象観測用レーダーの表示方式は、送受信アンテナを中心として物標の距離と方位を360度にわたって表示した A 方式と、横軸を距離として縦軸に高さを表示した B 方式が用いられている。

(2) 気象観測に不必要な山岳や建築物からの反射波のほとんどは、その強度が C ことを利用して除去することができる。

	A	B	C
1	RHI	PPI	変動しない
2	RHI	PPI	変動している
3	PPI	RHI	変動しない
4	PPI	RHI	変動している

答　　14：4　　15：1　　16：3

17　半波長ダイポールアンテナに4〔W〕の電力を供給し送信したとき、最大放射方向にある受信点の電界強度が2〔mV/m〕であった。同じ送信点から、八木・宇田アンテナ（八木アンテナ）に1〔W〕の電力を供給し送信したとき、最大放射方向にある同じ距離の同じ受信点での電界強度が4〔mV/m〕となった。八木・宇田アンテナ（八木アンテナ）の半波長ダイポールアンテナに対する相対利得の値として、最も近いものを下の番号から選べ。ただし、アンテナの損失はないものとする。また、$\log_{10}2 = 0.3$とする。

1　6〔dB〕　　2　9〔dB〕　　3　12〔dB〕　　4　15〔dB〕　　5　18〔dB〕

18　次の記述は、図に示すレーダーに用いられるスロットアレーアンテナについて述べたものである。□□□内に入れるべき字句の正しい組合せを下の番号から選べ。ただし、方形導波管の xy 面は大地と平行に置かれており、管内を伝搬する TE_{10} モードの電磁波の管内波長を λ_g とする。

(1)　方形導波管の側面に、□A□の間隔（D）ごとにスロットを切り、隣り合うスロットの傾斜を逆方向にする。

(2)　スロットの一対から放射される電波の電界の水平成分は同位相となり、垂直成分は逆位相となるので、スロットアレーアンテナ全体としては□B□偏波を放射する。

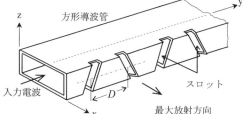

	A	B
1	$\lambda_g/2$	水平
2	$\lambda_g/2$	垂直
3	$\lambda_g/4$	垂直
4	$\lambda_g/4$	水平

19　次の記述は、VHF 及び UHF 帯で用いられる各種のアンテナについて述べたものである。このうち誤っているものを下の番号から選べ。

1　八木・宇田アンテナ（八木アンテナ）は、一般に導波器の数を多くするほど利得は増加し、指向性は鋭くなる。

2　ブラウンアンテナは、水平面内指向性が全方向性である。

3　コーナレフレクタアンテナは、サイドローブが比較的少なく、前後比の値を大きくできる。

4　コーリニアアレイアンテナは、スリーブアンテナに比べ、利得が大きい。

5　2線式折返し半波長ダイポールアンテナの入力インピーダンスは、半波長ダイポールアンテナの入力インピーダンスの約2倍である。

答　　17：3　　18：1　　19：5

20　次の記述は、等価地球半径について述べたものである。このうち正しいものを下の番号から選べ。ただし、大気は標準大気とする。

1　等価地球半径は、真の地球半径を3/4倍したものである。

2　電波は電離層のE層の電子密度の不均一による電離層散乱によって遠方まで伝搬し、実際の地球半径に散乱域までの地上高を加えたものを等価地球半径という。

3　地球の中心から静止衛星までの距離を半径とした球を仮想したとき、この球の半径を等価地球半径という。

4　大気の屈折率は、地上からの高さとともに減少し、大気中を伝搬する電波は送受信点間を弧を描いて伝搬する。この電波の通路を直線で表すため、仮想した地球の半径を等価地球半径という。

21　次の記述は、マイクロ波（SHF）帯の電波の大気中における減衰について述べたものである。このうち誤っているものを下の番号から選べ。

1　伝搬路中の降雨域で受ける減衰は、電波の波長が短いほど小さい。

2　伝搬路中の降雨域で受ける減衰は、降雨量が多いほど大きい。

3　雨や霧や雲などによる吸収や散乱により減衰が生じる。

4　雨の影響は、概ね 10〔GHz〕以上の周波数の電波で著しい。

22　次の記述は、無線中継所等において広く使用されているシール鉛蓄電池について述べたものである。このうち正しいものを下の番号から選べ。

1　電解液は、放電が進むにつれて比重が上昇する。

2　通常、電解液が外部に流出するので設置には注意が必要である。

3　定期的な補水（蒸留水）は、必要である。

4　正極は二酸化鉛、負極は金属鉛、電解液は希硫酸が用いられる。

5　シール鉛蓄電池を構成する単セルの電圧は、約 24〔V〕である。

23　図に示すように、送信機の出力電力を 17〔dB〕の減衰器を通過させて電力計で測定したとき、その指示値が 10〔mW〕であった。この送信機の出力電力の値として、最も近いものを下の番号から選べ。ただし、$\log_{10} 2 = 0.3$ とする。

1　　350〔mW〕　　2　　500〔mW〕

3　　900〔mW〕　　4　1,500〔mW〕

5　2,000〔mW〕

---

24 次の記述は、図に示すボロメータ形電力計を用いたマイクロ波電力の測定方法の原理について述べたものである。□□内に入れるべき字句の正しい組合せを下の番号から選べ。

(1) 直流ブリッジ回路の一辺を構成しているサーミスタ抵抗 R_S の値は、サーミスタに加わったマイクロ波電力及びブリッジの直流電流に応じて変化する。

(2) マイクロ波入力のない状態において、可変抵抗 R を加減してブリッジの平衡をとり、サーミスタに流れる電流 I_1〔A〕を電流計 A で読み取る。このときのサーミスタ抵抗 R_S の値は ▢A▢ 〔Ω〕で表される。

(3) 次に、サーミスタにマイクロ波電力を加えると、サーミスタの発熱により R_S が変化し、ブリッジの平衡が崩れるので、再び R を調整してブリッジの平衡をとる。このときのサーミスタに流れる電流 I_2〔A〕を電流計 A で読み取れば、サーミスタに吸収されたマイクロ波電力は ▢B▢ 〔W〕で求められる。

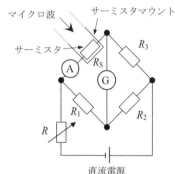

R_S :サーミスタ抵抗〔Ω〕、G:検流計
R_1、R_2、R_3 :抵抗〔Ω〕、R :可変抵抗〔Ω〕

	A	B
1	$R_1 R_3/R_2$	$(I_1-I_2)R_1 R_3/R_2$
2	$R_1 R_3/R_2$	$(I_1{}^2-I_2{}^2)R_1 R_3/R_2$
3	$R_1 R_2/R_3$	$(I_1{}^2-I_2{}^2)R_1 R_2/R_3$
4	$R_2 R_3/R_1$	$(I_1{}^2+I_2{}^2)R_2 R_3/R_1$
5	$R_1 R_2/R_3$	$(I_1+I_2)R_1 R_2/R_3$

解答の指針（元年6月午前）

1

2　静止衛星までの距離は、地球の中心から約**42,000**キロメートルである。

別解　2　静止衛星までの距離は、**地表から**約36,000キロメートルである。

3　7〔Ω〕の抵抗に流れる1.5〔A〕の電流をI_1とすれば、並列回路部分の端子電圧は

$$V_1 = I_1 \times 7 = 1.5 \times 7 = 10.5 \,〔V〕$$

3.0〔Ω〕の抵抗に流れる電流をI_2とすれば、

$$I_2 = 10.5/3.0 = 3.5 \,〔A〕$$

全電流I_0は　$I_0 = 1.5 + 3.5 = 5.0 \,〔A〕$

よって、3.5〔Ω〕の抵抗の端子電圧V_2は

$$V_2 = 3.5 \times 5.0 = 17.5 \,〔V〕$$

ab間の端子電圧V_0は

$$V_0 = V_1 + V_2 = 10.5 + 17.5 = \underline{28 \,〔V〕}$$

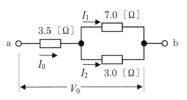

4　共振状態であるから、Iは$I = V/R = 100/50 = \underline{2 \,〔A〕}$である。

$X_C = X_L$である。

したがって、I_{XC}は次式で求められる。

$$I_{XC} = V/X_C = 100/10$$
$$= \underline{10 \,〔A〕}$$

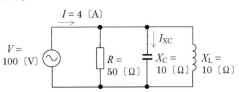

6　減衰量Lは、入力電力をP_1、出力電力をP_2とすると$L = P_1/P_2$（真数）で表される。負荷抵抗R_Lは減衰器の入力抵抗と等しいから、Lは、以下のようになる。

$$L = P_1/P_2 = (V_1{}^2/R_L)/(V_2{}^2/R_L) = V_1{}^2/V_2{}^2 \qquad \cdots ①$$

次図で、合成抵抗R_0は、

$$R_0 = \left(\frac{5}{12}R_L \times \frac{5}{3}R_L\right) \Big/ \left(\frac{5}{12}R_L + \frac{5}{3}R_L\right) = \frac{1}{3}R_L$$

V_Xは、R_0とR_1の直列接続の回路において、R_0の両端の電圧であり、次式となる。

$$V_X = \left(\frac{1}{3}R_L\right)V_1 \Big/ \left(\frac{2}{3}R_L + \frac{1}{3}R_L\right) = \frac{1}{3}V_1 \qquad \cdots ②$$

さらに、R_2 と負荷抵抗 R_L の回路において、V_2 を求めると次式となる。

$$V_2 = R_L V_X \Big/ \Big(\frac{2}{3}R_L + R_L\Big) = \frac{3}{5}V_X \qquad \cdots ③$$

式③に式②を代入して、

$$V_2 = \frac{3}{5}V_X = \frac{3}{5} \times \frac{1}{3}V_1 = \frac{1}{5}V_1 \qquad \cdots ④$$

式①に式④を代入

$$L = V_1{}^2/V_2{}^2 = V_1{}^2/\{V_1 \times (1/5)\}^2 = 5^2$$

デシベルで表すと次のようになる。

$$10\log_{10}5^2 = 20\log_{10}5 = 20\log_{10}\frac{10}{2} = 20\log_{10}10 - 20\log_{10}2 = 20 - 6$$
$$= \underline{14}\ 〔dB〕$$

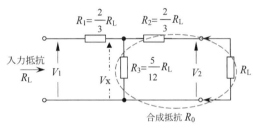

合成抵抗 R_0

7　低域フィルタの減衰特性は、遮断周波数以上で急激に減衰量が増加するので、**3** が該当する。**1**、**2** 及び **4** は、おのおの次のフィルタの特性である。

1：帯域除去フィルタ（BEF）　　2：高域フィルタ（HPF）　　4：帯域フィルタ（BPF）

9
(1)　16QAM は、周波数が等しく位相が $\pi/2$〔rad〕異なる直交する2つの搬送波を、それぞれ 4 値 のレベルを持つ信号で変調し、それらを合成することにより得られる。

(2)　16QAM を16相位相変調（16PSK）と比較すると、一般に両方式の平均電力が同じ場合、16QAM の方が信号点間距離が長く、シンボル誤り率が小さくなる。

10　局部発振器の発振周波数が受信周波数より低い場合、受信周波数 F_R、中間周波数 F_I 及び影像周波数 F_U の関係は次式で表される。

$$F_U = F_R - 2F_I$$

題意の数値を代入すると、

$$F_U = F_R - 2F_I = 149.6 - (2 \times 10.7) = \underline{128.2}\ 〔MHz〕$$

11

(1) CDMA 方式の無線通信システムでは、基地局と移動局との通信で、移動局が別のセルに移るときに通話の中断を防ぐために複数の基地局と並行して通信を行い、短区間変動の影響を軽減するソフトハンドオーバという技術を採用している。ソフトハンドオーバは、すべての基地局のセル、セクタで<u>同じ</u>周波数を使用することを利用して、移動局が複数の基地局と並行して通信を行うことで、セル<u>境界</u>での短区間変動の影響を軽減し、通信品質を向上させる技術である。

(2) マルチパスによる遅延波を RAKE（熊手）受信と呼ばれる手法により分離し、遅延時間を合わせて<u>同位相</u>で合成することで受信電力の増加と安定化を図っている。

13

指向性の鋭いアンテナを使用するマイクロ波の2周波中継方式では、設問図のような周波数 f_1、f_2、…f_8 の配置において、異なる二つの使用周波数を F_1 と F_2 とし、次のような関係がある。

$$f_1 = f_6 = f_3 = f_8 = F_1$$
$$f_5 = f_2 = f_7 = f_4 = F_2$$

したがって、2 が誤りであり、正しくは次のようになる。

2　A の送信周波数 f_2 と C の**送信周波数** f_4 は、同じ周波数である。

14

正しい記述は 4 であり、他は以下に関する記述である。

1：再生中継方式　　　2：無給電中継方式　　　3：直接中継方式

15

1　最小探知距離は、主としてパルス幅に比例し、パルス幅を τ〔μs〕とすれば、約150τ〔m〕である。

16

(1) 気象観測用レーダーの表示方式は、送受信アンテナを中心として物標の距離と方位を360度にわたって表示した <u>PPI</u> 方式と、横軸を距離として縦軸に高さを表示した <u>RHI</u> 方式が用いられている。

(2) 気象観測に不必要な山岳や建築物からの反射波のほとんどは、その強度が<u>変動しない</u>ことを利用して除去することができる。

17

ダイポールアンテナの電力を P_0〔W〕、ダイポールアンテナによる電界強度を E_0〔mV/m〕、八木・宇田アンテナの電力を P〔W〕、八木・宇田アンテナによる電界強度を E〔mV/m〕とすると、指向性アンテナの利得 G（真数）は次式で示される。

$$G = \frac{E^2/P}{E_0{}^2/P_0} = \left(\frac{E}{E_0}\right)^2 \times \frac{P_0}{P} = \left(\frac{4\times 10^{-3}}{2\times 10^{-3}}\right)^2 \times \frac{4}{1} = 2^2 \times 2^2 = 2^4$$

$$10\log_{10}G = 10\log_{10}2^4 = 40\times 0.3 = \underline{12}\ \text{〔dB〕}$$

19

5　2線式折り返し半波長ダイポールアンテナの入力インピーダンスは、半波長ダイポールアンテナの入力インピーダンスの**約4倍**である。

21

1　伝搬路中の降雨域で受ける減衰は、電波の波長が短いほど**大きい**。

22

1　電解液は、放電が進むにつれて比重が**低下**する。

2　**密閉構造となっているため電解液が外部に流出しない**。

3　定期的な補水（蒸留水）は、**不要**である。

5　単セルの電圧は**約2〔V〕**である。

23　減衰量17dB の真数 L は、次式で表わされる。

$$L = 10^{(17/10)} = 10^{(2-0.3)} = \frac{10^2}{10^{0.3}} = \frac{100}{2} = 50$$

したがって、送信機出力 P は次のようになる。

$$P = 10\times 50 = \underline{500}\ \text{〔mW〕}\quad \text{である。}$$

24　サーミスタの抵抗 R_S の値は、サーミスタに加わったマイクロ波電力及びブリッジの直流電流に応じて変化するが、ブリッジが平衡したときの R_S の値は、常に $\underline{R_1R_3/R_2}$ 〔Ω〕である。

したがって、マイクロ波入力のない状態においてブリッジの平衡がとれたときのサーミスタに流れる電流を I_1 〔A〕、マイクロ波電力を加えた状態でブリッジの平衡がとれたときのサーミスタに流れる電流を I_2 〔A〕とすると、サーミスタに吸収されたマイクロ波電力は $\underline{(I_1{}^2-I_2{}^2)R_1R_3/R_2}$ 〔W〕で求められる。

無線工学　令和元年6月施行（午後の部）

1　次の記述は、静止衛星について述べたものである。このうち誤っているものを下の番号から選べ。

1　静止衛星の軌道は、赤道上空にあり、ほぼ円軌道である。

2　春分及び秋分を中心とした一定の期間には、衛星の電源に用いられる太陽電池の発電ができなくなる時間帯が生ずる。

3　静止衛星が地球を一周する周期は、地球の公転周期と等しい。

4　静止衛星は地球の自転の方向と同一方向に周回している。

2　次の記述は、直交周波数分割多重（OFDM）伝送方式について述べたものである。このうち誤っているものを下の番号から選べ。

1　OFDM伝送方式では、高速の伝送データを複数の低速なデータ列に分割し、複数のサブキャリアを用いて並列伝送を行う。

2　各サブキャリアの直交性を厳密に保つ必要はない。また、正確に同期をとる必要がない。

3　ガードインターバルを挿入することにより、マルチパスの遅延時間がガードインターバル長の範囲内であれば、遅延波の干渉を効率よく回避できる。

4　一般的に3.9世代移動通信システムと呼ばれる携帯電話の通信規格であるLTEの下り回線などで利用されている。

3　図に示す回路において、端子ab間に直流電圧を加えたところ、端子cd間に11.2〔V〕の電圧が現れた。16〔Ω〕の抵抗に流れる電流Iの値として、正しいものを下の番号から選べ。

1　1.5〔A〕

2　1.2〔A〕

3　0.9〔A〕

4　0.6〔A〕

5　0.4〔A〕

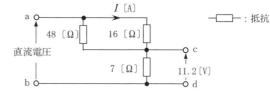

4　図に示す直列共振回路において、Rの両端の電圧V_R及びX_Cの両端の電圧V_{XC}の大きさの値の組合せとして、正しいものを下の番号から選べ。ただし、回路は、共振状態にあるものとする。

答　1：3　2：2　3：2

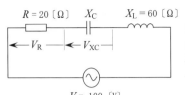

V　：交流電源電圧
R　：抵抗
X_C　：容量リアクタンス
X_L　：誘導リアクタンス

	V_R	V_{XC}		V_R	V_{XC}
1	50 〔V〕	150 〔V〕	2	50 〔V〕	300 〔V〕
3	100 〔V〕	150 〔V〕	4	100 〔V〕	300 〔V〕
5	100 〔V〕	450 〔V〕			

5 　ガンダイオードについての記述として、正しいものを下の番号から選べ。

1　GaAs（ガリウムヒ素）などの化合物半導体で構成され、バイアス電圧を加えるとマイクロ波の発振を起こす。

2　逆方向バイアスを与え、このバイアス電圧を変化させると、等価的に可変静電容量として働く特性を利用する。

3　一定値以上の逆方向電圧が加わると、電界によって電子がなだれ現象を起こし、電流が急激に増加する特性を利用する。

4　電波を吸収すると温度が上昇し、抵抗の値が変化する素子で、電力計に利用される。

6 　図に示すT形抵抗減衰器の減衰量Lの値として、最も近いものを下の番号から選べ。ただし、減衰量Lは、減衰器の入力電力をP_1、入力電圧をV_1、出力電力をP_2、出力電圧をV_2とすると、次式で表されるものとする。また、$\log_{10}2 = 0.3$とする。

$$L = 10\log_{10}(P_1/P_2) = 10\log_{10}\{(V_1{}^2/R_L)/(V_2{}^2/R_L)\} \text{〔dB〕}$$

1　6〔dB〕

2　9〔dB〕

3　12〔dB〕

4　16〔dB〕

5　20〔dB〕

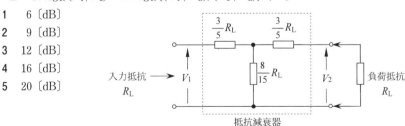

抵抗減衰器

7　次の図は、フィルタの周波数対減衰量の特性の概略を示したものである。このうち帯域フィルタ（BPF）の特性の概略図として、正しいものを下の番号から選べ。

1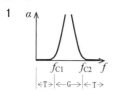

2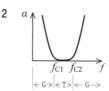

3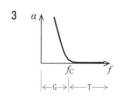

4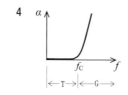

α : 減衰量
f : 周波数
f_C, f_{C1}, f_{C2} : 遮断周波数
G : 減衰域
T : 通過域

8　次の記述は、図に示すパルス符号変調（PCM）方式を用いた伝送系の原理的な構成例について述べたものである。□□内に入れるべき字句の正しい組合せを下の番号から選べ。

(1)　標本化とは、一定の時間間隔で入力のアナログ信号の振幅を取り出すことをいい、入力のアナログ信号を標本化したときの標本化回路の出力は、パルス振幅変調（PAM）波である。

(2)　振幅を所定の幅ごとの領域に区切ってそれぞれの領域を1個の代表値で表し、標本化によって取り出したアナログ信号の振幅を、その代表値で近似することを　A　という。

(3)　復号化回路で復号した出力からアナログ信号を復調するために用いる補間フィルタには、　B　が用いられる。

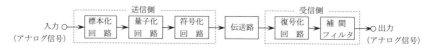

	A	B
1	符号化	低域フィルタ（LPF）
2	符号化	高域フィルタ（HPF）
3	量子化	高域フィルタ（HPF）
4	量子化	低域フィルタ（LPF）

答　7：2　8：4

無線工学　元年6月・午後

9 次の記述は、16値直交振幅変調（16QAM）について述べたものである。□□内に入れるべき字句の正しい組合せを下の番号から選べ。

(1) 16QAMは、周波数が等しく位相が $\pi/2$〔rad〕異なる直交する2つの搬送波を、それぞれ □A□ のレベルを持つ信号で変調し、それらを合成することにより得られる。

(2) 一般的に、16QAMを4相位相変調（QPSK）と比較すると、16QAMの方が周波数利用効率が □B□ 。また、16QAMは、振幅方向にも情報が含まれているため、伝送路におけるノイズやフェージングなどの影響を □C□ 。

	A	B	C
1	16値	高い	受けやすい
2	16値	低い	受けにくい
3	4値	高い	受けにくい
4	4値	低い	受けにくい
5	4値	高い	受けやすい

10 FM（F3E）送信機において、最高変調周波数が12〔kHz〕で変調指数が4のときの占有周波数帯幅の値として、最も近いものを下の番号から選べ。

1　120〔kHz〕　　2　150〔kHz〕　　3　180〔kHz〕
4　210〔kHz〕　　5　240〔kHz〕

11 次の記述は、符号分割多元接続方式（CDMA）を利用した携帯無線通信システムの遠近問題について述べたものである。□□内に入れるべき字句の正しい組合せを下の番号から選べ。

(1) □A□ 周波数を複数の移動局が使用するCDMAでは、遠くの移動局の弱い信号が基地局に近い移動局からの干渉雑音を強く受け、基地局で正常に受信できなくなる現象が起きる。これを遠近問題と呼んでいる。

(2) 遠近問題を解決するためには、受信電力が □B□ 局で同一になるようにすべての □C□ 局の送信電力を制御する必要がある。

	A	B	C
1	異なる	基地	移動
2	異なる	移動	基地
3	同じ	移動	基地
4	同じ	基地	移動
5	同じ	基地	基地

答　　9：5　　10：1　　11：4

12　次の記述は、マイクロ波通信等におけるダイバーシティ方式について述べたものである。◯◯◯内に入れるべき字句の正しい組合せを下の番号から選べ。

(1)　ダイバーシティ方式とは、同時に回線品質が劣化する確率が小さい二つ以上の通信系を設定して、それぞれの通信系の出力を選択又は合成することにより　A　の影響を軽減するものである。

(2)　十分に遠く離した二つ以上の伝送路を設定し、これを切り替えて使用する方法は　B　ダイバーシティ方式といわれる。

(3)　二つの受信アンテナを空間的に離すことにより二つの伝送路を構成し、この出力を合成又は選択する方法は　C　ダイバーシティ方式といわれる。

	A	B	C
1	フェージング	周波数	偏波
2	フェージング	ルート	スペース
3	フェージング	周波数	スペース
4	内部雑音	ルート	スペース
5	内部雑音	周波数	偏波

13　次の記述は、図に示すマイクロ波（SHF）通信における２周波中継方式の一般的な送信及び受信の周波数配置について述べたものである。このうち正しいものを下の番号から選べ。ただし、中継所 A、中継所 B 及び中継所 C をそれぞれ A、B 及び C で表す。

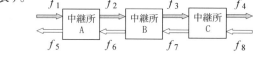

1　A の受信周波数 f_6 と C の送信周波数 f_7 は、同じ周波数である。

2　A の送信周波数 f_2 と C の受信周波数 f_8 は、同じ周波数である。

3　A の送信周波数 f_5 と C の受信周波数 f_3 は、同じ周波数である。

4　B の送信周波数 f_3 と C の送信周波数 f_4 は、同じ周波数である。

5　A の受信周波数 f_1 と B の送信周波数 f_6 は、同じ周波数である。

14　地上系マイクロ波（SHF）のデジタル多重通信回線における再生中継方式についての記述として、正しいものを下の番号から選べ。

1　反射板等で電波の方向を変えることで中継を行い、中継用の電力を必要としない中継方式である。

2　中継局において、受信したマイクロ波を中間周波数に変換して増幅し、再びマイクロ波に変換して送信する方式である。

3　中継局において、受信したマイクロ波をいったん復調して信号の波形を整え、また同期を取り直してから再び変調して送信する方式である。

4　中継局において、受信したマイクロ波を固体増幅器等でそのまま増幅して送信する方式である。

15　次の記述は、パルスレーダーの性能について述べたものである。このうち誤っているものを下の番号から選べ。

1　距離分解能は、同一方位にある二つの物標を識別できる能力を表し、パルス幅が広いほど良くなる。

2　最小探知距離は、主としてパルス幅に比例し、パルス幅を τ〔μs〕とすれば、約150τ〔m〕である。

3　方位分解能は、アンテナの水平面内のビーム幅でほぼ決まり、ビーム幅が狭いほど良くなる。

4　最大探知距離は、送信電力を大きくし、受信機の感度を良くすると大きくなる。

5　最大探知距離は、アンテナ利得を大きくし、アンテナの高さを高くすると大きくなる。

16　次の記述は、気象観測用レーダーについて述べたものである。このうち誤っているものを下の番号から選べ。

1　航空管制用や船舶用レーダーは、航空機や船舶などの位置の測定に重点が置かれているのに対し、気象観測用レーダーは、気象目標から反射される電波の受信電力強度の測定にも重点が置かれる。

2　反射波の受信電力強度から降水強度を求めるためには、理論式のほかに事前の現場観測データによる補正が必要である。

3　気象観測に不必要な山岳や建築物からの反射波のほとんどは、その強度が変動しないことを利用して除去することができる。

4　表示方式には、RHI方式が適しており、PPI方式は用いられない。

17　半波長ダイポールアンテナに対する相対利得が12〔dB〕の八木・宇田アンテナ（八木アンテナ）から送信した最大放射方向にある受信点の電界強度は、同じ送信点から半波長ダイポールアンテナに8〔W〕の電力を供給し送信したときの、最大放射方向にある同じ受信点の電界強度と同じであった。このときの八木・宇田アンテナ（八木アンテナ）の供給電力の値として、最も近いものを下の番号から選べ。ただし、アンテナの損失はないものとする。また、$\log_{10}2 = 0.3$とする。

1　0.1〔W〕　　2　0.125〔W〕　　3　0.25〔W〕　　4　0.5〔W〕　　5　1.0〔W〕

答　　14：3　　15：1　　16：4　　17：4

18　次の記述は、図に示すレーダーに用いられるスロットアレーアンテナについて述べたものである。□□□内に入れるべき字句の正しい組合せを下の番号から選べ。ただし、方形導波管の xy 面は大地と平行に置かれており、管内を伝搬する TE$_{10}$ モードの電磁波の管内波長を λ_g とする。

(1)　方形導波管の側面に、□A□の間隔（D）ごとにスロットを切り、隣り合うスロットの傾斜を逆方向にする。通常、スロットの数は数十から百数十程度である。

(2)　スロットの一対から放射される電波の電界の水平成分は同位相となり、垂直成分は逆位相となるので、スロットアレーアンテナ全体としては水平偏波を放射する。水平面内の主ビーム幅は、スロットの数が多いほど□B□。

	A	B
1	$\lambda_g/4$	広い
2	$\lambda_g/4$	狭い
3	$\lambda_g/2$	狭い
4	$\lambda_g/2$	広い

19　次の記述は、衛星通信に用いられる反射鏡アンテナについて述べたものである。□□□内に入れるべき字句の正しい組合せを下の番号から選べ。

(1)　回転放物面を反射鏡に用いた円形パラボラアンテナは、一次放射器を□A□に置く。

(2)　回転放物面を反射鏡に用いた円形パラボラアンテナは、開口面積が□B□ほど前方に尖鋭な指向性が得られる。

(3)　主反射鏡に回転放物面を、副反射鏡に回転双曲面を用いるものに□C□がある。

	A	B	C
1	開口面の中心	小さい	カセグレンアンテナ
2	開口面の中心	大きい	ホーンアンテナ
3	回転放物面の焦点	小さい	カセグレンアンテナ
4	回転放物面の焦点	小さい	ホーンアンテナ
5	回転放物面の焦点	大きい	カセグレンアンテナ

20　次の記述は、極超短波（UHF）帯の対流圏内電波伝搬における等価地球半径等について述べたものである。このうち誤っているものを下の番号から選べ。ただし、大気は標準大気とする。

1　等価地球半径は、真の地球半径を 3/4 倍したものである。

2　大気の屈折率は、地上からの高さとともに減少し、大気中を伝搬する電波は送受信点間を弧を描いて伝搬する。

3　送受信点間の電波の通路を直線で表すため、仮想した地球の半径を等価地球半径という。

4　電波の見通し距離は、幾何学的な見通し距離よりも長い。

21　次の記述は、マイクロ波（SHF）帯の電波の大気中における減衰について述べたものである。 　　 内に入れるべき字句の正しい組合せを下の番号から選べ。

(1)　伝搬路中の降雨域で受ける減衰は、降雨量が多いほど　A　、電波の波長が長いほど　B　。

(2)　雨や霧や雲などによる吸収や散乱により減衰が生じる。雨の影響は、概ね　C　の周波数の電波で著しい。

	A	B	C
1	小さく	小さい	10〔GHz〕以上
2	小さく	大きい	10〔GHz〕未満
3	大きく	大きい	10〔GHz〕以上
4	大きく	大きい	10〔GHz〕未満
5	大きく	小さい	10〔GHz〕以上

22　次の記述は、無線中継所等において広く使用されているシール鉛蓄電池について述べたものである。このうち誤っているものを下の番号から選べ。

1　定期的な補水（蒸留水）は、不必要である。

2　電解液は、放電が進むにつれて比重が低下する。

3　正極はカドミウム、負極は金属鉛、電解液には希硫酸が用いられる。

4　シール鉛蓄電池を構成する単セルの電圧は、約2〔V〕である。

5　通常、密閉構造となっているため、電解液が外部に流出しない。

23　図に示すように、送信機の出力電力を16〔dB〕の減衰器を通過させて電力計で測定したとき、その指示値が25〔mW〕であった。この送信機の出力電力の値として、最も近いものを下の番号から選べ。ただし、$\log_{10} 2 = 0.3$ とする。

1　　500〔mW〕

2　1,000〔mW〕

3　1,500〔mW〕

4　2,000〔mW〕

5　2,500〔mW〕

送信機 → 減衰器 → 電力計

---

24 次の記述は、図に示すボロメータ形電力計を用いたマイクロ波電力の測定方法の原理について述べたものである。 内に入れるべき字句の正しい組合せを下の番号から選べ。

(1) 直流ブリッジ回路の一辺を構成しているサーミスタ抵抗 R_S の値は、サーミスタに加わったマイクロ波電力及びブリッジの直流電流に応じて変化する。

(2) マイクロ波入力のない状態において、可変抵抗 R を加減してブリッジの平衡をとり、サーミスタに流れる電流 I_1〔A〕を電流計 A で読み取る。このときのサーミスタで消費される電力は A 〔W〕で表される。

(3) 次に、サーミスタにマイクロ波電力を加えると、サーミスタの発熱により R_S が変化し、ブリッジの平衡が崩れるので、再び R を調整してブリッジの平衡をとる。このときのサーミスタに流れる電流 I_2〔A〕を電流計 A で読み取れば、サーミスタに吸収されたマイクロ波電力は B 〔W〕で求められる。

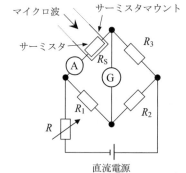

R_S：サーミスタ抵抗〔Ω〕、G：検流計
R_1、R_2、R_3：抵抗〔Ω〕、R：可変抵抗〔Ω〕

	A	B
1	$I_1{}^2 R_1 R_3 / R_2$	$(I_1{}^2 - I_2{}^2) R_1 R_3 / R_2$
2	$I_1{}^2 R_1 R_3 / R_2$	$(I_1 - I_2) R_1 R_3 / R_2$
3	$I_1{}^2 R_1 R_2 / R_3$	$(I_1{}^2 - I_2{}^2) R_1 R_2 / R_3$
4	$I_1{}^2 R_1 R_2 / R_3$	$(I_1{}^2 + I_2{}^2) R_1 R_2 / R_3$
5	$I_1{}^2 R_2 R_3 / R_1$	$(I_1 + I_2) R_2 R_3 / R_1$

解答の指針（元年6月午後）

1

3　静止衛星が地球を一周する**公転周期**は、地球の**自転**周期と等しい。

2

2　各サブキャリアの直交性を厳密に保つ**必要がある**。また、正確に同期をとる**必要がある**。

3　端子 cd 間に 11.2〔V〕の電圧が現れたので、回路に流れる電流は、次式で表される。

$$\frac{11.2}{7} = 1.6 \text{〔A〕}$$

したがって、16〔Ω〕の抵抗に流れる電流 I は

$$I = 1.6 \times \frac{48}{48+16} = 1.6 \times \frac{48}{64} = \underline{1.2} \text{〔A〕}$$

4　共振状態であるから、$X_C = X_L$ であり、V_R は電源電圧 V に等しくなる。

$$V_R = V = \underline{100} \text{〔V〕}$$

流れる電流 I は、$I = V/R = 100/20 = 5$〔A〕であるから、V_{XC} は、以下のようになる。

$$V_{XC} = IX_C = IX_L = 5 \times 60 = \underline{300} \text{〔V〕}$$

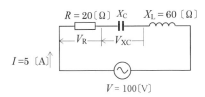

5　1がガンダイオードの記述であり、他の記述は以下のとおり。

2　バラクタダイオード、　**3**　インパットダイオード、　**4**　ダイオードについてではないが、該当する素子としてはサーミスタなどがある。

6　減衰量 L は、入力電力を P_1、出力電力を P_2 とすると $L = P_1/P_2$（真数）で表される。

負荷抵抗 R_L は減衰器の入力抵抗と等しいから、L は、以下のようになる。

$$L = P_1/P_2 = (V_1{}^2/R_{\mathrm{L}})/(V_2{}^2/R_{\mathrm{L}}) = V_1{}^2/V_2{}^2 \qquad \cdots ①$$

次図で、合成抵抗 R_0 は、

$$R_0 = \left(\frac{8}{15}R_{\mathrm{L}} \times \frac{8}{5}R_{\mathrm{L}}\right)\Big/\left(\frac{8}{15}R_{\mathrm{L}} + \frac{8}{5}R_{\mathrm{L}}\right) = \frac{2}{5}R_{\mathrm{L}}$$

V_{X} は、R_0 と R_1 の直列接続の回路において、R_0 の両端の電圧であり、次式となる。

$$V_{\mathrm{X}} = \left(\frac{2}{5}R_{\mathrm{L}}\right)V_1\Big/\left(\frac{3}{5}R_{\mathrm{L}} + \frac{2}{5}R_{\mathrm{L}}\right) = \frac{2}{5}V_1 \qquad \cdots ②$$

さらに、R_2 と負荷抵抗 R_{L} の回路において、V_2 を求めると次式となる。

$$V_2 = R_{\mathrm{L}}\,V_{\mathrm{X}}\Big/\left(\frac{3}{5}R_{\mathrm{L}} + R_{\mathrm{L}}\right) = \frac{5}{8}V_{\mathrm{X}} \qquad \cdots ③$$

式③に式②を代入して、

$$V_2 = \frac{5}{8}V_{\mathrm{X}} = \frac{5}{8} \times \frac{2}{5}V_1 = \frac{1}{4}V_1 \qquad \cdots ④$$

式①に式④を代入

$$L = V_1{}^2/V_2{}^2 = V_1{}^2/\{V_1 \times (1/4)\}^2 = 4^2$$

デシベルで表すと次のようになる。

$$10\log_{10}4^2 = 20\log_{10}4 = 20\log_{10}2 + 20\log_{10}2 = 6 + 6 = \underline{12}\,〔\mathrm{dB}〕$$

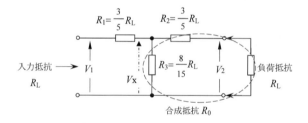

7　帯域フィルタの減衰特性は、遮断周波数 $f_{\mathrm{C}1}$ から $f_{\mathrm{C}2}$ までの周波数帯域の信号を通過させるので、**2** が該当する。**1**、**3** 及び **4** は、おのおの次のフィルタの特性である。

1：帯域除去フィルタ（BEF）　**3**：高域フィルタ（HPF）　**4**：低域フィルタ（LPF）

9

(1)　令和元年6月午前の部〔9〕参照

(2)　16QAM は、4 相位相変調（QPSK）と比べて周波数利用効率が<u>高い</u>。しかし、振幅に情報が含まれるためノイズやフェージングなどの影響を<u>受けやすい</u>。

10 占有周波数帯幅 B は、最高変調周波数を f_P、変調指数を m_f、最大周波数偏移を Δf、とすると、次の近似式で表される。

$$m_f = \Delta f / f_P$$
$$\therefore \quad \Delta f = m_f \times f_P$$
$$B = 2(\Delta f + f_P) = 2 f_P(m_f + 1)$$

上式に題意の数値を代入すると、次のとおりとなる。

$$B = 2 \times 12 \times 10^3 \times (4+1) = 12 \times 10^3 \times 10 = 120 \times 10^3 = \underline{120} \ \text{〔kHz〕}$$

11

(1) 同じ周波数を複数の移動局が使用する CDMA では、遠くの移動局の弱い信号が基地局に近い移動局からの干渉雑音を強く受け、基地局で正常に受信できなくなる現象が起きる。これを遠近問題と呼んでいる。

(2) 遠近問題を解決するためには、受信電力が基地局で同一になるようにすべての移動局の送信電力を制御する必要がある。

13 令和元年6月午前の部〔13〕参照
したがって、**5** の記述のみが正しい。

14 正しい記述は **3** であり、他は以下に関する記述である。
1：無給電中継方式　　**2**：非再生（ヘテロダイン）中継方式　　**4**：直接中継方式

15

1 距離分解能は、同一方位にある二つの物標を識別できる能力を表し、パルス幅が**狭い**ほどよくなる。

16

4 気象レーダーの表示方式は、**PPI 方式**と **RHI 方式**が用いられている。

17 ダイポールアンテナの電力を P_0〔W〕、八木・宇田アンテナの電力を P〔W〕とすると、指向性アンテナの利得 G〔dB〕は次式で示される。

$$G = 10 \log_{10} \frac{P_0}{P} \ \text{〔dB〕}$$

G（真数）を用いて書き直すと P は

$$P = P_0 / G \ \text{（真数）} \qquad\qquad \cdots①$$

題意から指向性アンテナの利得 G〔dB〕は以下のとおりである。

$$10 \log_{10} G = 12 \ \text{〔dB〕}$$

$$\log_{10} G = \frac{12}{10} = 1.2 = 4 \times 0.3 = 4 \times \log_{10} 2 = \log_{10} 2^4 = \log_{10} 16$$

$$\therefore \quad G \ (真数) = 16 \qquad\qquad \cdots ②$$

式②を式①に代入して $P \ 〔W〕$ を求めると次のようになる。

$$P = P_0 / G \ (真数) = 8/16 = \underline{0.5 \ 〔W〕}$$

20

1　等価地球半径は、真の地球半径を **4/3倍** したものである。

21

(1)　伝搬路中の降雨域で受ける減衰は、降雨量が多いほど<u>大きく</u>、電波の波長が長いほど<u>小さい</u>。

(2)　雨や霧や雲などによる吸収や散乱により減衰が生じる。雨の影響は、概ね<u>10</u>〔GHz〕以上の周波数の電波で著しい。

22

3　正極は**二酸化鉛**、負極は金属鉛、電解液は希硫酸が用いられる。

23　減衰量16dB の真数 L は、次式で表される。

$$L = 10^{(16/10)} = 10^{(1.6)} = 10^{(1+0.3+0.3)} = 10^1 \times 10^{0.3} \times 10^{0.3} = 10 \times 2 \times 2 = 40$$

したがって、送信機出力 P は次のようになる。

$$P = 25 \times 40 = \underline{1,000 \ 〔mW〕} \quad である。$$

24　令和元年６月午前の部〔24〕参照

無線工学　令和元年10月施行（午前の部）

1　次の記述は、静止衛星を利用する通信について述べたものである。このうち正しいものを下の番号から選べ。

1　衛星の電源には太陽電池が用いられるため、年間を通じて電源が断となることがないので、蓄電池等は搭載する必要がない。

2　3個の通信衛星を赤道上空に等間隔に配置することにより、極地域を除く地球上のほとんどの地域をカバーする通信網が構成できる。

3　衛星通信に 10〔GHz〕以上の電波が用いられる場合は、大気圏の降雨による減衰が少ないので、信号の劣化も少ない。

4　VSAT 制御地球局には小型のオフセットパラボラアンテナを、VSAT 地球局には大口径のカセグレンアンテナを用いることが多い。

5　電波が、地球上から通信衛星を経由して再び地球上に戻ってくるのに約0.1秒を要する。

2　標本化定理において、周波数帯域が300〔Hz〕から 15〔kHz〕までのアナログ信号を標本化して、忠実に再現することが原理的に可能な標本化周波数の下限の値として、正しいものを下の番号から選べ。

1　300〔Hz〕　　2　600〔Hz〕　　3　7.5〔kHz〕

4　15〔kHz〕　　5　30〔kHz〕

3　図に示す回路において、36〔Ω〕の抵抗の消費電力の値として、正しいものを下の番号から選べ。

1　6〔W〕

2　9〔W〕

3　12〔W〕

4　16〔W〕

5　24〔W〕

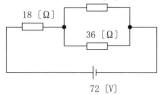

4　図に示す直列回路において消費される電力の値が 300〔W〕であった。このときのコンデンサのリアクタンス X_C〔Ω〕の値として、正しいものを下の番号から選べ。

答　　1：2　　2：5　　3：4

1　　4〔Ω〕
2　　8〔Ω〕
3　12〔Ω〕
4　16〔Ω〕
5　24〔Ω〕

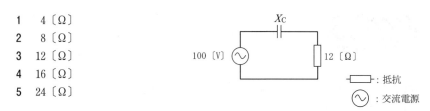

5　図に示す等価回路に対応する働きを有する、斜線で示された導波管窓（スリット）素子として、正しいものを下の番号から選べ。ただし、電磁波は TE_{10} モードとする。

C：静電容量〔F〕

1　　　　　　　2　　　　　　　3　　　　　　　4

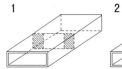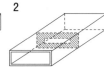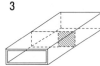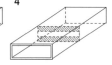

6　図に示す理想的な演算増幅器（オペアンプ）を使用した反転増幅回路の電圧利得の値として、最も近いものを下の番号から選べ。ただし、図の増幅回路の電圧増幅度の大きさ A_v（真数）は、次式で表されるものとする。また、$\log_{10} 2 = 0.3$ とする。

$$A_v = R_2 / R_1$$

1　　7〔dB〕　　　2　10〔dB〕
3　14〔dB〕　　　4　18〔dB〕
5　28〔dB〕

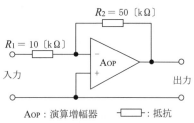

$R_2 = 50$〔kΩ〕
$R_1 = 10$〔kΩ〕
A_{OP}
入力　　　　　　　　　　　　　　　　出力
A_{OP}：演算増幅器　　□─：抵抗

7　次の記述は、図1及び図2に示す共振回路について述べたものである。このうち誤っているものを下の番号から選べ。ただし、ω_0〔rad/s〕は共振角周波数とする。

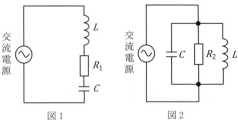

交流電源　　　　　　L
　　　　　　　　　R_1
　　　　　　　　　C

交流電源　　C　R_2　L

図1　　　　　　　　図2

R_1、R_2：抵抗〔Ω〕　　L：インダクタンス〔H〕　　C：静電容量〔F〕

1　図1の共振回路の Q（尖鋭度）は、$Q = \omega_0 C R_1$ である。

2　図1の共振時の回路の合成インピーダンスは、R_1 である。

3　図2の共振回路の Q（尖鋭度）は、$Q = \dfrac{R_2}{\omega_0 L}$ である。

4　図2の共振角周波数 ω_0 は、$\omega_0 = \dfrac{1}{\sqrt{LC}}$ である。

8　次の記述は、PCM通信方式における量子化などについて述べたものである。□内に入れるべき字句の正しい組合せを下の番号から選べ。

(1)　直線量子化では、どの信号レベルに対しても同じステップ幅で量子化される。このとき、量子化雑音電力 N は、信号電力 S の大小に関係なく一定である。

したがって、入力信号電力が小さいときは、信号に対して量子化雑音が相対的に □ A □ なる。

(2)　信号の大きさにかかわらず S/N をできるだけ一定にするため、送信側において □ B □ を用い、受信側において □ C □ を用いる方法がある。

	A	B	C
1	大きく	圧縮器	伸張器
2	大きく	乗算器	伸張器
3	小さく	伸張器	識別器
4	小さく	乗算器	圧縮器
5	小さく	圧縮器	識別器

9　次の記述は、一般的なデジタル伝送における伝送誤りについて述べたものである。□内に入れるべき字句の正しい組合せを下の番号から選べ。ただし、信号空間ダイアグラム上の信号点が変動し、受信側において隣接する信号点と誤って判断する現象をシンボル誤りといい、シンボル誤りが発生する確率をシンボル誤り率という。また、信号空間ダイアグラムにおける信号点の間の距離のうち、最も短いものを信号点間距離とする。

(1)　16相PSK（16PSK）と16値QAM（16QAM）を比較すると、一般に両方式の平均電力が同じ場合、16値QAMの方が信号点間距離が □ A □、シンボル誤り率が小さくなる。

(2)　また、16値QAMにおいて、雑音やフェージングなどの影響によってシンボル誤りが生じた場合、データの誤り（ビット誤り）を最小にするために、信号空間ダイアグラムの縦横に隣接するシンボルどうしが1ビットしか異ならないように □ B □ に基づいてデータを割り当てる方法がある。

答　　7：1　　8：1

	A	B		A	B
1	短く	グレイ符号	2	短く	ハミング符号
3	短く	拡散符号	4	長く	ハミング符号
5	長く	グレイ符号			

10 受信機の雑音指数が3〔dB〕、等価雑音帯域幅が10〔MHz〕及び周囲温度が17〔℃〕のとき、この受信機の雑音出力を入力に換算した等価雑音電力の値として、最も近いものを下の番号から選べ。ただし、ボルツマン定数は1.38×10^{-23}〔J/K〕、$\log_{10} 2 = 0.3$とする。

1　5.3×10^{-14}〔W〕　　2　8.0×10^{-14}〔W〕　　3　1.6×10^{-13}〔W〕

4　3.2×10^{-13}〔W〕　　5　6.4×10^{-13}〔W〕

11 次の記述は、地球局を構成する装置について述べたものである。　内に入れるべき字句の正しい組合せを下の番号から選べ。

(1) 衛星通信における伝送距離は、地上マイクロ波方式に比べて極めて長くなるため、地球局装置には、アンテナ利得の増大、送信出力の増大、受信雑音温度の　A　などが必要であり、受信装置の低雑音増幅器には HEMT（High Electron Mobility Transistor）などが用いられている。

(2) 衛星通信用アンテナとして用いられているカセグレンアンテナの一般的な特徴は、パラボラアンテナと異なり、一次放射器が　B　側にあるので、　C　の長さが短くてすむため損失が少なく、かつ、側面、背面への漏れ電波が少ない。

	A	B	C
1	増大	副反射鏡	給電用導波管
2	増大	主反射鏡	副反射鏡の支持柱
3	低減	主反射鏡	給電用導波管
4	低減	副反射鏡	副反射鏡の支持柱
5	低減	副反射鏡	給電用導波管

12 次の記述は、デジタル無線通信における遅延検波について述べたものである。このうち正しいものを下の番号から選べ。

1　遅延検波は、受信する信号に対し、1シンボル（タイムスロット）後の信号を基準信号として用いて検波を行う。

2　遅延検波は、基準搬送波を再生する搬送波再生回路が不要である。

3　遅延検波は、一般に同期検波より符号誤り率特性が優れている。

4　遅延検波は、PSK 通信方式で使用できない。

13 次の記述は、マイクロ波（SHF）多重無線回線の中継方式について述べたものである。□□内に入れるべき字句の正しい組合せを下の番号から選べ。

(1) 受信したマイクロ波を中間周波数に変換し、増幅した後、再びマイクロ波に変換して送信する方式を A 中継方式という。

(2) 受信したマイクロ波を復調し、信号の等化増幅及び同期の取直し等を行った後、変調して再びマイクロ波で送信する方式を B 中継方式といい、 C 通信に多く使用されている。

	A	B	C
1	再生	直接	デジタル
2	再生	直接	アナログ
3	非再生（ヘテロダイン）	再生	デジタル
4	非再生（ヘテロダイン）	再生	アナログ

14 次の記述は、地上系のマイクロ波（SHF）多重通信において生ずることのある干渉について述べたものである。このうち誤っているものを下の番号から選べ。

1 ラジオダクトによるオーバーリーチ干渉を避けるには、中継ルートを直線的に設定する。

2 アンテナ相互間の結合による干渉を軽減するには、指向特性の主ビーム以外の角度で放射レベルが十分小さくなるようなアンテナを用いる。

3 送受信アンテナのサーキュレータの結合度及び受信機のフィルタ特性により、送受間干渉の度合いが異なる。

4 無線中継所などにおいて、正規の伝搬経路以外から、目的の周波数又はその近傍の周波数の電波が受信されるために干渉を生ずることがある。

5 干渉は、回線品質を劣化させる要因の一つになる。

15 次の記述は、パルスレーダーの最大探知距離を向上させる方法について述べたものである。□□内に入れるべき字句の正しい組合せを下の番号から選べ。

(1) アンテナ利得を A する。

(2) 送信電力を B する。

(3) 受信機の C を良くする。

	A	B	C
1	大きく	小さく	耐電力
2	大きく	大きく	感度
3	小さく	小さく	感度
4	小さく	大きく	耐電力

答 13：3 14：1 15：2

16 次の記述は、パルスレーダーの受信機に用いられる STC 回路について述べたものである。□□内に入れるべき字句の正しい組合せを下の番号から選べ。

近距離からの強い反射波があると、受信機が飽和して、PPI 表示の表示部の □A□ 付近の物標が見えなくなることがある。このため、近距離からの強い反射波に対しては感度を □B□ STC 回路が用いられ、近距離にある物標を探知しやすくしている。

	A	B
1	外周	上げる（良くする）
2	外周	下げる（悪くする）
3	中心	下げる（悪くする）
4	中心	上げる（良くする）

17 図は、マイクロ波（SHF）帯で用いられるアンテナの原理的な構成例を示したものである。このアンテナの名称として、正しいものを下の番号から選べ。

1 カセグレンアンテナ
2 コーナレフレクタアンテナ
3 ブラウンアンテナ
4 ホーンレフレクタアンテナ
5 オフセットパラボラアンテナ

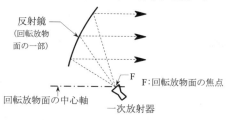

反射鏡（回転放物面の一部）
F：回転放物面の焦点
回転放物面の中心軸
一次放射器

18 次の記述は、図に示す単一指向性アンテナの電界パターン例について述べたものである。このうち誤っているものを下の番号から選べ。

1 ビーム幅は、主ローブの電界強度がその最大値の $1/\sqrt{2}$ になる二つの方向で挟まれた角度で表される。
2 前後比は、E_f/E_b で表される。
3 このアンテナの半値角は、図の θ である。
4 ①のことをバックローブともいう。

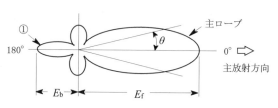

① 主ローブ
180° θ 0°
主放射方向
E_b E_f

19 次の記述は、垂直偏波で用いる一般的なコーリニアアレイアンテナについて述べたものである。□□内に入れるべき字句の正しい組合せを下の番号から選べ。

(1) 原理的に、放射素子として垂直半波長ダイポールアンテナを垂直方向の一直線上に等間隔に多段接続した構造のアンテナであり、隣り合う各放射素子を互いに同振幅、□A□ の電流で励振する。

(2)　水平面内の指向性は、　B　である。

(3)　コーリニアアレイアンテナは、ブラウンアンテナに比べ、利得が　C　。

	A	B	C
1	逆位相	8字形特性	大きい
2	逆位相	全方向性	小さい
3	同位相	8字形特性	小さい
4	同位相	全方向性	大きい

20　自由空間において、半波長ダイポールアンテナに対する相対利得が12〔dB〕の指向性アンテナに4〔W〕の電力を供給して電波を放射したとき、最大放射方向の受信点における電界強度が3.5〔mV/m〕となる送受信点間距離の値として、最も近いものを下の番号から選べ。ただし、電界強度 E は、放射電力を P〔W〕、送受信点間の距離を d〔m〕、半波長ダイポールアンテナに対するアンテナの相対利得を G（真数）とすると、次式で表されるものとする。また、アンテナ及び給電系の損失はないものとし、$\log_{10} 2 = 0.3$ とする。

$$E = \frac{7\sqrt{GP}}{d} \ \text{〔V/m〕}$$

1　12〔km〕　　2　16〔km〕　　3　20〔km〕　　4　24〔km〕　　5　32〔km〕

21　次の記述は、スポラジックE（Es）層について述べたものである。このうち誤っているものを下の番号から選べ。

1　スポラジックE（Es）層は、我が国では、冬季の夜間に発生することが多い。

2　スポラジックE（Es）層は、E層とほぼ同じ高さに発生する。

3　スポラジックE（Es）層の電子密度は、E層より大きい。

4　スポラジックE（Es）層は、局所的、突発的に発生する。

5　通常E層を突き抜けてしまう超短波（VHF）帯の電波が、スポラジックE（Es）層で反射され、見通しをはるかに越えた遠方まで伝搬することがある。

22　次の記述は、平滑回路について述べたものである。　　内に入れるべき字句の正しい組合せを下の番号から選べ。

(1)　平滑回路は、一般に、コンデンサC及びチョークコイルCHを用いて構成し、整流回路から出力された脈流の交流分（リプル）を取り除き、直流に近い出力電圧を得るための　A　である。

(2)　図は、　B　入力形平滑回路である。

	A	B
1	帯域フィルタ（BPF）	コンデンサ
2	高域フィルタ（HPF）	コンデンサ
3	高域フィルタ（HPF）	チョーク
4	低域フィルタ（LPF）	コンデンサ
5	低域フィルタ（LPF）	チョーク

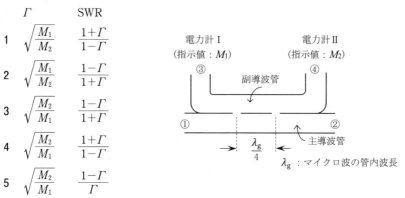

23 図に示す方向性結合器を用いた導波管回路の定在波比（SWR）の測定において、①にマイクロ波電力を加え、②に被測定回路、③に電力計Ⅰ、④に電力計Ⅱを接続したとき、電力計Ⅰ及び電力計Ⅱの指示値がそれぞれ M_1〔W〕及び M_2〔W〕であった。このときの反射係数 Γ 及び SWR を表す式の正しい組合せを下の番号から選べ。

	Γ	SWR
1	$\sqrt{\dfrac{M_1}{M_2}}$	$\dfrac{1+\Gamma}{1-\Gamma}$
2	$\sqrt{\dfrac{M_1}{M_2}}$	$\dfrac{1-\Gamma}{1+\Gamma}$
3	$\sqrt{\dfrac{M_2}{M_1}}$	$\dfrac{1-\Gamma}{1+\Gamma}$
4	$\sqrt{\dfrac{M_2}{M_1}}$	$\dfrac{1+\Gamma}{1-\Gamma}$
5	$\sqrt{\dfrac{M_2}{M_1}}$	$\dfrac{1-\Gamma}{\Gamma}$

24 次の記述は、一般的なデジタル方式のテスタ（回路計）について述べたものである。このうち誤っているものを下の番号から選べ。

1 入力回路には保護回路が入っている。

2 動作電源が必要であり、特に乾電池動作の場合、電池の消耗に注意が必要である。

3 アナログ方式のテスタ（回路計）に比べ、指示の読取りに個人差がない。

4 アナログ方式のテスタ（回路計）に比べ、電圧を測るときの入力抵抗が低い。

5 電圧、電流、抵抗などの測定項目を切換える際は、テストリード（棒）を測定箇所からはずした後行う。

解答の指針（元年10月午前）

1

1　衛星の電源には太陽電池が用いられるため、**春と秋に年間 2 回、電源が断となる**ことがあり、蓄電池等を搭載する**必要がある。**

3　衛星通信に 10〔GHz〕以上の電波が用いられる場合は、大気圏の**降雨による減衰が大きい。**

4　VSAT 制御地球局には**大口径のカセグレンアンテナ**を、VSAT 地球局には**小型のオフセットパラボラアンテナ**を用いることが多い。

5　電波が、地球上から通信衛星を経由して再び地球上に戻ってくるのに**約0.25秒**を要する。

2

最高周波数の 2 倍以上の標本化周波数で標本化すれば元のアナログ信号を完全に再現することができる。アナログ信号の最高周波数が15〔kHz〕なので、標本化周波数の下限値は、2×15 = 30〔kHz〕となる。

3

12〔Ω〕と 36〔Ω〕の並列回路の合成抵抗 R は次のようになる。

$$R = (12 \times 36)/(12 + 36) = 9〔Ω〕$$

12〔Ω〕と 36〔Ω〕の並列回路の端子電圧 V は $V = 72 \times 9/(18 + 9) = 24〔V〕$ となる。

したがって、36〔Ω〕の抵抗の消費電力 P は次のようになる。

$$P = V^2/R = 24^2/36 = 16〔W〕$$

4

電源の電圧を V〔V〕、コンデンサ C のリアクタンスを X_C〔Ω〕、抵抗を R〔Ω〕とすると、回路に流れる電流 I〔A〕は次のようになる。

$$I = \frac{V}{\sqrt{R^2 + X_C^2}}〔A〕$$

したがって、この回路（抵抗）で消費される電力 P〔W〕は次式で表される。

$$P = I^2 R = \frac{RV^2}{R^2 + X_C^2}〔W〕$$

上式に題意の数値を代入すると、X_C は次のようになる。

$$300 = 12 \times 100^2/(12^2 + X_C^2)〔W〕$$
$$1 = 400/(144 + X_C^2)$$

$$X_C{}^2 = 400 - 144$$
$$X_C{}^2 = 256 \qquad \therefore \quad X_C = \underline{16}\ (\Omega)$$

5

　4の斜線部の導体板に電荷が蓄えられ、並列接続のコンデンサと等価な回路（容量性窓）となる。

6

　入力抵抗を R_1、帰還抵抗を R_2 とすると、理想演算増幅器を用いた増幅回路の増幅度 A_V は次式で表される。

$$A_V = V_o/V_i = -R_2/R_1$$

上式に題意の数値を代入し、$|A_V|$ は次のようになる。

$$|A_V| = R_2/R_1 = 50\ (k\Omega)/10\ (k\Omega) = 5$$

反転増幅回路の電圧利得の値 G は次のようになる。

$$G = 20 \times \log_{10}|A_V| = 20 \times \log_{10} 5 = 20 \times \log_{10}(10/2)$$
$$= 20 \times (1 - 0.3) = \underline{14}\ (dB)$$

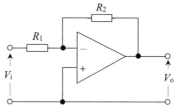

7

　誤った記述は**1**であり、正しくは以下のとおり。

　設問図1の共振回路の Q は、共振時の電流 $\dot{I}$ (A)、R_1、L 及び C の両端の電圧をおのおの $\dot{V}_{R1}$ (V)、$\dot{V}_L$ (V) 及び $\dot{V}_C$ (V) として次のようになる。

$$Q = \frac{|\dot{V}_L|}{|\dot{V}_{R1}|} = \frac{|j\omega_0 L\dot{I}|}{|R_1\dot{I}|} = \frac{\omega_0 L}{R_1} \quad \text{である。}$$

また、$|\dot{V}_L| = |\dot{V}_C|$ であるから、Q は次式でも表される。

$$Q = \frac{|\dot{V}_C|}{|\dot{V}_{R1}|} = \frac{|\dot{I}/(j\omega_0 C)|}{|R_1\dot{I}|} = \frac{1}{\omega_0 C R_1}$$

　設問図2の電源電圧を $\dot{V}$ (V)、抵抗 R_2 に流れる電流を $\dot{I}_{R2}$ (A)、L に流れる電流を $\dot{I}_L$ (A)、C に流れる電流を $\dot{I}_C$ (A) とすると、Q は次のようになる。

$$\dot{I}_{R2} = \dot{V}/R_2 \qquad\qquad \therefore \quad \dot{V} = R_2 \dot{I}_{R2}$$

$$\dot{I}_L = \frac{\dot{V}}{j\omega_0 L} = \frac{R_2 \dot{I}_{R2}}{j\omega_0 L} \qquad \therefore \quad Q = \frac{|\dot{I}_L|}{|\dot{I}_{R2}|} = \frac{R_2}{\omega_0 L}$$

$$\dot{I}_C = j\omega_0 C \dot{V} = j\omega_0 C R_2 I_{R2} \qquad \therefore \quad Q = \frac{|\dot{I}_C|}{|\dot{I}_{R2}|} = \omega_0 C R_2$$

したがって、$Q = \dfrac{R_2}{\omega_0 L} = \omega_0 C R_2$ であり、**3** は正しい記述である。

8

(1)　直線量子化は、どの信号レベルでも量子化幅が一定の均一量子化で、量子化雑音電力は信号電力と無関係である。したがって、入力信号電力が小さいときは、信号に対して量子化雑音が相対的に<u>大きく</u>なり、S/N が悪化する。

(2)　信号電力にかかわらず S/N を一定にするには、信号電力が小さいときはステップ幅を小さくし、大きいときは逆に大きくする非直線量子化を行う。その一つとして送信側で<u>圧縮器</u>を用い、受信側において<u>伸張器</u>を用いる方法がある。

9

(1)　16相 PSK と16値 QAM を比較すると、一般に平均電力が同じ場合、16値 QAM の方が信号点間距離が<u>長く</u>、シンボル誤り率は小さいので、多値変調で QAM 方式が利用される。

(2)　雑音などでシンボル誤りが生じた場合、誤り率を最小にするため、信号空間で隣接したシンボルどうしが1ビットしか変化しないような<u>グレイ符号</u>を割り当て、ビット誤りがあっても大きな変化が生じないようにする方法がある。

10

雑音指数を F（真数）、周囲温度を T〔K〕、ボルツマン定数を k 及び等価雑音帯域幅を B〔Hz〕としたとき、入力換算雑音電力 N_i〔W〕は、次式で表される。

$$N_i = kTBF$$

$F = 10^{(3/10)} = 10^{0.3} = 2$ であるから、N_i は題意の数値を用いて次のようになる。

$$N_i = kTBF$$
$$= 1.38 \times 10^{-23} \times (273+17) \times 10 \times 10^6 \times 2 \fallingdotseq \underline{8.0 \times 10^{-14}}\ 〔\text{W}〕$$

12

1　遅延検波は、受信する信号に対し、1シンボル（タイムスロット）**前**の信号を基準信号として用いて検波を行う。

3　遅延検波は、一般に同期検波より符号誤り率特性が**劣る**。

4　遅延検波は、PSK 通信方式で使用**できる**。

14

1　2周波中継方式において、ラジオダクトによるオーバーリーチ干渉を避ける方法としては、中継ルートを**ジグザグ**に設定して、アンテナの指向性を利用することが多い。

15

最大探知距離を向上するため、できるだけ遠方からの微弱な反射波を感知する能力を上げる必要がある。そのためにアンテナの利得を<u>大きく</u>するとともに送信電力を<u>大きく</u>して受信機の<u>感度</u>を良くする。

17

一次放射器が主反射鏡のビーム外に置かれるのは5の<u>オフセットパラボラアンテナ</u>である。

18

3　このアンテナの半値角は、図の θ の**2倍**である。（選択肢1の角度と同義である。）

20

相対利得 G の真数は、$G = 10^{(12/10)} = 10^{(0.3 \times 4)} = 2^4 = 16$

したがって、送受信点間の距離 d は、与式と題意の数値を用いて以下のようになる。

$$d = \frac{7\sqrt{GP}}{E} = \frac{7\sqrt{16 \times 4}}{3.5 \times 10^{-3}} = \frac{7 \times 8}{3.5 \times 10^{-3}} = 16 \times 10^3 = \underline{16}\ \text{(km)}$$

21

1　スポラジックE(Es)層は、我が国では、**夏季の昼間**に発生することが多い。

22

(1)　平滑回路は、設問図のようにコンデンサ C とチョークコイル CH で構成し、脈流の交流成分を取り除き、直流に近い出力を得るための<u>低域フィルタ　(LPF)</u>である。

(2)　入力に近い素子が CH であるから<u>チョーク</u>入力形平滑回路である。

23

　管内波長の1/4の間隔の2孔をもつ方向性結合器では、①から加えられた電力は、電力計Ⅱで（指示値：M_2）、②からの被測定回路の反射電力は、電力計Ⅰ（指示値：M_1）で計測される。したがって、電圧反射係数 Γ は、電力比 M_1/M_2 の平方根 $\sqrt{M_1/M_2}$ である。

　電圧定在波の最大値を V_{MAX}、最小値を V_{MIN} とすれば、電圧定在波比 SWR はそれらの比で定義され、進行波電圧と反射波電圧の実効値をおのおの V_1 と V_2 とすれば、$V_{\mathrm{MAX}} = V_1 + V_2$、$V_{\mathrm{MIN}} = V_1 - V_2$ であるから、次のようになる。

$$\mathrm{SWR} = \frac{V_{\mathrm{MAX}}}{V_{\mathrm{MIN}}} = \frac{V_1 + V_2}{V_1 - V_2} = \frac{1 + V_2/V_1}{1 - V_2/V_1} = \frac{1 + \Gamma}{1 - \Gamma}$$

24

4　アナログ方式のテスタ（回路計）に比べ、電圧を測るときの入力抵抗が**高い**。

無線工学　令和元年10月施行（午後の部）

1 次の記述は、静止衛星を利用する通信について述べたものである。このうち誤っているものを下の番号から選べ。

1　衛星通信では、一般に送信地球局から衛星へのアップリンク用の周波数と衛星から受信地球局へのダウンリンク用の周波数が対で用いられる。

2　衛星通信に10〔GHz〕以上の電波を使用する場合は、大気圏の降雨による減衰を受けやすい。

3　VSAT制御地球局には大口径のカセグレンアンテナを、VSAT地球局には小型のオフセットパラボラアンテナを用いることが多い。

4　3個の通信衛星を赤道上空に等間隔に配置することにより、極地域を除く地球上のほとんどの地域をカバーする通信網が構成できる。

5　電波が、地球上から通信衛星を経由して再び地球上に戻ってくるのに約0.1秒を要する。

2 標本化定理において、音声信号を標本化するとき、忠実に再現することが原理的に可能な音声信号の最高周波数として、正しいものを下の番号から選べ。ただし、標本化周波数を6〔kHz〕とする。

1　3〔kHz〕　　2　5〔kHz〕　　3　6〔kHz〕
4　9〔kHz〕　　5　12〔kHz〕

3 図に示す回路において、8〔Ω〕の抵抗の消費電力の値として、正しいものを下の番号から選べ。

1　16〔W〕
2　24〔W〕
3　32〔W〕
4　48〔W〕
5　64〔W〕

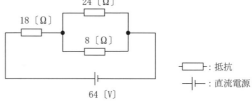

4 図に示す直列回路において消費される電力の値が250〔W〕であった。このときのコイルのリアクタンス X_L〔Ω〕の値として、正しいものを下の番号から選べ。

1　13〔Ω〕
2　16〔Ω〕
3　21〔Ω〕
4　28〔Ω〕
5　36〔Ω〕

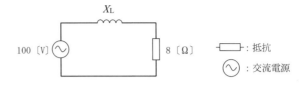

□：抵抗
◯〜：交流電源

5　図に示す等価回路に対応する働きを有する、斜線で示された導波管窓（スリット）素子として、正しいものを下の番号から選べ。ただし、電磁波は TE_{10} モードとする。

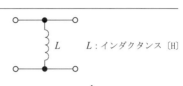

L：インダクタンス〔H〕

1　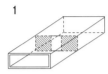　2　　3　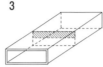　4　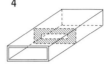

6　図に示す理想的な演算増幅器（オペアンプ）を使用した反転増幅回路の電圧利得の値として、最も近いものを下の番号から選べ。ただし、図の増幅回路の電圧増幅度の大きさ A_v（真数）は、次式で表されるものとする。また、$\log_{10} 2 = 0.3$ とする。

$$A_\mathrm{v} = R_2 / R_1$$

1　9〔dB〕　　2　12〔dB〕
3　18〔dB〕　　4　24〔dB〕
5　36〔dB〕

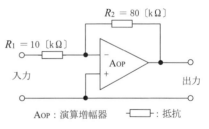

入力　　出力
$R_1 = 10$〔kΩ〕　$R_2 = 80$〔kΩ〕
$\mathrm{A_{OP}}$：演算増幅器　　□：抵抗

7　次の記述は、図1及び図2に示す共振回路について述べたものである。このうち誤っているものを下の番号から選べ。ただし、ω_0〔rad/s〕は共振角周波数とする。

1　図1の共振回路の Q（尖鋭度）は、$Q = \omega_0 L R_1$ である。

2　図1の共振角周波数 ω_0 は、$\omega_0 = \dfrac{1}{\sqrt{LC}}$ である。

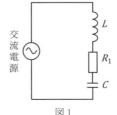

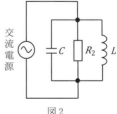

図1　　　　図2

R_1、R_2：抵抗〔Ω〕　L：インダクタンス〔H〕　C：静電容量〔F〕

答　　4：2　　5：1　　6：3

3　図2の共振時の回路の合成インピーダンスは、R_2である。

4　図2の共振回路のQ（尖鋭度）は、$Q＝\omega_0 CR_2$である。

8　次の記述は、PCM通信方式における量子化などについて述べたものである。□□□内に入れるべき字句の正しい組合せを下の番号から選べ。

(1)　直線量子化では、どの信号レベルに対しても同じステップ幅で量子化される。このとき、量子化雑音電力Nは、信号電力Sの大小に関係なく一定である。

したがって、入力信号電力が □A□ とき
は、信号に対して量子化雑音が相対的に大きくなる。

(2)　信号の大きさにかかわらずS/Nをできるだけ一定にするため、送信側において□B□を用い、受信側において□C□を用いる方法がある。

	A	B	C
1	大きい	圧縮器	識別器
2	大きい	乗算器	伸張器
3	小さい	伸張器	識別器
4	小さい	乗算器	圧縮器
5	小さい	圧縮器	伸張器

9　次の記述は、一般的なデジタル伝送における伝送誤りについて述べたものである。このうち誤っているものを下の番号から選べ。ただし、信号空間ダイアグラム上の信号点が変動し、受信側において隣接する信号点と誤って判断する現象をシンボル誤りといい、シンボル誤りが発生する確率をシンボル誤り率という。また、信号空間ダイアグラムにおける信号点の間の距離のうち、最も短いものを信号点間距離とする。

1　シンボル誤り率は、信号点間距離に依存する。

2　16相PSK（16PSK）と16値QAM（16QAM）を比較すると、一般に両方式の平均電力が同じ場合、16相PSKの方が信号点間距離が長い。

3　伝送路や受信機内部で発生する雑音及びフェージングは、シンボル誤り率を増加させる要因となる。

4　16相PSK（16PSK）と16値QAM（16QAM）を比較すると、一般に両方式の平均電力が同じ場合、16相PSKの方がシンボル誤り率が大きくなる。

10　受信機の雑音指数が3〔dB〕、周囲温度が17〔℃〕及び受信機の雑音出力を入力に換算した等価雑音電力の値が$8.28×10^{-14}$〔W〕のとき、この受信機の等価雑音帯域幅の値として、最も近いものを下の番号から選べ。ただし、ボルツマン定数は$1.38×10^{-23}$〔J/K〕、$\log_{10}2＝0.3$とする。

1　5〔MHz〕　　2　6〔MHz〕　　3　8〔MHz〕
4　10〔MHz〕　　5　12〔MHz〕

答　　7：1　　8：5　　9：2　　10：4

11 図は、地球局の送受信装置の構成例を示したものである。□□内に入れるべき字句の正しい組合せを下の番号から選べ。なお、同じ記号の□□内には、同じ字句が入るものとする。

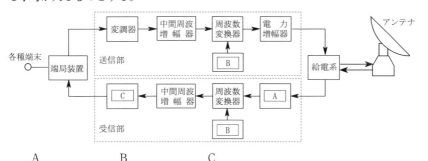

	A	B	C
1	低雑音増幅器	ビデオ増幅器	高周波増幅器
2	低雑音増幅器	局部発振器	高周波増幅器
3	低雑音増幅器	局部発振器	復調器
4	低周波増幅器	ビデオ増幅器	高周波増幅器
5	低周波増幅器	局部発振器	復調器

12 次の記述は、デジタル無線通信における同期検波について述べたものである。このうち誤っているものを下の番号から選べ。
1　同期検波は、受信した信号から再生した基準搬送波を使用して検波を行う。
2　同期検波は、低域フィルタ（LPF）を使用する。
3　同期検波は、PSK通信方式で使用できない。
4　同期検波は、一般に遅延検波より符号誤り率特性が優れている。

13 次の記述は、マイクロ波（SHF）多重無線回線の中継方式について述べたものである。□□内に入れるべき字句の正しい組合せを下の番号から選べ。
⑴　受信したマイクロ波を中間周波数などに変換しないで、マイクロ波のまま所定の送信電力レベルに増幅して送信する方式を□A□中継方式という。この方式は、中継装置の構成が□B□である。
⑵　受信したマイクロ波を復調し、信号の等化増幅及び同期の取直し等を行った後、変調して再びマイクロ波で送信する方式を□C□中継方式という。

	A	B	C
1	直接	複雑	非再生(ヘテロダイン)
2	直接	簡単	再生
3	無給電	複雑	非再生(ヘテロダイン)
4	無給電	簡単	再生

答　　11：3　　12：3　　13：2

14 次の記述は、地上系のマイクロ波（SHF）多重通信において生ずることのある干渉について述べたものである。□□□内に入れるべき字句の正しい組合せを下の番号から選べ。

⑴ 無線中継所などにおいて、正規の伝搬経路以外から、目的の周波数又はその近傍の周波数の電波が受信されるために干渉を生ずることがある。干渉は、□A□を劣化させる要因の一つになる。

⑵ 中継所のアンテナどうしのフロントバックやフロントサイド結合などによる干渉を軽減するため、指向特性の□B□以外の角度で放射レベルが十分小さくなるようなアンテナを用いる。

⑶ ラジオダクトの発生により、通常は影響を受けない見通し距離外の中継局から□C□による干渉を生ずることがある。

	A	B	C
1	回線品質	主ビーム	オーバーリーチ
2	回線品質	サイドローブ	ナイフエッジ
3	回線品質	主ビーム	ナイフエッジ
4	拡散率	サイドローブ	オーバーリーチ
5	拡散率	サイドローブ	ナイフエッジ

15 次の記述は、パルスレーダーの最小探知距離について述べたものである。□□□内に入れるべき字句の正しい組合せを下の番号から選べ。

⑴ 最小探知距離は、主としてパルス幅に□A□する。

⑵ したがって、受信機の帯域幅を□B□し、パルス幅を□C□するほど近距離の目標が探知できる。

	A	B	C
1	反比例	広く	狭く
2	反比例	狭く	広く
3	比例	広く	広く
4	比例	狭く	広く
5	比例	広く	狭く

16 次の記述は、パルスレーダーの受信機に用いられる回路について述べたものである。該当する回路の名称を下の番号から選べ。

この回路は、パルスレーダーの受信機において、雨や雪などからの反射波により、物標からの反射信号の判別が困難になるのを防ぐため、検波後の出力を微分して物標を際立たせるために用いるものである。

1 STC 回路　　　2 AFC 回路　　　3 IAGC 回路　　　4 FTC 回路

答　14：1　15：5　16：4

17 図は、マイクロ波（SHF）帯で用いられるアンテナの原理的な構成例を示したものである。このアンテナの名称として、正しいものを下の番号から選べ。

1　グレゴリアンアンテナ
2　コーナレフレクタアンテナ
3　ホーンレフレクタアンテナ
4　スリーブアンテナ
5　カセグレンアンテナ

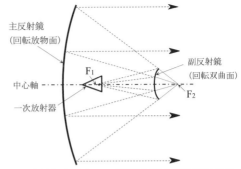

F_1：回転双曲面の焦点 、F_2：回転双曲面と回転放物面の焦点

18 次の記述は、図に示す単一指向性アンテナの電界パターン例について述べたものである。　　内に入れるべき字句の正しい組合せを下の番号から選べ。

(1)　半値角は、主ローブの電界強度がその最大値の　A　になる二つの方向で挟まれた角度 θ で表される。

(2)　半値角は、　B　とも呼ばれる。

(3)　前後比は、　C　で表される。

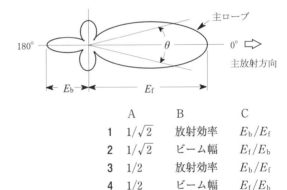

	A	B	C
1	$1/\sqrt{2}$	放射効率	E_b/E_f
2	$1/\sqrt{2}$	ビーム幅	E_f/E_b
3	$1/2$	放射効率	E_b/E_f
4	$1/2$	ビーム幅	E_f/E_b

19 次の記述は、垂直偏波で用いる一般的なコーリニアアレイアンテナについて述べたものである。このうち誤っているものを下の番号から選べ。

1　コーリニアアレイアンテナは、ブラウンアンテナに比べ、利得が大きい。
2　コーリニアアレイアンテナは、極超短波（UHF）帯を利用する基地局などで用いられている。
3　水平面内の指向性は、全方向性である。
4　原理的に、放射素子として垂直半波長ダイポールアンテナを垂直方向の一直線上に等間隔に多段接続した構造のアンテナであり、隣り合う各放射素子を互いに同振幅、逆位相の電流で励振する。

20 　自由空間において、半波長ダイポールアンテナに対する相対利得が9〔dB〕の指向性アンテナに2〔W〕の電力を供給して電波を放射したとき、最大放射方向で送信点からの距離が14〔km〕の受信点における電界強度の値として、最も近いものを下の番号から選べ。ただし、電界強度 E は、放射電力を P〔W〕、送受信点間の距離を d〔m〕、半波長ダイポールアンテナに対するアンテナの相対利得を G（真数）とすると、次式で表されるものとする。また、アンテナ及び給電系の損失はないものとし、$\log_{10}2 = 0.3$ とする。

$$E = \frac{7\sqrt{GP}}{d}\ \text{〔V/m〕}$$

1　2.0〔mV/m〕　　　2　2.5〔mV/m〕　　　3　3.0〔mV/m〕

4　4.0〔mV/m〕　　　5　5.5〔mV/m〕

21 　次の記述は、スポラジックE（Es）層について述べたものである。このうち正しいものを下の番号から選べ。

1　スポラジックE（Es）層は、F層とほぼ同じ高さに発生する。

2　スポラジックE（Es）層の電子密度は、D層より小さい。

3　通常E層を突き抜けてしまう超短波（VHF）帯の電波が、スポラジックE（Es）層で反射され、見通しをはるかに越えた遠方まで伝搬することがある。

4　スポラジックE（Es）層は、我が国では、冬季の夜間に発生することが多い。

5　スポラジックE（Es）層は、比較的長期間、数ヶ月継続することが多い。

22 　次の記述は、平滑回路について述べたものである。　　内に入れるべき字句の正しい組合せを下の番号から選べ。

(1)　平滑回路は、一般に、コンデンサC及びチョークコイルCHを用いて構成し、　A　から出力された脈流の交流分（リプル）を取り除き、直流に近い出力電圧を得るための低域フィルタ（LPF）である。

(2)　図は、　B　入力形平滑回路である。

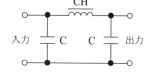

	A	B
1	電源変圧器	チョーク
2	整流回路	コンデンサ
3	整流回路	チョーク
4	負荷	コンデンサ
5	負荷	チョーク

23　次の記述は、図に示す方向性結合器を用いて導波管回路の定在波比（SWR）を測定する方法について述べたものである。◻◻◻内に入れるべき字句の正しい組合せを下の番号から選べ。なお、同じ記号の◻◻◻内には、同じ字句が入るものとする。

(1)　主導波管の①からマイクロ波電力を加え、②に被測定回路、③に電力計Ⅰ、④に電力計Ⅱを接続したとき、副導波管の出力③には反射波に◻ A ◻した電力が、副導波管の出力④には進行波に◻ A ◻した電力が得られる。

(2)　電力計Ⅰ及び電力計Ⅱの指示値がそれぞれ M_1〔W〕及び M_2〔W〕であるとき、反射係数 Γ は◻ B ◻で表される。また、SWRは、$(1+\Gamma)/(1-\Gamma)$ により求められる。

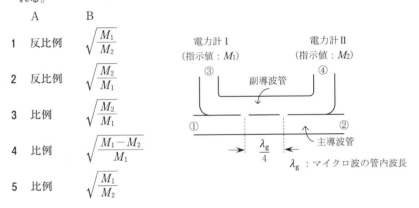

λ_g：マイクロ波の管内波長

	A	B
1	反比例	$\sqrt{\dfrac{M_1}{M_2}}$
2	反比例	$\sqrt{\dfrac{M_2}{M_1}}$
3	比例	$\sqrt{\dfrac{M_2}{M_1}}$
4	比例	$\sqrt{\dfrac{M_1-M_2}{M_1}}$
5	比例	$\sqrt{\dfrac{M_1}{M_2}}$

24　次の記述は、一般的なアナログ方式のテスタ（回路計）について述べたものである。このうち誤っているものを下の番号から選べ。

1　テスタに内蔵されている乾電池は、抵抗測定で使用される。

2　テスタを使用する際、テスタの指針が零（0）を指示していることを確かめてから測定に入る。

3　0〔Ω〕調整用のつまみをいっぱいに回しても、指針を0〔Ω〕に調整することができないときは、乾電池が消耗しているので、電池を新しいものに交換する。

4　通常、100〔kHz〕以上の高周波の電流値も直接測定できる。

5　測定が終了しテスタを保管する場合、テスタの切換えスイッチの位置は、OFFのレンジがついていないときには、最大の電圧レンジにしておく。

解答の指針（元年10月午後）

1

5　電波が、地球上から通信衛星を経由して再び地球上に戻ってくるのに約0.25秒を要する。

2

標本化定理より、音声信号を忠実に再現するには、標本化周波数をその音声信号の最高周波数の2倍以上にすればよいとされている。題意より標本化周波数は6〔kHz〕であるから、その音声信号の最高周波数は 3〔kHz〕である。

3

24〔Ω〕と8〔Ω〕の並列回路の合成抵抗 R は、次のようになる。
$$R = (24 \times 8)/(24 + 8) = 6 \ \text{〔Ω〕}$$
24〔Ω〕と8〔Ω〕の並列回路の端子電圧 V は $V = 64 \times 6/(18 + 6) = 16$〔V〕
したがって、8〔Ω〕の抵抗の消費電力 P は次のようになる。
$$P = V^2/R = 16^2/8 = \underline{32 \ \text{〔W〕}}$$

4

電源の電圧を V〔V〕、コイル L のリアクタンスを X_L〔Ω〕、抵抗を R〔Ω〕及び回路に流れる電流を I〔A〕とすると、この回路（抵抗）で消費される電力 P〔W〕は次式で表される。
$$I = \frac{V}{\sqrt{R^2 + X_L{}^2}} \ \text{〔A〕}$$
$$\therefore \quad P = I^2 R = \frac{RV^2}{R^2 + X_L{}^2} \ \text{〔W〕}$$
上式に題意の数値を代入すると、X_L は次のようになる。
$$250 = 8 \times 100^2/(8^2 + X_L{}^2) \ \text{〔W〕}$$
$$1 = 320/(64 + X_L{}^2)$$
$$X_L{}^2 = 320 - 64 = 256 \quad \therefore \quad X_L = \underline{16 \ \text{〔Ω〕}}$$

5

1のような磁界に直角な窓の場合、導体板に流れる電流によりその間に磁気エネルギーが蓄積されてインダクタンス L として働く。

6

入力抵抗を R_1、帰還抵抗を R_2 とすると、理想演算増幅器を用いた増幅回路の増幅度 A_V は次式で表される。

$$A_V = V_o/V_i = -R_2/R_1$$

上式に題意の数値を代入して、

$$|A_V| = R_2/R_1 = 80 \,〔\text{k}\Omega〕/10 \,〔\text{k}\Omega〕 = 8$$

反転増幅回路の電圧利得の値を G とすると、

$$G = 20 \times \log_{10}|A_V| = 20 \times \log_{10} 8 = 20 \times \log_{10} 2^3 = 60 \times \log_{10} 2$$
$$= 60 \times 0.3 = \underline{18}\,〔\text{dB}〕$$

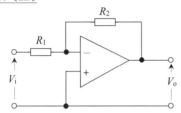

9

2　16相 PSK（16PSK）と16値 QAM（16QAM）を比較すると、一般に両方式の平均電力が同じ場合、16相 PSK の方が信号点間距離が**短い**。

10

雑音指数を F（真数）、周囲温度を T〔K〕、ボルツマン定数を k 及び等価雑音帯域幅を B〔Hz〕としたとき、入力換算雑音電力 N_i〔W〕は、次式で表される。

$$N_i = kTBF$$

$F = 10^{(3/10)} = 10^{0.3} = 2$ であるから、N_i は題意の数値を用いて次のようになる。

$$B = N_i/(kTF)$$
$$= 8.28 \times 10^{-14}/\{1.38 \times 10^{-23} \times (273+17) \times 2\}$$
$$\fallingdotseq 10 \times 10^6 = \underline{10}\,〔\text{MHz}〕$$

12

3　同期検波は、PSK 通信方式で使用**できる**。

15

レーダーの最小探知距離は、パルス幅を τ〔μs〕とすれば、約 **150τ**〔m〕で表され、パルス幅に**比例**する。したがって、受信機の帯域幅を<u>広く</u>し、パルス幅を<u>狭く</u>するほど近距離の目標が探知できる。

17

　副反射鏡が回転双曲面のパラボラアンテナは**カセグレンアンテナ**である。ちなみに、回転楕円面のパラボラアンテナはグレゴリアンアンテナである。

18

　半値角の「半値」は、主ローブの電力の1/2（電界強度では$1/\sqrt{2}$）を意味し、それら二つの方向のなす与図の角度 θ に相当する。

19

4　原理的に、放射素子として垂直半波長ダイポールアンテナを垂直方向の一直線上に等間隔に多段接続した構造のアンテナであり、隣り合う各放射素子を互いに同振幅、**同位相**の電流で励振する。

20

　相対利得 G の真数は、$G = 10^{(9/10)} = 10^{(0.3 \times 3)} = 2^3 = 8$
　電界強度 E は、与式と題意の数値を用いて以下のようになる。

$$E = \frac{7\sqrt{GP}}{d} = \frac{7\sqrt{8 \times 2}}{14 \times 10^3} = \frac{7 \times 4}{14 \times 10^3} = 2 \times 10^{-3} = \underline{2.0}\ \text{〔mV/m〕}$$

21

1　スポラジック E(Es)層は、**E層**とほぼ同じ高さに発生する。
2　スポラジック E(Es)層の電子密度は、**E層**より大きい。
4　スポラジック E(Es)層は、我が国では、**夏季の昼間**に発生することが多い。
5　スポラジック E(Es)層は、**局地的に発生し、出現時間は、数分から数時間で ある。**

22

　平滑回路は、整流回路の出力に含まれる脈流の交流成分を除去し、直流に近い出力電圧を得るための低域フィルタであり、設問図の回路は、入力に近い素子からコンデンサ入力形平滑回路と呼ばれる。

24

4　**テスタでは、高周波電流の直接測定はできない。高周波電流測定用のレンジは 設けられていない。**

無線工学　令和2年2月施行（午前の部）

1　次の記述は、静止衛星による通信について述べたものである。□内に入れるべき字句の正しい組合せを下の番号から選べ。なお、同じ記号の□内には、同じ字句が入るものとする。

(1) 衛星に搭載する中継装置の回線を分割し、多数の　A　が共用するため、FDMA、TDMA などの多元接続方式が用いられる。

(2) FDMA 方式は、　B　を分割して各　A　に回線を割り当てる。

(3) 静止衛星と地球局間の距離が 37,500km の場合、一中継当たり　C　秒程度の電波の伝搬による遅延がある。

	A	B	C
1	地球局	周波数	0.1
2	地球局	時間	0.1
3	地球局	周波数	0.25
4	宇宙局	周波数	0.25
5	宇宙局	時間	0.1

2　次の記述は、直接拡散（DS）を用いた符号分割多重（CDM）伝送方式の一般的な特徴について述べたものである。このうち誤っているものを下の番号から選べ。

1　送信側で用いた擬似雑音符号と同じ符号でしか復調できないため秘話性が高い。

2　拡散変調では、送信する音声やデータなどの情報をそれらが本来有する周波数帯域よりもはるかに広い帯域に広げる。

3　受信時に混入した狭帯域の妨害波は受信側で拡散されるので、狭帯域の妨害波に弱い。

4　拡散符号により、情報を広帯域に一様に拡散し電力スペクトル密度の低い雑音状にすることで、通信していることの秘匿性も高い。

3　図に示す回路の端子 ab 間の合成静電容量の値として、正しいものを下の番号から選べ。

1　10〔μF〕
2　12〔μF〕
3　15〔μF〕
4　18〔μF〕
5　20〔μF〕

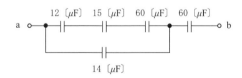

答　　1：3　　2：3　　3：3

4 図に示す直流ブリッジ回路が平衡状態にあるとき、抵抗 R_X〔Ω〕の両端の電圧 V_X の値として、正しいものを下の番号から選べ。

1　4.2〔V〕

2　5.4〔V〕

3　7.6〔V〕

4　8.8〔V〕

5　9.4〔V〕

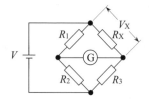

直流電源電圧: $V = 12$ 〔V〕

抵抗: $R_1 = 275$ 〔Ω〕

$R_2 = 100$ 〔Ω〕

$R_3 = 350$ 〔Ω〕

Ⓖ: 検流計

5 デジタル符号列「0101001」に対応する伝送波形が図に示す波形の場合、伝送符号形式の名称として、正しいものを下の番号から選べ。

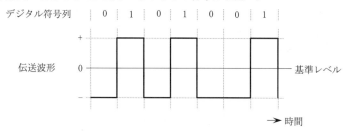

1　両極（複極）性 RZ 符号　　2　両極（複極）性 NRZ 符号

3　AMI 符号　　4　単極性 NRZ 符号

5　単極性 RZ 符号

6 次の記述は、図に示す導波管サーキュレータについて述べたものである。____内に入れるべき字句の正しい組合せを下の番号から選べ。なお、同じ記号の____内には、同じ字句が入るものとする。

(1)　Y 接合した方形導波管の接合部の中心に円柱状の __A__ を置き、この円柱の軸方向に適当な大きさの __B__ を加えた構造である。

(2)　TE_{10} モードの電磁波をポート①へ入力するとポート②へ、ポート②へ入力するとポート③へ、ポート③へ入力するとポート①へそれぞれ出力し、それぞれ他のポートへの出力は極めて小さいので、各ポート間に可逆性が __C__ 。

	A	B	C
1	セラミックス	静磁界	ある
2	セラミックス	静電界	ない
3	フェライト	静磁界	ない
4	フェライト	静電界	ある

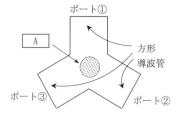

ポート①

方形導波管

ポート③　　ポート②

7 図に示す負帰還増幅回路例の電圧増幅度の値として、最も近いものを下の番号から選べ。ただし、帰還をかけないときの電圧増幅度 A を 200、帰還率 β を 0.1 とする。

1　3.5

2　5.0

3　9.5

4　20.0

5　40.0

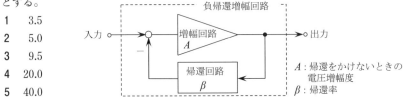

A：帰還をかけないときの
　　電圧増幅度
β：帰還率

8 次の記述は、デジタル変調のうち直交振幅変調（QAM）方式について述べたものである。このうち誤っているものを下の番号から選べ。ただし、信号空間ダイアグラム上の信号点が変動し、受信側において隣接する信号点と誤って判断する現象をシンボル誤りという。また、信号空間ダイアグラムにおける信号点の間の距離のうち、最も短いものを信号点間距離とする。

1　16QAM 方式は、16個の信号点を持つ QAM 方式である。

2　256QAM 方式は、16QAM 方式と比較すると、同程度の占有周波数帯幅で同一時間内に２倍の情報量を伝送できる。

3　QAM 方式は、搬送波の振幅と位相の二つのパラメータを用いて、伝送する方式である。

4　64QAM 方式は、16QAM 方式と比較すると、一般に両方式の平均電力が同じ場合、信号点間距離が長くなるので、原理的に伝送路等におけるノイズやひずみによるシンボル誤りが起こりにくくなる。

9 次の記述は、直交周波数分割多重（OFDM）伝送方式について述べたものである。このうち誤っているものを下の番号から選べ。ただし、OFDM 伝送方式で用いる多数のキャリアをサブキャリアという。

1　高速のビット列を多数のサブキャリアを用いて周波数軸上で分割して伝送する方式である。

2　図に示すサブキャリアの周波数間隔 Δf は、有効シンボル期間長（変調シンボル長）Ts の逆数と等しく（$\Delta f = 1/Ts$）なっている。

3　ガードインターバルは、遅延波によって生じる符号間干渉を軽減するために付加される。

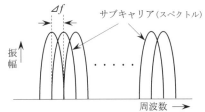

サブキャリア間のスペクトルの関係を示す略図

無線工学
2年2月・午前

4　ガードインターバルは、送信側で付加される。

5　OFDM 伝送方式を用いると、シングルキャリアをデジタル変調した場合に比べて伝送速度はそのままでシンボル期間長を短くできる。

10　次の記述は、スーパヘテロダイン受信機において生じることがある混信妨害について述べたものである。このうち誤っているものを下の番号から選べ。

1　相互変調による混信妨害は、受信機の入力レベルを下げることにより軽減できる。

2　相互変調による混信妨害は、高周波増幅器などが入出力特性の直線範囲で動作するときに生じる。

3　近接周波数による混信妨害は、妨害波の周波数が受信周波数に近接しているときに生じる。

4　影像周波数による混信妨害は、高周波増幅器の選択度を向上させることにより軽減できる。

11　次の記述は、デジタル無線回線における伝送特性の補償について述べたものである。□□□内に入れるべき字句の正しい組合せを下の番号から選べ。

(1)　周波数選択性フェージングなどによる伝送特性の劣化は、受信信号のビット誤り率が　A　なる原因となる。

(2)　このため、伝送中に生じる受信信号の振幅や位相のひずみをその変化に応じて補償する回路（装置）が用いられる。この回路は、周波数領域で補償する回路と時間領域で補償する回路に大別される。この回路は、一般的に　B　と呼ばれる。

	A	B
1	大きく	等化器
2	大きく	分波器
3	小さく	等化器
4	小さく	分波器
5	小さく	圧縮器

12　次の記述は、無線 LAN や携帯電話などで用いられる MIMO（Multiple Input Multiple Output）の特徴などについて述べたものである。□□□内に入れるべき字句の正しい組合せを下の番号から選べ。

(1)　MIMO では、送信側と受信側の双方に複数のアンテナを設置し、送受信アンテナ間に　A　の伝送路を形成して、空間多重伝送による伝送容量の増大の実現を図ることができる。

(2)　例えば、ある基地局からある端末への通信（下りリンク）において、基地局の複数の送信アンテナから異なるデータ信号を送信しつつ、端末の複数の受信アンテナで信号を受信し、　B　により送信アンテナ毎のデータ信号に分離することができ、新たに周波数帯域を増やさずに　C　できる。

答　　9：5　　10：2　　11：1

	A	B	C
1	単一	信号処理	高速伝送
2	単一	グレイ符号化	伝送遅延を多く
3	複数	グレイ符号化	伝送遅延を多く
4	複数	グレイ符号化	高速伝送
5	複数	信号処理	高速伝送

13 次の記述は、衛星通信に用いられる多元接続方式及び回線割当方式について述べたものである。□□□内に入れるべき字句の正しい組合せを下の番号から選べ。

(1) 各地球局がデジタル変調された搬送波を用いて、通信衛星の中継器を時分割で使用する方式を TDMA 方式といい、断続する搬送波が互いに重なり合わないようにするため、□A□を設ける必要がある。

(2) 回線割当方式は大別して二つあり、このうち地球局にあらかじめ所定の衛星回線を割り当てておく方式を□B□方式という。

	A	B
1	ガードタイム	プリアサイメント
2	ガードタイム	デマンドアサイメント
3	ガードバンド	デマンドアサイメント
4	ガードバンド	プリアサイメント

14 次の記述は、地上系マイクロ波（SHF）多重通信の無線中継方式の一つである反射板を用いた無給電中継方式について述べたものである。このうち誤っているものを下の番号から選べ。

1 見通し外の２地点が比較的近距離の場合に、反射板を用いて電波を目的の方向へ送出することができる。

2 反射板の面積が一定のとき、その利得は波長が長くなるほど大きくなる。

3 中継による電力損失は、反射板の面積が大きいほど少ない。

4 中継による電力損失は、電波の到来方向が反射板に直角に近いほど少ない。

15 次の記述は、パルスレーダーの動作原理等について述べたものである。このうち誤っているものを下の番号から選べ。

1 最小探知距離を短くするには、水平面内のビーム幅を狭くする。

2 水平面内のビーム幅が狭いほど、方位分解能は良くなる。

3 図１は、レーダーアンテナの水平面内指向性を表したものであるが、放射電力密度（電力束密度）が最大放射方向の1/2に減る二つの方向のはさむ角 θ_1 をビーム幅という。

答　　12：5　　13：1　　14：2

4　図2に示す物標の観測において、レーダーアンテナのビーム幅を θ_1、観測点からみた物標をはさむ角を θ_2 とすると、レーダー画面上での物標の表示幅は、ほぼ $\theta_1 + \theta_2$ に相当する幅に拡大される。

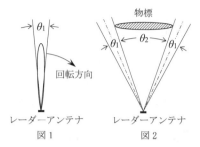

図1　レーダーアンテナ

図2　レーダーアンテナ

16　パルスレーダーにおいて、パルス波が発射されてから、物標による反射波が受信されるまでの時間が45〔μs〕であった。このときの物標までの距離の値として、最も近いものを下の番号から選べ。

1　1,350〔m〕　　　2　2,250〔m〕　　　3　4,500〔m〕

4　5,625〔m〕　　　5　6,750〔m〕

17　無線局の送信アンテナの絶対利得が41〔dBi〕、送信アンテナに供給される電力が20〔W〕のとき、等価等方輻射電力（EIRP）の値として、最も近いものを下の番号から選べ。ただし、等価等方輻射電力 P_E〔W〕は、送信アンテナに供給される電力を P_T〔W〕、送信アンテナの絶対利得を G_T（真数）とすると、次式で表されるものとする。また、1〔W〕を0〔dBW〕とし、$\log_{10} 2 = 0.3$ とする。

$$P_E = P_T \times G_T \text{〔W〕}$$

1　67〔dBW〕　　　2　64〔dBW〕　　　3　61〔dBW〕

4　57〔dBW〕　　　5　54〔dBW〕

18　次の記述は、衛星通信に用いられる反射鏡アンテナについて述べたものである。このうち誤っているものを下の番号から選べ。

1　衛星からの微弱な電波を受信するため、大きな開口面を持つ反射鏡アンテナが利用される。

2　主反射鏡に回転放物面を、副反射鏡に回転双曲面を用いるものにカセグレンアンテナがある。

3　回転放物面を反射鏡に用いたパラボラアンテナは、開口面の面積が大きいほど前方に尖鋭な指向性が得られる。

4　回転放物面を反射鏡に用いたパラボラアンテナは、高利得のファンビームのアンテナであり、回転放物面の焦点に置かれた一次放射器から放射された電波は、反射鏡により球面波となって放射される。

19　次の記述は、同軸ケーブルについて述べたものである。このうち正しいものを下の番号から選べ。

1　使用周波数が高くなるほど誘電損が大きくなる。

2　同軸ケーブルは、一本の内部導体のまわりに同心円状に外部導体を配置し、両導体間に導電性樹脂を詰めた給電線である。

3　伝送する電波が外部へ漏れやすく、外部からの誘導妨害を受けやすい。

4　不平衡形の同軸ケーブルと半波長ダイポールアンテナを接続するときは、平衡給電を行うためスタブを用いる。

20　次の記述は、マイクロ波回線の設定の際に考慮される第1フレネルゾーンについて述べたものである。□□□内に入れるべき字句の正しい組合せを下の番号から選べ。ただし、使用する電波の波長を λ とする。

(1)　図に示すように、送信点 T と受信点 R を焦点とし、TP と PR の距離の和が、焦点間の最短の距離 TR よりも　A　だけ長い楕円を描くと、直線 TR を軸とする回転楕円体となり、この楕円の内側の範囲を第1フレネルゾーンという。

(2)　一般的には、自由空間に近い良好な伝搬路を保つため、回線途中にある山や建物などの障害物が第1フレネルゾーンに入らないようにクリアランスを設ける必要がある。

(3)　図に示す第1フレネルゾーンの断面の半径 r は、使用する周波数が高くなるほど　B　なる。

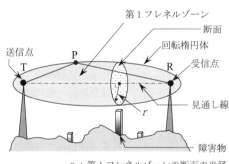

第1フレネルゾーン
断面
回転楕円体
送信点
P
T
R
受信点
見通し線
r
障害物
r：第1フレネルゾーンの断面の半径

	A	B
1	$\lambda/4$	大きく
2	$\lambda/4$	小さく
3	$\lambda/2$	大きく
4	$\lambda/2$	小さく
5	λ	大きく

21　次の記述は、陸上の移動体通信の電波伝搬特性について述べたものである。□□□内に入れるべき字句の正しい組合せを下の番号から選べ。

(1)　基地局から送信された電波は、移動局周辺の建物などにより反射、回折され、定在波などを生じ、この定在波の中を移動局が移動すると受信にフェージングが発生する。一般に、周波数が　A　ほど、また移動速度が　B　ほど変動が速いフェージングとなる。

無線工学　2年2月・午前

(2)　さまざまな方向から反射、回折して移動局に到来する多数の電波の到来時間
（伝搬遅延時間）に差があるため、帯域内の各周波数の振幅と位相の変動が一様
ではなく、　　C　　フェージングを生じる。伝送帯域が狭い場合は、その影響はほ
とんどないが、一般に、高速デジタル伝送の場合には、伝送信号に波形ひずみを
生じることになる。

	A	B	C
1	高い	遅い	シンチレーション
2	高い	速い	周波数選択性
3	低い	速い	シンチレーション
4	低い	遅い	周波数選択性
5	低い	速い	周波数選択性

22　次の記述は、一般的な無停電電源装置について述べたものである。　　　　内
に入れるべき字句の正しい組合せを下の番号から選べ。

(1)　定常時には、商用電源からの交流入力が　　A　　器で直流に変換され、インバー
タに直流電力が供給される。インバータはその直流電力を交流電力に変換し負荷
に供給する。

(2)　商用電源が停電した場合は、　　B　　電池に蓄えられていた直流電力がインバー
タにより交流電力に変換され、負荷には連続して交流電力が供給される。

(3)　無停電電源装置の出力として一般的に必要な　　C　　の交流は、インバータの
PWM制御を利用して得ることができる。

	A	B	C
1	変圧	二次	定電圧、定周波数
2	変圧	一次	可変電圧、可変周波数
3	整流	一次	定電圧、定周波数
4	整流	二次	定電圧、定周波数
5	整流	一次	可変電圧、可変周波数

23　図に示す増幅器の利得の測定回路において、切換えスイッチSを①に接続
して、レベル計の指示が０〔dBm〕となるように信号発生器の出力を調整した。次
に減衰器の減衰量を９〔dB〕として、切換えスイッチSを②に接続したところ、レ
ベル計の指示が17〔dBm〕となった。このとき被測定増幅器の電力増幅度の値（真
数）として、最も近いものを下の番号から選べ。ただし、信号発生器、減衰器、被
測定増幅器及び負荷抵抗は整合されており、レベル計の入力インピーダンスによる
影響はないものとする。また、1〔mW〕を０〔dBm〕、$\log_{10}2 = 0.3$とする。

答　21 : 2　22 : 4

1　2,000
2　1,000
3　　750
4　　500
5　　400

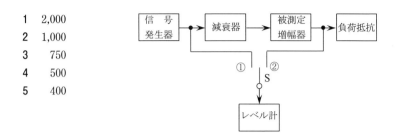

24　次の記述は、マイクロ波用標準信号発生器として一般に必要な条件について述べたものである。このうち条件に該当しないものを下の番号から選べ。

1　出力の周波数特性が良いこと。
2　出力インピーダンスが連続的に可変であること。
3　出力のスプリアスが小さいこと。
4　出力の周波数が正確で安定であること。
5　出力レベルが正確で安定であること。

解答の指針（2年2月午前）

2

3　受信時に混入した狭帯域の妨害波は受信側で拡散されるので、狭帯域の妨害波に強い。

3

端子 ab 間の合成静電容量の値 C は次のようになる。

$$C = \frac{\left(\dfrac{12 \times 15 \times 60}{12 \times 15 + 12 \times 60 + 15 \times 60} + 14\right) \times 60}{\left(\dfrac{12 \times 15 \times 60}{12 \times 15 + 12 \times 60 + 15 \times 60} + 14\right) + 60}$$

$$= \frac{(6+14) \times 60}{(6+14) + 60} = \frac{20 \times 60}{20 + 60} = \frac{1,200}{80} = \underline{15} \; [\mu F]$$

4

直流ブリッジが平衡状態にあるから $R_X [\Omega]$ の両端の電圧 V_X は、$R_1 [\Omega]$ の両端の電圧 V_1 と等しい。

したがって、V_X は次式で表され、題意の数値を用いて次のようになる。

$$V_X = V_1 = V \times \frac{R_1}{R_1 + R_2} = 12 \times \frac{275}{275 + 100} = \underline{8.8} \; [V]$$

5

プラスとマイナスの2極を持ち、一周期の間に基準レベル（0）の時間がないので、2 の両極（複極）性 NRZ 符号である。

6

設問図の導波管サーキュレータは3端子の非可逆回路の一種であり、静磁界が加えられた円柱状のフェライト中を伝搬する電波の偏波面が回転する性質（ファラデー回転）を利用する。入力と出力の関係は通常矢印の方向で示され、例えば、TE_{10} モードの電磁波はポート①から入力されるとポート②に出力され、ポート③には出力されない。また、ポート②からポート③に出力され、ポート①に出力されない。このように方向性を示し、ポート間には可逆性はない。

7

入力電圧を V_i、出力電圧を V_2 とすれば次式の関係が成り立つ。

$$V_o = (V_i - \beta V_o) \times A = AV_i - A\beta V_o$$

$$\therefore \quad AV_i = V_o + A\beta V_o = V_o(1+A\beta)$$

上式より負帰還をかけたときの増幅度 A_f は次のようになる。

$$A_f = \frac{V_o}{V_i} = \frac{A}{1+A\beta} = \frac{200}{1+200\times0.1} \fallingdotseq \underline{9.5}$$

8

4　64QAM 方式は、16QAM 方式と比較すると、一般に両方式の平均電力が同じ場合、信号点間距離が**短く**なるので、原理的に伝送路等におけるノイズやひずみによるシンボル誤りが起こり**やすく**なる。

9

5　OFDM 伝送方式を用いると、シングルキャリアをデジタル変調した場合に比べて伝送速度はそのままでシンボル期間長を**長く**できる。

10

2　相互変調による混信妨害は、高周波増幅器などが入出力特性の**非直線範囲**で動作するときに生ずる。

12

MIMO（マイモ）とは、複数の送受信アンテナを組み合わせてデータの送受信帯域を広げる技術である。送信機と受信機の双方に複数のアンテナを設置し、それらの間で複数の空間多重伝送路を構成し、同時に異なるデータを送信して、受信時に合成、信号処理をすることによって送信アンテナごとにデータ信号を分離し、擬似的に広帯域を実現、周波数帯を増加させずに通信の高速伝送化を図るとともに、多数の障害物がある環境での送受信を安定化させることができる。WiMAX や LTE などに用いられる。

14

2　反射板の面積が一定のとき、その利得は波長が**短くなる**ほど大きくなる。

15

1　最小探知距離を短くするには、**送信パルス幅**を狭くする。

16

反射波を受信するまでの時間を t〔s〕、電波の速度を c〔m/s〕とすると、物標までの距離 d〔m〕は次式で示されるので、題意の数値を用いて次のようになる。

$$d = \frac{1}{2}ct = \frac{1}{2} \times 3 \times 10^8 \times 45 \times 10^{-6} = \frac{135}{2} \times 10^2 = \underline{6,750}\ \text{〔m〕}$$

17

等価等方輻射電力 P_E は、送信アンテナに供給される電力を P_T〔W〕、送信アンテナの絶対利得を G_T（真数）とすると、与式から次のようになる。

$$P_E = P_T \times G_T\ \text{〔W〕}$$

上式をデシベルで表示し、P_T をデシベルで表示した値 $P_{TdB} = 10\log_{10}20 = 10\log_{10}10 + 10\log_{10}2 = 13$〔dBW〕と題意の G_{TdB}〔dBi〕を用いて、EIRP は次のようになる。

$$\text{等価等方輻射電力 EIRP} = P_{TdB} + G_{TdB} = 13 + 41 = \underline{54}\ \text{〔dBW〕}$$

18

4　回転放物面を反射鏡に用いたパラボラアンテナは、高利得の**ペンシル**ビームのアンテナであり、回転放物面の焦点に置かれた一次放射器から放射された電波は、反射鏡により**平面波**となって放射される。

19

2　同軸ケーブルは、一本の内部導体のまわりに同心円状に外部導体を配置し、両導体間に**誘電体**を詰めた給電線である。

3　伝送する電波が外部へ**漏れ**にくく、外部からの誘導妨害を**受けにくい**。

4　不平衡形の同軸ケーブルと半波長ダイポールアンテナを接続するときは、平衡給電を行うため**バラン**を用いる。

23

増幅器への入力電力 P_i〔dBm〕、出力電力 P_o〔dBm〕、減衰器の減衰量 L〔dB〕及び増幅器の電力増幅度 G〔dB〕の間には次式が成立する。

$$P_o\ \text{〔dBm〕} = P_i\ \text{〔dBm〕} - L\ \text{〔dB〕} + G\ \text{〔dB〕}$$

$$\therefore\ G\ \text{〔dB〕} = P_o\ \text{〔dBm〕} - P_i\ \text{〔dBm〕} + L\ \text{〔dB〕}$$

上式に題意の数値を代入すると G は次のようになる。

$$G = 17 - 0 + 9 = 26\ \text{〔dB〕}$$

したがって、電力増幅度（真数）は次のようになる。

$$10^{2.6} = 10^{2.0 + 0.3 + 0.3} = 100 \times 2 \times 2 = \underline{400}$$

24

2　出力インピーダンスは**一定**で、**既知**であること。

無線工学　令和2年2月施行（午後の部）

1　次の記述は、静止衛星による通信について述べたものである。 ____ 内に入れるべき字句の正しい組合せを下の番号から選べ。

(1) 衛星に搭載する中継装置の回線を分割し、多数の地球局が共用するため、FDMA、TDMA などの A 方式が用いられる。

(2) TDMA 方式は、 B を分割して各地球局に回線を割り当てる。

(3) 10〔GHz〕以上の電波を使用する衛星通信は、 C による信号の減衰を受けやすい。

	A	B	C
1	再生中継	時間	降雨
2	再生中継	周波数	電離層シンチレーション
3	多元接続	時間	降雨
4	多元接続	周波数	降雨
5	多元接続	時間	電離層シンチレーション

2　次の記述は、直接拡散（DS）を用いた符号分割多重（CDM）伝送方式の一般的な特徴について述べたものである。 ____ 内に入れるべき字句の正しい組合せを下の番号から選べ。

(1) CDM 伝送方式は、送信側で用いた擬似雑音符号と A 符号でしか復調できないため B が高い。

(2) この伝送方式は、受信時に混入した狭帯域の妨害波は受信側で拡散されるので、狭帯域の妨害波に C 。

	A	B	C
1	同じ	冗長性	弱い
2	同じ	秘話性	強い
3	異なる	秘話性	弱い
4	異なる	冗長性	強い

3　図に示す回路の端子 ab 間の合成静電容量の値として、正しいものを下の番号から選べ。

1　12〔μF〕

2　16〔μF〕

3　20〔μF〕

4　24〔μF〕

5　30〔μF〕

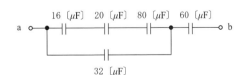

　答　　1：3　　2：2　　3：4

4　図に示す直流ブリッジ回路が平衡状態にあるとき、抵抗 R_X〔Ω〕の両端の電圧 V_X の値として、正しいものを下の番号から選べ。

1　11.2〔V〕

2　10.6〔V〕

3　10.0〔V〕

4　9.2〔V〕

5　6.4〔V〕

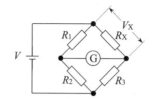

直流電源電圧：$V = 12$〔V〕

抵抗：$R_1 = 350$〔Ω〕

$R_2 = 25$〔Ω〕

$R_3 = 700$〔Ω〕

Ⓖ：検流計

5　デジタル符号列「0101001」に対応する伝送波形が図に示す波形の場合、伝送符号形式の名称として、正しいものを下の番号から選べ。

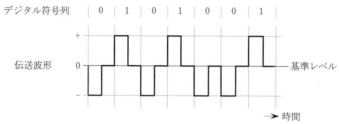

1　単極性 RZ 符号

2　単極性 NRZ 符号

3　AMI 符号

4　両極（複極）性 NRZ 符号

5　両極（複極）性 RZ 符号

6　次の記述は、図に示すサーキュレータについて述べたものである。このうち誤っているものを下の番号から選べ。

1　端子①からの入力は端子②へ出力され、端子②からの入力は端子③へ出力される。

2　端子①へ接続したアンテナを送受信用に共用するには、原理的に端子②に受信機を、端子③に送信機を接続すればよい。

3　フェライトを用いたサーキュレータでは、これに静磁界を加えて動作させる。

4　3個の入出力端子の間には互に可逆性がある。

7　図に示す負帰還増幅回路例の電圧増幅度の値として、最も近いものを下の番号から選べ。ただし、帰還をかけないときの電圧増幅度 A を 200、帰還率 β を 0.2 とする。

答　　4：1　　5：5　　6：4

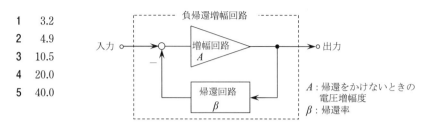

1　　3.2

2　　4.9

3　　10.5

4　　20.0

5　　40.0

負帰還増幅回路

入力　　増幅回路　A　　出力

帰還回路　β

A：帰還をかけないときの電圧増幅度

β：帰還率

8　　次の記述は、デジタル変調のうち直交振幅変調（QAM）方式について述べたものである。このうち誤っているものを下の番号から選べ。ただし、信号空間ダイアグラム上の信号点が変動し、受信側において隣接する信号点と誤って判断する現象をシンボル誤りという。また、信号空間ダイアグラムにおける信号点の間の距離のうち、最も短いものを信号点間距離とする。

1　　QAM方式は、搬送波の振幅と位相の二つのパラメータを用いて、伝送する方式である。

2　　64QAM方式は、64個の信号点を持つQAM方式である。

3　　64QAM方式は、16QAM方式と比較すると、一般に両方式の平均電力が同じ場合、信号点間距離が短くなるので、原理的に伝送路等におけるノイズやひずみによるシンボル誤りが起こりやすくなる。

4　　64QAM方式は、QPSK（4PSK）方式と比較すると、同程度の占有周波数帯幅で同一時間内に16倍の情報量を伝送できる。

9　　次の記述は、直交周波数分割多重（OFDM）伝送方式について述べたものである。このうち誤っているものを下の番号から選べ。ただし、OFDM伝送方式で用いる多数のキャリアをサブキャリアという。

1　　ガードインターバルは、遅延波によって生じる符号間干渉を軽減するために付加される。

2　　各サブキャリアを分割してユーザが利用でき、必要なチャネル相当分を周波数軸上に多重化できる。

3　　単一キャリアのみを用いた伝送方式に比べて、OFDM伝送方式では高速のビット列を多数のサブキャリアを用いて周波数軸上で分割して伝送することで、サブキャリア1本当たりのシンボルレートを高くできる。

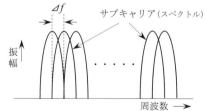

Δf　　サブキャリア（スペクトル）

振幅

周波数

サブキャリア間のスペクトルの関係を示す略図

4　図に示すサブキャリアの周波数間隔$\varDelta f$は、有効シンボル期間長（変調シンボル長）T_sの逆数と等しく（$\varDelta f = 1/T_s$）なっている。

5　OFDM伝送方式を用いると、一般に単一キャリアのみを用いた伝送方式に比べマルチパスによる遅延波の影響を受け難い。

10　次の記述は、スーパヘテロダイン受信機において生じることがある混信妨害について述べたものである。このうち誤っているものを下の番号から選べ。

1　影像周波数による混信妨害は、中間周波増幅器の選択度を向上させることにより軽減できる。

2　相互変調妨害は、一つの希望波信号を受信しているときに、二以上の強力な妨害波が到来し、それが、受信機の非直線性により、受信機内部に希望波信号周波数又は受信機の中間周波数と等しい周波数を発生させたときに生じる。

3　相互変調による混信妨害は、受信機の入力レベルを下げることにより軽減できる。

4　近接周波数による混信妨害は、妨害波の周波数が受信周波数に近接しているときに生じる。

11　次の記述は、デジタル無線通信に用いられる一つの回路（装置）について述べたものである。該当する回路の一般的な名称として適切なものを下の番号から選べ。
　周波数選択性フェージングなどによる伝送特性の劣化は、波形ひずみとなって現れてビット誤り率が大きくなる原因となるため、伝送中に生じる受信信号の振幅や位相のひずみをその変化に応じて補償する回路が用いられる。この回路は、周波数領域で補償する回路と時間領域で補償する回路に大別される。

1　符号器　　　　2　導波器　　　　3　等化器　　　　4　分波器

12　次の記述は、無線LANや携帯電話などで用いられるMIMO（Multiple Input Multiple Output）の特徴などについて述べたものである。　　　　内に入れるべき字句の正しい組合せを下の番号から選べ。

(1)　MIMOでは、送信側と受信側の双方に複数のアンテナを設置し、送受信アンテナ間に複数の伝送路を形成して、　A　多重伝送による伝送容量の増大の実現を図ることができる。

(2)　例えば、ある基地局からある端末への通信（下りリンク）において、基地局の複数の送信アンテナから異なるデータ信号を送信しつつ、端末の複数の受信アンテナで信号を受信し、　B　により送信アンテナ毎のデータ信号に分離することができ、新たに周波数帯域を増やさずに　C　できる。

	A	B	C
1	空間	信号処理	伝送遅延を多く
2	空間	信号処理	高速伝送
3	空間	グレイ符号化	伝送遅延を多く
4	時分割	信号処理	伝送遅延を多く
5	時分割	グレイ符号化	高速伝送

13 次の記述は、衛星通信に用いられる多元接続方式及び回線割当方式について述べたものである。□□内に入れるべき字句の正しい組合せを下の番号から選べ。

(1) 複数の地球局が、それぞれ別々の周波数の電波を、適切なガードバンドを設けて互いに周波数帯が重なり合わないようにして、送出する多元接続方式を□A□方式といい、そのうち、1音声チャネルの伝送のために1搬送波を用いる方式を□B□方式という。

(2) 回線割当方式は大別して二つあり、このうち地球局からの回線割当て要求が発生するたびに回線を設定する方式を□C□方式という。

	A	B	C
1	FDMA	MCPC	プリアサイメント
2	FDMA	SCPC	デマンドアサイメント
3	TDMA	MCPC	プリアサイメント
4	TDMA	MCPC	デマンドアサイメント
5	TDMA	SCPC	デマンドアサイメント

14 次の記述は、地上系マイクロ波（SHF）多重通信の無線中継方式の一つである反射板を用いた無給電中継方式において、伝搬損失を少なくする方法について述べたものである。このうち誤っているものを下の番号から選べ。

1 反射板に対する電波の入射角度を大きくして、入射方向を反射板の反射面と平行に近づける。
2 反射板を二枚使用するときは、反射板の位置を互いに近づける。
3 反射板の面積を大きくする。
4 中継区間距離は、できるだけ短くする。

15 次の記述は、パルスレーダーの動作原理等について述べたものである。このうち誤っているものを下の番号から選べ。

1 最小探知距離を短くするには、送信パルス幅を狭くする。
2 水平面内のビーム幅が狭いほど、方位分解能は良くなる。

答　12：2　13：2　14：1

3　図１は、レーダーアンテナの水平面内指向性を表したものであるが、放射電力密度（電力束密度）が最大放射方向の1/2に減る二つの方向のはさむ角 θ_1 をビーム幅という。

4　図２に示す物標の観測において、レーダーアンテナのビーム幅を θ_1、観測点からみた物標をはさむ角を θ_2 とすると、レーダー画面上での物標の表示幅は、ほぼ $\theta_2 - 2\theta_1$ に相当する幅となる。

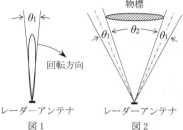

レーダーアンテナ
図１

レーダーアンテナ
図２

16　パルスレーダーにおいて、パルス波が発射されてから、物標による反射波が受信されるまでの時間が40〔μs〕であった。このときの物標までの距離の値として、最も近いものを下の番号から選べ。

1　1,200〔m〕　　2　3,000〔m〕　　3　4,000〔m〕
4　5,000〔m〕　　5　6,000〔m〕

17　無線局の送信アンテナの絶対利得が39〔dBi〕、送信アンテナに供給される電力が80〔W〕のとき、等価等方輻射電力（EIRP）の値として、最も近いものを下の番号から選べ。ただし、等価等方輻射電力 P_E〔W〕は、送信アンテナに供給される電力を P_T〔W〕、送信アンテナの絶対利得を G_T（真数）とすると、次式で表されるものとする。また、1〔W〕を0〔dBW〕とし、$\log_{10} 2 = 0.3$ とする。

$P_E = P_T \times G_T$〔W〕

1　48〔dBW〕　　2　51〔dBW〕　　3　58〔dBW〕
4　77〔dBW〕　　5　119〔dBW〕

18　次の記述は、衛星通信に用いられる反射鏡アンテナについて述べたものである。　　内に入れるべき字句の正しい組合せを下の番号から選べ。

(1)　衛星からの微弱な電波を受信するため、大きな開口面を持つ反射鏡アンテナが利用されるが、反射鏡が放物面のものをパラボラアンテナといい、このうち副反射鏡を用いるものに　A　アンテナがある。

(2)　回転放物面を反射鏡に用いたパラボラアンテナは、高利得の　B　ビームのアンテナであり、回転放物面の焦点に置かれた一次放射器から放射された球面波は反射鏡により波面が一様な平面波となる。また、アンテナの開口面の面積が　C　ほど前方に尖鋭な指向性が得られる。

答　　15：4　　16：5　　17：3

	A	B	C
1	フェーズドアレイ	ペンシル	小さい
2	フェーズドアレイ	ファン	大きい
3	フェーズドアレイ	ファン	小さい
4	カセグレン	ファン	小さい
5	カセグレン	ペンシル	大きい

19 次の記述は、図に示す同軸ケーブルについて述べたものである。このうち誤っているものを下の番号から選べ。

1　外部導体の内径寸法 D と内部導体の外径寸法 d の比 D/d の値が小さくなるほど、特性インピーダンスは大きくなる。

2　送信機及びアンテナに接続して使用する場合は、それぞれのインピーダンスと同軸ケーブルの特性インピーダンスを整合させる必要がある。

3　使用周波数が高くなるほど誘電損が大きくなる。

4　不平衡形の給電線として用いられる。

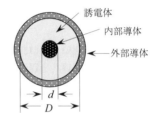

20 次の記述は、マイクロ波回線の設定の際に考慮される第１フレネルゾーンについて述べたものである。□□□内に入れるべき字句の正しい組合せを下の番号から選べ。ただし、使用する電波の波長を λ とする。

(1)　図に示すように、送信点 T と受信点 R を焦点とし、TP と PR の距離の和が、焦点間の最短の距離 TR よりも　A　だけ長い楕円を描くと、直線 TR を軸とする回転楕円体となり、この楕円の内側の範囲を第１フレネルゾーンという。

(2)　一般的には、　B　に近い良好な伝搬路を保つため、回線途中にある山や建物などの障害物が第１フレネルゾーンに入らないようにクリアランスを設ける必要がある。

	A	B
1	$\lambda/2$	自由空間
2	$\lambda/4$	自由空間
3	$\lambda/4$	散乱波伝搬
4	$\lambda/2$	散乱波伝搬

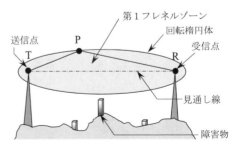

21 次の記述は、陸上の移動体通信の電波伝搬特性について述べたものである。
◻︎◻︎◻︎内に入れるべき字句の正しい組合せを下の番号から選べ。

(1) 基地局から送信された電波は、移動局周辺の建物などにより反射、回折され、定在波などを生じ、この定在波の中を移動局が移動すると受信波にフェージングが発生する。一般に、周波数が ◻︎A◻︎ ほど、また移動速度が ◻︎B◻︎ ほど変動が速いフェージングとなる。

(2) さまざまな方向から反射、回折して移動局に到来する多数の電波の到来時間（伝搬遅延時間）に差があるため、帯域内の各周波数の振幅と位相の変動が一様ではなく、周波数選択性フェージングを生じる。伝送帯域が狭い場合は、その影響はほとんどないが、一般に、高速デジタル伝送の場合には、伝送信号に波形ひずみを生じる。受信点に到来する電波の遅延時間を横軸に、各到来波の受信レベルを縦軸にプロットしたものは、◻︎C◻︎ と呼ばれる。

	A	B	C
1	高い	遅い	M曲線
2	高い	速い	遅延プロファイル
3	低い	遅い	M曲線
4	低い	速い	M曲線
5	低い	遅い	遅延プロファイル

22 図は、無停電電源装置の基本的な構成例を示したものである。◻︎◻︎◻︎内に入れるべき字句の正しい組合せを下の番号から選べ。

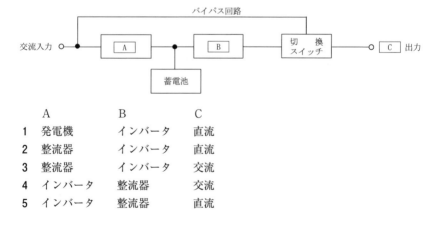

	A	B	C
1	発電機	インバータ	直流
2	整流器	インバータ	直流
3	整流器	インバータ	交流
4	インバータ	整流器	交流
5	インバータ	整流器	直流

◻︎答◻︎　◻︎21◻︎：2　◻︎22◻︎：3

23　図に示す増幅器の利得の測定回路において、切換えスイッチSを①に接続して、レベル計の指示が0〔dBm〕となるように信号発生器の出力を調整した。次に減衰器の減衰量を17〔dB〕として、切換えスイッチSを②に接続したところ、レベル計の指示が7〔dBm〕となった。このとき被測定増幅器の電力増幅度の値（真数）として、最も近いものを下の番号から選べ。ただし、信号発生器、減衰器、被測定増幅器及び負荷抵抗は整合されており、レベル計の入力インピーダンスによる影響はないものとする。また、1〔mW〕を0〔dBm〕、$\log_{10} 2 = 0.3$とする。

1　　1,000

2　　　750

3　　　500

4　　　350

5　　　250

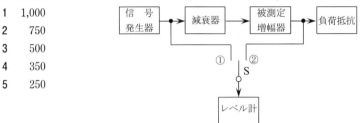

24　次の記述に該当する測定器の名称を下の番号から選べ。

　観測信号に含まれている周波数成分を求めるための測定器であり、送信機の周波数特性、送信機のスプリアス、寄生振動等の分析に用いられるものである。表示器（画面）は、横軸に周波数、縦軸に振幅を表示する。

1　　定在波測定器

2　　周波数カウンタ

3　　オシロスコープ

4　　ボロメータ電力計

5　　スペクトルアナライザ

　答　　　23：5　　24：5

解答の指針（2年2月午後）

3

端子 ab 間の合成静電容量の値 C は次のようになる。

$$C = \frac{\left(\dfrac{16\times20\times80}{16\times20+16\times80+20\times80}+32\right)\times60}{\left(\dfrac{16\times20\times80}{16\times20+16\times80+20\times80}+32\right)+60}$$

$$= \frac{(8+32)\times60}{(8+32)+60} = \frac{40\times60}{40+60} = \frac{2,400}{100} = \underline{24}\ (\mu\mathrm{F})$$

4

直流ブリッジが平衡状態にあるから $R_\mathrm{X}\ (\Omega)$ の両端の電圧 V_X は、$R_1\ (\Omega)$ の両端の電圧 V_1 と等しい。

したがって、V_X は次式で表され、題意の数値を用いて次のようになる。

$$V_\mathrm{X} = V_1 = V\times\frac{R_1}{R_1+R_2} = 12\times\frac{350}{350+25} = \underline{11.2}\ (\mathrm{V})$$

5

プラスとマイナスの2極を持ち、一周期の間に周期後半で基準レベル（0）の時間があるので、5 の両極（複極）性 RZ 符号である。

6

4 3個の入出力端子の間には互に可逆性が**ない**。

7

入力電圧を V_i、出力電圧を V_2 とすれば次式の関係が成り立つ。

$$V_\mathrm{o} = (V_\mathrm{i}-\beta V_\mathrm{o})\times A = AV_\mathrm{i}-A\beta V_\mathrm{o}$$

$$\therefore\ AV_\mathrm{i} = V_\mathrm{o}+A\beta V_\mathrm{o} = V_\mathrm{o}(1+A\beta)$$

上式より負帰還をかけたときの増幅度 A_f は次のようになる。

$$A_f = \frac{V_\mathrm{o}}{V_\mathrm{i}} = \frac{A}{1+A\beta} = \frac{200}{1+200\times0.2} \fallingdotseq \underline{4.9}$$

8

4 64QAM 方式は、QPSK（4PSK）方式と比較すると、同程度の占有周波数帯幅で同一時間内に**3倍**の情報量を伝送できる。

9

3　単一キャリアのみを用いた伝送方式に比べて、OFDM伝送方式では高速のビット列を多数のサブキャリアを用いて周波数軸上で分割して伝送することで、サブキャリア1本当たりのシンボルレートを**低く**できる。

10

1　影像周波数による混信妨害は、**高周波増幅器**の選択度を向上させることにより軽減できる。

14

1　反射板に対する電波の入射角度を**小さくして**、入射方向を反射板の反射面と**直角**に近づける。

15

4　図2に示す物標の観測において、レーダーアンテナのビーム幅を θ_1、観測点からみた物標をはさむ角を θ_2 とすると、レーダー画面上での物標の表示幅は、ほぼ $\theta_1+\theta_2$ に相当する幅となる。

物標がレーダーアンテナのビーム幅が θ_1 の中にある間は、反射波が受信され、物標が表示されるので、aからbまで移動する間、物標が表示されることになる。これが映像拡大効果のうち方向拡大効果である。

よって、$\dfrac{\theta_1}{2}+\dfrac{\theta_1}{2}=\theta_1$ だけ余分に表示される。

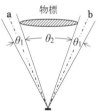

16

反射波を受信するまでの時間を t 〔s〕、電波の速度を c 〔m/s〕とすると、物標までの距離 d 〔m〕は次式で示されるので、題意の数値を用いて次のようになる。

$$d=\frac{1}{2}ct=\frac{1}{2}\times3\times10^8\times40\times10^{-6}=\frac{120}{2}\times10^2=\underline{6{,}000}\ 〔\mathrm{m}〕$$

17

等価等方輻射電力 P_E は、送信アンテナに供給される電力を P_T 〔W〕、送信アンテナの絶対利得を G_T（真数）とすると、与式から次のようになる。

$$P_\mathrm{E}=P_\mathrm{T}\times G_\mathrm{T}\ 〔\mathrm{W}〕$$

上式をデシベルで表示し、P_T をデシベルで表示した値 $P_\mathrm{TdB}=10\log_{10}80=10\log_{10}10+30\log_{10}2=19$ 〔dBW〕と題意の G_TdB 〔dBi〕を用いて、EIRP は次のようになる。

等価等方輻射電力 EIRP $= P_{\text{TdB}} + G_{\text{TdB}} = 19 + 39 = \underline{58}$ 〔dBW〕

19

1　外部導体の内径寸法 D と内部導体の外径寸法 d の比 D/d の値が**大きく**なるほど、特性インピーダンスは大きくなる。

22

　　　A　は交流入力から蓄電池に充電するための直流電力を得るための整流器であり、　B　は直流電力を交流電力に変換するための<u>インバータ</u>である。したがって、　C　は<u>交流出力</u>である。

23

　増幅器への入力電力 P_{i}〔dBm〕、出力電力 P_{o}〔dBm〕、減衰器の減衰量 L〔dB〕及び増幅器の電力増幅度 G〔dB〕の間には次式が成立する。

$$P_{\text{o}}〔\text{dBm}〕 = P_{\text{i}}〔\text{dBm}〕 - L〔\text{dB}〕 + G〔\text{dB}〕$$

$\therefore$　$G〔\text{dB}〕 = P_{\text{o}}〔\text{dBm}〕 - P_{\text{i}}〔\text{dBm}〕 + L〔\text{dB}〕$

上式に題意の数値を代入すると G は次のようになる。

$$G = 7 - 0 + 17 = 24〔\text{dB}〕$$

したがって、増幅器の電力増幅度（真数）は次のようになる。

$$10^{2.4} = 10^{3.0 - 0.3 - 0.3} = \frac{1,000}{2 \times 2} = \underline{250}$$

無線工学　令和2年10月施行（午前の部）

1　次の記述は、衛星通信の接続方式等について述べたものである。このうち誤っているものを下の番号から選べ。

1　デマンドアサイメント（Demand-assignment）は、通信の呼が発生する度に衛星回線を設定する。

2　SCPC方式では、一つのチャネルを一つの搬送周波数に割り当てている。

3　TDMA方式では、隣接する通話路間の干渉を避けるため、各地球局の周波数帯域が互いに重なり合わないように、ガードバンドを設けている。

4　TDMA方式は、各地球局に対して使用する時間を割り当てる方式である。

5　FDMA方式は、各地球局に対して使用する周波数帯域を割り当てる方式である。

2　次の記述は、デジタル伝送方式における標本化定理について述べたものである。　　内に入れるべき字句の正しい組合せを下の番号から選べ。

(1)　入力信号が周波数 f_0〔Hz〕よりも高い周波数成分を　A　信号（理想的に帯域制限された信号）であるとき、繰返し周波数が　B　〔Hz〕よりも大きいパルス列で標本化を行えば、標本化されたパルス列から原信号（入力信号）を再生できる。

(2)　標本点の間隔が $1/(2f_0)$〔s〕となる間隔をナイキスト間隔という。通常これより　C　間隔で標本化を行う。

	A	B	C
1	含む	$f_0/2$	短い
2	含む	$2f_0$	長い
3	含まない	$2f_0$	長い
4	含まない	$2f_0$	短い
5	含まない	$f_0/2$	短い

3　図に示す回路において、端子 ab 間の合成抵抗の値が12〔Ω〕であるとき、抵抗 R_1 の値として、正しいものを下の番号から選べ。

1　16〔Ω〕

2　18〔Ω〕

3　20〔Ω〕

4　24〔Ω〕

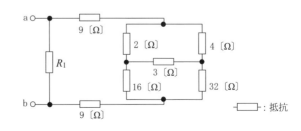

答　　1：3　　2：4　　3：3

4　図に示す回路において、抵抗 R の両端の電圧の値として、最も近いものを下の番号から選べ。

1　25〔V〕
2　50〔V〕
3　60〔V〕
4　75〔V〕

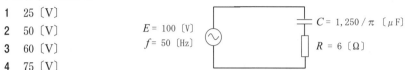

$E = 100$ 〔V〕
$f = 50$ 〔Hz〕

$C = 1,250 / \pi$ 〔μF〕

$R = 6$ 〔Ω〕

E：交流電源電圧　　f：周波数　　R：抵抗　　C：静電容量

5　次の記述は、自由空間における電波（平面波）の伝搬について述べたものである。　　内に入れるべき字句の正しい組合せを下の番号から選べ。ただし、電波の伝搬速度を v〔m/s〕、周波数を f〔Hz〕、波長を λ〔m〕とし、自由空間の誘電率を ε_0〔F/m〕、透磁率を μ_0〔H/m〕とする。

(1)　v は f と λ で表すと、$v =$ 　A　〔m/s〕
で表され、その値は約 3×10^8〔m/s〕である。

(2)　v を ε_0 と μ_0 で表すと、$v =$ 　B　〔m/s〕
となる。

(3)　自由空間の固有インピーダンスは、磁界強度を H〔A/m〕、電界強度を E〔V/m〕とすると、　C　〔Ω〕で表される。

	A	B	C
1	$f\lambda$	$1/\sqrt{\varepsilon_0\mu_0}$	E/H
2	f/λ	$1/(\varepsilon_0\mu_0)$	E/H
3	$f\lambda$	$1/(\varepsilon_0\mu_0)$	E/H
4	f/λ	$1/(\varepsilon_0\mu_0)$	H/E
5	$f\lambda$	$1/\sqrt{\varepsilon_0\mu_0}$	H/E

6　図に示す位相同期ループ（PLL）を用いた周波数シンセサイザの原理的な構成例において、出力の周波数 F_0 の値として、正しいものを下の番号から選べ。ただし、水晶発振器の出力周波数 F_x の値を 10〔MHz〕、固定分周器 1 の分周比について N_1 の値を 5、固定分周器 2 の分周比について N_2 の値を 2、可変分周器の分周比について N_P の値を 38 とし、PLL は、位相比較（検波）器に加わる二つの入力の周波数及び位相が等しくなるように動作するものとする。

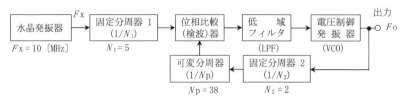

1　152〔MHz〕　　2　380〔MHz〕　　3　456〔MHz〕
4　760〔MHz〕　　5　912〔MHz〕

---

7 図に示す断面を持つ同軸ケーブルの特性インピーダンス Z を表す式として、正しいものを下の番号から選べ。ただし、絶縁体の比誘電率は 1 とする。また、同軸ケーブルは使用波長に比べ十分に長く、無限長線路とみなすことができるものとする。

1 $Z = 138 \log_{10} \dfrac{D+d}{D-d}$ 〔Ω〕

2 $Z = 276 \log_{10} \dfrac{2D}{d}$ 〔Ω〕

3 $Z = 138 \log_{10} \dfrac{d}{D}$ 〔Ω〕

4 $Z = 276 \log_{10} \dfrac{D}{2d}$ 〔Ω〕

5 $Z = 138 \log_{10} \dfrac{D}{d}$ 〔Ω〕

外部導体
絶縁体
内部導体

d：内部導体の外径〔mm〕
D：外部導体の内径〔mm〕

8 次の記述は、PSK について述べたものである。このうち誤っているものを下の番号から選べ。

1 2相PSK（BPSK）では、"0"、"1" の2値符号に対して搬送波の位相に π〔rad〕の位相差がある。

2 $\pi/4$ シフト4相PSK（$\pi/4$ シフトQPSK）では、時間的に隣り合うシンボルに移行するときの信号空間軌跡が必ず原点を通るため、包絡線の変動が緩やかになる。

3 8相PSKでは、2相PSK（BPSK）に比べ、一つのシンボルで3倍の情報量を伝送できる。

4 4相PSK（QPSK）は、搬送波の位相が互いに $\pi/2$〔rad〕異なる二つの2相PSK（BPSK）変調器を用いて実現できる。

5 4相PSK（QPSK）では、1シンボルの一つの信号点が表す情報は、"00"、"01"、"10" 及び "11" のいずれかである。

9 次の記述は、直接スペクトル拡散方式を用いた符号分割多元接続（CDMA）について述べたものである。このうち誤っているものを下の番号から選べ。

1 擬似雑音（PN）コードは、拡散符号として用いられる。

2 傍受されにくく秘話性が高い。

3 遠近問題の解決策として、送信電力制御という方法がある。

4 拡散後の信号（チャネル）の周波数帯域幅は、拡散前の信号の周波数帯域幅よりはるかに狭い。

答 7：5　8：2　9：4

10 受信機の内部で発生した雑音を入力端に換算した等価雑音温度 T_e〔K〕は、雑音指数を F（真数）、周囲温度を T_o〔K〕とすると、$T_e = T_o(F-1)$〔K〕で表すことができる。このとき雑音指数を6〔dB〕、周囲温度を17〔℃〕とすると、T_e の値として、最も近いものを下の番号から選べ。ただし、$\log_{10} 2 = 0.3$ とする。

1　　580〔K〕　　2　　870〔K〕　　3　　1,160〔K〕
4　1,450〔K〕　　5　2,030〔K〕

11 次の記述は、無線LANや携帯電話などに用いられている直交周波数分割多重（OFDM）伝送方式について述べたものである。□□□内に入れるべき字句の正しい組合せを下の番号から選べ。

(1) OFDM伝送方式では、高速の伝送データを複数の低速なデータ列に分割し、複数のサブキャリアを用いて並列伝送を行うことにより、単一キャリアのみを用いて送る方式に比べ伝送シンボルの継続時間が　A　なり、遅延波の影響を軽減できる。

(2) また、ガードインターバルを挿入することにより、マルチパスによる1つ前のシンボルの遅延波が希望波に重なっても、マルチパスの遅延時間がガードインターバル長の　B　であれば、　C　を除去することができ、遅延波の干渉を効率よく回避できる。

	A	B	C
1	短く	範囲内	シンボル間干渉
2	短く	範囲外	電離層伝搬の影響
3	短く	範囲内	電離層伝搬の影響
4	長く	範囲内	シンボル間干渉
5	長く	範囲外	シンボル間干渉

12 次の記述は、デジタル無線通信における誤り制御について述べたものである。□□□内に入れるべき字句の正しい組合せを下の番号から選べ。なお、同じ記号の□□□内には、同じ字句が入るものとする。

(1) デジタル無線通信における誤り制御には、誤りを受信側で検出した場合、送信側へ再送を要求する　A　という方法と、再送を要求することなく受信側で誤りを訂正する　B　という方法などがある。

(2) 伝送遅延がほとんど許容されない場合は、一般に　B　が使用される。

	A	B
1	FEC	ARQ
2	ARQ	FEC
3	AFC	FEC
4	ARQ	AGC
5	FEC	AGC

答　　10：2　　11：4　　12：2

13 次の記述は、衛星通信に用いられるVSATシステムについて述べたものである。このうち正しいものを下の番号から選べ。

1 VSATシステムは、一般に、中継装置（トランスポンダ）を持つ宇宙局、回線制御及び監視機能を持つ制御地球局（ハブ局）並びに複数のVSAT地球局（ユーザー局）で構成される。

2 VSATシステムは、1.6〔GHz〕帯と1.5〔GHz〕帯のUHF帯の周波数が用いられている。

3 VSAT地球局（ユーザー局）は、小型軽量の装置であり、主に車両に搭載して走行中の通信に用いられている。

4 VSAT地球局（ユーザー局）には、八木・宇田アンテナ（八木アンテナ）が用いられることが多い。

14 次の記述は、マイクロ波多重回線の中継方式について述べたものである。□□□内に入れるべき字句の正しい組合せを下の番号から選べ。

(1) ┌─A─┐（ヘテロダイン中継）方式は、送られてきた電波を受信してその周波数を中間周波数に変換して増幅した後、再度周波数変換を行い、これを所定レベルまで電力増幅して送信する方式であり、復調及び変調は行わない。

(2) 再生中継方式は、復調した信号から元の符号パルスを再生した後、再度変調して送信するため、波形ひずみ等が┌─B─┐。

	A	B
1	無給電中継	累積されない
2	無給電中継	累積される
3	非再生中継	累積される
4	非再生中継	累積されない

15 次の記述は、パルスレーダーの最大探知距離を向上させる一般的な方法について述べたものである。このうち誤っているものを下の番号から選べ。

1 アンテナの海抜高又は地上高を高くする。

2 アンテナの利得を大きくする。

3 送信パルス幅を狭くし、パルス繰返し周波数を高くする。

4 送信電力を大きくする。

5 受信機の感度を良くする。

16 パルスレーダー送信機において、パルス幅が0.9〔μs〕のときの最小探知距離の値として、最も近いものを下の番号から選べ。ただし、最小探知距離は、パルス幅のみによって決まるものとし、電波の伝搬速度を3×10^8〔m/s〕とする。

1 68〔m〕　　2 135〔m〕　　3 150〔m〕　　4 270〔m〕

┌─答─┐ 13：1　14：4　15：3　16：2

17 次の記述は、図に示す回転放物面を反射鏡として用いる円形パラボラアンテナについて述べたものである。このうち誤っているものを下の番号から選べ。

1　主ビームの電力半値幅の大きさは、開口面の直径 D と波長に比例する。

2　利得は、波長が短くなるほど大きくなる。

3　放射される電波は、ほぼ平面波である。

4　一次放射器などが鏡面の前方に置かれるため電波の通路を妨害し、電波が散乱してサイドローブが生じ、指向特性を悪化させる。

5　一次放射器は、回転放物面の反射鏡の焦点に置く。

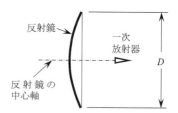

18 次の記述は、図に示すコーナレフレクタアンテナの構造及び特徴について述べたものである。このうち誤っているものを下の番号から選べ。ただし、波長を λ 〔m〕とする。

1　反射板の開き角が変わると、利得及び指向特性（放射パターン）が変わる。

2　反射板の開き角が90度の場合、$S = \lambda$ 程度のとき、副放射ビーム（サイドローブ）は最も少なく、指向特性は単一指向性である。

3　反射板の開き角が90度の場合、半波長ダイポールアンテナと反射板を鏡面とする3個の影像アンテナによる電界成分が合成される。

4　反射板の開き角が90度の場合、半波長ダイポールアンテナに比べ、利得が大きい。

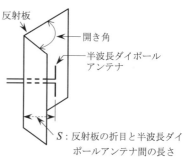

19 次の記述は、伝送線路の反射について述べたものである。このうち誤っているものを下の番号から選べ。

1　電圧反射係数は、伝送線路の特性インピーダンスと負荷側のインピーダンスから求めることができる。

2　負荷インピーダンスが伝送線路の特性インピーダンスに等しく、整合しているときは、伝送線路上には進行波のみが存在し反射波は生じない。

3　反射が大きいと電圧定在波比（VSWR）の値は大きくなる。

答　　17：1　　18：2

4　電圧反射係数は、反射波の電圧（V_r）を進行波の電圧（V_f）で割った値（V_r/V_f）で表される。

5　整合しているとき、電圧反射係数の値は、1となる。

20　大気中における電波の屈折を考慮して、等価地球半径係数 K を $K=4/3$ としたときの、球面大地での電波の見通し距離 d を求める式として、正しいものを下の番号から選べ。ただし、h_1〔m〕及び h_2〔m〕は、それぞれ送信及び受信アンテナの地上高とする。

1　$d \fallingdotseq 3.57\,(h_1{}^2 + h_2{}^2)$　〔km〕

2　$d \fallingdotseq 4.12\,(h_1{}^2 + h_2{}^2)$　〔km〕

3　$d \fallingdotseq 3.57\,(\sqrt{h_1} + \sqrt{h_2})$　〔km〕

4　$d \fallingdotseq 4.12\,(\sqrt{h_1} + \sqrt{h_2})$　〔km〕

21　電波の伝搬において、送受信アンテナ間の距離を8〔km〕、使用周波数を7.5〔GHz〕とした場合の自由空間基本伝送損失の値として、最も近いものを下の番号から選べ。ただし、自由空間基本伝送損失 $\varGamma_0$（真数）は、送受信アンテナ間の距離を d〔m〕、使用電波の波長を λ〔m〕とすると、次式で表されるものとする。また、$\log_{10}2 = 0.3$ 及び $\pi^2 = 10$ とする。

$$\varGamma_0 = \left(\frac{4\pi d}{\lambda}\right)^2$$

1　116〔dB〕　　2　122〔dB〕　　3　128〔dB〕

4　134〔dB〕　　5　136〔dB〕

22　次の記述は、図に示す図記号のサイリスタについて述べたものである。□内に入れるべき字句の正しい組合せを下の番号から選べ。

(1)　P形半導体とN形半導体を用いた　A　構造からなり、アノード、　B　及びゲートの3つの電極がある。

(2)　導通（ON）及び非導通（OFF）の二つの安定状態をもつ　C　素子である。

	A	B	C
1	PNP	ドレイン	増幅
2	PNP	カソード	スイッチング
3	PNP	カソード	増幅
4	PNPN	ドレイン	増幅
5	PNPN	カソード	スイッチング

図記号

23　次の図は、掃引同調形スペクトルアナライザの原理的構成例を示したものである。□□□内に入れるべき字句の正しい組合せを下の番号から選べ。

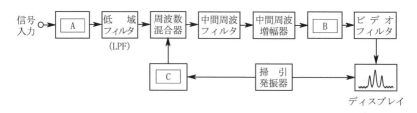

	A	B	C
1	クロック同期回路	振幅制限器	局部発振器
2	クロック同期回路	検波器	信号切替器
3	RF減衰器	振幅制限器	整合器
4	RF減衰器	検波器	整合器
5	RF減衰器	検波器	局部発振器

24　図は、被測定系の送受信装置が同一場所にある場合のデジタル無線回線のビット誤り率測定のための構成例である。□□□内に入れるべき字句の正しい組合せを下の番号から選べ。

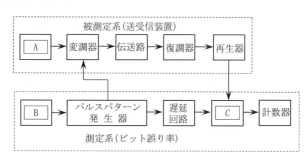

	A	B	C
1	搬送波発振器	クロックパルス発生器	誤りパルス検出器
2	搬送波発振器	マイクロ波信号発生器	パルス整形回路
3	クロックパルス発生器	マイクロ波信号発生器	パルス整形回路
4	クロックパルス発生器	マイクロ波信号発生器	誤りパルス検出器
5	掃引発振器	クロックパルス発生器	パルス整形回路

解答の指針（2年10月午前）

1

3　TDMA方式では、隣接する通話路間の干渉を避けるため、各地球局の**割当て時間帯**が互いに重なり合わないように、**ガードタイム**を設けている。

3

　設問図の回路は 3〔Ω〕がブリッジとなるブリッジ回路であり、$2 \times 32 = 64$、$4 \times 16 = 64$ であるからブリッジは平衡しており、3〔Ω〕の両端は等電位で切り離すことができる。したがって、ブリッジ回路の抵抗は、$2+16 = 18$〔Ω〕と $4+32 = 36$〔Ω〕の並列抵抗 R_B となり、次のようになる。

$$R_B = \frac{18 \times 36}{18+36} = 12 〔Ω〕$$

　R_1 を除いて端子 ab からみた合成抵抗値 $R_0 = 9+9+12 = 30$〔Ω〕であり、R_1 と R_0 の合成抵抗は題意から 12〔Ω〕となる。

$$\frac{R_1 \times 30}{R_1+30} = 12 〔Ω〕$$

$$30R_1 - 12R_1 = 360$$

$$R_1 = 360/18 = \underline{20 〔Ω〕}$$

4

　コンデンサ C のリアクタンス X_C は、次のようになる。

$$X_C = \frac{1}{2\pi fC} = \frac{1}{2 \times \pi \times 50 \times (1250/\pi) \times 10^{-6}} = \frac{1 \times 10^6}{125{,}000} = 8 〔Ω〕$$

　したがって、抵抗 R の両端の電圧 V_R は、次のようになる。

$$V_R = \frac{E}{\sqrt{R^2+X_C{}^2}} \cdot R = \frac{100}{\sqrt{6^2+8^2}} \times 6 = \frac{100}{10} \times 6 = \underline{60 〔V〕}$$

6

　位相比較（検波）器への2つの入力周波数は等しいので次式が成り立つ。

$$\frac{F_X}{N_1} = \frac{F_o}{N_2 \times N_P}$$

　したがって、F_o は題意の数値を用いて次のようになる。

$$F_o = \frac{F_X}{N_1} \times N_2 \times N_P = \frac{10 \times 10^6}{5} \times 2 \times 38 = 152 \times 10^6 = \underline{152 〔MHz〕}$$

8

2　$\pi/4$ シフト4相PSK（$\pi/4$ シフトQPSK）では、時間的に隣り合うシンボルに移行するときの信号空間軌跡が**原点を通る**ことがなく、包絡線の変動が緩やかになる。

9

4　拡散後の信号（チャネル）の周波数帯域幅は、拡散前の信号よりも**広い周波数帯域幅が必要**である。

10

F（真数）は次のようになる。
$$F = 10^{\frac{6}{10}} = 10^{0.3+0.3} = 2 \times 2 = 4$$
したがって、T_e は題意の数値を用いて次のようになる。
$$T_e = T_0(F-1) = (17+273) \times (4-1) = 290 \times (4-1) = \underline{870}\ \text{〔K〕}$$

12

(1)　デジタル無線通信における誤り制御には、誤りを受信側で検出した場合、送信側へ再送を要求する <u>ARQ</u>（Automatic Repeat reQuest：自動再送要求）という方法と、再送を要求することなく受信側で誤りを訂正する <u>FEC</u>（Forward Error Correction：前方誤り訂正）という方法などがある。

(2)　伝送遅延がほとんど許容されない場合は、一般に <u>FEC</u> が使用される。

13

2　VSATシステムは、14〔GHz〕帯と12〔GHz〕帯等のSHF帯の周波数が用いられている。

3　VSAT地球局（ユーザー局）は小型軽量の装置であるが、**車両に搭載して走行中の通信に用いることはできない**。

4　VSAT地球局（ユーザー局）には、**小型のオフセットパラボラアンテナ**が用いられることが多い。

15

3　送信パルス幅を**広く**し、パルス繰返し周波数を**低く**する。

16

最小探知距離 $R_{\min}$ はパルス幅を τ〔μs〕とすれば次式で求められる。
$$R_{\min} = 150 \times \tau = 150 \times 0.9 = \underline{135}\ \text{〔m〕}$$

17

1　主ビームの電力半値幅 θ の大きさは、**開口面の直径 D に反比例**し、波長 λ に比例する。

$\theta \fallingdotseq 70\lambda/D$ 度

18

2　反射板の開き角が90度の場合、**$S = \lambda/2$** 程度のとき、副放射ビーム（サイドローブ）は最も少なく、指向特性は単一指向性である。

参　考

コーナレフレクタアンテナの反射板の機能をもつ金属すだれは、平面反射板と同等な反射特性と耐風圧などを考慮し波長 λ の約1/10以下の間隔で格子状に並べる。

開き角は解析の容易さから60度または90度が採用され、半波長アンテナと影像アンテナの合計数は、おのおの6個と4個である。

アンテナパターンは、距離 S〔m〕によって変化し、開き角が90度で、λ が1/2、1、3/2の場合、その変化を下図に示す。$S = \lambda$ で主指向性が2つに分かれ正面で0となり、$S = 3\lambda/2$ では指向性が増すがサイドローブが現れる。一般に、単一指向性が得られる $S = \lambda/4 \sim 3\lambda/4$ とし、そのとき約10〔dB〕の利得が得られ、半波長ダイポールより利得が大きい。

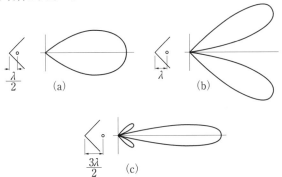

放射素子までの距離 d に対する放射特性

19

5　整合しているとき、電圧反射係数の値は、**0 となる**。

21

自由空間基本伝送損失 Γ_0（真数）は、$\lambda = 3 \times 10^8 / 7.5 \times 10^9 = 40 \times 10^{-3}$〔m〕として与式に題意の数値を代入して、次のようになる。

$$\Gamma_0 = \left(\frac{4 \times \pi \times 8 \times 10^3}{40 \times 10^{-3}} \right)^2 = \left(\frac{32 \times \pi \times 10^3}{4 \times 10^{-2}} \right)^2 = (8 \times \pi \times 10^5)^2 \fallingdotseq 2^6 \times 10 \times 10^{10}$$

デシベル表示では次のようになる。

$$\Gamma_0 = 10 \log_{10}(2^6 \times 10^{11}) = 60 \log_{10} 2 + 110 \log_{10} 10 = 60 \times 0.3 + 110 = \underline{128}\ \text{〔dB〕}$$

24

　　A　は、被測定系の搬送波発振器であり、　B　は、パルスパターン発生器を駆動するクロックパルス発生器である。また、　C　は、伝送路を経て復調したパルスパターンと正しいパターンとを比較する誤りパルス検出器である。

無線工学 令和2年10月施行（午後の部）

1 次の記述は、衛星通信の接続方式等について述べたものである。このうち正しいものを下の番号から選べ。

1 プリアサイメント（Pre-assignment）は、通信の呼が発生する度に衛星回線を設定する。

2 SCPC方式では、複数のチャネルを一つの搬送周波数に割り当てている。

3 TDMA方式では、各地球局からの信号が、衛星上で互いに重なり合わないように、ガードタイムを設けている。

4 FDMA方式は、各地球局に対して使用する時間を割り当てる方式である。

5 TDMA方式は、各地球局に対して使用する周波数帯域を割り当てる方式である。

2 次の記述は、デジタル伝送方式における標本化定理について述べたものである。□□□内に入れるべき字句の正しい組合せを下の番号から選べ。

(1) 入力信号が周波数 f_0〔Hz〕よりも高い周波数成分を含まない信号（理想的に帯域制限された信号）であるとき、繰返し周波数が □A□〔Hz〕よりも大きいパルス列で標本化を行えば、標本化されたパルス列から原信号（入力信号）を □B□ できる。

(2) 標本点の間隔が □C□〔s〕となる間隔をナイキスト間隔という。通常これより短い間隔で標本化を行う。

	A	B	C
1	$f_0/2$	拡散	$2/f_0$
2	$f_0/2$	再生	$1/(2f_0)$
3	$2f_0$	再生	$2/f_0$
4	$2f_0$	拡散	$2/f_0$
5	$2f_0$	再生	$1/(2f_0)$

3 図に示す回路において、端子 ab 間の合成抵抗の値として、正しいものを下の番号から選べ。

1 12〔Ω〕
2 20〔Ω〕
3 24〔Ω〕
4 30〔Ω〕

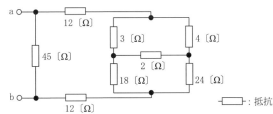

□：抵抗

答 　1：3　　2：5　　3：2

4 図に示す回路において、抵抗 R の両端の電圧の値として、最も近いものを下の番号から選べ。

1　80〔V〕
2　100〔V〕
3　120〔V〕
4　150〔V〕

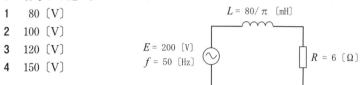

$L = 80/\pi$ 〔mH〕
$E = 200$ 〔V〕
$f = 50$ 〔Hz〕
$R = 6$ 〔Ω〕

E：交流電源電圧　　f：周波数　　R：抵抗　　L：インダクタンス

5 次の記述は、自由空間における電波（平面波）の伝搬について述べたものである。□□□内に入れるべき字句の正しい組合せを下の番号から選べ。ただし、電波の伝搬速度を v〔m/s〕、自由空間の誘電率を ε_0〔F/m〕、透磁率を μ_0〔H/m〕とする。

(1)　電波は、互いに　A　電界 E と磁界 H から成り立っている。

(2)　v を ε_0 と μ_0 で表すと、$v =$　B　〔m/s〕 となる。

(3)　自由空間の固有インピーダンスは、磁界強度を H〔A/m〕、電界強度を E〔V/m〕とすると、　C　〔Ω〕で表される。

	A	B	C
1	直交する	$1/\sqrt{\varepsilon_0\mu_0}$	E/H
2	直交する	$1/(\varepsilon_0\mu_0)$	H/E
3	直交する	$1/\sqrt{\varepsilon_0\mu_0}$	H/E
4	平行な	$1/(\varepsilon_0\mu_0)$	E/H
5	平行な	$1/(\varepsilon_0\mu_0)$	H/E

6 図に示す位相同期ループ（PLL）を用いた周波数シンセサイザの原理的な構成例において、出力の周波数 Fo の値として、正しいものを下の番号から選べ。ただし、水晶発振器の出力周波数 Fx の値を 10〔MHz〕、固定分周器1の分周比について N_1 の値を5、固定分周器2の分周比について N_2 の値を4、可変分周器の分周比について Np の値を57とし、PLL は、位相比較（検波）器に加わる二つの入力の周波数及び位相が等しくなるように動作するものとする。

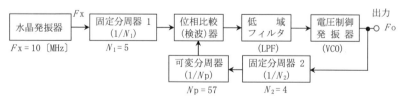

1　532〔MHz〕　　2　456〔MHz〕　　3　304〔MHz〕
4　152〔MHz〕　　5　76〔MHz〕

答　　4：3　　5：1　　6：2

7　図に示す断面を持つ同軸ケーブルの特性インピーダンスZを表す式として、正しいものを下の番号から選べ。ただし、絶縁体の比誘電率はε_Sとする。また、同軸ケーブルは使用波長に比べ十分に長く、無限長線路とみなすことができるものとする。

1　$Z = \dfrac{276}{\sqrt{\varepsilon_S}} \log_{10} \dfrac{2D}{d}$　〔Ω〕

2　$Z = \dfrac{276}{\sqrt{\varepsilon_S}} \log_{10} \dfrac{D}{2d}$　〔Ω〕

3　$Z = \dfrac{138}{\sqrt{\varepsilon_S}} \log_{10} \dfrac{d}{D}$　〔Ω〕

4　$Z = \dfrac{138}{\sqrt{\varepsilon_S}} \log_{10} \dfrac{D}{d}$　〔Ω〕

5　$Z = \dfrac{138}{\sqrt{d}} \log_{10} \dfrac{D}{\varepsilon_S}$　〔Ω〕

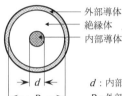

外部導体
絶縁体
内部導体

d：内部導体の外径〔mm〕
D：外部導体の内径〔mm〕

8　次の記述は、PSKについて述べたものである。このうち正しいものを下の番号から選べ。

1　2相PSK（BPSK）では、"0"、"1"の2値符号に対して搬送波の位相に$\pi/2$〔rad〕の位相差がある。

2　4相PSK（QPSK）は、16個の位相点をとり得る変調方式である。

3　$\pi/4$シフト4相PSK（$\pi/4$シフトQPSK）では、時間的に隣り合うシンボルに移行するときの信号空間軌跡が必ず原点を通るため、包絡線の変動が緩やかになる。

4　8相PSKでは、2相PSK（BPSK）に比べ、一つのシンボルで4倍の情報量を伝送できる。

5　4相PSK（QPSK）では、1シンボルの一つの信号点が表す情報は、"00"、"01"、"10"及び"11"のいずれかとなる。

9　次の記述は、直接スペクトル拡散方式を用いた符号分割多元接続（CDMA）について述べたものである。このうち正しいものを下の番号から選べ。

1　拡散後の信号（チャネル）の周波数帯域幅は、拡散前の信号の周波数帯域幅よりはるかに狭い。

2　同一周波数帯域幅内に複数の信号（チャネル）は混在できない。

3　傍受され易く秘話性が悪い。

4　遠近問題の解決策として、送信電力制御という方法がある。

答　　7：4　　8：5　　9：4

10　受信機の雑音指数（F）は、受信機の内部で発生した雑音を入力端に換算した等価雑音温度 T_e〔K〕と周囲温度 T_0〔K〕が与えられたとき、$F = 1 + T_e / T_0$ で表すことができる。T_e が 290〔K〕、周囲温度が 17〔℃〕のときの F をデシベルで表した値として、最も近いものを下の番号から選べ。ただし、$\log_{10} 2 = 0.3$ とする。

1　9〔dB〕　　　2　6〔dB〕　　　3　5〔dB〕

4　4〔dB〕　　　5　3〔dB〕

11　次の記述は、無線 LAN や携帯電話などに用いられている直交周波数分割多重（OFDM）伝送方式について述べたものである。　　内に入れるべき字句の正しい組合せを下の番号から選べ。なお、同じ記号の　　内には、同じ字句が入るものとする。

(1)　OFDM 伝送方式では、高速の伝送データを複数の低速なデータ列に分割し、複数のサブキャリアを用いて並列伝送を行うことにより、単一キャリアのみを用いて送る方式に比べ伝送シンボルの継続時間が　A　なり、遅延波の影響を軽減できる。

(2)　また、　B　を挿入することにより、マルチパスによる１つ前のシンボルの遅延波が希望波に重なっても、マルチパスの遅延時間が　B　長の範囲内であれば、　C　を除去することができ、遅延波の干渉を効率よく回避できる。

	A	B	C
1	長く	ガードインターバル	シンボル間干渉
2	長く	ガードバンド	電離層伝搬の影響
3	短く	ガードバンド	電離層伝搬の影響
4	短く	ガードインターバル	シンボル間干渉
5	短く	ガードインターバル	電離層伝搬の影響

12　次の記述は、デジタル無線通信で発生する誤り及びその対策の一例について述べたものである。　　内に入れるべき字句の正しい組合せを下の番号から選べ。

(1)　デジタル無線通信で生ずる誤りには、ランダム誤りとバースト誤りがある。ランダム誤りは、送信した個々のビットに独立に発生する誤りであり、主として　A　によって引き起こされる。バースト誤りは、部分的に集中して発生する誤りであり、一般にマルチパスフェージングなどにより引き起こされる。

(2)　バースト誤りの対策の一つとして、送信側において送信する符号の順序を入れ替える　B　を行い、受信側で受信符号を並び替えて元の順序に戻すことによりバースト誤りの影響を軽減する方法がある。

	A	B
1	受信機の熱雑音	インターリーブ
2	受信機の熱雑音	デインターリーブ
3	他の無線システムからの干渉波	プレエンファシス
4	他の無線システムからの干渉波	ディエンファシス
5	他の無線システムからの干渉	デインターリーブ

13 次の記述は、衛星通信に用いられる VSAT システムについて述べたものである。このうち誤っているものを下の番号から選べ。

1 VSAT システムは、14〔GHz〕帯と 12〔GHz〕帯等の SHF 帯の周波数が用いられている。

2 VSAT 地球局（ユーザー局）に一般的に用いられるアンテナは、オフセットパラボラアンテナである。

3 VSAT システムは、中継装置（トランスポンダ）を持つ宇宙局と複数の VSAT 地球局（ユーザー局）のみで構成でき、回線制御及び監視機能を持つ制御地球局がなくてもよい。

4 VSAT 地球局（ユーザー局）は小型軽量の装置であるが、車両に搭載して走行中の通信に用いることはできない。

14 次の記述は、マイクロ波多重回線の中継方式について述べたものである。 内に入れるべき字句の正しい組合せを下の番号から選べ。

(1) 直接中継方式は、受信波を A 送信する方式である。

(2) 再生中継方式は、復調した信号から元の符号パルスを再生した後、再度変調して送信するため、波形ひずみ等が累積 B 。

	A	B
1	マイクロ波のまま増幅して	される
2	マイクロ波のまま増幅して	されない
3	中間周波数に変換して	されない
4	中間周波数に変換して	される

15 次の記述は、パルスレーダーの方位分解能を向上させる一般的な方法について述べたものである。このうち正しいものを下の番号から選べ。

1 パルス繰返し周波数を低くする。

2 送信パルス幅を広くする。

3 表示画面上の輝点を大きくする。

4 アンテナの海抜高又は地上高を低くする。

5 アンテナの水平面内のビーム幅を狭くする。

答　　12：1　　13：3　　14：2　　15：5

16 パルスレーダー送信機において、最小探知距離が90〔m〕であった。このときのパルス幅の値として、最も近いものを下の番号から選べ。ただし、最小探知距離は、パルス幅のみによって決まるものとし、電波の伝搬速度を 3×10^8〔m/s〕とする。

1 1.4〔μs〕 2 1.2〔μs〕 3 0.8〔μs〕 4 0.6〔μs〕

17 次の記述は、図に示す回転放物面を反射鏡として用いる円形パラボラアンテナについて述べたものである。このうち誤っているものを下の番号から選べ。

1 一次放射器は、回転放物面の反射鏡の焦点に置く。

2 主ビームの電力半値幅の大きさは、開口面の直径 D に反比例し、波長に比例する。

3 利得は、開口面の面積と波長に比例する。

4 放射される電波は、ほぼ平面波である。

5 一次放射器などが鏡面の前方に置かれるため電波の通路を妨害し、電波が散乱してサイドローブが生じ、指向特性を悪化させる。

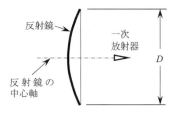

18 次の記述は、図に示すコーナレフレクタアンテナの構造及び特徴について述べたものである。　　内に入れるべき字句の正しい組合せを下の番号から選べ。ただし、波長を λ〔m〕とする。

⑴ 反射板の開き角が90度、$S =$　A　程度のとき、副放射ビーム（サイドローブ）は最も少なく、指向特性は単一指向性である。

⑵ また、半波長ダイポールアンテナと反射板を鏡面とする　B　の影像アンテナによる電界成分が合成され、半波長ダイポールアンテナに比べ利得が大きい。

	A	B
1	$\lambda/2$	3個
2	$\lambda/2$	5個
3	λ	3個
4	λ	5個

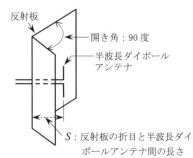

19 次の記述は、伝送線路の反射について述べたものである。このうち正しいものを下の番号から選べ。

1 電圧反射係数は、進行波の電圧 (V_f) を反射波の電圧 (V_r) で割った値 ($V_\mathrm{f}/V_\mathrm{r}$) で表される。

2 整合しているとき、電圧反射係数の値は、1となる。

3 反射が大きいと電圧定在波比（VSWR）の値は小さくなる。

4 電圧反射係数は、伝送線路の特性インピーダンスと負荷側のインピーダンスから求めることができる。

5 負荷インピーダンスが伝送線路の特性インピーダンスに等しく、整合しているときは、伝送線路上には定在波が存在する。

20 大気中において、等価地球半径係数 K を $K=1$ としたときの、球面大地での見通し距離 d を求める式として、正しいものを下の番号から選べ。ただし、h_1〔m〕及び h_2〔m〕は、それぞれ送信及び受信アンテナの地上高とする。

1 $d \fallingdotseq 3.57\,(h_1{}^2+h_2{}^2)$ 〔km〕

2 $d \fallingdotseq 3.57\,(\sqrt{h_1}+\sqrt{h_2})$ 〔km〕

3 $d \fallingdotseq 4.12\,(h_1{}^2+h_2{}^2)$ 〔km〕

4 $d \fallingdotseq 4.12\,(\sqrt{h_1}+\sqrt{h_2})$ 〔km〕

21 電波の伝搬において、送受信アンテナ間の距離を4〔km〕、使用周波数を7.5〔GHz〕とした場合の自由空間基本伝送損失の値として、最も近いものを下の番号から選べ。ただし、自由空間基本伝送損失 Γ_0（真数）は、送受信アンテナ間の距離を d〔m〕、使用電波の波長を λ〔m〕とすると、次式で表されるものとする。また、$\log_{10}2 = 0.3$ 及び $\pi^2 = 10$ とする。

$$\Gamma_0 = \left(\frac{4\pi d}{\lambda}\right)^2$$

1 122〔dB〕　　2 128〔dB〕　　3 132〔dB〕

4 136〔dB〕　　5 140〔dB〕

22 次の記述は、図に示す図記号のサイリスタについて述べたものである。このうち誤っているものを下の番号から選べ。

1 P形半導体とN形半導体を用いたPNPN構造である。

2 カソード電流でアノード電流を制御する増幅素子である。

3 アノード、カソード及びゲートの3つの電極がある。

4 導通（ON）及び非導通（OFF）の二つの安定状態をもつ素子である。

図記号

答　　19：4　　20：2　　21：1　　22：2

23 次の記述は、スペクトルアナライザに必要な特性の一部について述べたものである。□□□内に入れるべき字句の正しい組合せを下の番号から選べ。

(1) 測定周波数帯域内で任意の信号を同一の確度で測定できるように、周波数応答が平坦な特性を持っていること。

(2) 大きな振幅差のある複数信号を誤差なしに表示できるように、□ A □が十分広くとれること。

(3) 互いに周波数が接近している二つ以上の信号を十分な□ B □で分離できること。

	A	B
1	残留レスポンス	半値角
2	残留レスポンス	分解能
3	ダイナミックレンジ	分解能
4	ダイナミックレンジ	半値角
5	残留 FM	半値角

24 図は、被測定系の変調器と復調器とが伝送路を介して離れている場合のデジタル無線回線のビット誤り率測定の構成例を示したものである。□□□内に入れるべき字句の正しい組合せを下の番号から選べ。

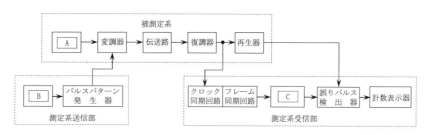

	A	B	C
1	掃引発振器	クロックパルス発生器	分周器
2	クロックパルス発生器	搬送波発振器	パルスパターン発生器
3	搬送波発振器	掃引発振器	分周器
4	掃引発振器	搬送波発振器	クロックパルス発生器
5	搬送波発振器	クロックパルス発生器	パルスパターン発生器

解答の指針（2年10月午後）

1

1　プリアサインメント（Pre-assignment）は、**あらかじめ衛星回線を設定する。**

2　SCPC 方式では、**一つのチャネルを一つの搬送周波数に割り当てている。**

4　FDMA 方式は、**周波数帯域**を割り当てる方式である。

5　TDMA 方式は、**時間**を割り当てる方式である。

3

　設問図の回路は 2〔Ω〕がブリッジとなるブリッジ回路であり、$3×24 = 72$、$4×18 = 72$ であるからブリッジは平衡しており、2〔Ω〕の両端は等電位で切り離すことができる。したがって、ブリッジ回路の抵抗は、$3+18 = 21$〔Ω〕と $4+24 = 28$〔Ω〕の並列抵抗 R_B となり、次のようになる。

$$R_B = \frac{21×28}{21+28} = 12 \text{〔Ω〕}$$

　したがって、端子 ab からみた合成抵抗は、45〔Ω〕と 36〔Ω〕の並列接続となるから次のようになる。

$$R_{ab} = \frac{45×36}{45+36} = \underline{20 \text{〔Ω〕}}$$

4

　コイル L の誘導性リアクタンス X_L は、次のようになる。

$$X_L = 2\pi f L = 2×\pi×50×(80/\pi)×10^{-3} = 8 \text{〔Ω〕}$$

　したがって、抵抗 R の両端の電圧 V_R は、次のようになる。

$$V_R = \frac{E}{\sqrt{R^2+X_L{}^2}} \cdot R = \frac{200}{\sqrt{6^2+8^2}}×6 = \frac{200}{10}×6 = \underline{120 \text{〔V〕}}$$

6

　位相比較（検波）器への 2 つの入力周波数は等しいので次式が成り立つ。

$$\frac{F_X}{N_1} = \frac{F_o}{N_2×N_P}$$

　したがって、F_o は題意の数値を用いて次のようになる。

$$F_o = \frac{F_X}{N_1}×N_2×N_P = \frac{10×10^6}{5}×4×57 = 152×10^6 = \underline{456 \text{〔MHz〕}}$$

8

1　2相 PSK（BPSK）では、"0"、"1" の2値符号に対して搬送波の位相に π の**位相差**がある。

2　4相 PSK（QPSK）は、**4個**の位相点をとり得る変調方式である。

3　$\pi/4$ シフト4相 PSK（$\pi/4$ シフト QPSK）では、時間的に隣り合うシンボルに移行するときの信号空間軌跡が**原点を通る**ことがなく、包絡線の急激な変動を防ぐことができる。

4　8相 PSK では、2相 PSK（BPSK）に比べ、一つのシンボルで**3倍**の情報量を伝送できる。

9

1　拡散後の信号（チャネル）の周波数帯域幅は、拡散前の信号の周波数帯域幅よりはるかに**広い**。

2　スペクトル拡散が行われ、同一周波数帯域幅内に**複数のチャネルが混在**できる。

3　**傍受されにくく秘話性が高い。**

10

F は与式に題意の数値を用いて次のようになる。

$$F = 1 + T_e/T_o$$
$$= 1 + \{290/(273+17)\}$$
$$= 1 + (290/290) = 2$$

したがって、デシベルで表示すると次のようになる。

$$F \,〔\mathrm{dB}〕 = 10 \log_{10} 2 = 10 \times 0.3 = \underline{3} \,〔\mathrm{dB}〕$$

12

(1)　デジタル無線通信で生ずる誤りには、ランダム誤りとバースト誤りがある。ランダム誤りは、送信した個々のビットに独立に発生する誤りであり、主として受信機の熱雑音によって引き起こされる。バースト誤りは、部分的に集中して発生する誤りであり、一般にマルチパスフェージングなどにより引き起こされる。

(2)　バースト誤りの対策の一つとして、送信側において送信する符号の順序を入れ替えるインターリーブを行い、受信側で受信符号を並び替えて元の順序に戻すデインターリーブを行うことによりバースト誤りの影響を軽減する方法がある。

13

3　VSAT システムは、中継装置（トランスポンダ）を持つ宇宙局、**回線制御及び監視機能を持つ制御地球局（ハブ局）**並びに複数の VSAT 地球局（ユーザー局）で構成される。

15

5 が方位分解能向上の一般的な方法であり、他項目の操作の効果は以下のとおり。

1　パルス繰返し周波数を低くする。→距離測定の範囲を広げることができる。

2　送信パルス幅を広くする。→最大探知距離が大きくなるが、最小探知距離も大きくなる。

3　表示画面上の輝点を大きくする。→距離及び方位分解能が劣化する。

4　アンテナの海抜高又は地上高を低くする。→死角の範囲が狭くなり最大探知距離が小さくなる。

16

最小探知距離 R_{min} はパルス幅を τ〔μs〕とすれば次式で求められる。

$$R_{min} = 150 \times \tau = 90 \text{〔m〕}$$

したがって、τ は次のようになる。

$$\tau = \frac{R_{min}}{150} = \frac{90}{150} = \underline{0.6} \text{〔}\mu\text{s〕}$$

17

3　利得は、開口面の面積 S に比例し、**波長 λ の2乗に反比例する**。

利得 $G = (4\pi S/\lambda^2) \times \eta$（真数）

18

令和2年10月午前の部〔18〕参照

19

1　電圧反射係数は、**反射波の電圧（V_r）を進行波の電圧（V_f）で割った値**（V_r/V_f）で表される。

2　整合しているとき、電圧反射係数の値は、**0となる**。

3　反射が大きいと電圧定在波比（VSWR）の値は**大きくなる**。

5　負荷インピーダンスが伝送線路の特性インピーダンスに等しく、整合しているときは、伝送線路上には**進行波のみが存在し反射波は生じない**。

21

自由空間基本伝送損失 Γ_0（真数）は、$\lambda = 3 \times 10^8/7.5 \times 10^9 = 40 \times 10^{-3}$〔m〕として与式に題意の数値を代入して、次のようになる。

$$\Gamma_0 = \left(\frac{4 \times \pi \times 4 \times 10^3}{40 \times 10^{-3}}\right)^2 = \left(\frac{16 \times \pi \times 10^3}{4 \times 10^{-2}}\right)^2 = (4 \times \pi \times 10^5)^2 \fallingdotseq 2^4 \times 10 \times 10^{10}$$

デシベル表示では次のようになる。

$$\Gamma_0 = 10 \log_{10}(2^4 \times 10^{11}) = 40 \log_{10} 2 + 110 \log_{10} 10 = 40 \times 0.3 + 110 = \underline{122} \text{〔dB〕}$$

24

　　A　は、被測定系の搬送波発振器であり、　B　は、パルスパターン発生器を駆動するクロックパルス発生器である。また、　C　は、受信信号から参照用のパルスパターンを作成するパルスパターン発生器である。

無線工学　令和3年2月施行（午前の部）

---

1 次の記述は、静止衛星を用いた衛星通信の特徴について述べたものである。
☐内に入れるべき字句の正しい組合せを下の番号から選べ。

(1) 静止衛星の ☐ A ☐ は、赤道上空にあり、静止衛星が地球を一周する公転周期は、
地球の自転周期と等しく、また、静止衛星は地球の自転の方向と ☐ B ☐ 方向に周
回している。

(2) 静止衛星から地表に到来する電波は極め
て微弱であるため、静止衛星による衛星通
信は、春分と秋分のころに、地球局の受信
アンテナビームの見通し線上から到来する
☐ C ☐ の影響を受けることがある。

	A	B	C
1	極軌道	同一	太陽雑音
2	極軌道	同一	空電雑音
3	極軌道	逆	空電雑音
4	円軌道	逆	空電雑音
5	円軌道	同一	太陽雑音

---

2 次の記述は、マイクロ波（SHF）帯による通信の一般的な特徴等について
述べたものである。このうち正しいものを下の番号から選べ。

1 超短波（VHF）帯の電波に比較して、地形、建造物及び降雨の影響が少ない。

2 自然雑音及び人工雑音の影響が大きく、良好な信号対雑音比（S/N）の通信回
線を構成することができない。

3 アンテナの指向性を鋭くできるので、他の無線回線との混信を避けることが比
較的容易である。

4 周波数が高くなるほど降雨による減衰が小さくなり、大容量の通信回線を安定
に維持することが容易になる。

---

3 図に示す抵抗 $R = 50$〔Ω〕で作られた回路において、端子 ab 間の合成抵抗
の値として、正しいものを下の番号から選べ。

1 $\quad 50$〔Ω〕

2 $\quad 75$〔Ω〕

3 $\quad 100$〔Ω〕

4 $\quad 125$〔Ω〕

5 $\quad 150$〔Ω〕

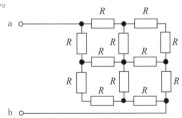

答 **1**：5 **2**：3 **3**：2

4 図に示す回路において、スイッチ S_1 のみを閉じたときの電流 I とスイッチ S_2 のみを閉じたときの電流 I は、ともに 5 〔A〕であった。また、スイッチ S_1 と S_2 の両方を閉じたときの電流 I は、3 〔A〕であった。抵抗 R 及びコンデンサ C のリアクタンス X_C の値の組合せとして、正しいものを下の番号から選べ。ただし、交流電源電圧は150〔V〕とする。

	R	X_C
1	30 〔Ω〕	12.5 〔Ω〕
2	30 〔Ω〕	18.2 〔Ω〕
3	50 〔Ω〕	18.2 〔Ω〕
4	50 〔Ω〕	37.5 〔Ω〕
5	75 〔Ω〕	37.5 〔Ω〕

5 次の記述は、半導体及び半導体素子について述べたものである。このうち正しいものを下の番号から選べ。

1 不純物を含まない Si（シリコン）、Ge（ゲルマニウム）等の単結晶半導体を真性半導体という。

2 PN 接合ダイオードは、電流が N 形半導体から P 形半導体へ一方向に流れる整流特性を有する。

3 P 形半導体の多数キャリアは、電子である。

4 フォトダイオードは、電気信号を光信号に変換する特性を利用するものである。

6 図に示す π 形抵抗減衰器の減衰量 L の値として、最も近いものを下の番号から選べ。ただし、減衰量 L は、減衰器の入力電力を P_1、入力電圧を V_1、出力電力を P_2、出力電圧を V_2、入力抵抗及び負荷抵抗を R_L とすると、次式で表されるものとする。また、常用対数は表の値とする。

$$L = 10\log_{10}(P_1/P_2) = 10\log_{10}\{(V_1^2/R_L)/(V_2^2/R_L)\} \text{〔dB〕}$$

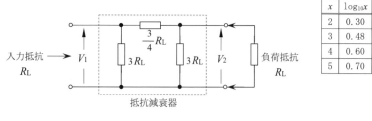

x	$\log_{10}x$
2	0.30
3	0.48
4	0.60
5	0.70

1 3〔dB〕　　2 6〔dB〕　　3 9〔dB〕　　4 14〔dB〕　　5 20〔dB〕

答　　4：4　　5：1　　6：2

7 次の記述は、図に示す原理的な構造の電子管について述べたものである。□□□内に入れるべき字句の正しい組合せを下の番号から選べ。

(1) 名称は、□A□である。

(2) 主な働きは、マイクロ波の□B□である。

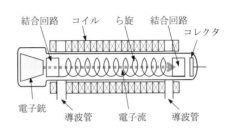

	A	B
1	マグネトロン	発振
2	マグネトロン	増幅
3	進行波管	増幅
4	進行波管	発振
5	反射形クライストロン	増幅

8 グレイ符号（グレイコード）による QPSK の信号空間ダイアグラム（信号点配置図）として、正しいものを下の番号から選べ。ただし、I 軸は同相軸、Q 軸は直交軸を表す。

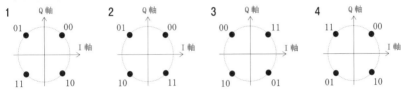

9 次の記述は、直接拡散方式を用いるスペクトル拡散（SS）通信について述べたものである。□□□内に入れるべき字句の正しい組合せを下の番号から選べ。

直接拡散方式を用いる符号分割多元接続（CDMA）は、□A□こと、混信妨害の影響が小さいことなど優れた点がある。反面、基地局と移動局間の距離差などによって発生する□B□があり、この対策として□C□送信機の送信電力の制御が行われている。

	A	B	C
1	秘匿性が良い	遠近問題	基地局側
2	秘匿性が良い	遠近問題	移動局側
3	秘匿性が良い	グランドクラッタ	基地局側
4	占有周波数帯幅が狭い	遠近問題	基地局側
5	占有周波数帯幅が狭い	グランドクラッタ	移動局側

答　　7：3　　8：1　　9：2

10　図は、2相PSK（BPSK）信号に対して同期検波を適用した復調器の原理的構成例である。□内に入れるべき字句の正しい組合せを下の番号から選べ。

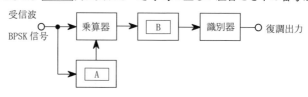

	Ａ	Ｂ
1	クロック再生回路	高域フィルタ（HPF）
2	クロック再生回路	帯域フィルタ（BPF）
3	クロック再生回路	低域フィルタ（LPF）
4	搬送波再生回路	低域フィルタ（LPF）
5	搬送波再生回路	高域フィルタ（HPF）

11　次の記述は、ダイバーシティ方式について述べたものである。このうち誤っているものを下の番号から選べ。

1　十分に遠く離した二つ以上の伝送路を設定し、これを切り替えて使用する方法は、ルートダイバーシティ方式といわれる。

2　2基以上の受信アンテナを空間的に離れた位置に設置して、それらの受信信号を切り替えるか又は合成するダイバーシティ方式は、スペースダイバーシティ方式といわれる。

3　ダイバーシティ方式を用いることにより、フェージングの影響を軽減することができる。

4　周波数によりフェージングの影響が異なることを利用して、二つの異なる周波数を用いるダイバーシティ方式は、偏波ダイバーシティ方式といわれる。

12　直交周波数分割多重（OFDM）方式において、図に示すサブキャリアの周波数間隔 $\varDelta f$ が20〔kHz〕のときの有効シンボル期間長（変調シンボル長）の値として、正しいものを下の番号から選べ。

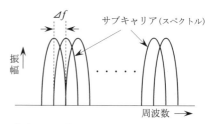

サブキャリア間のスペクトルの関係を示す略図

1	10〔µs〕	2	20〔µs〕
3	30〔µs〕	4	40〔µs〕
5	50〔µs〕		

13　次の記述は、衛星通信の多元接続の一方式について述べたものである。該当する方式を下の番号から選べ。

　各送信地球局は、同一の搬送周波数で、無線回線の信号が時間的に重ならないようにするため、自局に割り当てられた時間幅内に収まるよう自局の信号を分割して断続的に衛星に向け送出し、各受信地球局は、衛星からの信号を受信し、自局に割り当てられた時間幅内から自局向けの信号を抜き出す。

1　プリアサイメント　　　2　CDMA　　　3　FDMA
4　SCPC　　　　　　　　5　TDMA

14　次の記述は、図に示すマイクロ波（SHF）通信における２周波中継方式の一般的な送信及び受信の周波数配置について述べたものである。このうち誤っているものを下の番号から選べ。ただし、中継所Ａ、中継所Ｂ及び中継所ＣをそれぞれＡ、Ｂ及びＣで表す。

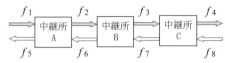

1　Ｂの受信周波数 f_2 とＣの送信周波数 f_7 は、同じ周波数である。
2　Ｂの送信周波数 f_3 とＡの受信周波数 f_1 は、同じ周波数である。
3　Ａの送信周波数 f_2 とＣの受信周波数 f_3 は、同じ周波数である。
4　Ａの送信周波数 f_5 とＣの送信周波数 f_4 は、同じ周波数である。
5　Ａの受信周波数 f_6 とＣの受信周波数 f_8 は、同じ周波数である。

15　次の記述は、ドップラー効果を利用したレーダーについて述べたものである。　　内に入れるべき字句の正しい組合せを下の番号から選べ。なお、同じ記号の　　内には、同じ字句が入るものとする。

(1)　アンテナから発射された電波が移動している物体で反射されるとき、反射された電波の　A　はドップラー効果により偏移する。移動している物体が、電波の発射源に近づいているときは、移動している物体から反射された電波の　A　は、発射された電波の　A　より　B　なる。

(2)　この効果を利用したレーダーは、移動物体の速度測定、　C　などに利用される。

	A	B	C
1	周波数	高く	竜巻や乱気流の発見や観測
2	周波数	低く	竜巻や乱気流の発見や観測
3	周波数	低く	海底の地形の測量
4	振幅	低く	竜巻や乱気流の発見や観測
5	振幅	高く	海底の地形の測量

答　　13：5　　14：3　　15：1

16 次の記述は、パルスレーダーの性能について述べたものである。このうち誤っているものを下の番号から選べ。

1 距離分解能は、同一方位にある二つの物標を識別できる能力を表し、パルス幅が狭いほど良くなる。

2 方位分解能は、アンテナの水平面内のビーム幅でほぼ決まり、ビーム幅が狭いほど良くなる。

3 最大探知距離は、送信電力を大きくし、受信機の感度を良くすると大きくなる。

4 最大探知距離は、アンテナ利得を大きくし、アンテナの高さを高くすると大きくなる。

5 最小探知距離は、主としてパルス幅に比例し、パルス幅を τ〔μs〕とすれば、約 300τ〔m〕である。

17 15〔GHz〕の周波数の電波で使用する回転放物面の開口面積が 1.0〔m^2〕で絶対利得が43〔dB〕のパラボラアンテナの開口効率の値として、最も近いものを下の番号から選べ。

1 52〔％〕　2 56〔％〕　3 60〔％〕　4 64〔％〕　5 68〔％〕

18 次の記述は、アダプティブアレイアンテナ（Adaptive Array Antenna）の特徴について述べたものである。□内に入れるべき字句の正しい組合せを下の番号から選べ。

(1) 一般にアダプティブアレイアンテナは、複数のアンテナ素子から成り、各アンテナの信号の A に適切な重みを付けて合成することにより B に指向性を制御することができ、電波環境の変化に応じて指向性を適応的に変えることができる。

(2) さらに、干渉波の到来方向に C を向け干渉波を弱めて、通信の品質を改善することもできる。

	A	B	C
1	ドップラー周波数	機械的	ヌル点（null：指向性パターンの落ち込み点）
2	ドップラー周波数	電気的	主ビーム
3	振幅と位相	電気的	ヌル点（null：指向性パターンの落ち込み点）
4	振幅と位相	機械的	主ビーム

19 次の記述は、図に示す素子の太さが同じ二線式折返し半波長ダイポールアンテナについて述べたものである。□内に入れるべき字句の正しい組合せを下の番号から選べ。

(1) 周波数特性は、同じ太さの素子の半波長ダイポールアンテナに比べてやや
　　　 A 　特性を持つ。

(2) 入力インピーダンスは、半波長ダイポールアンテナの約 B 倍である。

(3) 指向特性は、半波長ダイポールアンテナと C 。

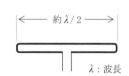

約λ/2　　λ：波長

	A	B	C
1	狭帯域	4	ほぼ同じである
2	狭帯域	2	大きく異なる
3	広帯域	3	ほぼ同じである
4	広帯域	4	ほぼ同じである
5	広帯域	2	大きく異なる

20 次の記述は、VHF帯の電波の伝搬について述べたものである。このうち誤っているものを下の番号から選べ。

1　標準大気中を伝搬する電波の見通し距離は、幾何学的な見通し距離より短くなる。

2　スポラジックE（Es）層と呼ばれる電離層によって、見通し外の遠方まで伝わることがある。

3　地形や建物の影響は、周波数が高いほど大きい。

4　見通し距離内では、受信点の高さを変化させると、直接波と大地反射波との干渉により、受信電界強度が変動する。

21 次の記述は、図に示すマイクロ波回線の第1フレネルゾーンについて述べたものである。□□内に入れるべき字句の正しい組合せを下の番号から選べ。

(1) 送信点Tから受信点R方向に測った距離 d_1〔m〕の点Pにおける第1フレネルゾーンの回転楕円体の断面の半径 r〔m〕は、点Pから受信点Rまでの距離を d_2〔m〕、波長を λ〔m〕とすれば、次式で与えられる。

　　$r \fallingdotseq$ A

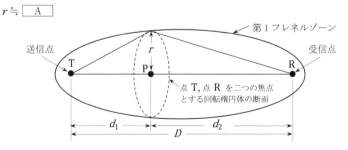

第1フレネルゾーン

送信点　　　　　　　　　　　　　　　　　　受信点

r

T　　　P　　　　　　　　　　　　R

点T, 点R を二つの焦点とする回転楕円体の断面

d_1　　　　d_2

D

答　　19：4　　20：1

(2)　周波数が7.5〔GHz〕、送受信点間の距離Dが10〔km〕であるとき、d_1が2〔km〕の点Pにおけるrは、約　B　である。

	A	B
1	$\sqrt{\lambda d_1 d_2/(d_1+d_2)}$	10〔m〕
2	$\sqrt{\lambda d_1 d_2/(d_1+d_2)}$	8〔m〕
3	$\sqrt{\lambda d_1 d_2/(d_1+d_2)}$	6〔m〕
4	$\sqrt{\lambda d_1/(d_1+d_2)}$	4〔m〕
5	$\sqrt{\lambda d_1/(d_1+d_2)}$	2〔m〕

22　次の記述は、無線中継所等において広く使用されているシール鉛蓄電池について述べたものである。このうち誤っているものを下の番号から選べ。

1　定期的な補水（蒸留水）は、不必要である。
2　電解液は、放電が進むにつれて比重が低下する。
3　シール鉛蓄電池を構成する単セルの電圧は、約2〔V〕である。
4　通常、密閉構造となっているため、電解液が外部に流出しない。
5　正極はカドミウム、負極は金属鉛、電解液には希硫酸が用いられる。

23　次の記述は、マイクロ波等の高周波電力の測定器に用いられるボロメータについて述べたものである。　　　内に入れるべき字句の正しい組合せを下の番号から選べ。

ボロメータは、半導体又は金属が電波を　A　すると温度が上昇し、　B　の値が変化することを利用した素子で、高周波電力の測定に用いられる。ボロメータとしては、　C　やバレッタが使用される。

	A	B	C
1	吸収	抵抗	サイリスタ
2	吸収	抵抗	サーミスタ
3	吸収	静電容量	サイリスタ
4	反射	抵抗	サーミスタ
5	反射	静電容量	サイリスタ

24　次の記述は、デジタル伝送における品質評価方法の一つであるアイパターンの観測について述べたものである。このうち誤っているものを下の番号から選べ。

1　伝送系のひずみや雑音が小さいほど、アイパターンの中央部のアイの開きは小さくなる。
2　識別器直前のパルス波形を、パルス繰返し周波数（クロック周波数）に同期して、オシロスコープ上に描かせて観測することができる。
3　デジタル伝送における波形ひずみの影響を観測できる。
4　アイパターンを観測することにより受信信号の雑音に対する余裕度がわかる。

　答　　21：2　　22：5　　23：2　　24：1

解答の指針（3年2月午前）

2

1　超短波（VHF）帯の電波に比較して、地形、建造物及び降雨の影響が**大きい**。

2　自然雑音及び人工雑音の影響が**小さく**、良好な信号対雑音比（S/N）の通信回線を構成することが**できる**。

4　周波数が高くなるほど降雨による減衰が**大きく**なり、通信回線を安定に維持することが容易で**はなくなる**。

3

　格子状回路のc−d−eに着目すると電気的に対称であり、d点の部分を切り離した次図の回路と等価である。c−e間の抵抗は$3R$の抵抗の並列接続となるから$3R/2$となる。したがって、a−b間の抵抗$R_{ab} = 3R/2 = 3 \times 50/2 = \underline{75}$〔Ω〕

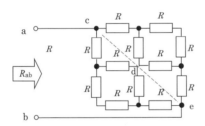

4

　S_1のみを閉じたときの電流IとS_2のみを閉じたときの電流Iが等しいので、コイルLとコンデンサCのリアクタンスX_LとX_Cの大きさは等しく、LとCに流れる電流I_LとI_Cの大きさは等しい。したがって、S_1とS_2の両方を閉じたときの電流Iは、I_LとI_Cは打ち消し合うので、抵抗Rに流れる電流I_Rに等しい。

　抵抗Rの値は題意の値を用いて次のようになる。

$$R = E/I_R = 150/3 = \underline{50}\ 〔Ω〕$$

　I_RとI_Lの和及びI_RとI_Cの和が共に5〔A〕であるので、ピタゴラスの定理を用いてI_LとI_Cの値は共に4〔A〕となる。

　したがって、X_LとX_Cの値は次のようになる。

$$X_L = X_C = 150/4 = \underline{37.5}\ 〔Ω〕$$

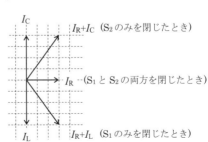

図　電流の関係

5

2　PN接合ダイオードは、**電流がP形半導体からN形半導体へ一方向に流れる**整流特性を有する。

3　P形半導体の多数キャリアは、**正孔**である。

4　フォトダイオードは、**光信号を電気信号に変換する**特性を利用するものである。

6

減衰量 L は入力電力を P_1、出力電力を P_2 とすると $L = P_1/P_2$（真数）で表される。

負荷抵抗 R_L は減衰器の入力抵抗と等しいから L は次のようになる。

$$L = P_1/P_2 = (V_1^2/R_L)/(V_2^2/R_L) = V_1^2/V_2^2 \quad\cdots①$$

負荷抵抗 R_L と $3R_L$ の並列抵抗の値 R_0（図の点線）は、次のようになる。

$$R_0 = \frac{R_L \times 3R_L}{R_L + 3R_L} = \frac{3}{4}R_L$$

したがって、V_1 と V_2 の間には次式の関係が成り立つ。

$$V_2 = \frac{R_0}{\frac{3}{4}R_L + R_0}V_1 = \frac{\frac{3}{4}R_L}{\frac{3}{4}R_L + \frac{3}{4}R_L}V_1 = \frac{1}{2}V_1$$

上式を式①に代入して L は次のようになる。

$$L = V_1^2/V_2^2 = 2^2$$

デシベルで表すと次のようになる。

$$10\log_{10}2^2 = 20\log_{10}2 = \underline{6}\,〔dB〕$$

抵抗減衰器

8

グレイ符号では隣り合う符号は1ビット違いで割り当てられるので1が正しい。

10

同期検波方式のBPSK波復調器では、信号波から　A　の搬送波再生回路において基準搬送波を再生し、乗算器において両波の積を作り、　B　の<u>低域フィルタ（LPF）</u>を通して高周波成分を除去し、識別器を介して復調出力を得る。

11

4　周波数によりフェージングの影響が異なることを利用して、二つの異なる周波数を用いるダイバーシティ方式は、**周波数ダイバーシティ方式**といわれる。

12

有効シンボル期間長 = 1/サブキャリア周波数間隔 = $1/(20 \times 10^3)$ = 0.05×10^{-3} = 50×10^{-6} = 50〔μs〕

14

指向性の鋭いアンテナを使用するマイクロ波の2周波中継方式では設問図のような f_1, f_2, …f_8 の配置において、異なる二つの使用周波数を F_1 と F_2 とし、次のような関係がある。

$$f_1 = f_6 = f_3 = f_8 = F_1$$
$$f_5 = f_2 = f_7 = f_4 = F_2$$

したがって、3が誤りであり、正しくは次のようになる。

3　Aの送信周波数 f_2 とCの**送信周波数** f_4 は、同じ周波数である。

16

5　最小探知距離は、主としてパルス幅に比例し、パルス幅を τ〔μs〕とすれば、**約150τ**〔m〕である。

17

パラボラアンテナの開口面積を S〔m²〕、使用する電波の波長を λ〔m〕、開口効率を η とすると、絶対利得の値 G は次式で表される。

$$G = \frac{4\pi S}{\lambda^2}\eta$$

$\lambda = 3 \times 10^8/15 \times 10^9 = 1/50$〔m〕、$G = 10^{\frac{43}{10}} = 10^{4.3} = 10^{(4.0+0.3)} \fallingdotseq 2 \times 10^4$ であり、上式と題意の数値を用いて η は次のようになる。

$$\eta = \frac{G\lambda^2}{4\pi S} = \frac{2 \times 10^4}{4 \times 3.14 \times 1 \times 50^2} \fallingdotseq 0.64 = 64 〔\%〕$$

20

1　標準大気中を伝搬する電波の見通し距離は、幾何学的な見通し距離より**遠くまで到達する**。

21

　題意の数値：波長 $\lambda = 3 \times 10^8 / 7.5 \times 10^9 = 0.04$〔m〕、送受信点間距離 $D = 10$〔km〕、$d_1 = 2$〔km〕、よって $d_2 = D - d_1 = 8$〔km〕を次式に代入して次のようになる。

$$r = \sqrt{\lambda \frac{d_1 \times d_2}{d_1 + d_2}} = \sqrt{0.04 \frac{2 \times 8 \times 10^6}{10 \times 10^3}} = \sqrt{64} = \underline{8}\ 〔m〕$$

22

5　正極は**二酸化鉛**、負極は金属鉛、電解液には希硫酸が用いられる。

24

1　伝送系のひずみや雑音が小さいほど、アイパターンの中央部のアイの開きは**大きくなる**。

無線工学 令和3年2月施行（午後の部）

1 次の記述は、静止衛星を用いた衛星通信の特徴について述べたものである。□内に入れるべき字句の正しい組合せを下の番号から選べ。

(1) 静止衛星から地表に到来する電波は極めて微弱であるため、静止衛星による衛星通信は、春分と秋分のころに、地球局の受信アンテナビームの見通し線上から到来する　A　の影響を受けることがある。

(2) 10〔GHz〕以上の電波を使用する衛星通信は、　B　による信号の減衰を受けやすい。

	A	B
1	太陽雑音	降雨
2	太陽雑音	電離層シンチレーション
3	空電雑音	電離層シンチレーション
4	空電雑音	降雨
5	空電雑音	大地反射波

2 次の記述は、マイクロ波（SHF）帯による通信の一般的な特徴等について述べたものである。このうち誤っているものを下の番号から選べ。

1 空電雑音及び都市雑音の影響が小さく、良好な信号対雑音比（S/N）の通信回線を構成することができる。

2 アンテナの指向性を鋭くできるので、他の無線回線との混信を避けることが比較的容易である。

3 周波数が高くなるほど、アンテナを小型化できる。

4 超短波（VHF）帯の電波に比較して、地形、建造物及び降雨の影響が少ない。

3 図に示す抵抗 $R = 75$〔Ω〕で作られた回路において、端子 ab 間の合成抵抗の値として、正しいものを下の番号から選べ。

1 300〔Ω〕
2 150〔Ω〕
3 110〔Ω〕
4 75〔Ω〕
5 50〔Ω〕

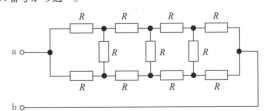

答　　1：1　　2：4　　3：2

4 図に示す回路において、スイッチ S_1 のみを閉じたときの電流 I とスイッチ S_2 のみを閉じたときの電流 I は、ともに 5〔A〕であった。また、スイッチ S_1 と S_2 の両方を閉じたときの電流 I は、4〔A〕であった。抵抗 R 及びコイル L のリアクタンス X_L の値の組合せとして、正しいものを下の番号から選べ。ただし、交流電源電圧は 150〔V〕とする。

	R	X_L
1	37.5〔Ω〕	75〔Ω〕
2	37.5〔Ω〕	50〔Ω〕
3	18.2〔Ω〕	50〔Ω〕
4	18.2〔Ω〕	30〔Ω〕
5	12.5〔Ω〕	30〔Ω〕

5 次の記述は、半導体及び半導体素子について述べたものである。このうち誤っているものを下の番号から選べ。

1 不純物を含まない Si（シリコン）、Ge（ゲルマニウム）等の単結晶半導体を真性半導体という。

2 フォトダイオードは、光信号を電気信号に変換する特性を利用するものである。

3 PN 接合ダイオードは、電流が N 形半導体から P 形半導体へ一方向に流れる整流特性を有する。

4 P 形半導体の多数キャリアは、正孔である。

6 図に示す π 形抵抗減衰器の減衰量 L の値として、最も近いものを下の番号から選べ。ただし、減衰量 L は、減衰器の入力電力を P_1、入力電圧を V_1、出力電力を P_2、出力電圧を V_2、入力抵抗及び負荷抵抗を R_L とすると、次式で表されるものとする。また、常用対数は表の値とする。

$$L = 10 \log_{10}(P_1/P_2) = 10 \log_{10}\{(V_1{}^2/R_L)/(V_2{}^2/R_L)\} \,\text{〔dB〕}$$

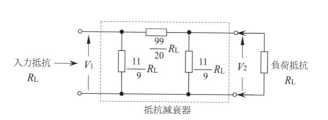

x	$\log_{10}x$
2	0.30
3	0.48
4	0.60
5	0.70
10	1.00

1　40〔dB〕　　2　20〔dB〕　　3　14〔dB〕　　4　10〔dB〕　　5　6〔dB〕

答　4：2　　5：3　　6：2

7 次の記述は、図に示す原理的な構造の電子管について述べたものである。
◻内に入れるべき字句の正しい組合せを下の番号から選べ。

(1) 名称は、◻ A ◻である。

(2) 高周波電界と電子流との相互作用によりマイクロ波の増幅を行う。また、空洞
共振器が◻ B ◻ので、広帯域の信号の増幅が可能である。

	A	B
1	進行波管	ない
2	進行波管	ある
3	クライストロン	ない
4	クライストロン	ある
5	マグネトロン	ある

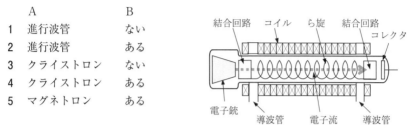

8 グレイ符号（グレイコード）による 8PSK の信号空間ダイアグラム（信号
点配置図）として、正しいものを下の番号から選べ。ただし、I軸は同相軸、Q軸
は直交軸を表す。

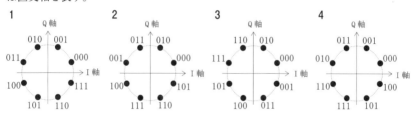

9 次の記述は、直接拡散方式を用いるスペクトル拡散（SS）通信について述
べたものである。◻内に入れるべき字句の正しい組合せを下の番号から選べ。

(1) この方式は、狭帯域信号を◻ A ◻によって広帯域信号に変換して伝送し、受信
側で元の狭帯域信号に変換するもので、◻ B ◻ことなどの特徴がある。

(2) また、この方式は、受信時に混入した狭帯域の妨害波は受信側で拡散されるの
で、狭帯域の妨害波に◻ C ◻。

	A	B	C
1	単一正弦波	秘匿性が良い	強い
2	単一正弦波	占有周波数帯幅が狭い	弱い
3	拡散符号	秘匿性が良い	弱い
4	拡散符号	占有周波数帯幅が狭い	弱い
5	拡散符号	秘匿性が良い	強い

10 図は、2相PSK（BPSK）信号に対して遅延検波を適用した復調器の原理的構成例である。　　　内に入れるべき字句の正しい組合せを下の番号から選べ。

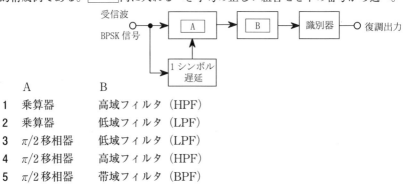

	A	B
1	乗算器	高域フィルタ（HPF）
2	乗算器	低域フィルタ（LPF）
3	$\pi/2$移相器	低域フィルタ（LPF）
4	$\pi/2$移相器	高域フィルタ（HPF）
5	$\pi/2$移相器	帯域フィルタ（BPF）

11 次の記述は、ダイバーシティ方式について述べたものである。このうち誤っているものを下の番号から選べ。

1 垂直偏波と水平偏波のように直交する偏波のフェージングの影響が異なることを利用したダイバーシティ方式を、偏波ダイバーシティ方式という。

2 周波数によりフェージングの影響が異なることを利用して、二つの異なる周波数を用いるダイバーシティ方式を、周波数ダイバーシティ方式という。

3 ダイバーシティ方式は、同時に回線品質が劣化する確率が大きい複数の通信系を設定して、その受信信号を切り替えるか又は合成することで、フェージングによる信号出力の変動を軽減するための方法である。

4 2基以上のアンテナを空間的に離れた位置に設置して、それらの受信信号を切り替えるか又は合成するダイバーシティ方式を、スペースダイバーシティ方式という。

12 直交周波数分割多重（OFDM）方式において、有効シンボル期間長（変調シンボル長）が40〔μs〕のとき、図に示すサブキャリアの周波数間隔Δfの値として、正しいものを下の番号から選べ。

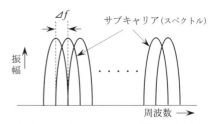

サブキャリア間のスペクトルの関係を示す略図

1	25〔kHz〕	2	20〔kHz〕
3	15〔kHz〕	4	10〔kHz〕
5	5〔kHz〕		

---

13 衛星通信の時分割多元接続（TDMA）方式についての記述として、正しいものを下の番号から選べ。

1 隣接する通信路間の干渉を避けるため、ガードバンドを設けて多重通信を行う方式である。

2 中継局において、受信波をいったん復調してパルスを整形し、同期を取り直して再び変調して送信する方式である。

3 呼があったときに周波数が割り当てられ、一つのチャネルごとに一つの周波数を使用して多重通信を行う方式である。

4 多数の局が同一の搬送周波数で一つの中継装置を用い、時間軸上で各局が送信すべき時間を分割して使用する方式である。

14 次の記述は、図に示すマイクロ波（SHF）通信における2周波中継方式の一般的な送信及び受信の周波数配置について述べたものである。このうち正しいものを下の番号から選べ。ただし、中継所A、中継所B及び中継所Cをそれぞれ A、B 及び C で表す。

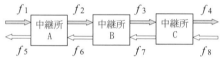

1 Aの受信周波数f_6とCの送信周波数f_7は、同じ周波数である。

2 Aの送信周波数f_2とCの受信周波数f_8は、同じ周波数である。

3 Aの送信周波数f_5とCの受信周波数f_3は、同じ周波数である。

4 Aの受信周波数f_1とBの送信周波数f_6は、同じ周波数である。

5 Bの送信周波数f_3とCの送信周波数f_4は、同じ周波数である。

15 次の記述は、ドップラー効果を利用したレーダーについて述べたものである。[　　]内に入れるべき字句の正しい組合せを下の番号から選べ。なお、同じ記号の[　　]内には、同じ字句が入るものとする。

(1) アンテナから発射された電波が移動している物体で反射されるとき、反射された電波の[A]はドップラー効果により偏移する。移動している物体が、電波の発射源から遠ざかっているときは、移動している物体から反射された電波の[A]は、発射された電波の[A]より[B]なる。

(2) この効果を利用したレーダーは、[C]、竜巻や乱気流の発見や観測などに利用される。

	A	B	C
1	振幅	低く	海底の地形の測量
2	振幅	高く	移動物体の速度測定
3	周波数	高く	移動物体の速度測定
4	周波数	高く	海底の地形の測量
5	周波数	低く	移動物体の速度測定

答　13：4　14：4　15：5

16　次の記述は、パルスレーダーの性能について述べたものである。このうち誤っているものを下の番号から選べ。

1　最小探知距離は、主としてパルス幅に比例し、パルス幅を τ〔μs〕とすれば、約150τ〔m〕である。

2　方位分解能は、アンテナの水平面内のビーム幅でほぼ決まり、ビーム幅が狭いほど良くなる。

3　最大探知距離は、送信電力を大きくし、受信機の感度を良くすると大きくなる。

4　最大探知距離は、アンテナ利得を大きくし、アンテナの高さを高くすると大きくなる。

5　距離分解能は、同一方位にある二つの物標を識別できる能力を表し、パルス幅が広いほど良くなる。

17　21〔GHz〕の周波数の電波で使用する回転放物面の開口面積が0.5〔m²〕で絶対利得が43〔dB〕のパラボラアンテナの開口効率の値として、最も近いものを下の番号から選べ。

1　69〔％〕　　2　65〔％〕　　3　61〔％〕　　4　57〔％〕　　5　53〔％〕

18　次の記述は、アダプティブアレイアンテナ（Adaptive Array Antenna）の特徴について述べたものである。　　内に入れるべき字句の正しい組合せを下の番号から選べ。

(1)　一般にアダプティブアレイアンテナは、複数のアンテナ素子から成り、各アンテナの信号の　A　に適切な重みを付けて合成することにより　B　に指向性を制御することができ、電波環境の変化に応じて指向性を適応的に変えることができる。

(2)　さらに、干渉波の到来方向にヌル点（null：指向性パターンの落ち込み点）を向け干渉波を　C　、通信の品質を改善することもできる。

	A	B	C
1	振幅と位相	電気的	弱めて
2	振幅と位相	機械的	強めて
3	ドップラー周波数	電気的	強めて
4	ドップラー周波数	機械的	弱めて

19　次の記述は、図に示す素子の太さが同じ二線式折返し半波長ダイポールアンテナについて述べたものである。　　内に入れるべき字句の正しい組合せを下の番号から選べ。

(1)　周波数特性は、同じ太さの素子の半波長ダイポールアンテナに比べてやや　A　特性を持つ。

約$\lambda/2$　　λ：波長

(2)　入力インピーダンスは、半波長ダイポール
　　　アンテナの約 B 倍である。

(3)　八木・宇田アンテナ（八木アンテナ）の
　　　 C として広く用いられている。

	A	B	C
1	狭帯域	4	放射器
2	狭帯域	2	導波器
3	広帯域	3	反射器
4	広帯域	4	放射器
5	広帯域	2	導波器

20　次の記述は、図に示すマイクロ波通信の送受信点間の見通し線上にナイフエッジがある場合、受信地点において、受信点の高さを変化したときの受信点の電界強度の変化などについて述べたものである。このうち誤っているものを下の番号から選べ。ただし、大地反射波の影響は無視するものとする。

1　見通し線より上方の領域では、受信点を高くするにつれて受信点の電界強度は、自由空間の伝搬による電界強度より強くなったり、弱くなったり、強弱を繰り返して自由空間の伝搬による電界強度に近づく。

2　見通し線より下方の領域では、受信点を低くするにつれて受信点の電界強度は低下する。

3　受信点の電界強度は、見通し線上では、自由空間の電界強度のほぼ1/4となる。

4　見通し線より下方の領域へは、ナイフエッジによる回折波が到達する。

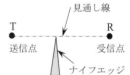

21　次の記述は、図に示すマイクロ波回線の第1フレネルゾーンについて述べたものである。□□内に入れるべき字句の正しい組合せを下の番号から選べ。

(1)　送信点 T から受信点 R 方向に測った距離 d_1〔m〕の点 P における第1フレネルゾーンの回転楕円体の断面の半径 r〔m〕は、点 P から受信点 R までの距離を d_2〔m〕、波長を λ〔m〕とすれば、次式で与えられる。

　　　$r ≒$ A

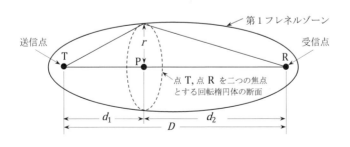

(2) 周波数が 6〔GHz〕、送受信点間の距離 D が 9〔km〕であるとき、d_1 が 3〔km〕の点 P における r は、約 $\boxed{\text{B}}$ である。

	A	B		A	B
1	$\sqrt{\lambda d_1/(d_1+d_2)}$	4〔m〕	2	$\sqrt{\lambda d_1/(d_1+d_2)}$	5〔m〕
3	$\sqrt{\lambda d_1 d_2/(d_1+d_2)}$	6〔m〕	4	$\sqrt{\lambda d_1 d_2/(d_1+d_2)}$	8〔m〕
5	$\sqrt{\lambda d_1 d_2/(d_1+d_2)}$	10〔m〕			

22 次の記述は、無線中継所等において広く使用されているシール鉛蓄電池について述べたものである。このうち正しいものを下の番号から選べ。
1 電解液は、放電が進むにつれて比重が上昇する。
2 通常、電解液が外部に流出するので設置には注意が必要である。
3 定期的な補水（蒸留水）は、必要である。
4 シール鉛蓄電池を構成する単セルの電圧は、約24〔V〕である。
5 正極は二酸化鉛、負極は金属鉛、電解液は希硫酸が用いられる。

23 次の記述に該当する測定器の名称を下の番号から選べ。
　温度によって抵抗値が変化しやすい素子に、マイクロ波電力を吸収させ、ジュール熱による温度上昇によって起こる抵抗変化を測ることにより、電力測定を行うものである。素子としては、バレッタやサーミスタがあり、主に小電力の測定に用いられる。
1 熱電対電力計　　2 カロリメータ形電力計　　3 ボロメータ電力計
4 CM形電力計　　5 誘導形電力量計

24 次の記述は、デジタル伝送における品質評価方法の一つであるアイパターンの観測について述べたものである。□□□内に入れるべき字句の正しい組合せを下の番号から選べ。
(1) アイパターンは、識別器直前のパルス波形を $\boxed{\text{A}}$ に同期して、オシロスコープ上に描かせたものである。
(2) 伝送系のひずみや雑音が小さいほど、中央部のアイの開きは $\boxed{\text{B}}$ なる。

	A	B
1	パルス繰返し周波数（クロック周波数）	大きく
2	パルス繰返し周波数（クロック周波数）	小さく
3	ガードタイム	小さく
4	ガードタイム	大きく

解答の指針（3年2月午後）

2

4　超短波（VHF）帯の電波に比較して、地形、建造物及び降雨の影響が**大きい**。

3

　回路の対称性から図1のaとa'、bとb'、cとc' 間は同電位となり、これらの間は開放することができる。したがって、図2のようにRの直並列回路となり、端子abの合成抵抗 R_{ab} は次式で求めることができる。

$$R_{ab} = \frac{4R \times 4R}{4R + 4R} = 2R = 2 \times 75 = \underline{150} \ [\Omega]$$

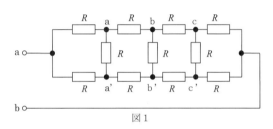

図1

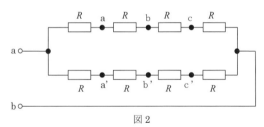

図2

4

　S_1 のみを閉じたときの電流 I と S_2 のみを閉じたときの電流 I が等しいので、コイル L とコンデンサ C のリアクタンス X_L と X_C の大きさは等しく、L と C に流れる電流 I_L と I_C の大きさは等しい。したがって、S_1 と S_2 の両方を閉じたときの電流 I は、I_L と I_C は打ち消し合うので、抵抗 R に流れる電流 I_R に等しい。

　抵抗 R の値は題意の値を用いて次のようになる。

　　　$R = E/I_R = 150/4 = \underline{37.5} \ [\Omega]$

　I_R と I_L の和及び I_R と I_C の和が共に 5 [A] であるので、ピタゴラスの定理を用いて I_L と I_C の値は共に 3 [A] となる。

　したがって、X_L と X_C の値は次のようになる。

$$X_L = X_C = 150/3 = \underline{50} \ [\Omega]$$

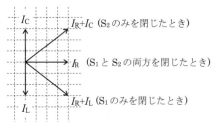

図　電流の関係

5

3 PN 接合ダイオードは、電流が **P 形半導体**から **N 形半導体**へ一方向に流れる整流特性を有する。

6

減衰量 L は入力電力を P_1、出力電力を P_2 とすると $L = P_1/P_2$（真数）で表される。

負荷抵抗 R_L は減衰器の入力抵抗と等しいから L は次のようになる。

$$L = P_1/P_2 = (V_1{}^2/R_L)/(V_2{}^2/R_L) = V_1{}^2/V_2{}^2 \qquad \cdots ①$$

負荷抵抗 R_L と $\dfrac{11}{9}R_L$ の並列抵抗の値 R_0（図の点線）は、次のようになる。

$$R_0 = \frac{R_L \times \dfrac{11}{9}R_L}{R_L + \dfrac{11}{9}R_L} = \frac{11}{20}R_L$$

したがって、V_1 と V_2 の間には次式の関係が成り立つ。

$$V_2 = \frac{R_0}{\dfrac{99}{20}R_L + R_0} V_1 = \frac{\dfrac{11}{20}R_L}{\dfrac{99}{20}R_L + \dfrac{11}{20}R_L} V_1 = \frac{1}{10} V_1$$

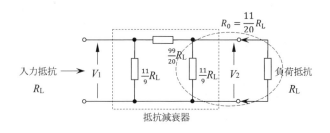

抵抗減衰器

上式を式①に代入して L は次のようになる。

$L = V_1{}^2 / V_2{}^2 = 10^2$

デシベルで表すと次のようになる。

$10 \log_{10} 10^2 = 20 \log_{10} 10 = \underline{20}$ 〔dB〕

8

グレイ符号では隣り合う符号は 1 ビット違いで割り当てられるので 4 が正しい。

10

遅延検波方式の復調器では、2 相 PSK 波を 1 ビット遅延回路において 1 ビット分遅延させて基準搬送波とし、　A　の乗算器において受信波との積を作り、　B　の低域フィルタ（LPF）を通して高周波成分を除去し、識別器を介して復調出力を得る。この方式は同期検波方式より回路が簡単であるが、誤り率が高い。

11

3　ダイバーシティ方式は、同時に回線品質が劣化する確率が**小さい**複数の通信系を設定して、その受信信号を切り替えるか又は合成することで、フェージングによる信号出力の変動を軽減するための方法である。

12

サブキャリア周波数間隔 $= 1/$有効シンボル期間長 $= 1/(40 \times 10^{-6}) = 0.025 \times 10^6$ $= 25 \times 10^3 = \underline{25}$ 〔kHz〕

14

指向性の鋭いアンテナを使用するマイクロ波の 2 周波中継方式では設問図のような f_1、f_2、$\cdots f_8$ の配置において、異なる二つの使用周波数を F_1 と F_2 とし、次のような関係がある。

$f_1 = f_6 = f_3 = f_8 = F_1$

$f_5 = f_2 = f_7 = f_4 = F_2$

したがって、正しいのは 4 である。

16

5　距離分解能は、同一方位にある二つの物標を識別できる能力を表し、パルス幅が**狭い**ほど良くなる。

17

パラボラアンテナの開口面積を S 〔m²〕、使用する電波の波長を λ 〔m〕、開口効率を η とすると、絶対利得の値 G は次式で表される。

$$G = \frac{4\pi S}{\lambda^2}\,\eta$$

$\lambda = 3\times10^8/21\times10^9 = 1/70$ 〔m〕、$G = 10^{\frac{43}{10}} = 10^{4.3} = 10^{(4.0+0.3)} \fallingdotseq 2\times10^4$ であり、上式と題意の数値を用いて η は次のようになる。

$$\eta = \frac{G\lambda^2}{4\pi S} = \frac{2\times10^4}{4\times3.14\times0.5\times70^2} \fallingdotseq 0.65 = \underline{65\ 〔\%〕}$$

20

3　受信点の電界強度は、見通し線上では、自由空間の電界強度のほぼ**1/2**となる。

21

題意の数値：波長 $\lambda = 3\times10^8/6\times10^9 = 0.05$ 〔m〕、送受信点間距離 $D = 9$ 〔km〕、$d_1 = 3$ 〔km〕、よって $d_2 = D - d_1 = 6$ 〔km〕 を次式に代入して次のようになる。

$$r = \sqrt{\lambda\frac{d_1\times d_2}{d_1+d_2}} = \sqrt{0.05\frac{3\times6\times10^6}{9\times10^3}} = \sqrt{100} = \underline{10\ 〔m〕}$$

22

1　電解液は、放電が進むにつれて比重が**低下**する。
2　**密閉構造となっているため電解液が外部に流出しない。**
3　定期的な補水（蒸留水）は、必要**ない**。
4　シール鉛蓄電池を構成する単セルの電圧は、**約2〔V〕**である。

24

アイパターンは、識別器直前のパルス波形のパルス繰返し周波数（クロック周波数）に同期してパルスの振幅を重ねて描かせたものであって、その縦の開き具合は信号レベルの低下、伝送路の周波数特性の変化による符号間干渉など雑音による余裕の度合いを表す。また、その横の開き具合は、クロック信号の統計的なゆらぎ（ジッタ）等による識別タイミングの劣化に対する余裕の度合いを表す。したがって、伝送系のひずみや雑音が小さくなると、アイパターンのアイの開きが大きくなる。

無線工学　令和3年6月施行（午前の部）

1　次の記述は、マイクロ波（SHF）帯を利用する通信回線又は装置の一般的な特徴について述べたものである。□□□内に入れるべき字句の正しい組合せを下の番号から選べ。

(1)　周波数が高くなるほど、□A□が大きくなり、大容量の通信回線を安定に維持することが難しくなる。

(2)　低い周波数帯よりも使用する周波数帯域幅が□B□とれるため、多重回線の多重度を大きくすることができる。

(3)　周波数が□C□なるほど、アンテナが小型になり、また、大きなアンテナ利得を得ることが容易である。

	A	B	C
1	フレネルゾーン	広く	低く
2	フレネルゾーン	狭く	高く
3	雨による減衰	狭く	低く
4	雨による減衰	広く	高く

2　次の記述は、直交周波数分割多重（OFDM）伝送方式について述べたものである。□□□内に入れるべき字句の正しい組合せを下の番号から選べ。

(1)　OFDM伝送方式では、高速の伝送データを複数の□A□なデータ列に分割し、複数のサブキャリアを用いて並列伝送を行う。

(2)　また、ガードインターバルを挿入することにより、マルチパスの遅延時間がガードインターバル長の□B□であれば、遅延波の干渉を効率よく回避できる。

(3)　OFDMは、一般的に3.9世代移動通信システムと呼ばれる携帯電話の通信規格である□C□の下り回線などで利用されている。

	A	B	C
1	より高速	範囲内	CDMA
2	より高速	範囲外	LTE
3	低速	範囲内	LTE
4	低速	範囲外	CDMA

3　図に示す回路において、抵抗 R_5 を流れる電流 I_5 が 0〔A〕のとき、R_3 を流れる電流 I_3 の値として、正しいものを下の番号から選べ。ただし、R_1 に流れる電流 I_1 は 4.2〔mA〕とし、$R_1 = 1.6$〔kΩ〕、$R_3 = 11.2$〔kΩ〕とする。

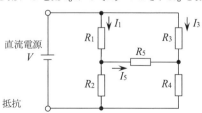

─□─：抵抗

1　29.4　〔mA〕

2　3.675〔mA〕

3　0.72　〔mA〕

4　0.6　　〔mA〕

5　0.525〔mA〕

4　図に示す回路において、交流電源電圧が102〔V〕、抵抗 R が24〔Ω〕、コンデンサのリアクタンス X_C が9〔Ω〕及びコイルのリアクタンス X_L が27〔Ω〕である。この回路に流れる電流の大きさの値として、正しいものを下の番号から選べ。

1　1.5〔A〕

2　2.2〔A〕

3　3.4〔A〕

4　3.9〔A〕

5　4.2〔A〕

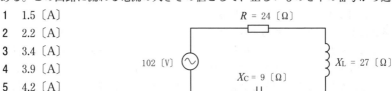

5　次の記述は、あるダイオードの特徴とその用途について述べたものである。この記述に該当するダイオードの名称として、正しいものを下の番号から選べ。

ヒ素やインジウムのような不純物の濃度が普通のシリコンダイオードの場合より高く、逆方向電圧を上げていくと、ある電圧で急に大電流が流れるようになって、それ以上、逆方向電圧を上げることができなくなる特性を有しており、電源回路等に広く用いられている。

1　ツェナーダイオード

2　ピンダイオード

3　バラクタダイオード

4　ガンダイオード

5　トンネルダイオード

6　次の記述は、図に示すマジックTについて述べたものである。このうち誤っているものを下の番号から選べ。ただし、電磁波は TE_{10} モードとする。

1　TE_{10} 波を③（E分岐）から入力すると、①と②（側分岐）に逆位相で等分された TE_{10} 波が伝搬する。

2　TE_{10} 波を④（H分岐）から入力すると、①と②（側分岐）に逆位相で等分された TE_{10} 波が伝搬する。

3　マジックTは、インピーダンス測定回路などに用いられる。

4　④（H分岐）から入力した TE_{10} 波は、③（E分岐）へは伝搬しない。

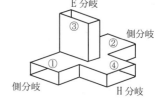

答　③：4　④：3　⑤：1　⑥：2

7　図に示す理想的な演算増幅器（オペアンプ）を使用した反転増幅回路の電圧利得の値として、最も近いものを下の番号から選べ。ただし、図の増幅回路の電圧増幅度の大きさ A_v（真数）は、次式で表されるものとする。また、$\log_{10} 2 = 0.3$ とする。

$A_v = R_2 / R_1$

1　6〔dB〕
2　12〔dB〕
3　16〔dB〕
4　20〔dB〕
5　28〔dB〕

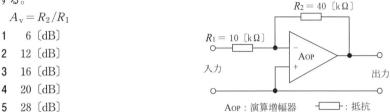

AOP：演算増幅器　　［抵抗］：抵抗

8　一般的なパルス符号変調（PCM）における量子化についての記述として、正しいものを下の番号から選べ。

1　音声などの連続したアナログ信号の振幅を一定の時間間隔で抽出し、それぞれの振幅を持つパルス列とする。

2　受信した PCM パルス列から情報を読み出し、アナログ値に変換する。

3　何段階かの定まったレベルの振幅を持つパルス列を、1パルスごとに2進符号に変換する。

4　一定数のパルス列に余分なパルス列を付加して、伝送時のビット誤り制御信号にする。

5　アナログ信号を標本化パルスで切り取ったときの振幅を、何段階かに分けた不連続の近似値に置き換える。

9　次の記述は、QPSK 等のデジタル変調方式におけるシンボルレートとビットレートとの原理的な関係について述べたものである。　　　内に入れるべき字句の正しい組合せを下の番号から選べ。ただし、シンボルレートは、1秒間に伝送するシンボル数（単位は〔sps〕）を表す。

(1)　QPSK（4PSK）では、シンボルレートが 5.0〔Msps〕のとき、ビットレートは、　A　〔Mbps〕である。

(2)　64QAM では、ビットレートが 48.0〔Mbps〕のとき、シンボルレートは、　B　〔Msps〕である。

	A	B
1	10.0	8.0
2	10.0	6.0
3	2.5	6.0
4	2.5	9.0
5	5.0	8.0

10　2段に縦続接続された増幅器の総合の等価雑音温度の値として、最も近いものを下の番号から選べ。ただし、初段の増幅器の等価雑音温度を270〔K〕、電力利得を7〔dB〕、次段の増幅器の等価雑音温度を400〔K〕とする。また、$\log_{10} 2 = 0.3$とする。

1　315〔K〕　　2　330〔K〕　　3　350〔K〕　　4　375〔K〕　　5　410〔K〕

11　図は、PLLによる直接FM（F3E）方式の変調器の原理的な構成例を示したものである。　　　内に入れるべき字句の正しい組合せを下の番号から選べ。

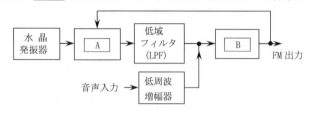

	A	B
1	周波数逓倍器	電圧制御発振器（VCO）
2	周波数逓倍器	緩衝増幅器
3	位相比較器（PC）	緩衝増幅器
4	位相比較器（PC）	周波数弁別器
5	位相比較器（PC）	電圧制御発振器（VCO）

12　次の記述は、デジタル無線通信における遅延検波について述べたものである。このうち正しいものを下の番号から選べ。
1　遅延検波は、受信する信号に対し、1シンボル（タイムスロット）後の信号を基準信号として用いて検波を行う。
2　遅延検波は、一般に同期検波より符号誤り率特性が優れている。
3　遅延検波は、PSK通信方式で使用できない。
4　遅延検波は、基準搬送波を再生する搬送波再生回路が不要である。

13　次の記述は、衛星通信の特徴について述べたものである。このうち誤っているものを下の番号から選べ。
1　FDMA方式では、衛星の中継器で多くの搬送波を共通増幅するため、中継器をできるだけ線形領域で動作させる必要がある。
2　TDMA方式は、複数の地球局が同一の送信周波数を用いて、時間的に信号が重ならないように衛星の中継器を使用する。

　答　　10：3　　11：5　　12：4

3　TDMA方式では、衛星の一つの中継器で一つの電波を増幅する場合、飽和領域付近で動作させることができ、中継器の送信電力を最大限利用できる。

4　衛星中継器の回線（チャネル）を地球局に割り当てる方式のうち、「呼の発生のたびに回線（チャネル）を設定し、通信が終了すると解消する割り当て方式」をプリアサイメントという。

14　次の記述は、地上系のマイクロ波（SHF）多重通信において生ずることのある干渉について述べたものである。このうち誤っているものを下の番号から選べ。

1　アンテナ相互間の結合による干渉を軽減するには、指向特性の主ビーム以外の角度で放射レベルが十分小さくなるようなアンテナを用いる。

2　送受信アンテナのサーキュレータの結合度及び受信機のフィルタ特性により、送受間干渉の度合いが異なる。

3　無線中継所などにおいて、正規の伝搬経路以外から、目的の周波数又はその近傍の周波数の電波が受信されるために干渉を生ずることがある。

4　干渉は、回線品質を劣化させる要因の一つになる。

5　ラジオダクトによるオーバーリーチ干渉を避けるには、中継ルートを直線的に設定する。

15　次の記述は、パルスレーダーの受信機に用いられる回路について述べたものである。　内に入れるべき字句の正しい組合せを下の番号から選べ。

(1)　近距離からの強い反射波があると、PPI表示の表示部の　A　付近が明るくなり過ぎて、近くの物標が見えなくなる。このとき、　B　回路により近距離からの強い反射波に対しては感度を下げ、遠距離になるにつれて感度を上げて、近距離にある物標を探知しやすくすることができる。

(2)　雨や雪などからの反射波によって、物標の識別が困難になることがある。このとき、　C　回路により検波後の出力を微分して、物標を際立たせることができる。

	A	B	C
1	中心	STC	FTC
2	中心	FTC	STC
3	中心	FTC	AFC
4	外周	AFC	STC
5	外周	STC	FTC

16　次の記述は、気象観測用レーダーについて述べたものである。このうち誤っているものを下の番号から選べ。

1　航空管制用や船舶用レーダーは、航空機や船舶などの位置の測定に重点が置かれているのに対し、気象観測用レーダーは、気象目標から反射される電波の受信電力強度の測定にも重点が置かれる。

2 表示方式には、RHI方式が適しており、PPI方式は用いられない。

3 反射波の受信電力強度から降水強度を求めるためには、理論式のほかに事前の現場観測データによる補正が必要である。

4 気象観測に不必要な山岳や建築物からの反射波のほとんどは、その強度が変動しないことを利用して除去することができる。

17 固有周波数850〔MHz〕の半波長ダイポールアンテナの実効長の値として、最も近いものを下の番号から選べ。ただし、$\pi = 3.14$とする。

1 5.6〔cm〕

2 8.4〔cm〕

3 11.2〔cm〕

4 27.1〔cm〕

5 110.8〔cm〕

18 次の記述は、図に示すレーダーに用いられるスロットアレーアンテナについて述べたものである。 内に入れるべき字句の正しい組合せを下の番号から選べ。ただし、方形導波管の xy 面は大地と平行に置かれており、管内を伝搬するTE_{10}モードの電磁波の管内波長をλ_gとする。

(1) 方形導波管の側面に、 A の間隔 (D) ごとにスロットを切り、隣り合うスロットの傾斜を逆方向にする。

(2) 隣り合う一対のスロットから放射される電波の電界の水平成分は同位相となり、垂直成分は逆位相となるので、スロットアレーアンテナ全体としては B 偏波を放射する。

	A	B
1	$\lambda_g/2$	垂直
2	$\lambda_g/2$	水平
3	$\lambda_g/4$	垂直
4	$\lambda_g/4$	水平

19 次の記述は、図に示すアンテナについて述べたものである。このうち誤っているものを下の番号から選べ。ただし、波長をλ〔m〕とし、図1の各地線は、長さが$\lambda/4$であり、放射素子に対して直角に取り付けた構造の標準的なものとする。

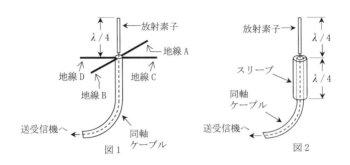

図1　　　　　　　　　　図2

1　図1の名称は、ブラウンアンテナ又はグランドプレーンアンテナという。

2　図1の地線Aと地線Bの電流は互いに逆方向に流れ、地線Cと地線Dも同様であるので、地線からの電波の放射は打ち消される。

3　図2の名称は、スリーブアンテナである。

4　図1及び図2のアンテナの放射抵抗は、共に約70〔Ω〕である。

5　図1及び図2のアンテナは、主に超短波（VHF）、極超短波（UHF）帯で使用される。

20　次の記述は、地上系のマイクロ波（SHF）通信の見通し内伝搬におけるフェージングについて述べたものである。□□□内に入れるべき字句の正しい組合せを下の番号から選べ。ただし、降雨や降雪による減衰はフェージングに含まないものとする。

(1)　フェージングは、□A□の影響を受けて発生する。

(2)　フェージングの発生確率は、一般に伝搬距離が長くなるほど□B□する。

(3)　等価地球半径（係数）の変動により、直接波と大地反射波との通路差が変動するために生ずるフェージングを、□C□フェージングという。

	A	B	C
1	対流圏の気象	増加	干渉性K形
2	対流圏の気象	減少	ダクト形
3	電離層の諸現象	増加	ダクト形
4	電離層の諸現象	減少	干渉性K形

21　次の記述は、図に示す対流圏電波伝搬におけるM曲線について述べたものである。□□□内に入れるべき字句の正しい組合せを下の番号から選べ。

(1)　標準大気のときのM曲線は、□A□である。

(2)　接地形ラジオダクトが発生しているときのM曲線は、□B□である。

(3) 接地形ラジオダクトが発生すると、電波は、ダクト ┌ C ┐ を伝搬し、見通し距離外まで伝搬することがある。

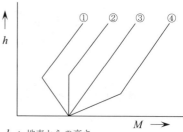

h：地表からの高さ

	A	B	C
1	②	④	外
2	②	①	内
3	③	④	外
4	③	④	内
5	③	①	内

22 次の記述は、図に示す浮動充電方式について述べたものである。このうち、誤っているものを下の番号から選べ。

1 通常（非停電時）、負荷への電力の大部分は鉛蓄電池から供給される。

2 停電などの非常時において、鉛蓄電池から負荷に電力を供給するときの瞬断がない。

3 浮動充電は、電圧変動を鉛蓄電池が吸収するため直流出力電圧が安定している。

4 鉛蓄電池には、自己放電量を補う程度の微小電流で充電を行う。

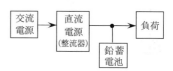

23 内部抵抗 r〔Ω〕の電流計に、$r/8$〔Ω〕の値の分流器を接続したときの測定範囲の倍率として、正しいものを下の番号から選べ。

1 12倍　　2 9倍　　3 8倍　　4 7倍　　5 4倍

24 次の記述は、アナログ方式のオシロスコープ及びスペクトルアナライザの一般的な特徴等について述べたものである。このうち誤っているものを下の番号から選べ。

1 オシロスコープは、本体の入力インピーダンスが1〔MΩ〕と50〔Ω〕の2種類を備えるものがある。

2 オシロスコープは、リサジュー図形を描かせて周波数の比較や位相差の観測を行うことができる。

3 オシロスコープの水平軸は振幅を、また、垂直軸は時間を表している。

4 スペクトルアナライザは、スペクトルの分析やスプリアスの測定などに用いられる。

5 スペクトルアナライザの水平軸は周波数を、また、垂直軸は振幅を表している。

答　21：5　22：1　23：2　24：3

解答の指針（3年6月午前）

3

$I_5 = 0$〔A〕であるので、（R_5 の両端の電位は等しく）$R_1 I_1 = R_3 I_3$ である。

したがって、I_3 の値は、

$$I_3 = (R_1/R_3)\,I_1 = (1.6/11.2) \times 4.2 = 6.72/11.2 = \underline{0.6}\ \text{〔mA〕}$$

4

交流電源電圧を E とすると、抵抗 R に流れる電流 I は、

$$I = \frac{E}{\sqrt{R^2 + (X_\mathrm{L} - X_\mathrm{C})^2}}$$

上式に題意の数値を代入すると、

$$I = \frac{102}{\sqrt{24^2 + (27-9)^2}} = \frac{102}{\sqrt{576 + 324}} = \frac{102}{30} = \underline{3.4}\ \text{〔A〕}$$

6

2　TE_{10} 波を④（H分岐）から入力すると、①と②（側分岐）に**同位相**で等分された TE_{10} 波が伝搬する。

7

入力抵抗を R_1、帰還抵抗を R_2 とすると、理想演算増幅器を用いた増幅回路の増幅度 A は次式で表される。

$$A = V_\mathrm{o}/V_\mathrm{i} = -R_2/R_1$$

上式に題意の数値を代入して、

$$|A| = R_2/R_1 = 40\ \text{〔kΩ〕}/10\ \text{〔kΩ〕} = 4$$

反転増幅回路の電圧利得の値を G とすると、

$$G = 20 \times \log_{10} |A| = 20 \times \log_{10} 4 = 20 \times \log_{10} 2^2$$
$$= 20 \times 2 \times 0.3 = \underline{12}\ \text{〔dB〕}$$

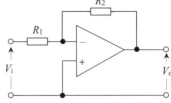

9

　シンボルとは変調信号の単位（情報の構成単位）のことであり、1回の変調（1シンボル）で1ビットしか伝送できない場合は効率が悪いので、1シンボルで多くの情報を伝送できる多値変調（QPSK、64QAM等）が用いられている。

　シンボルレート（変調速度ともいう。）とビットレート（伝送速度ともいう。）の間には次のような関係がある。

　　　シンボルレート〔Msps〕× 1シンボルで送信できるビット数〔bit〕
　　　＝ビットレート〔Mbps〕

(1)　QPSK（4PSK）の場合は1シンボルで2ビット（2の2乗＝4通り）の情報を伝送できるので、QPSK（4PSK）のシンボルレートが5.0〔Msps〕のとき、ビットレートは、<u>10.0</u>〔Mbps〕である。

(2)　64QAMでは、1シンボルで6ビット（2の6乗＝64通り）の情報を伝送できるので、ビットレートが48.0〔Mbps〕のとき、シンボルレートは、48.0/6＝<u>8.0</u>〔Msps〕である。

10

　初段の等価雑音温度を T_1、利得を G_1、次段の等価雑音温度を T_2 とすると、総合の等価雑音温度 T は次式で表される。

$$T = T_1 + \frac{T_2}{G_1} \ 〔\text{K}〕$$

　G_1 を真数で表すと、$10^{7/10} = 10^{0.7} = 10^{(1-0.3)} = \dfrac{10}{10^{0.3}} = \dfrac{10}{2} = 5$（真数）であるから、題意の数値を用いて T は次のようになる。

$$T = 270 + 400/5 = 270 + 80 = \underline{350 \ 〔\text{K}〕}$$

13

4　衛星中継器の回線（チャネル）を地球局に割り当てる方式のうち、「呼の発生のたびに回線（チャネル）を設定し、通信が終了すると解消する割り当て方式」を**デマンドアサイメント**という。

14

5　2周波中継方式において、ラジオダクトによるオーバーリーチ干渉を避ける方法としては、中継ルートを**ジグザグ**に設定して、アンテナの指向性を利用することが多い。

16

2　気象レーダーの表示方式は、**PPI方式**と**RHI方式**が用いられている。

17

850〔MHz〕の波長は、$\lambda = 3 \times 10^8/(850 \times 10^6) = 0.3529$〔m〕

半波長ダイポールアンテナの実効長 l_e は次式で表され、題意の数値を用いて次のようになる。

$$l_e = \frac{\lambda}{\pi} = 0.3529/3.14 \fallingdotseq 0.1124 \text{〔m〕} \fallingdotseq \underline{11.2 \text{〔cm〕}}$$

19

4　図1のアンテナの放射抵抗は**約21**〔Ω〕、図2のアンテナの放射抵抗は約70〔Ω〕である。

22

1　浮動充電方式は、通常（非停電時）、負荷への電力の大部分は**交流電源**から供給される。

23

電流計の内部抵抗を r〔Ω〕、測定範囲の倍率を N、分流器の抵抗値を R〔Ω〕とすると

　　　$N = 1 + (r/R)$

　$R = r/8$ とすると

　　　$N = 1 + \{r/(r/8)\} = 1 + 8 = \underline{9\,倍}$

24

3　オシロスコープの水平軸は**時間**を、また、垂直軸は**振幅**を表している。

無線工学　令和3年6月施行（午後の部）

1 次の記述は、マイクロ波（SHF）帯を利用する通信回線又は装置の一般的な特徴について述べたものである。このうち正しいものを下の番号から選べ。

1　周波数が高くなるほど、雨による減衰が小さくなり、大容量の通信回線を安定に維持することが容易になる。

2　アンテナの大きさが同じとき、周波数が高いほどアンテナ利得は小さくなる。

3　低い周波数帯よりも空電雑音及び人工雑音の影響が大きく、良好な信号対雑音比（S/N）の通信回線を構成することができない。

4　電離層伝搬による見通し外の遠距離通信に用いられる。

5　低い周波数帯よりも使用する周波数帯域幅が広くとれるため、多重回線の多重度を大きくすることができる。

2 次の記述は、直交周波数分割多重（OFDM）伝送方式について述べたものである。このうち誤っているものを下の番号から選べ。

1　OFDM伝送方式では、高速の伝送データを複数の低速なデータ列に分割し、複数のサブキャリアを用いて並列伝送を行う。

2　ガードインターバルを挿入することにより、マルチパスの遅延時間がガードインターバル長の範囲内であれば、遅延波の干渉を効率よく回避できる。

3　各サブキャリアの直交性を厳密に保つ必要はない。また、正確に同期をとる必要がない。

4　一般的に3.9世代移動通信システムと呼ばれる携帯電話の通信規格であるLTEの下り回線などで利用されている。

3 図に示す回路において、抵抗 R_5 を流れる電流 I_5 が0〔A〕のとき、R_1 を流れる電流 I_1 の値として、正しいものを下の番号から選べ。ただし、R_3 に流れる電流 I_3 は1.3〔mA〕とし、$R_1 = 1.8$〔kΩ〕、$R_3 = 10.8$〔kΩ〕とする。

1　0.186〔mA〕

2　0.217〔mA〕

3　1.11〔mA〕

4　2.6〔mA〕

5　7.8〔mA〕

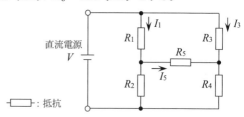

：抵抗

答　　1：5　　2：3　　3：5

4　図に示す回路において、交流電源電圧が105〔V〕、抵抗 R が18〔Ω〕、コンデンサのリアクタンス X_C が8〔Ω〕及びコイルのリアクタンス X_L が32〔Ω〕である。この回路に流れる電流の大きさの値として、正しいものを下の番号から選べ。

1　1.1〔A〕

2　2.2〔A〕

3　3.5〔A〕

4　4.4〔A〕

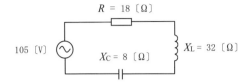

5　ガンダイオードについての記述として、正しいものを下の番号から選べ。

1　一定値以上の逆方向電圧が加わると、電界によって電子がなだれ現象を起こし、電流が急激に増加する特性を利用する。

2　GaAs（ガリウムヒ素）などの化合物半導体で構成され、バイアス電圧を加えるとマイクロ波の発振を起こす。

3　逆方向バイアスを与え、このバイアス電圧を変化させると、等価的に可変静電容量として働く特性を利用する。

4　電波を吸収すると温度が上昇し、抵抗の値が変化する素子で、電力計に利用される。

6　次の記述は、図に示す T 形分岐回路について述べたものである。このうち誤っているものを下の番号から選べ。ただし、電磁波は TE_{10} モードとする。

1　図1において、TE_{10} 波が分岐導波管から入力されると、主導波管の左右に等しい大きさで伝送される。

2　図2において、TE_{10} 波が分岐導波管から入力されると、主導波管の左右の出力は逆位相となる。

3　図1に示す T 形分岐回路は、E 面分岐又は直列分岐ともいう。

4　図2に示す T 形分岐回路は、H 面分岐又は並列分岐ともいう。

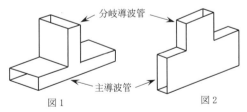

図1　　　　　図2

7 図に示す理想的な演算増幅器（オペアンプ）を使用した反転増幅回路の電圧利得の値として、最も近いものを下の番号から選べ。ただし、図の増幅回路の電圧増幅度の大きさ A_v（真数）は、次式で表されるものとする。また、$\log_{10} 2 = 0.3$ とする。

$A_v = R_2/R_1$

1　9〔dB〕

2　12〔dB〕

3　18〔dB〕

4　24〔dB〕

5　36〔dB〕

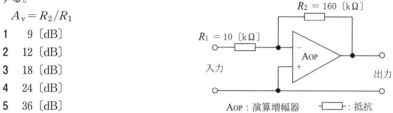

Aop：演算増幅器　　⬜：抵抗

8 一般的なパルス符号変調（PCM）における標本化についての記述として、正しいものを下の番号から選べ。

1　音声などの連続したアナログ信号の振幅を一定の時間間隔で抽出し、それぞれの振幅を持つパルス列とする。

2　量子化されたパルス列の1パルスごとにその振幅値を2進符号に変換する。

3　アナログ信号から抽出したそれぞれのパルス振幅を、何段階かの定まったレベルの振幅に変換する。

4　一定数のパルス列にいくつかの余分なパルスを付加して、伝送時のビット誤り制御信号にする。

5　受信したPCMパルス列から情報を読み出し、アナログ値に変換する。

9 次の記述は、BPSK等のデジタル変調方式におけるシンボルレートとビットレートとの原理的な関係について述べたものである。◯◯内に入れるべき字句の正しい組合せを下の番号から選べ。ただし、シンボルレートは、1秒間に伝送するシンボル数（単位は〔sps〕）を表す。

(1) BPSK（2PSK）では、シンボルレートが5.0〔Msps〕のとき、ビットレートは、　A　〔Mbps〕である。

(2) 16QAMでは、ビットレートが32.0〔Mbps〕のとき、シンボルレートは、　B　〔Msps〕である。

	A	B
1	5.0	8.0
2	5.0	2.0
3	2.5	4.0
4	10.0	4.0
5	10.0	8.0

答　7:4　8:1　9:1

10　2段に縦続接続された増幅器の総合の雑音指数の値（真数）として、最も近いものを下の番号から選べ。ただし、初段の増幅器の雑音指数を7〔dB〕、電力利得を10〔dB〕とし、次段の増幅器の雑音指数を13〔dB〕とする。また、$\log_{10} 2 = 0.3$とする。

1　4.8　　　2　5.3　　　3　5.9　　　4　6.9　　　5　8.3

11　図は、PLLによる直接FM（F3E）方式の変調器の原理的な構成例を示したものである。□□□内に入れるべき字句の正しい組合せを下の番号から選べ。

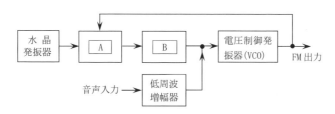

	A	B
1	周波数逓倍器	高域フィルタ（HPF）
2	周波数逓倍器	帯域フィルタ（BPF）
3	周波数逓倍器	低域フィルタ（LPF）
4	位相比較器（PC）	高域フィルタ（HPF）
5	位相比較器（PC）	低域フィルタ（LPF）

12　次の記述は、デジタル無線通信における同期検波について述べたものである。このうち誤っているものを下の番号から選べ。
1　同期検波は、受信した信号から再生した基準搬送波を使用して検波を行う。
2　同期検波は、PSK通信方式で使用できない。
3　同期検波は、低域フィルタ（LPF）を使用する。
4　同期検波は、一般に遅延検波より符号誤り率特性が優れている。

13　衛星通信において、衛星中継器の回線（チャネル）を地球局に割り当てる方式のうち、「呼の発生のたびに回線（チャネル）を設定し、通信が終了すると解消する割り当て方式」の名称として、正しいものを下の番号から選べ。
1　FDMA　　　　　　2　TDMA
3　SCPC　　　　　　4　デマンドアサイメント
5　プリアサイメント

答　　10：4　　11：5　　12：2　　13：4

14 次の記述は、地上系のマイクロ波（SHF）多重通信において生ずることのある干渉について述べたものである。 内に入れるべき字句の正しい組合せを下の番号から選べ。

(1) 無線中継所などにおいて、正規の伝搬経路以外から、目的の周波数又はその近傍の周波数の電波が受信されるために干渉を生ずることがある。干渉は、 A を劣化させる要因の一つになる。

(2) 中継所のアンテナどうしのフロントバックやフロントサイド結合などによる干渉を軽減するため、指向特性の B 以外の角度で放射レベルが十分小さくなるようなアンテナを用いる。

(3) ラジオダクトの発生により、通常は影響を受けない見通し距離外の中継局から C による干渉を生ずることがある。

	A	B	C
1	拡散率	サイドローブ	オーバーリーチ
2	拡散率	サイドローブ	ナイフエッジ
3	回線品質	主ビーム	オーバーリーチ
4	回線品質	サイドローブ	ナイフエッジ
5	回線品質	主ビーム	ナイフエッジ

15 次の記述は、パルスレーダーの受信機に用いられる回路について述べたものである。 内に入れるべき字句の正しい組合せを下の番号から選べ。

(1) 近距離からの強い反射波があると、PPI 表示の表示部の中心付近が明るくなり過ぎて、近くの物標が見えなくなる。このとき、STC 回路により近距離からの強い反射波に対しては感度を A 、遠距離になるにつれて感度を B て、近距離にある物標を探知しやすくすることができる。

(2) 雨や雪などからの反射波によって、物標の識別が困難になることがある。このとき、FTC 回路により検波後の出力を C して、物標を際立たせることができる。

	A	B	C
1	下げ（悪くし）	上げ（良くし）	微分
2	下げ（悪くし）	上げ（良くし）	積分
3	上げ（良くし）	下げ（悪くし）	反転
4	上げ（良くし）	下げ（悪くし）	積分
5	上げ（良くし）	下げ（悪くし）	微分

16 次の記述は、気象観測用レーダーについて述べたものである。＿＿＿内に入れるべき字句の正しい組合せを下の番号から選べ。

(1) 気象観測用レーダーの表示方式は、送受信アンテナを中心として物標の距離と方位を360度にわたって表示した ＿A＿ 方式と、横軸を距離として縦軸に高さを表示した ＿B＿ 方式が用いられている。

(2) 気象観測に不必要な山岳や建築物からの反射波のほとんどは、その強度が ＿C＿ ことを利用して除去することができる。

	A	B	C
1	PPI	RHI	変動しない
2	PPI	RHI	変動している
3	RHI	PPI	変動しない
4	RHI	PPI	変動している

17 固有周波数1,700〔MHz〕の半波長ダイポールアンテナの実効長の値として、最も近いものを下の番号から選べ。ただし、$\pi = 3.14$ とする。

1 2.8〔cm〕　　2 5.6〔cm〕　　3 11.2〔cm〕
4 54.1〔cm〕　　5 55.4〔cm〕

18 次の記述は、図に示すレーダーに用いられるスロットアレーアンテナについて述べたものである。＿＿＿内に入れるべき字句の正しい組合せを下の番号から選べ。ただし、方形導波管の xy 面は大地と平行に置かれており、管内を伝搬するTE$_{10}$ モードの電磁波の管内波長を λ_g とする。

(1) 方形導波管の側面に、 ＿A＿ の間隔（D）ごとにスロットを切り、隣り合うスロットの傾斜を逆方向にする。通常、スロットの数は数十から百数十程度である。

(2) 隣り合う一対のスロットから放射される電波の電界の水平成分は同位相となり、垂直成分は逆位相となるので、スロットアレーアンテナ全体としては水平偏波を放射する。水平面内の主ビーム幅は、スロットの数が多いほど ＿B＿ 。

	A	B
1	$\lambda_g/4$	広い
2	$\lambda_g/4$	狭い
3	$\lambda_g/2$	広い
4	$\lambda_g/2$	狭い

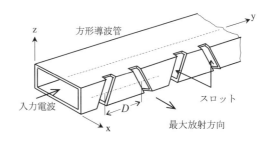

答　　**16**：1　　**17**：2　　**18**：4

19 次の記述は、図に示すアンテナについて述べたものである。このうち正しいものを下の番号から選べ。ただし、波長を λ〔m〕とし、図1の各地線は、長さが $\lambda/4$ であり、放射素子に対して直角に取り付けた構造の標準的なものとする。

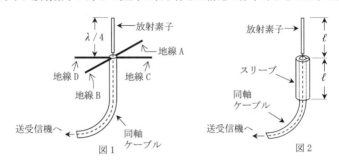

図1　図2

1　図1の地線Aと地線Bの電流は互いに同方向に流れ、地線Cと地線Dも同様であるので、地線からも大きな電波の放射がある。

2　図1は、ブラウンアンテナと呼ばれ、放射抵抗は約21〔Ω〕である。

3　図2は、スリーブアンテナと呼ばれ、放射抵抗は約35〔Ω〕である。

4　図2のアンテナの ℓ は、それぞれ $\lambda/8$ の長さであり、全体として $\lambda/4$ の長さとしている。

5　図1及び図2のアンテナは、主にマイクロ波（SHF）帯以上の周波数で使用される。

20 次の記述は、地上系のマイクロ波（SHF）通信の見通し内伝搬におけるフェージングについて述べたものである。　□□内に入れるべき字句の正しい組合せを下の番号から選べ。ただし、降雨や降雪による減衰はフェージングに含まないものとする。

(1) フェージングは、　A　の影響を受けて発生する。

(2) フェージングの発生確率は、一般に伝搬距離が長くなるほど　B　する。

(3) ダクト形フェージングは、雨天や強風の時より、晴天で風の弱いときに発生　C　。

	A	B	C
1	対流圏の気象	増加	しやすい
2	対流圏の気象	減少	しにくい
3	電離層の諸現象	増加	しにくい
4	電離層の諸現象	減少	しやすい

21　次の記述は、電波の対流圏伝搬について述べたものである。このうち正しいものを下の番号から選べ。

1　標準大気中では、電波の見通し距離は幾何学的な見通し距離と等しい。

2　標準大気中では、等価地球半径は真の地球半径より小さい。

3　標準大気のときの M 曲線は、グラフ上で１本の直線で表される。

4　ラジオダクトが発生すると電波がダクト内に閉じ込められて減衰し、遠方まで伝搬しない。

5　標準大気の屈折率は、地上からの高さに比例して増加する。

22　次の記述は、鉛蓄電池の一般的な取扱いについて述べたものである。このうち誤っているものを下の番号から選べ。

1　電解液は極板が露出しない程度に補充しておくこと。

2　放電した後は、電圧や電解液の比重などを放電前の状態に回復させておくこと。

3　電池の電極の負担を軽くするには、充電の初期に大きな電流が流れ過ぎないようにすること。

4　３〜６か月に１度は、過放電をしておくこと。

23　内部抵抗 r〔Ω〕の電圧計に、$9r$〔Ω〕の値の直列抵抗器（倍率器）を接続したときの測定範囲の倍率として、正しいものを下の番号から選べ。

1　8倍　　　2　9倍　　　3　10倍　　　4　12倍　　　5　14倍

24　次の記述は、アナログ方式のオシロスコープの一般的な機能について述べたものである。　　内に入れるべき字句の正しい組合せを下の番号から選べ。なお、同じ記号の　　内には、同じ字句が入るものとする。

　　垂直軸入力及び水平軸入力に正弦波電圧を加えたとき、それぞれの正弦波電圧の　A　が整数比になると、画面に各種の静止図形が現れる。この図形を　B　といい、交流電圧の　A　の比較や　C　の観測を行うことができる。

	A	B	C
1	振幅	信号空間ダイアグラム	ひずみ率
2	振幅	信号空間ダイアグラム	位相差
3	振幅	リサジュー図形	ひずみ率
4	周波数	信号空間ダイアグラム	ひずみ率
5	周波数	リサジュー図形	位相差

答　　21：3　　22：4　　23：3　　24：5

解答の指針（3年6月午後）

2

3　各サブキャリアの直交性を厳密に保つ**必要がある**。また、正確に同期をとる**必要がある**。

3

$I_5 = 0$〔A〕であるので、（R_5 の両端の電位は等しく）$R_1 I_1 = R_3 I_3$ である。
したがって、I_1 の値は、

$$I_1 = (R_3/R_1) I_3 = (10.8/1.8) \times 1.3 = 6 \times 1.3 = \underline{7.8}\ \text{〔mA〕}$$

4

交流電源電圧を E とすると、抵抗 R に流れる電流 I は、

$$I = \frac{E}{\sqrt{R^2 + (X_L - X_C)^2}}$$

上式に題意の数値を代入すると、

$$I = \frac{105}{\sqrt{18^2 + (32-8)^2}} = \frac{105}{\sqrt{324 + 576}} = \frac{105}{30} = \underline{3.5}\ \text{〔A〕}$$

6

2　図2において、TE_{10} 波が分岐導波管から入力されると、主導波管の左右の出力は**同位相**になる。

7

入力抵抗を R_1、帰還抵抗を R_2 とすると、理想演算増幅器を用いた増幅回路の増幅度 A は次式で表される。

$$A = V_o/V_i = -R_2/R_1$$

上式に題意の数値を代入して、

$$|A| = R_2/R_1 = 160\ \text{〔k}\Omega\text{〕}/10\ \text{〔k}\Omega\text{〕} = 16$$

反転増幅回路の電圧利得の値を G とすると、

$$G = 20 \times \log_{10} |A| = 20 \times \log_{10} 16$$
$$= 20 \times \log_{10} 2^4 = 4 \times 20 \times \log_{10} 2$$
$$= \underline{24}\ \text{〔dB〕}$$

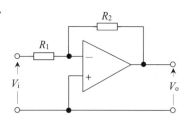

8

正しい記述は1であり、他は以下に関する記述である。

2：符号化　　3：量子化　　4：冗長化　　5：D/A 変換

9

⑴　BPSK（2PSK）の場合は1シンボルで1ビット（2通り）の情報を伝送できるので、BPSK（2PSK）のシンボルレートが 5.0〔Msps〕のとき、ビットレートは、5.0〔Mbps〕である。

⑵　16QAM では、1シンボルで4ビット（2の4乗＝16通り）の情報を伝送できるので、ビットレートが 32.0〔Mbps〕のとき、シンボルレートは、32.0/4 ＝ 8.0〔Msps〕である。

10

初段の雑音指数を F_1（真数）、利得を G_1（真数）、次段の雑音指数を F_2（真数）とすると、総合の雑音指数 F は次式で表される。

$$F = F_1 + \frac{F_2 - 1}{G_1}$$

題意の数値（真数）、F_1 を真数で表すと、$10^{7/10} = 10^{0.7} = 10^{(1-0.3)} = \dfrac{10}{10^{0.3}} = \dfrac{10}{2} = 5$（真数）で、$F_2$ は $10^{13/10} = 10^{1.3} = 10^{(1+0.3)} = 10 \times 10^{0.3} = 10 \times 2 = 20$（真数）である。

電力利得は、G_1〔dB〕＝ 10 であるので、真数は、10である。

以上を代入すると、$F = 5 + \dfrac{20-1}{10} = 5 + 1.9 = 6.9$

12

2　同期検波は、PSK 通信方式で使用できる。

17

1,700〔MHz〕の波長は、$\lambda = 3 \times 10^8 / (1{,}700 \times 10^6)$

半波長ダイポールアンテナの実効長 l_e は次式で表され、題意の数値を用いて次のようになる。

$$l_\mathrm{e} = \lambda / \pi = 3 \times 10^8 / (1{,}700 \times 10^6 \times 3.14) \fallingdotseq 0.0562 \fallingdotseq 5.6 \text{〔cm〕}$$

23

測定範囲の倍率を N とすると、倍率器の抵抗値 R は次の式で表される。

$R = (N-1) r$

R の値に題意の $9r$ を代入すると、N の値は次のとおりである。

$9r = (N-1) r$

$Nr = 9r + r$

∴　$N = \underline{10}$

無線工学　令和3年10月施行（午前の部）

1　次の記述は、静止衛星通信の特徴について述べたものである。このうち誤っているものを下の番号から選べ。

1　3個の通信衛星を赤道上空に等間隔に配置することにより、極地域を除く地球上のほとんどの地域をカバーする通信網が構成できる。

2　静止衛星は、赤道上空約36,000〔km〕の軌道上にある。

3　通信衛星の電源には太陽電池を使用するため、太陽電池が発電しない衛星食の時期に備えて、蓄電池などを搭載する必要がある。

4　電波が、地球上から通信衛星を経由して再び地球上に戻ってくるのに要する時間は、約0.1秒である。

2　次の記述は、多重通信方式について述べたものである。□□□内に入れるべき字句の正しい組合せを下の番号から選べ。なお、同じ記号の□□□内には、同じ字句が入るものとする。

(1)　複数のチャネルを周波数別に並べて、一つの伝送路上で同時に伝送する方式を　A　通信方式という。

(2)　各チャネルが伝送路を占有する時間を少しずつずらして、順次伝送する方式を　B　通信方式という。この方式では、一般に送信側と受信側の　C　のため、送信信号パルス列に　C　パルスが加えられる。

	A	B	C
1	CDM	TDM	変換
2	CDM	PPM	同期
3	CDM	PPM	変換
4	FDM	PPM	変換
5	FDM	TDM	同期

3　図に示す回路において、6〔Ω〕の抵抗に流れる電流の値として、最も近いものを下の番号から選べ。

1　0.75〔A〕

2　1.25〔A〕

3　1.50〔A〕

4　1.75〔A〕

5　2.00〔A〕

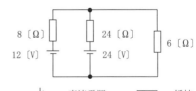

答　　1：4　　2：5　　3：2

4　図に示す直列回路において消費される電力の値が520〔W〕であった。このときのコンデンサのリアクタンス X_C〔Ω〕の値として、正しいものを下の番号から選べ。

1　5〔Ω〕

2　9〔Ω〕

3　13〔Ω〕

4　18〔Ω〕

5　24〔Ω〕

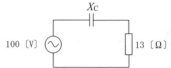

〜：交流電源　　　　：抵抗

5　図に示す等価回路に対応する働きを有する、斜線で示された導波管窓（スリット）素子として、正しいものを下の番号から選べ。ただし、電磁波は TE_{10} モードとする。

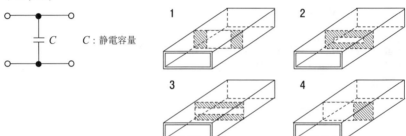

C：静電容量

6　図に示すように、内部抵抗 r が125〔Ω〕の交流電源に、負荷抵抗 R_L を接続したとき、R_L から取り出しうる電力の最大値（有能電力）として、正しいものを下の番号から選べ。ただし、交流電源の起電力 E は100〔V〕とする。

1　20〔W〕　　2　25〔W〕　　3　40〔W〕

4　50〔W〕　　5　100〔W〕

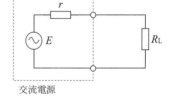

交流電源

7　次の記述は、図に示す直列共振回路について述べたものである。□□□内に入れるべき字句の正しい組合せを下の番号から選べ。

この回路のインピーダンス $\dot{Z}$〔Ω〕は、角周波数を ω〔rad/s〕とすれば、次式で表される。

$$\dot{Z} = R + j\left(\omega L - \frac{1}{\omega C}\right)$$

答　　4：2　　5：3　　6：1

この式において、ω を変化させた場合、　A　のとき回路のリアクタンス分は、零となる。このときの回路電流 i〔A〕の大きさは　B　、インピーダンスの大きさは、　C　となる。

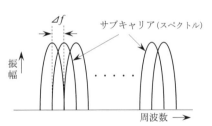

R：抵抗〔Ω〕
L：インダクタンス〔H〕
C：静電容量〔F〕

	A	B	C
1	$\omega L = 1/(\omega C)$	最大	最小
2	$\omega L = 1/(\omega C)$	最小	最大
3	$\omega L = 1/(\omega C)$	最小	最小
4	$\omega L = \omega C$	最小	最小
5	$\omega L = \omega C$	最大	最大

8 次の記述は、直交周波数分割多重（OFDM）伝送方式について述べたものである。このうち誤っているものを下の番号から選べ。ただし、OFDM 伝送方式で用いる多数のキャリアをサブキャリアという。

1 ガードインターバルは、遅延波によって生じる符号間干渉を軽減するために付加される。

2 各サブキャリアを分割してユーザが利用でき、必要なチャネル相当分を周波数軸上に多重化できる。

3 図に示すサブキャリアの周波数間隔 Δf は、有効シンボル期間長（変調シンボル長）Ts の逆数と等しく（$\Delta f = 1/Ts$）なっている。

4 OFDM 伝送方式を用いると、シングルキャリアをデジタル変調した場合に比べマルチパスによる遅延波の影響を受け難い。

5 高速のビット列を多数のサブキャリアを用いて周波数軸上で分割して伝送することで、サブキャリア1本当たりのシンボルレートを高くできる。

振幅

Δf　サブキャリア（スペクトル）

周波数

サブキャリア間のスペクトルの関係を示す略図

9 次の記述は、デジタル伝送におけるビット誤り等について述べたものである。このうち正しいものを下の番号から選べ。ただし、図に QPSK（4PSK）の信号空間ダイアグラムを示す。

1 QPSK において、2ビットのデータを各シンボルに割り当てる方法が自然2進符号に基づく場合は、縦横に隣接するシンボル間で誤りが生じたとき、常に2ビットの誤りとなる。

答　7：1　8：5

2　QPSK において、2ビットのデータを各シンボルに割り当てる方法がグレイ符号に基づく場合は、縦横に隣接するシンボル間で誤りが生じたとき、1ビット誤る場合と2ビット誤る場合がある。

3　1,000ビットの信号を伝送して、1ビットの誤りがあった場合、ビット誤り率は、10^{-4} である。

4　QPSK において、2ビットのデータを各シンボルに割り当てる方法がグレイ符号に基づく場合と自然2進符号に基づく場合とで比べたとき、グレイ符号に基づく場合の方がビット誤り率を小さくできる。

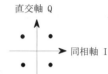

10　次の図は、同期検波による QPSK（4PSK）復調器の原理的構成例を示したものである。□□□内に入れるべき字句の正しい組合せを下の番号から選べ。なお、同じ記号の□□□内には、同じ字句が入るものとする。

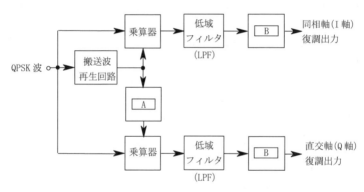

	A		B		A		B
1	$\frac{\pi}{4}$ 移相器		スケルチ回路	2	$\frac{\pi}{4}$ 移相器		識別器
3	$\frac{\pi}{2}$ 移相器		識別器	4	$\frac{\pi}{2}$ 移相器		スケルチ回路
5	π 移相器		スケルチ回路				

11　次の記述は、スーパヘテロダイン受信機において生じることがある混信妨害について述べたものである。このうち誤っているものを下の番号から選べ。

1　相互変調妨害は、一つの希望波信号を受信しているときに、二以上の強力な妨害波が到来し、それが、受信機の非直線性により、受信機内部に希望波信号周波数又は受信機の中間周波数と等しい周波数を発生させたときに生じる。

2　相互変調による混信妨害は、周波数混合器以前の同調回路の周波数選択度を向上させることにより軽減できる。

3　影像周波数による混信妨害は、中間周波増幅器の選択度を向上させることにより軽減できる。

4　近接周波数による混信妨害は、妨害波の周波数が受信周波数に近接しているときに生じる。

12　次の記述は、符号分割多元接続方式（CDMA）を利用した携帯無線通信システムについて述べたものである。□□内に入れるべき字句の正しい組合せを下の番号から選べ。

(1)　ソフトハンドオーバは、すべての基地局のセル、セクタで□A□周波数を使用することを利用して、移動局が複数の基地局と並行して通信を行うことで、セル□B□での短区間変動の影響を軽減し、通信品質を向上させる技術である。

(2)　マルチパスによる遅延波を RAKE 受信と呼ばれる手法により分離し、遅延時間を合わせて□C□で合成することで受信電力の増加と安定化を図っている。

	A	B	C
1	異なる	境界	逆位相
2	異なる	中央	同位相
3	同じ	中央	逆位相
4	同じ	境界	逆位相
5	同じ	境界	同位相

13　次の記述は、衛星通信に用いられる VSAT システムについて述べたものである。このうち誤っているものを下の番号から選べ。

1　VSAT システムは、14〔GHz〕帯と 12〔GHz〕帯等の SHF 帯の周波数が用いられている。

2　VSAT 地球局（ユーザー局）に一般的に用いられるアンテナは、オフセットパラボラアンテナである。

3　VSAT システムは、一般に、中継装置（トランスポンダ）を持つ宇宙局、回線制御及び監視機能を持つ制御地球局（ハブ局）並びに複数の VSAT 地球局（ユーザー局）で構成される。

4　VSAT 地球局（ユーザー局）は、小型軽量の装置であり、主に車両に搭載して走行中の通信に用いられている。

14　次の記述は、地上系マイクロ波（SHF）多重通信の無線中継方式の一つである反射板を用いた無給電中継方式について述べたものである。このうち誤っているものを下の番号から選べ。

答　　11：3　　12：5　　13：4

1　反射板の面積が一定のとき、その利得は波長が長くなるほど大きくなる。
2　見通し外の2地点が比較的近距離の場合に利用され、反射板を用いて電波を目的の方向へ送出する。
3　中継による電力損失は、反射板の面積が大きいほど少ない。
4　中継による電力損失は、電波の到来方向が反射板に直角に近いほど少ない。

15　パルスレーダーにおいて、パルス波が発射されてから、物標による反射波が受信されるまでの時間が35〔μs〕であった。このときの物標までの距離の値として、最も近いものを下の番号から選べ。

1　10,500〔m〕　　　2　5,250〔m〕　　　3　3,500〔m〕
4　2,625〔m〕　　　5　2,100〔m〕

16　次の記述は、パルスレーダーの受信機に用いられるSTC回路について述べたものである。　　内に入れるべき字句の正しい組合せを下の番号から選べ。

(1)　近距離からの強い反射波があると、受信機が飽和して、PPI表示の表示部の　A　付近の物標が見えなくなることがある。

(2)　このため、近距離からの強い反射波に対しては感度を　B　STC回路が用いられ、近距離にある物標を探知しやすくしている。

	A	B
1	外周	上げる（良くする）
2	外周	下げる（悪くする）
3	中心	上げる（良くする）
4	中心	下げる（悪くする）

17　次の記述は、電磁ホーンアンテナについて述べたものである。このうち正しいものを下の番号から選べ。

1　給電導波管の断面を徐々に広げて、所要の開口を持たせたアンテナである。
2　インピーダンス特性は、ホーン部分が共振するため狭帯域である。
3　ホーンの開き角を大きくとるほど、放射される電磁波は平面波に近づく。
4　角錐ホーンは、短波（HF）帯アンテナの利得を測定するときの標準アンテナとしても用いられる。
5　開口面積が一定のとき、ホーンの長さを短くすると利得は大きくなる。

18　次の記述は、垂直偏波で用いる一般的なコーリニアアレイアンテナについて述べたものである。　　内に入れるべき字句の正しい組合せを下の番号から選べ。

(1)　原理的に、放射素子として垂直半波長ダイポールアンテナを垂直方向の一直線上に等間隔に多段接続した構造のアンテナであり、隣り合う各放射素子を互いに同振幅、　A　の電流で励振する。

答　　14：1　　15：2　　16：4　　17：1

(2) 水平面内の指向特性は、　B　である。

(3) コーリニアアレイアンテナは、ブラウンアンテナに比べ、利得が　C　。

	A	B	C
1	同位相	8字形特性	小さい
2	同位相	全方向性	大きい
3	逆位相	8字形特性	大きい
4	逆位相	全方向性	小さい

19 次の記述は、整合について述べたものである。□□内に入れるべき字句の正しい組合せを下の番号から選べ。

(1) 給電線の特性インピーダンスとアンテナの給電点インピーダンスが異なると、給電線とアンテナの接続点から　A　が生じ、伝送効率が低下する。これを防ぐため、接続点にインピーダンス整合回路を挿入して、整合をとる。

(2) 同軸給電線のような不平衡回路とダイポールアンテナのような平衡回路を直接接続すると、平衡回路に　B　が流れ、送信や受信に悪影響を生ずる。これを防ぐため、二つの回路の間に　C　を挿入して、整合をとる。

	A	B	C
1	反射波	平衡電流	スタブ
2	反射波	不平衡電流	バラン
3	反射波	平衡電流	バラン
4	進行波	不平衡電流	スタブ
5	進行波	平衡電流	バラン

20 次の記述は、等価地球半径について述べたものである。このうち正しいものを下の番号から選べ。ただし、大気は標準大気とする。

1 等価地球半径は、真の地球半径を3/4倍したものである。

2 電波は電離層のE層の電子密度の不均一による電離層散乱によって遠方まで伝搬し、実際の地球半径に散乱域までの地上高を加えたものを等価地球半径という。

3 大気の屈折率は、地上からの高さとともに減少し、大気中を伝搬する電波は送受信点間を弧を描いて伝搬する。この電波の通路を直線で表すため、仮想した地球の半径を等価地球半径という。

4 地球の中心から静止衛星までの距離を半径とした球を仮想したとき、この球の半径を等価地球半径という。

21 次の記述は、マイクロ波回線における電波伝搬について述べたものである。□□内に入れるべき字句の正しい組合せを下の番号から選べ。

(1) 自由空間基本伝送損失 Γ_0（真数）は、送受信アンテナ間の距離を d〔m〕、使用電波の波長を λ〔m〕とすると、次式で与えられる。

$\Gamma_0 = \boxed{\text{A}}$

(2) 送受信アンテナ間の距離を16〔km〕、使用周波数を7.5〔GHz〕とした場合の自由空間基本伝送損失の値は、約 $\boxed{\text{B}}$ である。ただし、$\log_{10} 2 = 0.3$ 及び $\pi^2 = 10$ とする。

	A	B
1	$(4\pi\lambda/d)^2$	116〔dB〕
2	$(4\pi\lambda/d)^2$	122〔dB〕
3	$(4\pi d/\lambda)^2$	128〔dB〕
4	$(4\pi d/\lambda)^2$	134〔dB〕
5	$(4\pi d/\lambda)^2$	140〔dB〕

22 次の記述は、リチウムイオン蓄電池について述べたものである。このうち誤っているものを下の番号から選べ。

1 セル1個（単電池）当たりの公称電圧は、1.2〔V〕である。

2 ニッケルカドミウム蓄電池と異なり、メモリー効果がないので使用した分だけ補充する継ぎ足し充電が可能である。

3 ニッケルカドミウム蓄電池に比べ、自己放電量が小さい。

4 電極間に充填された電解質中をリチウムイオンが移動して充放電を行う。

5 ニッケルカドミウム蓄電池に比べ、小型軽量・高エネルギー密度である。

23 図に示すように、送信機の出力電力を14〔dB〕の減衰器を通過させて電力計で測定したとき、その指示値が75〔mW〕であった。この送信機の出力電力の値として、最も近いものを下の番号から選べ。ただし、$\log_{10} 2 = 0.3$ とする。

1 1,050〔mW〕　　2 1,550〔mW〕

3 1,875〔mW〕　　4 2,100〔mW〕

5 2,325〔mW〕

24 次の記述は、デジタルマルチメータについて述べたものである。 $\boxed{}$ 内に入れるべき字句の正しい組合せを下の番号から選べ。

(1) 増幅器、A－D変換器、クロック信号発生器及びカウンタなどで構成され、A－D変換器の方式には、$\boxed{\text{A}}$ などがある。

(2) 電圧測定において、アナログ方式の回路計（テスタ）に比べて入力インピーダンスが高く、被測定物に接続したときの被測定量の変動が $\boxed{\text{B}}$ 。

(3) 直流電圧、直流電流、交流電圧、交流電流、抵抗などが測定でき、被測定量は、通常、$\boxed{\text{C}}$ に変換して測定される。

	A	B	C
1	微分形	大きい	交流電圧
2	微分形	小さい	交流電圧
3	微分形	大きい	直流電圧
4	積分形	大きい	交流電圧
5	積分形	小さい	直流電圧

答　　21：4　　22：1　　23：3　　24：5

解答の指針（3年10月午前）

1

4 電波が、地球上から通信衛星を経由して再び地球上に戻ってくるのに要する時間は、**約0.25秒**である。

3

下図の端子 ab で R_3 を切り離してテブナンの定理を適用する。

閉回路に流れる電流 $I_{12} = (V_2-V_1)/(R_1+R_2) = (24-12)/(8+24) = 0.375$〔A〕である。したがって、端子 ab から左を見た開放電圧 $V_{ab} = V_2 - R_2 I_{12} = 24 - 24 \times 0.375 = 15$〔V〕となる。また、端子 ab から左を見た合成抵抗 $R_{12} = R_1 R_2/(R_1+R_2) = 8 \times 24/(8+24) = 6$〔Ω〕であるから、テブナンの定理を用いて $R_3 (= 6$〔Ω〕$)$ に流れる電流 I は次のようになる。

$$I = \frac{V_{ab}}{R_{12}+R_3} = \frac{15}{6+6} = \underline{1.25}\ \text{〔A〕}$$

$R_1 = 8$〔Ω〕, $|I_{12}|$, 24〔Ω〕$= R_2$, 6〔Ω〕$= R_3$, $V_1 = 12$〔V〕, 24〔V〕$= V_2$, a, b

別解

ミルマンの定理を用いて、6〔Ω〕の抵抗両端電圧 V_r は、次のように表される。

$$V_r = \frac{12/8+24/24+0/6}{1/8+1/24+1/6} = \frac{60}{8} = 7.5\ \text{〔V〕}$$

したがって、6〔Ω〕の抵抗に流れる電流 I は、

$$I = 7.5/6 = \underline{1.25}\ \text{〔A〕}$$

4

直列回路で消費される電力 P〔W〕は、電源電圧 V〔V〕、抵抗 R〔Ω〕とコンデンサのリアクタンス X_C〔Ω〕に流れる電流を I〔A〕として、題意の数値を用いて以下の式が成り立つ。

$$P = I^2 R = \left(\frac{V}{\sqrt{R^2+X_C^2}}\right)^2 R = \frac{100^2}{13^2+X_C^2} \times 13 = 520\ \text{〔W〕}$$

上式から

$$13^2 + X_C^2 = 250$$

$$\therefore\ X_C = \underline{9}\ \text{〔Ω〕}$$

5

3の斜線部の導体板に電荷が蓄えられ、並列接続のコンデンサと等価な回路（容量性窓）となる。

6

R_L で消費される電力は、$r = R_L$ の時に最大となり、その値（有効電力）P_m は次のようになる。

$$P_m = \left(\frac{E}{r+R_L}\right)^2 R_L = \frac{E^2}{4R_L} \ \text{〔W〕}$$

題意の数式を上式に代入して P_m は次のようになる。

$$P_m = \frac{100^2}{4 \times 125} = \underline{20} \ \text{〔W〕}$$

7

回路を流れる電流 $\dot{I}$ は、加える電圧 $\dot{V}$ および角周波数 ω〔rad/s〕を用いて次式で表される。

$$\dot{I} = \frac{\dot{V}}{\dot{Z}} = \frac{\dot{V}}{R+j\left(\omega L - \dfrac{1}{\omega C}\right)} \ \text{〔A〕}$$

回路のリアクタンス分 $\left(\omega L - \dfrac{1}{\omega C}\right)$〔Ω〕は $\underline{\omega L = 1/(\omega C)}$ の時に零となる。

その時の電流 $\dot{I}$ の大きさは$\underline{\text{最大}}$となり、インピーダンス $\dot{Z}$ の大きさは$\underline{\text{最小}}$となる。

8

5　単一キャリアのみを用いた伝送方式に比べて、OFDM 伝送方式では高速のビット列を多数のサブキャリアを用いて周波数軸上に分割して伝送することで、サブキャリア1本当たりのシンボルレートを**低く**できる。

9

1　自然2進符号（00,01,10,11）に基づき割り当てた場合、雑音等で隣接するシンボル間で誤りが生じたとき、**1ビット誤る場合と2ビット誤る場合**がある。

2　グレイ符号（00,01,11,01）に基づき割り当てた場合、雑音等で隣接するシンボル間で誤りが生じたとき、**1ビットの誤り**となる。

3　1,000ビットの信号を伝送して、1ビットの誤りの場合、ビットの誤り率は、10^{-3}である。

10

3　QPSK 波は、π/2 移相器で π/2〔rad〕異なる二つの搬送波と乗算器で掛け合わされて同相軸(I)と直交軸(Q)出力が作られ、4値/2値変換器である識別器で復調される。

11

3　影像周波数による混信妨害は、**高周波増幅器**の選択度を向上させることにより軽減できる。

12

(1)　ソフトハンドオーバーは、CDMA ではすべての基地局のセル、セクタで同じ周波数を使用することで移動局と複数の基地局と同時に通信を行い、セルの境界付近に生じる短区間の変動の影響を軽減し、通信品質の向上を図る技術である。

(2)　RAKE（熊手）受信は、周波数選択性フェージングを軽減するためマルチパスによる遅延波を分離し遅延時間を合わせて同位相で合成して、通信品質の改善を図る技術である。

13

4　VSAT 地球局（ユーザー局）は、小型軽量の装置であるが、車両に搭載して走行中の通信に**用いることはできない**。

14

1　反射板の面積が一定のとき、その利得は波長が**短くなるほど大きくなる**。

15

物標までの距離 d は、反射波を受信するまでの時間を t〔s〕、電波の速度を c〔m/s〕として、次式で表され、題意の数値を用いて、次の値を得る。

$$d = \frac{1}{2}ct = \frac{1}{2} \times 3 \times 10^8 \times 35 \times 10^{-6} = \underline{5,250}\ \text{〔m〕}$$

16

(1)　近距離からの強い反射波があると、受信機が飽和して、PPI 表示の表示部の中心付近の物標が見えなくなることがある。

(2)　このため、近距離からの強い反射波に対しては感度を下げる（悪くする）STC 回路が用いられ、近距離にある物標を探知しやすくしている。

17

2　インピーダンス特性は、**広帯域にわたり良好**である。

3　ホーンの開き角を**小さく**とるほど、放射される電磁波は平面波に近づく。

4　角錐ホーンは、**マイクロ波**アンテナの利得を測定するとき、利得計算が容易であることから標準アンテナとして用いられる。

5　開口面積が一定のとき、ホーンの長さを短くすると開き角が大きくなって開口効率が下がり**利得は小さくなる**。

18

　コーリニアアレイアンテナは、放射素子としてほぼ垂直半波長ダイポールアンテナと同じ働きをするスリーブアンテナを一直線上に等間隔に多段に配置したアレー構造を持ち、水平面内の指向性は全方向性であり、垂直面内での指向性を絞って利得を上げている。上下隣り合った放射素子は同振幅、同位相の電流で励振される。指向性利得は相対利得で数 dB 程度が得られ、半波長ダイポールや低利得のブラウンアンテナより利得が大きい。

19

(1)　給電線の特性インピーダンスとアンテナの給電点インピーダンスが異なると、給電線とアンテナの接続点から反射波が生じ、伝送効率が低下する。これを防ぐため、接続点にインピーダンス整合回路を挿入して、整合をとる。

(2)　同軸給電線のような不平衡回路とダイポールアンテナのような平衡回路を直接接続すると、平衡回路に不平衡電流が流れ、送信や受信に悪影響が生ずる。これを防ぐため、二つの回路の間にバラン（BALUN）を挿入して、整合をとる。

21

　自由空間基本伝送損失 Γ_0（真数）は、$\lambda = 3\times10^8/7.5\times10^9 = 40\times10^{-3}$〔m〕として与式に題意の数値を代入して、次のようになる。

$$\Gamma_0 = \left(\frac{4\pi d}{\lambda}\right)^2 = \left(\frac{4\times\pi\times16\times10^3}{40\times10^{-3}}\right)^2 = (\pi\times16\times10^5)^2 = 256\times10^{11}$$

デシベル表示では次のようになる。

$$\Gamma_0 = 10\log_{10}(256\times10^{11}) = 10\log_{10}256 + 110\log_{10}10 = 10\log_{10}2^8 + 110$$
$$= 80\times0.3 + 110 = 134 〔dB〕$$

22

1　セル1個の公称電圧は**約3.6**〔V〕である。

23

3　減衰量14〔dB〕の真数Lは、$14 = 10 \log_{10} L$から、

$$L = 10^{(14/10)} = 10^{1.4} = 10^{2-0.3-0.3} = (100/2)/2 = 25$$

である。したがって、送信機の出力Pは次のようになる。

$$P = 75〔\text{mW}〕\times 25 = \underline{1,875〔\text{mW}〕}$$

24

(1)　デジタルマルチメータは、増幅器、A－D変換器、クロック信号発生器及びカウンタなどで構成され、通常、A－D変換器には積分形が用いられる。

(2)　アナログ電圧計（テスタ）と比べて入力インピーダンスが非常に高く、被測定量への影響は小さい。

(3)　被測定量は、直流電圧に変換されて測定される。

無線工学　令和3年10月施行（午後の部）

1　次の記述は、静止衛星通信の特徴について述べたものである。□□□内に入れるべき字句の正しい組合せを下の番号から選べ。

(1)　衛星と地球局間の距離が37,500〔km〕の場合、往路及び復路の両方の通信経路が静止衛星を経由する電話回線においては、送話者が送話を行ってからそれに対する受話者からの応答を受け取るまでに、電波の伝搬による遅延が約　A　あるため、通話の不自然性が生じることがある。

(2)　静止衛星は、　B　の頃の夜間に地球の影に入るため、その間は衛星に搭載した蓄電池で電力を供給する。

(3)　　C　個の通信衛星を赤道上空に等間隔に配置することにより、極地域を除く地球上のほとんどの地域をカバーする通信網が構成できる。

	A	B	C
1	0.1秒	春分及び秋分	2
2	0.1秒	夏至及び冬至	3
3	0.5秒	春分及び秋分	3
4	0.5秒	夏至及び冬至	2

2　次の記述は、多重通信方式について述べたものである。□□□内に入れるべき字句の正しい組合せを下の番号から選べ。なお、同じ記号の□□□内には、同じ字句が入るものとする。

(1)　各チャネルが伝送路を占有する時間を少しずつずらして、順次伝送する方式を　A　通信方式という。この方式では、一般に送信側と受信側の　B　のため、送信信号パルス列に　B　パルスが加えられる。

(2)　PCM方式による多重の中継回線等では、電話の音声信号1チャネル当たりの基本の伝送速度が64〔kbps〕のとき、　C　チャネルで基本の伝送速度が約1.54〔Mbps〕になる。

	A	B	C
1	TDM	同期	24
2	TDM	変換	12
3	CDM	変換	24
4	FDM	同期	24
5	FDM	変換	12

3　図に示す回路において、6〔Ω〕の抵抗に流れる電流の値として、最も近いものを下の番号から選べ。

1 　0.8〔A〕
2 　1.0〔A〕
3 　1.8〔A〕
4 　2.2〔A〕
5 　2.6〔A〕

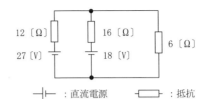

┤├ : 直流電源　　▭ : 抵抗

4 　図に示す直列回路において消費される電力の値が360〔W〕であった。この
ときのコイルのリアクタンス X_L〔Ω〕の値として、正しいものを下の番号から選べ。

1 　8〔Ω〕
2 　10〔Ω〕
3 　13〔Ω〕
4 　18〔Ω〕
5 　24〔Ω〕

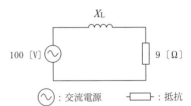

Ⓝ : 交流電源　　▭ : 抵抗

5 　図に示す等価回路に対応する働きを有する、斜線で示された導波管窓（ス
リット）素子として、正しいものを下の番号から選べ。ただし、電磁波は TE_{10} モー
ドとする。

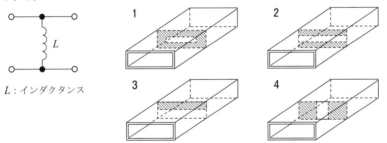

L : インダクタンス

6 　図に示すように、内部抵抗 r が 10〔Ω〕の交流電源に、負荷抵抗 R_L を接続
したとき、R_L から取り出しうる電力の最大値（有能電力）として、正しいものを
下の番号から選べ。ただし、交流電源の起電力
E は 100〔V〕とする。

1 　100〔W〕　　2 　250〔W〕
3 　400〔W〕　　4 　600〔W〕
5 　750〔W〕

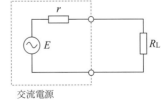

交流電源

答　　③:3　　④:3　　⑤:4　　⑥:2

7 次の記述は、図に示す直列共振回路について述べたものである。　　内に入れるべき字句の正しい組合せを下の番号から選べ。

この回路のインピーダンス $\dot{Z}$〔Ω〕は、角周波数を ω〔rad/s〕とすれば、次式で表される。

$$\dot{Z} = R + j\left(\omega L - \frac{1}{\omega C}\right)$$

この式において、ω を変化させた場合、$\omega L = 1/(\omega C)$ のとき回路の　A　分は、零となる。このときの回路電流 $\dot{i}$〔A〕の大きさは　B　、インピーダンスの大きさは、　C　となる。

	A	B	C
1	アドミタンス	最小	最小
2	アドミタンス	最大	最大
3	リアクタンス	最小	最大
4	リアクタンス	最小	最小
5	リアクタンス	最大	最小

R：抵抗〔Ω〕
L：インダクタンス〔H〕
C：静電容量〔F〕

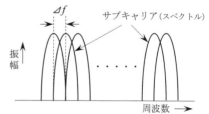

8 次の記述は、直交周波数分割多重（OFDM）伝送方式について述べたものである。このうち誤っているものを下の番号から選べ。ただし、OFDM 伝送方式で用いる多数のキャリアをサブキャリアという。

1　高速のビット列を多数のサブキャリアを用いて周波数軸上で分割して伝送する方式である。

2　図に示すサブキャリアの周波数間隔 Δf は、有効シンボル期間長（変調シンボル長）Ts の逆数と等しく（$\Delta f = 1/Ts$）なっている。

3　ガードインターバルは、遅延波によって生じる符号間干渉を軽減するために付加される。

4　OFDM 伝送方式を用いると、シングルキャリアをデジタル変調した場合に比べて伝送速度はそのままでシンボル期間長を短くできる。

5　ガードインターバルは、送信側で付加される。

サブキャリア間のスペクトルの関係を示す略図

9 次の記述は、デジタル伝送におけるビット誤り等について述べたものである。このうち誤っているものを下の番号から選べ。ただし、図に QPSK（4PSK）の信号空間ダイアグラムを示す。

1　1,000,000ビットの信号を伝送して、1ビットの誤りがあった場合、ビット誤り率は、10^{-6}である。

2　QPSK において、2ビットのデータを各シンボルに割り当てる方法がグレイ符号に基づく場合と自然2進符号に基づく場合とで比べたとき、グレイ符号に基づく場合の方がビット誤り率を小さくできる。

3　QPSK において、2ビットのデータを各シンボルに割り当てる方法がグレイ符号に基づく場合は、縦横に隣接するシンボル間で誤りが生じたとき、常に1ビットの誤りですむ。

4　QPSK において、2ビットのデータを各シンボルに割り当てる方法が自然2進符号に基づく場合は、縦横に隣接するシンボル間で誤りが生じたとき、常に2ビットの誤りとなる。

10　次の図は、同期検波による QPSK（4PSK）復調器の原理的構成例を示したものである。□□□内に入れるべき字句の正しい組合せを下の番号から選べ。なお、同じ記号の□□□内には、同じ字句が入るものとする。

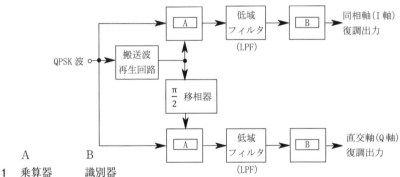

	A	B
1	乗算器	識別器
2	乗算器	スケルチ回路
3	分周回路	スケルチ回路
4	リミッタ	スケルチ回路
5	リミッタ	識別器

11　次の記述は、スーパヘテロダイン受信機において生じることがある混信妨害について述べたものである。このうち誤っているものを下の番号から選べ。

1　相互変調による混信妨害は、高周波増幅器などが入出力特性の直線範囲で動作するときに生じる。

2　相互変調による混信妨害は、周波数混合器以前の同調回路の周波数選択度を向上させることにより軽減できる。

3　近接周波数による混信妨害は、妨害波の周波数が受信周波数に近接しているときに生じる。

4　影像周波数による混信妨害は、高周波増幅器の選択度を向上させることにより軽減できる。

12　次の記述は、符号分割多元接続方式（CDMA）を利用した携帯無線通信システムの遠近問題について述べたものである。□□□内に入れるべき字句の正しい組合せを下の番号から選べ。

(1)　□A□周波数を複数の移動局が使用するCDMAでは、遠くの移動局の弱い信号が基地局に近い移動局からの干渉雑音を強く受け、基地局で正常に受信できなくなる現象が起きる。これを遠近問題と呼んでいる。

(2)　遠近問題を解決するためには、受信電力が□B□局で同一になるようにすべての□C□局の送信電力を制御する必要がある。

	A	B	C
1	異なる	基地	移動
2	異なる	移動	基地
3	同じ	移動	基地
4	同じ	基地	基地
5	同じ	基地	移動

13　次の記述は、衛星通信に用いられるVSATシステムについて述べたものである。このうち正しいものを下の番号から選べ。

1　VSAT地球局（ユーザー局）は、小型軽量の装置であり、主に車両に搭載して走行中の通信に用いられている。

2　VSATシステムは、一般に、中継装置（トランスポンダ）を持つ宇宙局、回線制御及び監視機能を持つ制御地球局（ハブ局）並びに複数のVSAT地球局（ユーザー局）で構成される。

3　VSATシステムは、1.6〔GHz〕帯と1.5〔GHz〕帯のUHF帯の周波数が用いられている。

4　VSAT地球局（ユーザー局）には、八木・宇田アンテナ（八木アンテナ）が用いられることが多い。

14　次の記述は、地上系マイクロ波（SHF）多重通信の無線中継方式の一つである反射板を用いた無給電中継方式において、伝搬損失を少なくする方法について述べたものである。このうち誤っているものを下の番号から選べ。

1　反射板を二枚使用するときは、反射板の位置を互いに近づける。

2　反射板に対する電波の入射角度を大きくして、入射方向を反射板の反射面と平行に近づける。

3　反射板の面積を大きくする。

4　中継区間距離は、できるだけ短くする。

15　パルスレーダーにおいて、パルス波が発射されてから、物標による反射波が受信されるまでの時間が 60〔μs〕であった。このときの物標までの距離の値として、最も近いものを下の番号から選べ。

1　18,000〔m〕　　　2　12,000〔m〕　　　3　9,000〔m〕

4　6,000〔m〕　　　5　4,500〔m〕

16　次の記述は、パルスレーダーの受信機に用いられる回路について述べたものである。該当する回路の名称を下の番号から選べ。

この回路は、パルスレーダーの受信機において、雨や雪などからの反射波により、物標からの反射信号の判別が困難になるのを防ぐため、検波後の出力信号を微分して物標を際立たせるために用いるものである。

1　FTC 回路　　　2　STC 回路　　　3　AFC 回路　　　4　IAGC 回路

17　次の記述は、電磁ホーンアンテナについて述べたものである。このうち誤っているものを下の番号から選べ。

1　反射鏡アンテナの一次放射器としても用いられる。

2　給電導波管の断面を徐々に広げて、所要の開口を持たせたアンテナである。

3　インピーダンス特性は、広帯域にわたって良好である。

4　ホーンの開き角を大きくとるほど、放射される電磁波は平面波に近づく。

5　角錐ホーンは、マイクロ波アンテナの利得を測定するときの標準アンテナとしても用いられる。

18　次の記述は、垂直偏波で用いる一般的なコーリニアアレイアンテナについて述べたものである。このうち誤っているものを下の番号から選べ。

1　原理的に、放射素子として垂直半波長ダイポールアンテナを垂直方向の一直線上に等間隔に多段接続した構造のアンテナであり、隣り合う各放射素子を互いに同振幅、逆位相の電流で励振する。

2　コーリニアアレイアンテナは、ブラウンアンテナに比べ、利得が大きい。

3　コーリニアアレイアンテナは、極超短波（UHF）帯を利用する基地局などで用いられている。

4　水平面内の指向特性は、全方向性である。

19　次の記述は、整合について述べたものである。　内に入れるべき字句の正しい組合せを下の番号から選べ。

(1)　給電線の特性インピーダンスとアンテナの給電点インピーダンスが　A　と、給電点とアンテナの接続点から反射波が生じ、伝送効率が低下する。これを防ぐため、接続点にインピーダンス整合回路を挿入して、整合をとる。

(2)　同軸給電線のような　B　とダイポールアンテナのような平衡回路を直接接続すると、平衡回路に不平衡電流が流れ、送信や受信に悪影響を生ずる。これを防ぐため、二つの回路の間に　C　を挿入して、整合をとる。

	A	B	C
1	異なる	平衡回路	スタブ
2	異なる	不平衡回路	バラン
3	異なる	平衡回路	バラン
4	等しい	不平衡回路	バラン
5	等しい	平衡回路	スタブ

20　次の記述は、極超短波（UHF）帯の対流圏内電波伝搬における等価地球半径等について述べたものである。このうち誤っているものを下の番号から選べ。ただし、大気は標準大気とする。

1　大気の屈折率は、地上からの高さとともに減少し、大気中を伝搬する電波は送受信点間を弧を描いて伝搬する。

2　送受信点間の電波の通路を直線で表すため、仮想した地球の半径を等価地球半径という。

3　電波の見通し距離は、幾何学的な見通し距離よりも長い。

4　等価地球半径は、真の地球半径を3/4倍したものである。

21　次の記述は、マイクロ波回線における電波伝搬について述べたものである。　内に入れるべき字句の正しい組合せを下の番号から選べ。

(1)　自由空間基本伝送損失 Γ_0（真数）は、送受信アンテナ間の距離を d〔m〕、使用電波の波長を λ〔m〕とすると、次式で与えられる。

$$\Gamma_0 = \boxed{\text{A}}$$

(2)　送受信アンテナ間の距離を5〔km〕、使用周波数を7.5〔GHz〕とした場合の自由空間基本伝送損失の値は、約　B　である。ただし、$\log_{10}2 = 0.3$ 及び $\pi^2 = 10$ とする。

	A	B
1	$(4\pi d/\lambda)^2$	121〔dB〕
2	$(4\pi d/\lambda)^2$	124〔dB〕
3	$(4\pi d/\lambda)^2$	128〔dB〕
4	$(4\pi \lambda/d)^2$	134〔dB〕
5	$(4\pi \lambda/d)^2$	140〔dB〕

答　18：1　19：2　20：4　21：2

22　次の記述は、リチウムイオン蓄電池について述べたものである。□□内に入れるべき字句の正しい組合せを下の番号から選べ。

(1)　セル1個（単電池）当たりの公称電圧は、1.2〔V〕より　A　。

(2)　ニッケルカドミウム蓄電池に比べ、小型軽量で　B　エネルギー密度であるため移動機器用電源として広く用いられている。また、メモリー効果が　C　ので、使用した分だけ補充する継ぎ足し充電が可能である。

	A	B	C
1	低い	低	ある
2	低い	高	ない
3	高い	高	ない
4	高い	低	ある
5	高い	高	ある

23　図に示すように、送信機の出力電力を15〔dB〕の減衰器を通過させて電力計で測定したとき、その指示値が50〔mW〕であった。この送信機の出力電力の値として、最も近いものを下の番号から選べ。ただし、$\log_{10} 2 = 0.3$ とする。

1　　375〔mW〕
2　　800〔mW〕
3　1,000〔mW〕
4　1,250〔mW〕
5　1,600〔mW〕

```
┌─────┐   ┌─────┐   ┌─────┐
│送信機│ → │減衰器│ → │電力計│
└─────┘   └─────┘   └─────┘
```

24　次の記述は、デジタルマルチメータについて述べたものである。□□内に入れるべき字句の正しい組合せを下の番号から選べ。なお、同じ記号の□□内には、同じ字句が入るものとする。

(1)　増幅器、　A　、クロック信号発生器及びカウンタなどで構成され、　A　の方式には、積分形などがある。

(2)　被測定量は、通常、　B　に変換して測定される。

(3)　電圧測定において、アナログ方式の回路計（テスタ）に比べて入力インピーダンスが高く、被測定物に接続したときの被測定量の変動が　C　。

	A	B	C
1	D−A 変換器	直流電圧	大きい
2	D−A 変換器	交流電圧	大きい
3	D−A 変換器	直流電圧	小さい
4	A−D 変換器	交流電圧	大きい
5	A−D 変換器	直流電圧	小さい

解答の指針（3年10月午後）

1

(1)　送話者が送話を行ってから受話者から応答を受けるまでに電波は衛星地球間を2往復するので、$(37,500 \times 10^3 \times 4)/(3 \times 10^8) \fallingdotseq \underline{0.5}$〔s〕の遅延が生じる。

(2)　静止衛星は春分及び秋分の頃の夜間に地球の影（太陽－地球－衛星の位置関係）に入る時間帯が最長となるため、その間は蓄電池で電力を供給する。

(3)　<u>3</u>個の通信衛星を赤道上空に等間隔に配置することにより、極地域を除く地球上のほとんどの地域をカバーする通信網を構築できる。

2

(1)　各チャネルが伝送路を占有する時間を少しずつずらして、順次伝送する方式を<u>TDM</u>通信方式という。この方式では、一般に送信側と受信側の<u>同期</u>のため、送信信号パルス列に<u>同期</u>パルスが加えられる。

(2)　PCM方式による多重の中継回線等では、電話の音声信号1チャネル当たりの基本の伝送速度が64〔kbps〕のとき、<u>24</u>チャネルで基本の伝送速度が約1.54〔Mbps〕になる。

　　参考：1.54〔Mbps〕÷64〔kbps〕$\fallingdotseq$ 24

3

令和3年10月午前の部〔3〕参照

端子abでR_3を切り離してテブナンの定理を適用する。

閉回路に流れる電流$I_{12} = (V_2 - V_1)/(R_1 + R_2) = (18 - 27)/(12 + 16) = -0.321$〔A〕である。

したがって、端子abから左を見た開放電圧$V_{ab} = V_2 - R_2 I_{12} = 18 - 16 \times -0.32 = 23.12$〔V〕となる。また、端子abから左を見た合成抵抗$R_{12} = R_1 R_2/(R_1 + R_2) = 16 \times 12/(12 + 16) = 6.857$〔Ω〕であるから、テブナンの定理を用いて$R_3 (= 6$〔Ω〕$)$に流れる電流$I$は次のようになる。

$$I = \frac{V_{ab}}{R_{12} + R_3} = \frac{23.12}{6.857 + 6} = 1.79 \text{〔A〕} \fallingdotseq \underline{1.8} \text{〔A〕}$$

別解

ミルマンの定理を用いて、6〔Ω〕の抵抗の両端の電圧V_rは、次のように表される。

$$V_r = \frac{27/12 + 18/16 + 0/6}{1/12 + 1/16 + 1/6} = 10.8 \text{〔V〕}$$

したがって、6〔Ω〕の抵抗に流れる電流 I は、

$I = 10.8/6 = \underline{1.8 \text{〔A〕}}$

4

3　直列回路で消費される電力 P は、電源電圧 V〔V〕、抵抗 R〔Ω〕とコイルのリアクタンス X_L〔Ω〕に流れる電流を I〔A〕として、題意の数値を用いて次式が成り立つ。

$$P = I^2 R = \left(\frac{V}{\sqrt{R^2 + X_L{}^2}} \right)^2 R = \frac{100^2}{9^2 + X_L{}^2} \times 9 = 360 \text{〔W〕}$$

上式から

$9^2 + X_L{}^2 = 250$

$\therefore \quad X_L = \underline{13 \text{〔Ω〕}}$

5

　4のような磁界に直角な窓の場合、導体板に流れる電流によりその間に磁気エネルギーが蓄積されてインダクタンス L として働く。

6

　R_L で消費される電力は、$r = R_L$ の時に最大となり、その値（有効電力）P_m は次のようになる。

$$P_m = \left(\frac{E}{r + R_L} \right)^2 R_L = \frac{E^2}{4 R_L} \text{〔W〕}$$

題意の数値を数式に代入して P_m は次のようになる。

$$P_m = \frac{100^2}{4 \times 10} = \underline{250 \text{〔W〕}}$$

7

　この式において、ω を変化させた場合、$\omega L = 1/(\omega C)$ のとき回路のリアクタンス分は零となる。このときの回路電流 $\dot{I}$〔A〕の大きさは最大、インピーダンスの大きさは最小となる。

8

4　OFDM伝送方式を用いると、シングルキャリアをデジタル変調した場合に比べて伝送速度はそのままでシンボル期間長を**長く**できる。

9

4 自然2進符号（00,01,10,11）に基づき割り当てた場合、雑音等で隣接するシンボル間で誤りが生じたとき、**1ビットの誤りになる場合**と**2ビットの誤りになる場合**がある。

10

令和3年10月午前の部〔10〕参照

11

1 相互変調及び混変調による混信妨害は、高周波増幅器などが入出力特性の**非直線範囲**で動作するときに生じる。

12

(1) CDMAでは、同じ周波数を複数の移動局が用いるため、基地局から遠い移動局からの電波が、近い移動局からの強い電波により干渉を受けて基地局で受信できないという問題があり、遠近問題と呼ぶ。

(2) その対策として、基地局がどの移動局からもほぼ同強度で受信できるように基地局からの下り回線により移動局の送信出力を制御している。

13

1 VSAT地球局（ユーザー局）は、小型軽量の装置であるが、車両に搭載して走行中の**通信に用いることはできない。**

3 VSATシステムは上り14〔GHz〕帯と下り12〔GHz〕帯の**SHF（Ku）**帯の周波数が用いられる。

4 VSAT地球局（ユーザー局）には、**小型のオフセットパラボラアンテナを用い**られることが多い。

14

2 反射板に対する電波の入射角度を**小さく**して、入射方向を反射板の反射面と**直角**に近づける。

15

令和3年10月午前の部〔16〕参照

題意の数値を用いて、物標までの距離 d は以下のとおり。

$$d = \frac{1}{2}ct = \frac{1}{2} \times 3 \times 10^8 \times 60 \times 10^{-6} = \underline{9,000}〔m〕$$

16

　FTC回路は、雨雪反射制御回路とも呼ばれ、雨雪などで物標からの反射波が見えにくくなるのを防ぐための回路である。雨雪などからの反射波は連続した雑音と似た特性をもつので、検波後の出力を微分し相対的に物標からの反射波を大きくして、雨雪反射波をクリップ回路などにより除去する。

17

　令和3年10月午前の部〔17〕参照

4　ホーンの開き角を大きくとるほど、放射される電磁波は**平面波ではなく球面波**に近くなる。

18

　令和3年10月午前の部〔18〕参照

1　隣り合う各放射素子を同振幅、**同位相**の電流で励振するのが正しく、逆位相で励振すると互いに打消しあって電波放射ができない。

19

　令和3年10月午前の部〔19〕参照

20

4　等価地球半径は、真の地球半径を**4/3**倍したものである。

21

　自由空間基本伝送損失 Γ_0（真数）は、$\lambda = 3\times10^8/7.5\times10^9 = 40\times10^{-3}$〔m〕として与式に題意の数値を代入して、次のようになる。

$$\Gamma_0 = \left(\frac{4\pi d}{\lambda}\right)^2 = \frac{16\times10\times d^2}{\lambda^2} = \frac{160\times25\times10^6}{(4\times10^{-2})^2} = 250\times10^{10}$$

デシベル表示では次のようになる。

$$\Gamma_0 = 10\log_{10}(250\times10^{10}) = 10\log_{10}250 + 100\log_{10}10$$
$$= 10\log_{10}(1000/4) + 100 = 24 + 100 = \underline{124}〔dB〕$$

22

(1)　セル1個の公称端子電圧は、1.2〔V〕より<u>高い</u>。約3.6〔V〕（ニッケルカドミウム電池の約3倍）である。

(2)　ニッケルカドミウム蓄電池と比べ、高エネルギー密度で、移動機器用電源として用いられメモリー効果が<u>ない</u>ので継ぎ足し充電が可能である。

23

減衰量 15〔dB〕の真数 L は、$15 = 10\log_{10} L$ から

$$L = 10^{(15/10)} = 10^{1.5} = 10^{(0.3 \times 5)} = 2^5 = 32$$

したがって、送信機の出力 P は次のようになる。

$$P = 50 \times 32 = \underline{1,600}\ 〔mW〕$$

24

令和3年10月午前の部〔24〕参照

無線工学　令和4年2月施行（午前の部）

1　次の記述は、静止衛星について述べたものである。このうち誤っているものを下の番号から選べ。

1　静止衛星が地球を一周する周期は、地球の公転周期と等しい。

2　静止衛星の軌道は、赤道上空にあり、ほぼ円軌道である。

3　春分及び秋分を中心とした一定の期間には、衛星の電源に用いられる太陽電池の発電ができなくなる時間帯が生ずる。

4　静止衛星は、地球の自転の方向と同一方向に、地球の周囲を回っている。

2　次の記述は、直接拡散（DS）を用いた符号分割多重（CDM）伝送方式の一般的な特徴について述べたものである。このうち誤っているものを下の番号から選べ。

1　送信側で用いた擬似雑音符号と同じ符号でしか復調できないため秘話性が高い。

2　拡散変調では、送信する音声やデータなどの情報をそれらが本来有する周波数帯域よりもはるかに広い帯域に広げる。

3　拡散符号により、情報を広帯域に一様に拡散し電力スペクトル密度の低い雑音状にすることで、通信していることの秘匿性も高い。

4　受信時に混入した狭帯域の妨害波は受信側で拡散されるので、狭帯域の妨害波に弱い。

3　図に示す抵抗 R_1、R_2、R_3 及び R_4〔Ω〕からなる回路において、抵抗 R_2 及び R_4 に流れる電流 I_2 及び I_4 の大きさの値の組合せとして、正しいものを下の番号から選べ。ただし、回路の各部には図の矢印で示す方向と大きさの値の電流が流れているものとする。

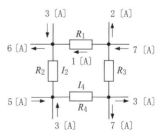

	I_2	I_4
1	1〔A〕	2〔A〕
2	2〔A〕	4〔A〕
3	2〔A〕	6〔A〕
4	6〔A〕	2〔A〕
5	6〔A〕	4〔A〕

4 次の記述は、デシベルを用いた計算について述べたものである。このうち誤っているものを下の番号から選べ。ただし、$\log_{10} 2 = 0.3$ とする。

1 電圧比で最大値から 6〔dB〕下がったところの電圧レベルは、最大値の1/2である。

2 出力電力が入力電力の160倍になる増幅回路の利得は22〔dB〕である。

3 1〔μV/m〕を 0〔dBμV/m〕としたとき、0.2〔mV/m〕の電界強度は46〔dBμV/m〕である。

4 1〔mW〕を 0〔dBm〕としたとき、4〔W〕の電力は36〔dBm〕である。

5 1〔μV〕を 0〔dBμV〕としたとき、0.8〔mV〕の電圧は52〔dBμV〕である。

5 次の記述は、バラクタダイオードについて述べたものである。　　内に入れるべき字句の正しい組合せを下の番号から選べ。

バラクタダイオードは、　A　バイアスを与え、このバイアス電圧を変化させると、等価的に　B　として動作する特性を利用する素子である。

	A	B
1	逆方向	可変インダクタンス
2	逆方向	可変静電容量
3	順方向	可変インダクタンス
4	順方向	可変静電容量

6 次の記述は、自由空間における電波（平面波）の伝搬について述べたものである。　　内に入れるべき字句の正しい組合せを下の番号から選べ。ただし、電波の伝搬速度を v〔m/s〕、周波数を f〔Hz〕、波長を λ〔m〕とし、自由空間の誘電率を ε_0〔F/m〕、透磁率を μ_0〔H/m〕とする。

(1) v は f と λ で表すと、$v = $　A　〔m/s〕で表され、その値は約 3×10^8〔m/s〕である。

(2) v を ε_0 と μ_0 で表すと、$v = $　B　〔m/s〕となる。

(3) 自由空間の固有インピーダンスは、磁界強度を H〔A/m〕、電界強度を E〔V/m〕とすると、　C　〔Ω〕で表される。

	A	B	C
1	f/λ	$1/(\varepsilon_0 \mu_0)$	H/E
2	f/λ	$1/(\varepsilon_0 \mu_0)$	E/H
3	f/λ	$1/\sqrt{\varepsilon_0 \mu_0}$	E/H
4	$f\lambda$	$1/\sqrt{\varepsilon_0 \mu_0}$	E/H
5	$f\lambda$	$1/\sqrt{\varepsilon_0 \mu_0}$	H/E

7 次の図は、フィルタの周波数対減衰量の特性の概略を示したものである。このうち低域フィルタ（LPF）の特性の概略図として、正しいものを下の番号から選べ。

答　4：5　5：2　6：4

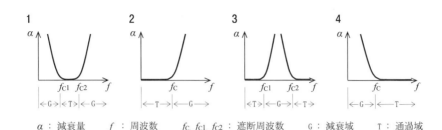

α：減衰量　　f：周波数　　f_c, f_{c1}, f_{c2}：遮断周波数　　G：減衰域　　T：通過域

---

8 次の記述は、PCM通信方式における量子化などについて述べたものである。☐内に入れるべき字句の正しい組合せを下の番号から選べ。

(1) 直線量子化では、どの信号レベルに対しても同じステップ幅で量子化される。このとき、量子化雑音電力 N は、信号電力 S の大小に関係なく一定である。

したがって、入力信号電力が小さいときは、信号に対して量子化雑音が相対的に ☐ A ☐ なる。

(2) 信号の大きさにかかわらず S/N をできるだけ一定にするため、送信側において ☐ B ☐ を用い、受信側において ☐ C ☐ を用いる方法がある。

	A	B	C
1	小さく	伸張器	識別器
2	小さく	乗算器	圧縮器
3	小さく	圧縮器	識別器
4	大きく	乗算器	伸張器
5	大きく	圧縮器	伸張器

---

9 次の記述は、16値直交振幅変調（16QAM）について述べたものである。☐内に入れるべき字句の正しい組合せを下の番号から選べ。ただし、信号空間ダイアグラム上の信号点が変動し、受信側において隣接する信号点と誤って判断する現象をシンボル誤りといい、シンボル誤りが発生する確率をシンボル誤り率という。また、信号空間ダイアグラムにおける信号点の間の距離のうち、最も短いものを信号点間距離とする。

(1) 16QAMは、周波数が等しく位相が ☐ A ☐ 〔rad〕異なる直交する２つの搬送波を、それぞれ ☐ B ☐ のレベルを持つ信号で変調し、それらを合成することにより得られる。

(2) 16QAMを16相位相変調（16PSK）と比較すると、両方式の平均電力が同じ場合、一般に16QAMの方が信号点間距離が ☐ C ☐ 、シンボル誤り率が小さくなる。

	A	B	C
1	$\pi/2$	4値	長く
2	$\pi/2$	4値	短く
3	$\pi/4$	8値	長く
4	$\pi/4$	8値	短く
5	$\pi/8$	8値	長く

答　　7：2　　8：5　　9：1

10　次の記述は、受信機で発生する混信の一現象について述べたものである。該当する現象を下の番号から選べ。

一つの希望波信号を受信しているときに、二以上の強力な妨害波が到来し、それが、受信機の非直線性により、受信機内部に希望波信号周波数又は受信機の中間周波数と等しい周波数を発生させ、希望波信号の受信を妨害する現象。

1　感度抑圧効果　　2　ハウリング
3　相互変調　　　　4　寄生振動

11　次の記述は、地球局を構成する装置について述べたものである。　　　内に入れるべき字句の正しい組合せを下の番号から選べ。

(1)　衛星通信における伝送距離は、地上マイクロ波方式に比べて極めて長くなるため、地球局装置には、アンテナ利得の増大、送信出力の増大、受信雑音温度の　A　などが必要であり、受信装置の低雑音増幅器には HEMT（High Electron Mobility Transistor）などが用いられている。

(2)　衛星通信用アンテナとして用いられているカセグレンアンテナの一般的な特徴は、パラボラアンテナと異なり、一次放射器が　B　側にあるので、　C　の長さが短くてすむため損失が少なく、かつ、側面、背面への漏れ電波が少ない。

	A	B	C
1	低減	主反射鏡	給電用導波管
2	低減	副反射鏡	副反射鏡の支持柱
3	増大	副反射鏡	給電用導波管
4	増大	副反射鏡	副反射鏡の支持柱
5	増大	主反射鏡	給電用導波管

12　次の記述は、無線 LAN や携帯電話などで用いられる MIMO（Multiple Input Multiple Output）の特徴などについて述べたものである。　　　内に入れるべき字句の正しい組合せを下の番号から選べ。

(1)　MIMO では、送信側と受信側の双方に複数のアンテナを設置し、送受信アンテナ間に　A　の伝送路を形成して、空間多重伝送による伝送容量の増大の実現を図ることができる。

(2)　例えば、ある基地局からある端末への通信（下りリンク）において、基地局の複数の送信アンテナから異なるデータ信号を送信しつつ、端末の複数の受信アンテナで信号を受信し、　B　により送信アンテナ毎のデータ信号に分離することができ、新たに　C　を増やさずに伝送速度を向上させることができる。

	A	B	C
1	単一	信号処理	周波数帯域
2	単一	グレイ符号化	ガードインターバル
3	複数	グレイ符号化	ガードインターバル
4	複数	信号処理	周波数帯域
5	複数	グレイ符号化	周波数帯域

13　次の記述は、図に示すマイクロ波（SHF）通信における2周波中継方式の一般的な送信及び受信の周波数配置について述べたものである。このうち誤っているものを下の番号から選べ。ただし、中継所A、中継所B及び中継所CをそれぞれA、B及びCで表す。

1　Bの受信周波数f_2とCの送信周波数f_7は、同じ周波数である。
2　Bの送信周波数f_3とAの受信周波数f_1は、同じ周波数である。
3　Aの送信周波数f_5とCの送信周波数f_4は、同じ周波数である。
4　Aの受信周波数f_6とCの受信周波数f_8は、同じ周波数である。
5　Aの受信周波数f_1とBの受信周波数f_7は、同じ周波数である。

14　地上系マイクロ波（SHF）の多重通信回線におけるヘテロダイン（非再生）中継方式についての記述として、正しいものを下の番号から選べ。
1　中継局において、受信したマイクロ波を固体増幅器等でそのまま増幅して送信する方式である。
2　中継局において、受信したマイクロ波を中間周波数に変換して増幅し、再びマイクロ波に変換して送信する方式である。
3　中継局において、受信したマイクロ波をいったん復調して信号の波形を整え、また同期を取り直してから再び変調して送信する方式である。
4　反射板等で電波の方向を変えることで中継を行い、中継用の電力を必要としない中継方式である。

15　パルスレーダー送信機において、パルス幅が0.7〔μs〕のときの最小探知距離の値として、最も近いものを下の番号から選べ。ただし、最小探知距離は、パルス幅のみによって決まるものとし、電波の伝搬速度を$3×10^8$〔m/s〕とする。
1　210〔m〕　　2　140〔m〕　　3　105〔m〕　　4　70〔m〕

答　　12：4　　13：5　　14：2　　15：3

16 次の記述は、パルスレーダーの動作原理等について述べたものである。このうち誤っているものを下の番号から選べ。

1 図1は、レーダーアンテナの水平面内指向性を表したものであるが、放射電力密度（電力束密度）が最大放射方向の1/2に減る二つの方向のはさむ角 θ_1 をビーム幅という。

2 図2に示す物標の観測において、レーダーアンテナのビーム幅を θ_1、観測点からみた物標をはさむ角を θ_2 とすると、レーダー画面上での物標の表示幅は、ほぼ $\theta_1 + \theta_2$ に相当する幅に拡大される。

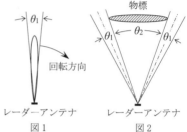

3 水平面内のビーム幅が狭いほど、方位分解能は良くなる。

4 距離分解能は、同一方位にある二つの物標を識別できる能力を表し、水平面内のビーム幅が狭いほど良くなる。

17 無線局の送信アンテナに供給される電力が50〔W〕、送信アンテナの絶対利得が37〔dB〕のとき、等価等方輻射電力（EIRP）の値として、最も近いものを下の番号から選べ。ただし、等価等方輻射電力 P_E〔W〕は、送信アンテナに供給される電力を P_T〔W〕、送信アンテナの絶対利得を G_T（真数）とすると、次式で表されるものとする。また、1〔W〕を0〔dBW〕とし、$\log_{10} 2 = 0.3$ とする。

$$P_E = P_T \times G_T \ 〔W〕$$

1 52〔dBW〕　　2 54〔dBW〕　　3 57〔dBW〕
4 61〔dBW〕　　5 63〔dBW〕

18 次の記述は、図に示す回転放物面を反射鏡として用いる円形パラボラアンテナについて述べたものである。このうち誤っているものを下の番号から選べ。

1 利得は、波長が短くなるほど大きくなる。

2 放射される電波は、ほぼ平面波である。

3 一次放射器などが鏡面の前方に置かれるため電波の通路を妨害し、電波が散乱してサイドローブが生じ、指向特性を悪化させる。

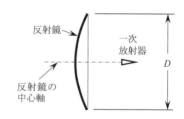

4 主ビームの電力半値幅の大きさは、開口面の直径 D と波長に比例する。

5 一次放射器は、回転放物面の反射鏡の焦点に置く。

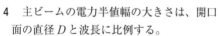

答　16：4　　17：2　　18：4

19 次の記述は、伝送線路の反射について述べたものである。このうち誤っているものを下の番号から選べ。

1 整合しているとき、電圧反射係数の値は、1となる。
2 電圧反射係数は、伝送線路の特性インピーダンスと負荷側のインピーダンスから求めることができる。
3 負荷インピーダンスが伝送線路の特性インピーダンスに等しく、整合しているときは、伝送線路上には進行波のみが存在し反射波は生じない。
4 反射が大きいと電圧定在波比（VSWR）の値は大きくなる。
5 電圧反射係数は、反射波の電圧（V_r）を進行波の電圧（V_f）で割った値（V_r/V_f）で表される。

20 送信アンテナの地上高を144〔m〕、受信アンテナの地上高を16〔m〕としたとき、送受信アンテナ間の電波の見通し距離の値として、最も近いものを下の番号から選べ。ただし、大地は球面とし、標準大気における電波の屈折を考慮するものとする。

1 44〔km〕　　2 50〔km〕　　3 57〔km〕　　4 61〔km〕　　5 65〔km〕

21 次の記述は、スポラジックE（Es）層について述べたものである。このうち誤っているものを下の番号から選べ。

1 スポラジックE（Es）層は、E層とほぼ同じ高さに発生する。
2 スポラジックE（Es）層の電子密度は、E層より大きい。
3 スポラジックE（Es）層は、局所的、突発的に発生する。
4 通常E層を突き抜けてしまう超短波（VHF）帯の電波が、スポラジックE（Es）層で反射され、見通し距離をはるかに越えた遠方まで伝搬することがある。
5 スポラジックE（Es）層は、我が国では、冬季の夜間に発生することが多い。

22 次の記述は、鉛蓄電池などについて述べたものである。　　内に入れるべき字句の正しい組合せを下の番号から選べ。

(1) 正極に　A　、負極に鉛が用いられ、電解液に　B　が用いられる。

(2) 商用電源の停電を補償するため、　C　と組み合せて無停電電源装置にも利用される。

	A	B	C
1	二酸化鉛	蒸留水	コンパンダ
2	二酸化鉛	希硫酸	インバータ
3	カドミウム	希硫酸	コンパンダ
4	カドミウム	希硫酸	インバータ
5	カドミウム	蒸留水	コンパンダ

答　19：1　20：5　21：5　22：2

23　伝送速度 5〔Mbps〕のデジタルマイクロ波回線によりデータを連続して送信し、ビット誤りの発生状況を観測したところ、平均的に50秒間に1回の割合で、1〔bit〕の誤りが生じていた。この回線のビット誤り率の値として、最も近いものを下の番号から選べ。ただし、観測時間は、50秒よりも十分に長いものとする。

1　4×10^{-11}

2　2.5×10^{-10}

3　4×10^{-9}

4　2.5×10^{-8}

5　4×10^{-7}

24　図は、周波数カウンタ（計数形周波数計）の原理的構成例を示したものである。□□□内に入れるべき字句の正しい組合せを下の番号から選べ。

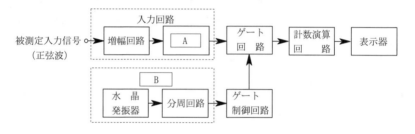

	A	B
1	周波数変調器	基準時間発生器
2	周波数変調器	掃引発振器
3	波形整形回路	基準時間発生器
4	波形整形回路	掃引発振器

解答の指針（4年2月午前）

1

1　静止衛星が地球を一周する周期は、地球の**自転**周期と等しい。

2

4　受信時に混入した狭帯域の妨害波は受信側で拡散されるので、狭帯域の妨害波に**強い**。

3

　キルヒホッフの第1法則により、R_2の上方の交点において電流3〔A〕と1〔A〕が流入、6〔A〕が流出しているから差し引き$\underline{2}$〔A〕がR_2を上向きに流れる電流I_2となる。また、R_2の下方の交点において電流5〔A〕と3〔A〕が流入、2〔A〕が流出しているから差し引き$\underline{6}$〔A〕がR_4の右向きに流れる電流I_4となる。

4

5　0.8〔mV〕は800〔μV〕$A_v = 20\log_{10}800$となり**58**〔**dBμV**〕である。

参考

1　電圧比6〔dB〕低下は、$10^{-(6/20)} = 10^{-0.3} = 1/10^{0.3} \fallingdotseq 1/2$ すなわち、最大値の1/2である。

2　電力利得160倍は、$10\log_{10}160 = 10+10\log_{10}2^4 = 10+40\log_{10}2 = 22$〔dB〕である。

3　0.2〔mV/m〕は200〔μV/m〕$A_v = 20\log_{10}200$となり電界強度は46〔dBμV/m〕である。

4　4〔W〕は4,000〔mW〕$A_p = 10\log_{10}4,000$となり電力36〔dBm〕である。

7

　低域フィルタの減衰特性は、遮断周波数f_cまでの周波数帯域の信号を通過させるので、2が該当する。1、3及び4は、おのおの次のフィルタの特性である。
1：帯域フィルタ（BPF）　　3：帯域除去フィルタ（BEF）　　4：高域フィルタ（HPF）

8

(1)　直線量子化は、どの信号レベルでも量子化幅が一定の均一量子化で、量子化雑音は信号電力と無関係である。したがって、入力信号電力が小さいときは、信号に対して量子化雑音が相対的に$\underline{大きく}$なり、S/Nが悪化する。

⑵　信号電力にかかわらずS/Nを一定にするには、信号電力が小さいときはステップ幅を小さくし、大きいときは逆に大きくする非直線量子化を行う。その一つとして送信側で圧縮器を用い、受信側において伸張器を用いる方法がある。

9

⑴　16QAM は、周波数が等しく位相が $\pi/2$〔rad〕異なる直交する 2 つの搬送波を、それぞれ 4 値のレベルの信号で振幅変調し混合して得られる。

⑵　16QAM と 16PSK の搬送波電力（平均電力）が同じ場合、16QAM の方が信号点間の距離が長く、16QAM の方がシンボル誤り率は小さい。

12

　MIMO（マイモ）とは、複数の送受信アンテナを組み合わせてデータの送受信帯域を広げる技術である。送信側と受信側の双方に複数のアンテナを設置し、それらの間で複数の空間多重伝送路を構成し、同時に異なるデータを送信して、受信時に合成、信号処理をすることによって送信アンテナごとにデータ信号を分離し、擬似的に広帯域化を実現、周波数帯域を増加させずに通信の高速伝送化を図るとともに、多数の障害物がある環境での送受信を安定化させることができる。WiMAX やLTE 等に用いられる。

13

　マイクロ波の 2 周波中継方式において、使用する二周波数を F_1〔Hz〕及び F_2〔Hz〕とすると、それぞれの中継所における一般的な送信及び受信周波数の配置は以下の通りである。
$$f_1 = f_3 = f_6 = f_8 = F_1$$
$$f_2 = f_4 = f_5 = f_7 = F_2$$
　したがって、

5　A の受信周波数 f_1 と B の受信周波数 f_7 は**異なる周波数**である。

14

　正しい記述は 2 であり、他は以下の記述である。

1：直接中継方式　　　3：再生中継方式　　　4：無給電中継方式

15

　最小探知距離 R_{min} はパルス幅を τ〔μs〕とすれば次式で求められる。
$$R_{min} = 150 \times \tau = 150 \times 0.7 = \underline{105}〔m〕$$

16

4　距離分解能は、同一方向にある二つの物標を識別できる能力を表し、**送信パルス幅を狭くする**ほど良くなる。

17

送信アンテナの等価等方輻射電力（EIRP）P_{E} は次式のように定義される。

送信電力 P_{T}〔W〕をデシベル表示して、

$$P_{\mathrm{TdB}} = 10\log_{10}50 = 10\log_{10}100/2 = 10\,(\log_{10}100 - \log_{10}2) = 10\,(2-0.3)$$
$$= 17\,\text{〔dBW〕である。}$$

したがって、題意の数値を用いて、

$$\text{EIRP} = 17+37 = \underline{54\,\text{〔dBW〕}}\,\text{となる。}$$

18

4　主ビームの電力半値幅 (θ) の大きさは、開口面の直径 **D に反比例**し、波長 (λ) に比例する。

$$\theta \fallingdotseq 70\lambda/D\,\text{〔度〕}$$

19

1　整合しているとき、電圧反射係数の値は、**0** となる。

20

送信アンテナの地上高を h_1〔km〕、受信アンテナの地上高を h_2〔km〕としたとき、見通し距離の値 d〔km〕は次式で表される。

$$d \fallingdotseq 4.12\left(\sqrt{h_1} + \sqrt{h_2}\right)\,\text{〔km〕}$$

上式に題意の数値を代入すると、

$$d \fallingdotseq 4.12\times(12+4) = 4.12\times16 = 65.92 \fallingdotseq \underline{65\,\text{〔km〕}}$$

21

5　スポラジック E(Es)層は、わが国では、**夏季の昼間**に発生することが多い。

22

(1)　鉛蓄電池は、正極に二酸化鉛、負極に鉛が用いられ、電解液に希硫酸が用いられる。

(2)　商用電源の停電を補償するため、インバータと組み合わせて無停電電源装置にも利用される。

23

5〔Mbps〕で伝送し、50秒間に1回、1〔bit〕の誤りが生じるとの事は、
$5\times10^6\times50 = 2.5\times10^8$〔bit〕につき 1〔bit〕の誤りが発生することから、その割合は $1\div(2.5\times10^8) = \underline{4\times10^{-9}}$

無線工学　令和4年2月施行（午後の部）

1 次の記述は、静止衛星について述べたものである。このうち誤っているものを下の番号から選べ。

1 静止衛星の軌道は、赤道上空にあり、ほぼ円軌道である。

2 静止衛星が地球を回る公転周期は地球の自転周期と同じであり、公転方向は地球の自転の方向と同一である。

3 三つの静止衛星を等間隔に配置すれば、南極、北極及びその周辺地域を除き、ほぼ全世界をサービスエリアにすることができる。

4 静止衛星までの距離は、地球の中心から約36,000キロメートルである。

2 次の記述は、直接拡散（DS）を用いた符号分割多重（CDM）伝送方式の一般的な特徴について述べたものである。□□□内に入れるべき字句の正しい組合せを下の番号から選べ。

(1) CDM伝送方式は、送信側で用いた擬似雑音符号と □A□ 符号でしか復調できないため秘話性が高い。

(2) 拡散後の信号（チャネル）の周波数帯域幅は、拡散前の信号の周波数帯域幅よりはるかに □B□ 。

(3) この伝送方式は、受信時に混入した狭帯域の妨害波は受信側で拡散されるので、狭帯域の妨害波に □C□ 。

	A	B	C
1	同じ	広い	強い
2	同じ	狭い	弱い
3	異なる	広い	弱い
4	異なる	狭い	強い

3 図に示す抵抗 R_1、R_2、R_3 及び R_4〔Ω〕からなる回路において、抵抗 R_2 及び R_4 に流れる電流 I_2 及び I_4 の大きさの値の組合せとして、正しいものを下の番号から選べ。ただし、回路の各部には図の矢印で示す方向と大きさの値の電流が流れているものとする。

	I_2	I_4
1	1〔A〕	2〔A〕
2	2〔A〕	1〔A〕
3	2〔A〕	4〔A〕
4	4〔A〕	1〔A〕
5	4〔A〕	4〔A〕

答　1：4　2：1　3：3

4　次の記述は、デシベルを用いた計算について述べたものである。このうち正しいものを下の番号から選べ。ただし、$\log_{10}2 = 0.3$とする。

1　1〔mW〕を0〔dBm〕としたとき、0.4〔W〕の電力は52〔dBm〕である。

2　1〔μV/m〕を0〔dBμV/m〕としたとき、0.2〔mV/m〕の電界強度は42〔dBμV/m〕である。

3　電圧比で最大値から6〔dB〕下がったところの電圧レベルは、最大値の$1/\sqrt{2}$である。

4　出力電力が入力電力の160倍になる増幅回路の利得は46〔dB〕である。

5　1〔μV〕を0〔dBμV〕としたとき、0.8〔mV〕の電圧は58〔dBμV〕である。

5　次の記述は、トンネルダイオードについて述べたものである。　　内に入れるべき字句の正しい組合せを下の番号から選べ。

(1)　トンネルダイオードは、不純物の濃度が一般のPN接合ダイオードに比べて　A　P形半導体とN形半導体を接合した半導体素子で、江崎ダイオードともいわれている。

(2)　トンネルダイオードは、その　B　の電圧－電流特性にトンネル効果による負性抵抗特性を持っており、応答特性が速いことを利用して、マイクロ波からミリ波帯の発振に用いることができる。

	A	B
1	低い	順方向
2	低い	逆方向
3	高い	順方向
4	高い	逆方向

6　次の記述は、自由空間における電波（平面波）の伝搬について述べたものである。　　内に入れるべき字句の正しい組合せを下の番号から選べ。ただし、電波の伝搬速度をv〔m/s〕、自由空間の誘電率をε_0〔F/m〕、透磁率をμ_0〔H/m〕とする。

(1)　電波は、互いに　A　電界Eと磁界Hから成り立っている。

(2)　vをε_0とμ_0で表すと、$v =$　B　〔m/s〕となる。

(3)　自由空間の固有インピーダンスは、磁界強度をH〔A/m〕、電界強度をE〔V/m〕とすると、　C　〔Ω〕で表される。

	A	B	C
1	直交する	$1/(\varepsilon_0\mu_0)$	H/E
2	直交する	$1/\sqrt{\varepsilon_0\mu_0}$	E/H
3	平行な	$1/\sqrt{\varepsilon_0\mu_0}$	H/E
4	平行な	$1/(\varepsilon_0\mu_0)$	E/H
5	平行な	$1/(\varepsilon_0\mu_0)$	H/E

答　　4：5　　5：3　　6：2

7　次の図は、フィルタの周波数対減衰量の特性の概略を示したものである。このうち帯域フィルタ（BPF）の特性の概略図として、正しいものを下の番号から選べ。

1　　　　　　　　　2　　　　　　　　　3　　　　　　　　　4

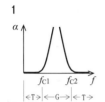 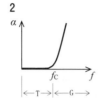 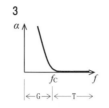 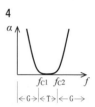

α：減衰量　　　f：周波数　　　f_c, f_{c1}, f_{c2}：遮断周波数　　　G：減衰域　　　T：通過域

8　次の記述は、PCM通信方式における量子化などについて述べたものである。□□内に入れるべき字句の正しい組合せを下の番号から選べ。

(1)　直線量子化では、どの信号レベルに対しても同じステップ幅で量子化される。このとき、量子化雑音電力 N は、信号電力 S の大小に関係なく一定である。
　　したがって、入力信号電力が　A　ときは、信号に対して量子化雑音が相対的に大きくなる。

(2)　信号の大きさにかかわらず S/N をできるだけ一定にするため、送信側において　B　を用い、受信側において　C　を用いる方法がある。

	A	B	C
1	小さい	圧縮器	伸張器
2	小さい	伸張器	識別器
3	大きい	乗算器	圧縮器
4	大きい	圧縮器	識別器
5	大きい	乗算器	伸張器

9　次の記述は、16値直交振幅変調（16QAM）について述べたものである。□□内に入れるべき字句の正しい組合せを下の番号から選べ。

(1)　16QAM は、周波数が等しく位相が $\pi/2$〔rad〕異なる直交する２つの搬送波を、それぞれ　A　のレベルを持つ信号で変調し、それらを合成することにより得られる。

(2)　一般的に、16QAM を４相位相変調（QPSK）と比較すると、16QAM の方が周波数利用効率が　B　。また、16QAM は、振幅方向にも情報が含まれているため、伝送路におけるノイズやフェージングなどの影響を　C　。

	A	B	C
1	4値	高い	受けにくい
2	4値	高い	受けやすい
3	4値	低い	受けにくい
4	16値	高い	受けやすい
5	16値	低い	受けにくい

　答　　7：4　　8：1　　9：2

10 受信機で発生する相互変調による混信についての記述として、正しいものを下の番号から選べ。

1 希望波信号を受信しているときに、妨害波のために受信機の感度が抑圧される現象。

2 一つの希望波信号を受信しているときに、二以上の強力な妨害波が到来し、それが、受信機の非直線性により、受信機内部に希望波信号周波数又は受信機の中間周波数と等しい周波数を発生させ、希望波信号の受信を妨害する現象。

3 増幅回路及び音響系を含む回路が、不要な帰還のため発振して、可聴音を発生すること。

4 増幅回路の配線等に存在するインダクタンスや静電容量により増幅回路が発振回路を形成し、妨害波を発振すること。

11 図は、地球局の送受信装置の構成例を示したものである。□□□内に入れるべき字句の正しい組合せを下の番号から選べ。なお、同じ記号の□□□内には、同じ字句が入るものとする。

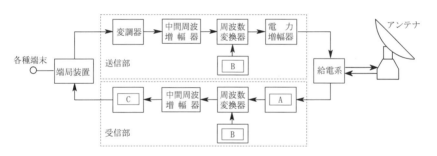

	A	B	C
1	低周波増幅器	局部発振器	復調器
2	低周波増幅器	局部発振器	高周波増幅器
3	低周波増幅器	ビデオ増幅器	高周波増幅器
4	低雑音増幅器	局部発振器	復調器
5	低雑音増幅器	ビデオ増幅器	高周波増幅器

12 次の記述は、無線LANや携帯電話などで用いられるMIMO（Multiple Input Multiple Output）の特徴などについて述べたものである。□□□内に入れるべき字句の正しい組合せを下の番号から選べ。

(1)　MIMO では、送信側と受信側の双方に複数のアンテナを設置し、送受信アンテナ間に複数の伝送路を形成して、　A　多重伝送よる伝送容量の増大の実現を図ることができる。

(2)　例えば、ある基地局からある端末への通信（下りリンク）において、基地局の複数の送信アンテナから異なるデータ信号を送信しつつ、端末の複数の受信アンテナで信号を受信し、信号処理により　B　毎のデータ信号に分離することができ、新たに　C　を増やさずに伝送速度を向上させることができる。

	A	B	C
1	空間	送信アンテナ	ガードバンド
2	空間	受信アンテナ	ガードバンド
3	空間	送信アンテナ	周波数帯域
4	時分割	送信アンテナ	ガードバンド
5	時分割	受信アンテナ	周波数帯域

13　次の記述は、図に示すマイクロ波（SHF）通信における2周波中継方式の一般的な送信及び受信の周波数配置について述べたものである。このうち正しいものを下の番号から選べ。ただし、中継所 A、中継所 B 及び中継所 C をそれぞれ A、B 及び C で表す。

1　A の受信周波数 f_6 と C の送信周波数 f_7 は、同じ周波数である。
2　A の送信周波数 f_2 と C の受信周波数 f_8 は、同じ周波数である。
3　A の送信周波数 f_5 と C の受信周波数 f_3 は、同じ周波数である。
4　B の送信周波数 f_3 と C の送信周波数 f_4 は、同じ周波数である。
5　A の受信周波数 f_1 と B の送信周波数 f_3 は、同じ周波数である。

14　地上系マイクロ波（SHF）のデジタル多重通信回線における再生中継方式についての記述として、正しいものを下の番号から選べ。

1　中継局において、受信したマイクロ波をいったん復調して信号の波形を整え、また同期を取り直してから再び変調して送信する方式である。

2　中継局において、受信したマイクロ波を固体増幅器等でそのまま増幅して送信する方式である。

3　反射板等で電波の方向を変えることで中継を行い、中継用の電力を必要としない中継方式である。

答　　12：3　　13：5

4　中継局において、受信したマイクロ波を中間周波数に変換して増幅し、再びマイクロ波に変換して送信する方式である。

15　パルスレーダーにおいて、最小探知距離が75〔m〕であった。このときのパルス幅の値として、最も近いものを下の番号から選べ。ただし、最小探知距離は、パルス幅のみによって決まるものとし、電波の伝搬速度を3×10^8〔m/s〕とする。

1　0.4〔μs〕　　　2　0.5〔μs〕　　　3　0.7〔μs〕　　　4　0.9〔μs〕

16　次の記述は、パルスレーダーの動作原理等について述べたものである。このうち誤っているものを下の番号から選べ。

1　図1は、レーダーアンテナの水平面内指向性を表したものであるが、放射電力密度（電力束密度）が最大放射方向の1/2に減る二つの方向のはさむ角θ_1をビーム幅という。

2　図2に示す物標の観測において、レーダーアンテナのビーム幅をθ_1、観測点からみた物標をはさむ角をθ_2とすると、レーダー画面上での物標の表示幅は、ほぼ$\theta_2 - 2\theta_1$に相当する幅となる。

3　水平面内のビーム幅が狭いほど、方位分解能は良くなる。

4　距離分解能は、同一方位にある二つの物標を識別できる能力を表し、パルス幅が狭いほど良くなる。

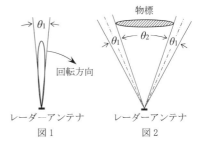

図1　　　　　図2

17　無線局の送信アンテナに供給される電力が25〔W〕、送信アンテナの絶対利得が41〔dB〕のとき、等価等方輻射電力（EIRP）の値として、最も近いものを下の番号から選べ。ただし、等価等方輻射電力P_E〔W〕は、送信アンテナに供給される電力をP_T〔W〕、送信アンテナの絶対利得をG_T（真数）とすると、次式で表されるものとする。また、1〔W〕を0〔dBW〕とし、$\log_{10} 2 = 0.3$とする。

$$P_E = P_T \times G_T \text{〔W〕}$$

1　66〔dBW〕　　2　61〔dBW〕　　3　58〔dBW〕

4　55〔dBW〕　　5　53〔dBW〕

18　次の記述は、図に示す回転放物面を反射鏡として用いる円形パラボラアンテナについて述べたものである。このうち誤っているものを下の番号から選べ。

1　利得は、開口面の面積と波長に比例する。

2　一次放射器は、回転放物面の反射鏡の焦点に置く。

3　主ビームの電力半値幅の大きさは、開口面の直径 D に反比例し、波長に比例する。

4　放射される電波は、ほぼ平面波である。

5　一次放射器などが鏡面の前方に置かれるため電波の通路を妨害し、電波が散乱してサイドローブが生じ、指向特性を悪化させる。

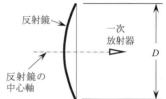

19　次の記述は、伝送線路の反射について述べたものである。このうち正しいものを下の番号から選べ。

1　電圧反射係数は、伝送線路の特性インピーダンスと負荷側のインピーダンスから求めることができる。

2　電圧反射係数は、進行波の電圧（V_f）を反射波の電圧（V_r）で割った値（V_f/V_r）で表される。

3　整合しているとき、電圧反射係数の値は、1 となる。

4　反射が大きいと電圧定在波比（VSWR）の値は小さくなる。

5　負荷インピーダンスが伝送線路の特性インピーダンスに等しく、整合しているときは、伝送線路上には定在波が存在する。

20　送信アンテナの地上高を 121〔m〕、受信アンテナの地上高を 1〔m〕としたとき、送受信アンテナ間の電波の見通し距離の値として、最も近いものを下の番号から選べ。ただし、大地は球面とし、標準大気における電波の屈折を考慮するものとする。

1　31〔km〕　　2　33〔km〕　　3　36〔km〕　　4　42〔km〕　　5　49〔km〕

21　次の記述は、スポラジックE（Es）層について述べたものである。このうち正しいものを下の番号から選べ。

1　スポラジックE（Es）層は、F層とほぼ同じ高さに発生する。

2　スポラジックE（Es）層の電子密度は、D層より小さい。

3　スポラジックE（Es）層は、我が国では、冬季の夜間に発生することが多い。

4　スポラジックE（Es）層は、数ヶ月継続することが多い。

5　通常E層を突き抜けてしまう超短波（VHF）帯の電波が、スポラジックE（Es）層で反射され、見通し距離をはるかに越えた遠方まで伝搬することがある。

答　18：1　　19：1　　20：5　　21：5

22　次の記述は、鉛蓄電池について述べたものである。￣￣￣￣内に入れるべき字句の正しい組合せを下の番号から選べ。

(1)　鉛蓄電池は、　A　電池であり、電解液には　B　が用いられる。

(2)　鉛蓄電池の容量が、10時間率で30〔Ah〕のとき、この蓄電池は、3〔A〕の電流を連続して10時間流すことができる。この蓄電池で30〔A〕の電流を連続して流すことができる時間は、1時間　C　。

	A	B	C
1	一次	蒸留水	より長い
2	一次	希硫酸	より短い
3	一次	希硫酸	より長い
4	二次	希硫酸	より短い
5	二次	蒸留水	より長い

23　伝送速度 4〔Mbps〕のデジタルマイクロ波回線によりデータを連続して送信し、ビット誤りの発生状況を観測したところ、平均的に10秒間に1回の割合で、1〔bit〕の誤りが生じていた。この回線のビット誤り率の値として、最も近いものを下の番号から選べ。ただし、観測時間は、10秒よりも十分に長いものとする。

1　2.5×10^{-6}　　2　1.25×10^{-6}　　3　5×10^{-7}
4　1×10^{-7}　　5　2.5×10^{-8}

24　次の記述は、図に示す周波数カウンタ（計数形周波数計）の動作原理について述べたものである。このうち誤っているものを下の番号から選べ。

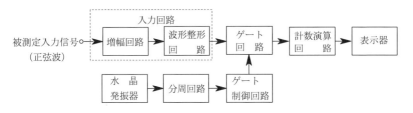

1　T秒間にゲート回路を通過するパルス数 N を、計数演算回路で計数演算すれば、周波数 F は、$F = N/T$〔Hz〕として測定できる。

2　水晶発振器と分周回路で、擬似的にランダムな信号を作り、ゲート制御回路の制御信号として用いる。

3　被測定入力信号の周波数が高い場合は、波形整形回路とゲート回路の間に分周回路が用いられることもある。

4　被測定入力信号は入力回路でパルスに変換され、被測定入力信号と同じ周期を持つパルス列が、ゲート回路に加えられる。

答　22：4　　23：5　　24：2

解答の指針（4年2月午後）

1

4　静止衛星までの距離は、**地表**から約36,000〔km〕である。

3

キルヒホッフの第1法則により、R_2 の上方の交点において電流6〔A〕が流入、3〔A〕と1〔A〕が流出していることから差し引くと <u>2〔A〕</u> が R_2 を下向きに流れる I_2 となる。また、R_2 の下方の交点においては電流5〔A〕と上記の2〔A〕が流入、3〔A〕が流出していることから差し引くと <u>4〔A〕</u> が R_4 を右方向に流れる I_4 となる。

4

1　0.4〔W〕の電力は、$10\log_{10}(4\times10^2)=20+10\log_{10}4=\mathbf{26}$〔dBm〕である。

2　0.2〔mV/m〕の電界強度は、$20\log_{10}(2\times10^2)=\mathbf{46}$〔dB$\mu$V/m〕である。

3　電圧比6〔dB〕低下は、$10^{-(6/20)}=10^{-0.3}=1/10^{0.3}=1/2$ すなわち、最大値の**1/2**である。

4　電力利得の160倍は $10\log_{10}160=10\log_{10}16\times10=10+10\log_{10}2^4=\mathbf{22}$〔dB〕である。

参考

5　0.8〔mV〕の電圧は、$20\log_{10}(8\times10^2)=40+20\log_{10}2^3=\mathbf{58}$〔dB$\mu$V〕である。（正答の解説）

7

帯域フィルタの減衰特性は、遮断周波数 f_{c1} から f_{c2} までの周波数帯域の信号を通過させるので、**4**が該当する。1から3はおのおの次のフィルタの特性である。

1：帯域除去フィルタ（BEF）　　**2**：低域フィルタ（LPF）　　**3**：高域フィルタ（HPF）

8　令和4年2月午前の部〔8〕参照

9　令和4年2月午前の部〔9〕参照

(2)　16QAMは、4相位相変調（QPSK）と比べて周波数利用効率が<u>高い</u>。しかし、振幅に情報が含まれるためノイズやフェージングの影響を<u>受けやすい</u>。

10　正しい記述は**2**であり、他は以下の記述である。

1：感度抑圧　　**3**：ハウリング　　**4**：寄生振動

12　令和 4 年 2 月午前の部〔12〕参照

13

　マイクロ波の 2 周波中継方式において、使用する二周波数を F_1〔Hz〕及び F_2〔Hz〕とすると、それぞれの中継所における一般的な送信及び受信周波数の配列は以下のとおりである。

$$f_1 = f_3 = f_6 = f_8 = F_1$$
$$f_2 = f_4 = f_5 = f_7 = F_2$$

　したがって、**5** の A の受信周波数 f_1 と B の送信周波数 f_3 は同じ周波数である。

14

　正しい記述は **1** であり、他は以下の記述である。

2：直接中継方式　　**3**：無給電中継方式　　**4**：ヘテロダイン中継方式

15　最小探知距離 $R_{\min}$ はパルス幅を τ〔μs〕とすれば次式で求められる。

$$R_{\min} = 150 \times \tau$$
$$75 = 150 \times \tau$$
$$\tau = \underline{0.5}〔\mu s〕$$

16

2　図 2 に示す物標の観測において、レーダーアンテナのビーム幅を θ_1 とすると、画面上での物標の表示は、ほぼ $\boldsymbol{\theta_1 + \theta_2}$ となる。

　図 2 のように物標がアンテナのビーム幅 θ_1 の中にある時に反射波が受信され画面上に表示されるので、物標は主ビームが図 a から b に移動する間、すなわち、$\theta_2 + (\theta_1/2) \times 2 = \theta_1 + \theta_2$ の間、画像が表示され、θ_1 分だけの拡大効果が生じる。

17

　送信アンテナの等価等方輻射電力（EIRP）P_E は次式のように定義される。
　送信電力 P_T〔W〕をデシベル表示して、

$$P_{TdB} = 10\log_{10}25 = 10\log_{10}100/4 = 10(\log_{10}100 - \log_{10}4) = 10(2 - 0.6)$$
$$= 14〔dBW〕である。$$

　したがって、題意の数値を用いて、

$$EIRP = 41 + 14 = \underline{55}〔dBW〕となる。$$

18

1　利得は、開口面の面積（S）に比例し、**波長（λ）の 2 乗に反比例**する。

　　利得 $G = (4\pi S/\lambda^2) \times \eta$（真数）

19

2　電圧反射係数は、**反射波の電圧 (V_r) を進行波の電圧 (V_f) で割った値 (V_r/V_f)** で表される。

3　整合しているとき、電圧反射係数は **0** となる。

4　反射が大きいと電圧定在波比 (VSWR) の値は **大きくなる**。

5　負荷インピーダンスが伝送線路の特性インピーダンスに等しく、整合している ときは、伝送線路上には **進行波のみが存在し、反射波は生じない**。

20

送信アンテナの地上高 h_1〔m〕、受信アンテナの地上高 h_2〔m〕としたとき、見 通し距離 d〔km〕は、次式で表される。

$$d \fallingdotseq 4.12\left(\sqrt{h_1}+\sqrt{h_2}\right) \text{〔km〕}$$

上式に題意の数値を代入すると

$$d \fallingdotseq 4.12(11+1) = 4.12\times12 \fallingdotseq \underline{49}\text{〔km〕となる。}$$

21

1　スポラディック E (Es) 層は **E 層** とほぼ同じ高さに発生する。

2　スポラディック E (Es) 層の電子密度は、D 層より **大きく**、高い周波数の電波 を反射する。

3　スポラディック E (Es) 層は、我が国では、**夏季の昼間** に発生することが多い。

4　スポラディック E (Es) 層は **局地的に発生し、出現時間は、数分から数時間で ある**。

22

(1)　鉛蓄電池は、二次電池の代表的なもので、陽極に二酸化鉛、陰極に鉛、電解液 に希硫酸が用いられ、インバーターと組み合わせて無停電電源装置にも利用され る。ちなみに、一次電池は、マンガン乾電池、リチウム電池など放電のみができ る電池を言う。

(2)　鉛蓄電池の容量は、通常10時間率で呼び、30〔Ah〕の時 3〔A〕の電流を10 時間流すことができるが、30〔A〕の電流では 1 時間より短い。

23

4〔Mbps〕で伝送し、10秒間に1回、1〔bit〕の誤りが生じるとのことは、 $4\times10^6\times10 = 4\times10^7$〔bit〕につき 1〔bit〕の誤りが発生することから、その割合 は $1\div(4\times10^7) = \underline{2.5\times10^{-8}}$

24

2　水晶発振器と分周回路で **構成される基準時間発生器が正確な周波数を発振** し、 ゲート制御回路は、正確な時間間隔でパルス列を通過させるように、ゲート回路 を制御する。

無線工学　令和4年6月施行（午前の部）

1　次の記述は、対地静止衛星を利用する通信について述べたものである。このうち正しいものを下の番号から選べ。

1　赤道上空約 36,000〔km〕の円軌道に打ち上げられた静止衛星は、地球の自転と同期して周回しているが、その周期は約12時間である。

2　電波が、地球上から通信衛星を経由して再び地球上に戻ってくるのに要する時間は、約0.1秒である。

3　静止衛星から地表に到来する電波は極めて微弱であるため、静止衛星による衛星通信は、春分と秋分のころに、地球局の受信アンテナの主ビームの見通し線上から到来する太陽雑音の影響を受けることがある。

4　衛星通信に 10〔GHz〕以上の電波を使用する場合は、大気圏の降雨による減衰が少ないので、信号の劣化も少ない。

5　2個の通信衛星を赤道上空に等間隔に配置することにより、極地域を除く地球の大部分の地域を常時カバーする通信網が構成できる。

2　標本化定理において、周波数帯域が 300〔Hz〕から 6〔kHz〕までのアナログ信号を標本化して、忠実に再現することが原理的に可能な標本化周波数の下限の値として、正しいものを下の番号から選べ。

1　1.5〔kHz〕　　2　3〔kHz〕　　3　6〔kHz〕
4　12〔kHz〕　　5　24〔kHz〕

3　図に示す抵抗 R_1、R_2、R_3 及び R_4 の回路において、R_4 を流れる電流 I_4 が2.5〔A〕であるとき、直流電源電圧 V の値として、正しいものを下の番号から選べ。

1　60〔V〕
2　75〔V〕
3　90〔V〕
4　105〔V〕
5　120〔V〕

4　図に示すようにパルスの幅が 4〔μs〕のとき、パルスの繰返し周期 T 及び衝撃係数（デューティファクタ）D の値の組合せとして、正しいものを下の番号から選べ。ただし、パルスの繰返し周波数は 50〔kHz〕とする。

答　　1：3　　2：4　　3：3

	T	D
1	20 〔μs〕	0.20
2	20 〔μs〕	0.25
3	25 〔μs〕	0.20
4	25 〔μs〕	0.25
5	50 〔μs〕	0.25

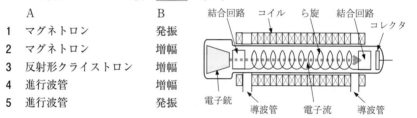

5　次の記述は、図に示す原理的な構造の電子管について述べたものである。□□□内に入れるべき字句の正しい組合せを下の番号から選べ。

(1)　名称は、□A□である。

(2)　主な働きは、マイクロ波の□B□である。

	A	B
1	マグネトロン	発振
2	マグネトロン	増幅
3	反射形クライストロン	増幅
4	進行波管	増幅
5	進行波管	発振

結合回路　コイル　ら旋　結合回路　コレクタ
電子銃　導波管　電子流　導波管

6　次の記述は、図に示すマジックTについて述べたものである。このうち誤っているものを下の番号から選べ。ただし、電磁波はTE_{10}モードとする。

1　TE_{10}波を④（H分岐）から入力すると、①と②（側分岐）に逆位相で等分されたTE_{10}波が伝搬する。

2　TE_{10}波を③（E分岐）から入力すると、①と②（側分岐）に逆位相で等分されたTE_{10}波が伝搬する。

3　マジックTは、インピーダンス測定回路などに用いられる。

4　④（H分岐）から入力したTE_{10}波は、③（E分岐）へは伝搬しない。

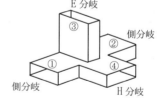

E分岐
側分岐
③
②
①
④
側分岐
H分岐

7　次の記述は、図1及び図2に示す共振回路について述べたものである。このうち誤っているものを下の番号から選べ。ただし、ω_0〔rad/s〕は共振角周波数とする。

1　図1の共振時の回路の合成インピーダンスは、R_1である。

2　図1の共振回路のQ（尖鋭度）は、$Q = \omega_0 C R_1$である。

3 図2の共振角周波数 ω_0 は、$\omega_0 = \dfrac{1}{\sqrt{LC}}$ である。

4 図2の共振回路の Q（尖鋭度）は、$Q = \dfrac{R_2}{\omega_0 L}$ である。

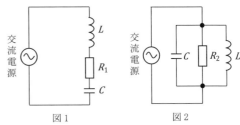

図1　　　図2

R_1、R_2：抵抗〔Ω〕　L：インダクタンス〔H〕　C：静電容量〔F〕

8 次の記述は、デジタル変調のうち直交振幅変調（QAM）方式について述べたものである。このうち誤っているものを下の番号から選べ。ただし、信号空間ダイアグラム上の信号点が変動して、受信側において隣接する信号点と誤って判断する現象をシンボル誤りとし、信号空間ダイアグラムにおける信号点の間の距離のうち、最も短いものを信号点間距離とする。

1 16QAM 方式は、16個の信号点を持つ QAM 方式である。

2 QAM 方式は、搬送波の振幅と位相の二つのパラメータを用いて、伝送する方式である。

3 64QAM 方式は、16QAM 方式と比較すると、一般に両方式の平均電力が同じ場合、信号点間距離が長くなるので、原理的に伝送路等におけるノイズやひずみによるシンボル誤りが起こりにくくなる。

4 256QAM 方式は、16QAM 方式と比較すると、同程度の占有周波数帯幅で同一時間内に２倍の情報量を伝送できる。

9 グレイ符号（グレイコード）による QPSK の信号空間ダイアグラム（信号点配置図）として、正しいものを下の番号から選べ。ただし、I 軸は同相軸、Q 軸は直交軸を表す。

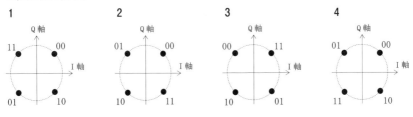

10 図は、２相 PSK（BPSK）信号に対して同期検波を適用した復調器の原理的構成例である。□□□内に入れるべき字句の正しい組合せを下の番号から選べ。

....

答　　7：2　　8：3　　9：4

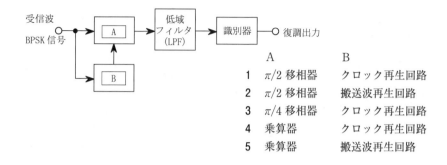

	A	B
1	$\pi/2$ 移相器	クロック再生回路
2	$\pi/2$ 移相器	搬送波再生回路
3	$\pi/4$ 移相器	クロック再生回路
4	乗算器	クロック再生回路
5	乗算器	搬送波再生回路

11 次の記述は、デジタル無線通信に用いられる一つの回路(装置)について述べたものである。該当する回路の一般的な名称として適切なものを下の番号から選べ。

周波数選択性フェージングなどによる伝送特性の劣化は、波形ひずみとなって現れてビット誤り率が大きくなる原因となるため、伝送中に生じる受信信号の振幅や位相のひずみをその変化に応じて補償する回路が用いられる。この回路は、周波数領域で補償する回路と時間領域で補償する回路に大別される。

1　符号器　　2　等化器　　3　導波器　　4　分波器　　5　圧縮器

12 直交周波数分割多重 (OFDM) 伝送方式において原理的に伝送可能な情報の伝送速度 (ビットレート) の最大値として、最も近いものを下の番号から選べ。ただし、情報を伝送するサブキャリアの変調方式を64QAM、サブキャリアの個数を1,000個及びシンボル期間長を 1〔ms〕とする。また、ガードインターバル、情報の誤り訂正などの冗長な信号は付加されていないものとする。

1　3〔Mbps〕　2　6〔Mbps〕　3　8〔Mbps〕　4　12〔Mbps〕　5　64〔Mbps〕

13 次の記述は、衛星通信の特徴について述べたものである。このうち誤っているものを下の番号から選べ。

1　衛星中継器の回線（チャネル）を地球局に割り当てる方式のうち、「呼の発生のたびに回線（チャネル）を設定し、通信が終了すると解消する割り当て方式」をプリアサイメントという。

2　FDMA 方式では、衛星の中継器で多くの搬送波を共通増幅するため、中継器をできるだけ線形領域で動作させる必要がある。

3　TDMA 方式は、複数の地球局が同一の送信周波数を用いて、時間的に信号が重ならないように衛星の中継器を使用する。

4　TDMA 方式では、衛星の一つの中継器で一つの電波を増幅する場合、飽和領域付近で動作させることができ、中継器の送信電力を最大限利用できる。

答　　10：5　　11：2　　12：2　　13：1

14 次の記述は、マイクロ波（SHF）多重無線回線の中継方式について述べたものである。 内に入れるべき字句の正しい組合せを下の番号から選べ。

(1) 受信したマイクロ波を中間周波数に変換し、増幅した後、再びマイクロ波に変換して送信する方式を A 中継方式という。

(2) 受信したマイクロ波を復調し、信号の等化増幅及び同期の取直し等を行った後、変調して再びマイクロ波で送信する方式を B 中継方式といい、 C 通信に多く使用されている。

	A	B	C
1	非再生（ヘテロダイン）	再生	デジタル
2	非再生（ヘテロダイン）	再生	アナログ
3	再生	直接	デジタル
4	再生	直接	アナログ

15 次の記述は、パルスレーダーの最大探知距離を向上させる一般的な方法について述べたものである。このうち誤っているものを下の番号から選べ。

1 アンテナの海抜高又は地上高を高くする。
2 アンテナの利得を大きくする。
3 送信電力を大きくする。
4 受信機の感度を良くする。
5 送信パルス幅を狭くし、パルス繰返し周波数を高くする。

16 次の記述は、ドップラー効果を利用したレーダーについて述べたものである。 内に入れるべき字句の正しい組合せを下の番号から選べ。なお、同じ記号の 内には、同じ字句が入るものとする。

(1) アンテナから発射された電波が移動している物体で反射されるとき、反射された電波の A はドップラー効果により偏移する。移動している物体が、電波の発射源に近づいているときは、移動している物体から反射された電波の A は、発射された電波の A より B なる。

(2) この効果を利用したレーダーは、移動物体の速度測定、 C などに利用される。

	A	B	C
1	振幅	低く	竜巻や乱気流の発見や観測
2	振幅	高く	海底の地形の測量
3	周波数	低く	竜巻や乱気流の発見や観測
4	周波数	低く	海底の地形の測量
5	周波数	高く	竜巻や乱気流の発見や観測

17 半波長ダイポールアンテナに 3〔W〕の電力を供給し送信したとき、最大放射方向にある受信点の電界強度が 5〔mV/m〕であった。同じ送信点から、八木・宇田アンテナ（八木アンテナ）に1.5〔W〕の電力を供給し送信したとき、最大放射方向にある同じ距離の同じ受信点での電界強度が 10〔mV/m〕となった。八木・宇田アンテナ（八木アンテナ）の半波長ダイポールアンテナに対する相対利得の値として、最も近いものを下の番号から選べ。ただし、アンテナの損失はないものとする。また、$\log_{10} 2 = 0.3$ とする。

1　6〔dB〕　　2　9〔dB〕　　3　12〔dB〕　　4　15〔dB〕　　5　18〔dB〕

18 次の記述は、同軸ケーブルについて述べたものである。　　内に入れるべき字句の正しい組合せを下の番号から選べ。

(1) 同軸ケーブルは、一本の内部導体のまわりに同心円状に外部導体を配置し、両導体間に　A　を詰めた不平衡形の給電線であり、伝送する電波が外部へ漏れにくく、外部からの誘導妨害を受けにくい。

(2) 不平衡形の同軸ケーブルと半波長ダイポールアンテナを接続するときは、平衡給電を行うため　B　を用いる。

	A	B
1	導電性樹脂	スタブ
2	導電性樹脂	バラン
3	誘電体	スタブ
4	誘電体	バラン

19 次の記述は、図に示すカセグレンアンテナについて述べたものである。　　内に入れるべき字句の正しい組合せを下の番号から選べ。

(1) 回転放物面の主反射鏡、回転双曲面の副反射鏡及び一次放射器で構成されている。副反射鏡の二つの焦点のうち、一方は主反射鏡の　A　と、他方は一次放射器の励振点と一致している。

(2) 送信における主反射鏡は、　B　への変換器として動作する。

(3) 主放射方向と反対側のサイドローブが少なく、かつ小さいので、衛星通信用地球局のアンテナのように上空に向けて用いる場合、　C　からの熱雑音の影響を受けにくい。

	A	B	C
1	開口面	球面波から平面波	大地
2	開口面	球面波から平面波	自由空間
3	開口面	平面波から球面波	大地
4	焦点	平面波から球面波	自由空間
5	焦点	球面波から平面波	大地

答　　17：2　　18：4　　19：5

20　次の記述は、マイクロ波回線の設定の際に考慮される第1フレネルゾーンについて述べたものである。□□□内に入れるべき字句の正しい組合せを下の番号から選べ。ただし、使用する電波の波長をλとする。

(1)　図に示すように、送信点T
と受信点Rを焦点とし、TPと
PRの距離の和が、焦点間の最
短の距離TRよりも□A□だけ
長い点Pの軌跡を描くと、直
線TRを軸とする回転楕円体と
なり、この楕円体の内側の範囲
を第1フレネルゾーンという。

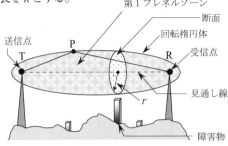

r：第1フレネルゾーンの断面の半径

(2)　一般的には、自由空間に近い
良好な伝搬路を保つため、回線途中にある山や建物な
どの障害物が第1フレネルゾーンに入らないようにク
リアランスを設ける必要がある。

(3)　図に示す第1フレネルゾーンの断面の半径rは、使
用する周波数が高くなるほど□B□なる。

	A	B
1	$\lambda/4$	小さく
2	$\lambda/4$	大きく
3	$\lambda/2$	小さく
4	$\lambda/2$	大きく
5	λ	大きく

21　大気中における電波の屈折を考慮して、等価地球半径係数Kを$K = 4/3$としたときの、球面大地での電波の見通し距離dを求める式として、正しいものを下の番号から選べ。ただし、h_1〔m〕及びh_2〔m〕は、それぞれ送信及び受信アンテナの地上高とする。

1　$d \fallingdotseq 3.57\,(h_1{}^2 + h_2{}^2)$　〔km〕　　　2　$d \fallingdotseq 3.57\,(\sqrt{h_1} + \sqrt{h_2})$　〔km〕

3　$d \fallingdotseq 4.12\,(\sqrt{h_1} + \sqrt{h_2})$　〔km〕　　　4　$d \fallingdotseq 4.12\,(h_1{}^2 + h_2{}^2)$　〔km〕

22　次の記述は、図に示す図記号のサイリスタについて述べたものである。□□□内に入れるべき字句の正しい組合せを下の番号から選べ。

図記号

(1)　P形半導体とN形半導体を用
いた□A□構造からなり、アノー
ド、□B□及びゲートの三つの電
極がある。

(2)　導通（ON）及び非導通（OFF）
の二つの安定状態をもつ□C□素
子である。

	A	B	C
1	PNP	ドレイン	増幅
2	PNP	カソード	スイッチング
3	PNP	カソード	増幅
4	PNPN	カソード	スイッチング
5	PNPN	ドレイン	増幅

答　　20：3　　21：3　　22：4

23 図に示す増幅器の利得の測定回路において、切換えスイッチSを①に接続して、レベル計の指示が 0〔dBm〕となるように信号発生器の出力を調整した。次に減衰器の減衰量を 13〔dB〕として、切換えスイッチSを②に接続したところ、レベル計の指示が 10〔dBm〕となった。このとき被測定増幅器の電力増幅度の値（真数）として、最も近いものを下の番号から選べ。ただし、信号発生器、減衰器、被測定増幅器及び負荷抵抗は整合されており、レベル計の入力インピーダンスによる影響はないものとする。ま

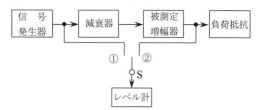

た、1〔mW〕を 0〔dBm〕を、
$\log_{10} 2 = 0.3$ とする。

1	100	2	200
3	400	4	800
5	1,000		

24 次の記述は、図に示すボロメータ形電力計を用いたマイクロ波電力の測定方法の原理について述べたものである。　　　　内に入れるべき字句の正しい組合せを下の番号から選べ。

(1) 直流ブリッジ回路の一辺を構成しているサーミスタ抵抗 R_S の値は、サーミスタに加わったマイクロ波電力及びブリッジの直流電流に応じて変化する。

(2) マイクロ波入力のない状態において、可変抵抗 R を加減してブリッジの平衡をとり、サーミスタに流れる電流 I_1〔A〕を電流計Aで読み取る。このときのサーミスタ抵抗 R_S の値は　A　〔Ω〕で表される。

(3) 次に、サーミスタにマイクロ波電力を加えると、サーミスタの発熱により R_S が変化し、ブリッジの平衡が崩れるので、再び R を調整してブリッジの平衡をとる。このときのサーミスタに流れる電流 I_2〔A〕を電流計Aで読み取れば、サーミスタに吸収されたマイクロ波電力は　B　〔W〕で求められる。

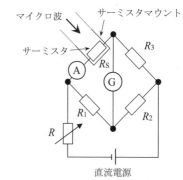

	A	B
1	$R_1 R_3/R_2$	$(I_1{}^2 - I_2{}^2) R_1 R_3/R_2$
2	$R_1 R_3/R_2$	$(I_1 - I_2) R_1 R_3/R_2$
3	$R_1 R_2/R_3$	$(I_1{}^2 - I_2{}^2) R_1 R_2/R_3$
4	$R_1 R_2/R_3$	$(I_1 - I_2) R_1 R_2/R_3$
5	$R_2 R_3/R_1$	$(I_1{}^2 + I_2{}^2) R_2 R_3/R_1$

R_S：サーミスタ抵抗〔Ω〕、 G：検流計
R_1、R_2、R_3：抵抗〔Ω〕、 R：可変抵抗〔Ω〕

解答の指針（4年6月午前）

1

1　赤道上空約 36,000〔km〕の円軌道に打ち上げられた静止衛星は、地球の自転と同期して周回しているが、その周期は約24時間である。

2　電波が地球から通信衛星を経由して再び地球上に戻ってくるのに要する時間は、約0.25秒である。

4　衛星通信に 10〔GHz〕以上の電波を使用する場合は、大気圏の降雨による減衰が**大きくなり**、信号の劣化が**起きることがある**。

5　**3**個の通信衛星を赤道上空に等間隔に配置することにより、極地域を除く地球の大部分の地域を常時カバーする通信網が構築できる。

2

最高周波数の 2 倍以上の標本化周波数で標本化すれば元のアナログ信号を完全に再現することができる。アナログ信号の最高周波数が 6〔kHz〕なので、標本化周波数の下限値は $2 \times 6 = \underline{12}$〔kHz〕となる。

3

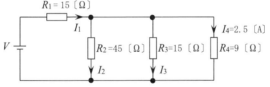

R_1 を流れる電流を I_1、R_2 を流れる電流を I_2、R_3 を流れる電流を I_3 とすると次式が成り立つ。

$$I_1 = I_2 + I_3 + I_4$$
$$V = R_1 I_1 + R I_1$$

ここで R は、$R_2 R_3 R_4$ の合成抵抗となり、$\dfrac{1}{R} = \dfrac{1}{R_2} + \dfrac{1}{R_3} + \dfrac{1}{R_4}$

代入すると $\dfrac{1}{R} = \dfrac{1}{45} + \dfrac{1}{15} + \dfrac{1}{9} = \dfrac{9}{45}$

合成抵抗 $R = 5$〔Ω〕となる。

R_2、R_3 及び R_4 両端の電圧は等しいことから

$$I_2 = \frac{I_4 R_4}{R_2} \qquad I_3 = \frac{I_4 R_4}{R_3} \qquad I_4 = 2.5 \text{〔A〕}$$

$$I_1 = I_2 + I_3 + I_4 = \frac{2.5 \times 9}{45} + \frac{2.5 \times 9}{15} + 2.5 = 4.5 \text{〔A〕}$$

$$V = (R_1 + R) I_1 = (15 + 5) \times 4.5 = \underline{90} \text{〔V〕}$$

4

パルス繰り返し周期 T は、繰り返し周波数 f_r〔Hz〕の逆数であるから

$$T = \frac{1}{f_r} = \frac{1}{50 \times 10^3} = 2 \times 10^{-5} = \underline{20}\text{〔}\mu\text{s〕} \text{ である。}$$

また、衝撃係数 D は、パルス幅 τ〔μs〕と T との比で定義されるから、$D = $

$\dfrac{\tau}{T} = \dfrac{4}{20} = \underline{0.20}$ である。

6

1　TE_{10} 波を④（H分岐）から入力すると、①と②（側分岐）に**同位相**で等分された TE_{10} 波が伝搬する。

7

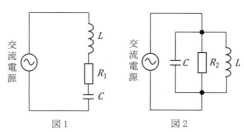

図1　　　　　　　　　　図2

R_1、R_2：抵抗〔Ω〕　L：インダクタンス〔H〕　C：静電容量〔F〕

誤った記述は **2** であり、正しくは以下のとおり。

2　図1の共振回路の Q（尖鋭度）は、$Q = \dfrac{1}{\omega_0 C R_1}$ である。

参考

設問図1の直列共振回路の尖鋭度 Q は、共振時の電流 $\dot{I}$〔A〕、R_1、L 及び C の両端の電圧をおのおの $\dot{V}_{R1}$〔V〕、$\dot{V}_L$〔V〕及び $\dot{V}_C$〔V〕として次のようになる。

$$Q = \frac{\left| \dot{V}_L \right|}{\left| \dot{V}_{R1} \right|} = \frac{\left| j\omega_0 L \dot{I} \right|}{\left| R_1 \dot{I} \right|} = \frac{\omega_0 L}{R_1}$$

また、$|\dot{V}_L| = |\dot{V}_C|$ であるから Q は次式でも表される。

$$Q = \frac{\left| \dot{V}_C \right|}{\left| \dot{V}_{R1} \right|} = \frac{\left| \dfrac{\dot{I}}{j\omega_0 C} \right|}{\left| R_1 \dot{I} \right|} = \frac{1}{\omega_0 C R_1}$$

設問図2の並列共振回路では、電源電圧 $\dot{V}$〔V〕、R_2、L 及び C に流れる電流をおのおの $\dot{I}_{R2}$〔A〕、$\dot{I}_L$〔A〕、$\dot{I}_C$〔A〕とすると次式が成り立つ。

$$\dot{I}_{R2} = \frac{\dot{V}}{R_2} \qquad\qquad \therefore \quad \dot{V} = R_2\,\dot{I}_{R2}$$

$$\dot{I}_L = \frac{\dot{V}}{j\omega_0 L} = \frac{R_2\,\dot{I}_{R2}}{j\omega_0 L} \qquad \therefore \quad Q = \frac{\left|\dot{I}_L\right|}{\left|\dot{I}_{R2}\right|} = \frac{R_2}{\omega_0 L}$$

$$\dot{I}_C = j\omega_0 C\dot{V} = j\omega_0 CR_2\,\dot{I}_{R2} \qquad \therefore \quad Q = \frac{\left|\dot{I}_C\right|}{\left|\dot{I}_{R2}\right|} = \omega_0 CR_2$$

したがって、$Q = \dfrac{R_2}{\omega_0 L} = \omega_0 CR_2$ であり、**4** は正しい記述である。

8

3　64QAM 方式は、16QAM 方式と比較すると、一般に両方式の平均電力が同じ場合、信号点間距離が**短く**なるので、原理的に伝送路におけるノイズやひずみによるシンボル誤りが起こり**やすく**なる。

9

グレイ符号では隣り合う符号は 1 ビット違いで割り当てられるため **4** が正しい。

10

同期検波方式の BPSK 波復調器では、信号波から ┌─ B ─┐ の搬送波再生回路において基準搬送波を再生し、┌─ A ─┐ の乗算器において両波の積を作り、低域フィルタ（LPF）を通して高周波成分を除去し、識別器を介して復調出力を得る。

12

64QAM 方式では 1 シンボル当たり $n = 6$〔bit〕の情報が伝送可能であり、題意から 1 サブキャリア当たりのシンボルレートを $t_s = 1$〔ms〕、サブキャリア数を $C_s = 1000$ 個とし、ガードインターバル、誤り訂正等がないことから最大情報伝送速度 D_m〔bps〕は次式により

$$D_m = \frac{nC_s}{t_s} = \frac{6 \times 1000}{1 \times 10^{-3}} = 6 \times 10^6 = \underline{6}\text{〔Mbps〕}$$

13

1　衛星中継器の回線（チャネル）を地球局に割り当てる方式のうち、「呼の発生のたびに回線（チャネル）を設定し、通信が終了すると解消する割り当て方式」を**デマンドアサイメント**という。

15

5　送信パルス幅を**広く**し、パルス繰り返し周波数を**低く**する。

17

　ダイポールアンテナの電力を P_0〔W〕、ダイポールアンテナによる電界強度を E_0〔mV/m〕、八木・宇田アンテナの電力を P〔W〕、八木・宇田アンテナによる電界強度を E〔mV/m〕とすると、指向性アンテナの相対利得 G（真数）は次式で示される。

$$G = \frac{E^2/P}{E_0{}^2/P_0} = \left(\frac{E}{E_0}\right)^2 \times \frac{P_0}{P} = \left(\frac{10 \times 10^{-3}}{5 \times 10^{-3}}\right)^2 \times \frac{3}{1.5} = 2^2 \times 2 = 2^3$$

$$10 \log_{10} G = 10 \log_{10} 2^3 = 30 \times 0.3 = \underline{9}\ \text{〔dB〕}$$

18

(1)　同軸ケーブルは、内部導体と外部導体の間にポリエチレンなどの<u>誘電体（絶縁体）</u>を挟む構造を持ち、伝送する電波が外部に漏れにくく外部からの誘導妨害を受けにくい。

(2)　不平衡形の同軸ケーブルにより平衡形の半波長ダイポールアンテナへ給電するためにはそれらの間に整合回路として<u>バラン</u>を挿入する必要がある。

23

　増幅器の入力電力 P_i〔dBm〕、出力電力 P_0〔dBm〕、減衰器の減衰量 L〔dB〕及び増幅器の電力増幅度 G〔dB〕の間には次式が成立する。

$$P_0\ \text{〔dBm〕} = P_i\ \text{〔dBm〕} - L\ \text{〔dB〕} + G\ \text{〔dB〕}$$

$$\therefore\ \ G\ \text{〔dB〕} = P_0\ \text{〔dBm〕} - P_i\ \text{〔dBm〕} + L\ \text{〔dB〕}$$

　上式に題意の数値を代入すると G は次のようになる。

$$G = 10 - 0 + 13 = 23\ \text{〔dB〕}$$

　したがって、電力増幅度（真数）は次のようになる。

$$G = 10^{23/10} = 10^{2.3} = 10^2 \times 10^{0.3} = 100 \times 2 = \underline{200}$$

24

　サーミスタの抵抗 R_s の値は、サーミスタに加わったマイクロ波電力及びブリッジの直流電流に応じて変化するが、ブリッジが平衡したときの R_s の値は常に $\underline{R_1 R_3 / R_2}$〔Ω〕である。

　したがって、マイクロ波入力のない状態においてブリッジの平衡がとれたときのサーミスタに流れる電流を I_1〔A〕、マイクロ波電力を加えた状態でブリッジの平衡がとれたときのサーミスタに流れる電流を I_2〔A〕とすると、サーミスタに吸収されたマイクロ波電力は $\underline{(I_1{}^2 - I_2{}^2) R_1 R_3 / R_2}$〔W〕で求められる。

無線工学 令和４年６月施行（午後の部）

1 次の記述は、対地静止衛星を利用する通信について述べたものである。このうち正しいものを下の番号から選べ。

1 ２個の通信衛星を赤道上空に等間隔に配置することにより、極地域を除く地球の大部分の地域を常時カバーする通信網が構成できる。

2 赤道上空約 36,000〔km〕の円軌道に打ち上げられた静止衛星は、地球の自転と同期して周回しているが、その周期は約24時間である。

3 静止衛星から地表に到来する電波は極めて微弱であるため、静止衛星による衛星通信は、夏至と冬至のころに、地球局の受信アンテナの主ビームの見通し線上から到来する太陽雑音の影響を受ける。

4 電波が、地球上から通信衛星を経由して再び地球上に戻ってくるのに要する時間は、約0.1秒である。

5 衛星通信に 10〔GHz〕以上の電波を使用する場合は、大気圏の降雨による減衰が少ないので、信号の劣化も少ない。

2 標本化定理において、音声信号を標本化するとき、忠実に再現することが原理的に可能な音声信号の最高周波数として、正しいものを下の番号から選べ。ただし、標本化周波数を 16〔kHz〕とする。

1 2〔kHz〕　　2 4〔kHz〕　　3 8〔kHz〕　　4 16〔kHz〕　　5 32〔kHz〕

3 図に示す抵抗 R_1、R_2、R_3 及び R_4 の回路において、R_1 の両端の電圧が80〔V〕であるとき、R_4 を流れる電流 I_4 の値として、正しいものを下の番号から選べ。

1 6.0〔A〕

2 5.4〔A〕

3 4.8〔A〕

4 3.2〔A〕

5 2.4〔A〕

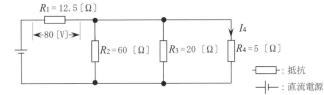

4 図に示すように、パルスの幅が 4〔μs〕、間隔が 16〔μs〕のとき、パルスの繰返し周波数 f 及び衝撃係数（デューティファクタ）D の値の組合せとして、正しいものを下の番号から選べ。

	f	D
1	40〔kHz〕	0.25
2	40〔kHz〕	0.20
3	50〔kHz〕	0.25
4	50〔kHz〕	0.20
5	100〔kHz〕	0.25

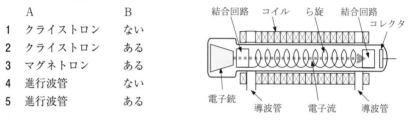

5 次の記述は、図に示す原理的な構造の電子管について述べたものである。□□□内に入れるべき字句の正しい組合せを下の番号から選べ。

(1) 名称は、□A□である。

(2) 高周波電界と電子流との相互作用によりマイクロ波の増幅を行う。また、空洞共振器が□B□ので、広帯域の信号の増幅が可能である。

	A	B
1	クライストロン	ない
2	クライストロン	ある
3	マグネトロン	ある
4	進行波管	ない
5	進行波管	ある

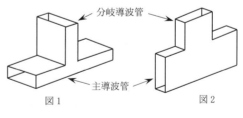

6 次の記述は、図に示すT形分岐回路について述べたものである。このうち誤っているものを下の番号から選べ。ただし、電磁波はTE$_{10}$モードとする。

1 図1に示すT形分岐回路は、E面分岐又は直列分岐ともいう。

2 図1において、TE$_{10}$波が分岐導波管から入力されると、主導波管の左右に等しい大きさで伝送される。

3 図2に示すT形分岐回路は、H面分岐又は並列分岐ともいう。

4 図2において、TE$_{10}$波が分岐導波管から入力されると、主導波管の左右の出力は逆位相となる。

図1　　　　図2

7 次の記述は、図1及び図2に示す共振回路について述べたものである。このうち誤っているものを下の番号から選べ。ただし、ω_0〔rad/s〕は共振角周波数とする。

1 図1の共振角周波数 ω_0 は、$\omega_0 = \dfrac{1}{\sqrt{LC}}$ である。

2 図1の共振回路の Q（尖鋭度）は、$Q = \omega_0 L R_1$ である。

3 図2の共振時の回路の合成インピーダンスは、R_2 である。

4 図2の共振回路の Q（尖鋭度）は、$Q = \omega_0 C R_2$ である。

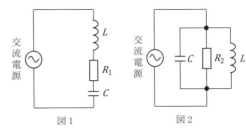

図1　図2

R_1、R_2：抵抗〔Ω〕　L：インダクタンス〔H〕　C：静電容量〔F〕

---

8 次の記述は、デジタル変調のうち直交振幅変調（QAM）方式について述べたものである。このうち誤っているものを下の番号から選べ。ただし、信号空間ダイアグラム上の信号点が変動して、受信側において隣接する信号点と誤って判断する現象をシンボル誤りとし、信号空間ダイアグラムにおける信号点の間の距離のうち、最も短いものを信号点間距離とする。

1 256QAM 方式は、64QAM 方式と比較すると、同程度の占有周波数帯幅で同一時間内に4倍の情報量を伝送できる。

2 QAM 方式は、搬送波の振幅と位相の二つのパラメータを用いて、伝送する方式である。

3 64QAM 方式は、64個の信号点を持つ QAM 方式である。

4 64QAM 方式は、16QAM 方式と比較すると、一般に両方式の平均電力が同じ場合、信号点間距離が短くなるので、原理的に伝送路等におけるノイズやひずみによるシンボル誤りが起こりやすくなる。

---

9 グレイ符号（グレイコード）による 8PSK の信号空間ダイアグラム（信号点配置図）として、正しいものを下の番号から選べ。ただし、I 軸は同相軸、Q 軸は直交軸を表す。

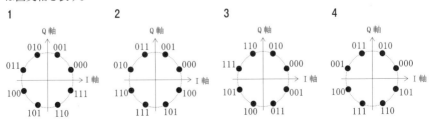

10 図は、2相PSK（BPSK）信号に対して遅延検波を適用した復調器の原理的構成例である。□□内に入れるべき字句の正しい組合せを下の番号から選べ。

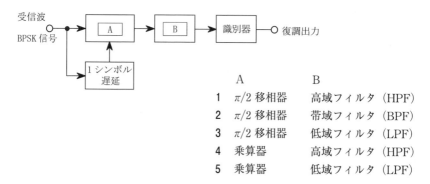

	A	B
1	π/2 移相器	高域フィルタ（HPF）
2	π/2 移相器	帯域フィルタ（BPF）
3	π/2 移相器	低域フィルタ（LPF）
4	乗算器	高域フィルタ（HPF）
5	乗算器	低域フィルタ（LPF）

11 次の記述は、デジタル無線回線における伝送特性の補償について述べたものである。□□内に入れるべき字句の正しい組合せを下の番号から選べ。

(1) 周波数選択性フェージングなどによる伝送特性の劣化は、受信信号のビット誤り率が□A□なる原因となる。

(2) このため、伝送中に生じる受信信号の振幅や位相のひずみをその変化に応じて補償する回路（装置）が用いられる。この回路は、周波数領域で補償する回路と時間領域で補償する回路に大別される。この回路は、一般的に□B□と呼ばれる。

	A	B
1	小さく	等化器
2	小さく	分波器
3	小さく	圧縮器
4	大きく	分波器
5	大きく	等化器

12 直交周波数分割多重（OFDM）伝送方式において原理的に伝送可能な情報の伝送速度（ビットレート）の最大値として、最も近いものを下の番号から選べ。ただし、情報を伝送するサブキャリアの変調方式を64QAM、サブキャリアの個数を40個及びシンボル期間長を5〔μs〕とする。また、ガードインターバル、情報の誤り訂正などの冗長な信号は付加されていないものとする。

1　16〔Mbps〕　　2　24〔Mbps〕　　3　48〔Mbps〕

4　128〔Mbps〕　　5　512〔Mbps〕

13 衛星通信において、衛星中継器の回線（チャネル）を地球局に割り当てる方式のうち、「呼の発生のたびに回線（チャネル）を設定し、通信が終了すると解消する割り当て方式」の名称として、正しいものを下の番号から選べ。

答　　10：5　　11：5　　12：3

1　FDMA　　　　　2　TDMA　　　　　3　SCPC
4　プリアサイメント　　5　デマンドアサイメント

14　次の記述は、マイクロ波（SHF）多重無線回線の中継方式について述べたものである。□内に入れるべき字句の正しい組合せを下の番号から選べ。

(1)　受信したマイクロ波を中間周波数などに変換しないで、マイクロ波のまま所定の送信電力レベルに増幅して送信する方式を　A　中継方式という。この方式は、中継装置の構成が　B　である。

(2)　受信したマイクロ波を復調し、信号の等化増幅及び同期の取直し等を行った後、変調して再びマイクロ波で送信する方式を　C　中継方式という。

	A	B	C
1	直接	簡単	再生
2	直接	複雑	非再生（ヘテロダイン）
3	無給電	複雑	非再生（ヘテロダイン）
4	無給電	簡単	再生

15　次の記述は、パルスレーダーの方位分解能を向上させる一般的な方法について述べたものである。このうち正しいものを下の番号から選べ。

1　アンテナの水平面内のビーム幅を狭くする。
2　パルス繰返し周波数を低くする。
3　送信パルス幅を広くする。
4　送信電力を大きくする。
5　アンテナの海抜高又は地上高を低くする。

16　次の記述は、ドップラー効果を利用したレーダーについて述べたものである。□内に入れるべき字句の正しい組合せを下の番号から選べ。なお、同じ記号の□内には、同じ字句が入るものとする。

(1)　アンテナから発射された電波が移動している物体で反射されるとき、反射された電波の　A　はドップラー効果により偏移する。移動している物体が、電波の発射源から遠ざかっているときは、移動している物体から反射された電波の　A　は、発射された電波の　A　より　B　なる。

(2)　この効果を利用したレーダーは、　C　、竜巻や乱気流の発見や観測などに利用される。

	A	B	C
1	周波数	低く	移動物体の速度測定
2	周波数	高く	移動物体の速度測定
3	周波数	高く	海底の地形の測量
4	振幅	低く	海底の地形の測量
5	振幅	高く	移動物体の速度測定

答　13：5　14：1　15：1　16：1

17 半波長ダイポールアンテナに対する相対利得が 9〔dB〕の八木・宇田アンテナ（八木アンテナ）から送信した最大放射方向にある受信点の電界強度は、同じ送信点から半波長ダイポールアンテナに 2〔W〕の電力を供給し送信したときの、最大放射方向にある同じ受信点の電界強度と同じであった。このときの八木・宇田アンテナ（八木アンテナ）の供給電力の値として、最も近いものを下の番号から選べ。ただし、アンテナの損失はないものとする。また、$\log_{10} 2 = 0.3$ とする。

1　0.1〔W〕　　2　0.125〔W〕　　3　0.25〔W〕　　4　0.5〔W〕　　5　1.0〔W〕

18 次の記述は、同軸ケーブルについて述べたものである。　　内に入れるべき字句の正しい組合せを下の番号から選べ。

(1) 同軸ケーブルは、一本の内部導体のまわりに同心円状に外部導体を配置し、両導体間に誘電体を詰めた不平衡形の給電線であり、伝送する電波が外部へ漏れ　A　、外部からの誘導妨害を受け　B　。

(2) 不平衡の同軸ケーブルと半波長ダイポールアンテナを接続するときは、平衡給電を行うため　C　を用いる。

	A	B	C
1	やすく	やすい	バラン
2	にくく	にくい	スタブ
3	やすく	やすい	スタブ
4	にくく	にくい	バラン

19 次の記述は、図に示すカセグレンアンテナについて述べたものである。　　内に入れるべき字句の正しい組合せを下の番号から選べ。

(1) 回転放物面の主反射鏡、　A　の副反射鏡及び一次放射器で構成されている。副反射鏡の二つの焦点のうち、一方は主反射鏡の焦点と、他方は一次放射器の励振点と一致している。

(2) 送信における　B　反射鏡は、球面波から平面波への変換器として動作する。

(3) 主放射方向と反対側のサイドローブが少なく、かつ小さいので、衛星通信用地球局のアンテナのように上空に向けて用いる場合、　C　からの熱雑音の影響を受けにくい。

	A	B	C
1	回転楕円面	主	大地
2	回転楕円面	副	自由空間
3	回転楕円面	副	大地
4	回転双曲面	副	自由空間
5	回転双曲面	主	大地

電波
主反射鏡
副反射鏡
一次放射器

20　次の記述は、マイクロ波回線の設定の際に考慮される第1フレネルゾーンについて述べたものである。　　内に入れるべき字句の正しい組合せを下の番号から選べ。ただし、使用する電波の波長をλとする。

(1)　図に示すように、送信点Tと受信点Rを焦点とし、TPとPRの距離の和が、焦点間の最短の距離TRよりも　A　だけ長い点Pの軌跡を描くと、直線TRを軸とする回転楕円体となり、この楕円体の内側の範囲を第1フレネルゾーンという。

(2)　一般的には、　B　に近い良好な伝搬路を保つため、回線途中にある山や建物などの障害物が第1フレネルゾーンに入らないようにクリアランスを設ける必要がある。

	A	B
1	$\lambda/2$	散乱波伝搬
2	$\lambda/2$	自由空間
3	$\lambda/4$	散乱波伝搬
4	$\lambda/4$	自由空間

第1フレネルゾーン
回転楕円体
送信点　P　受信点
T　R
見通し線
障害物

21　大気中において、等価地球半径係数Kを$K=1$としたときの、球面大地での見通し距離dを求める式として、正しいものを下の番号から選べ。ただし、h_1〔m〕及びh_2〔m〕は、それぞれ送信及び受信アンテナの地上高とする。

1　$d \fallingdotseq 3.57(h_1^2+h_2^2)$　〔km〕

2　$d \fallingdotseq 4.12(h_1^2+h_2^2)$　〔km〕

3　$d \fallingdotseq 3.57(\sqrt{h_1}+\sqrt{h_2})$　〔km〕

4　$d \fallingdotseq 4.12(\sqrt{h_1}+\sqrt{h_2})$　〔km〕

22　次の記述は、図に示す図記号のサイリスタについて述べたものである。このうち誤っているものを下の番号から選べ。

1　P形半導体とN形半導体を用いたPNPN構造である。

2　アノード、カソード及びゲートの三つの電極がある。

図記号

3　導通（ON）及び非導通（OFF）の二つの安定状態をもつ素子である。

4　カソード電流でアノード電流を制御する増幅素子である。

23 図に示す増幅器の利得の測定回路において、切換えスイッチSを①に接続して、レベル計の指示が 0〔dBm〕となるように信号発生器の出力を調整した。次に減衰器の減衰量を13〔dB〕として、切換えスイッチSを②に接続したところ、レベル計の指示が14〔dBm〕となった。このとき被測定増幅器の電力増幅度の値（真数）として、最も近いものを下の番号から選べ。ただし、信号発生器、減衰器、被測定増幅器及び負荷抵抗は整合されており、レベル計の入力インピーダンスによる影響はないものとする。ま

た、1〔mW〕を 0〔dBm〕、
$\log_{10} 2 = 0.3$ とする。

1 　1,000	2 　500
3 　400	4 　250
5 　100	

信　号 発生器	→	減衰器	→	被測定 増幅器	→	負荷抵抗

①　　②
○S
レベル計

24 次の記述は、図に示すボロメータ形電力計を用いたマイクロ波電力の測定方法の原理について述べたものである。　　　内に入れるべき字句の正しい組合せを下の番号から選べ。

(1) 直流ブリッジ回路の一辺を構成しているサーミスタ抵抗 R_S の値は、サーミスタに加わったマイクロ波電力及びブリッジの直流電流に応じて変化する。

(2) マイクロ波入力のない状態において、可変抵抗 R を加減してブリッジの平衡をとり、サーミスタに流れる電流 I_1〔A〕を電流計 A で読み取る。このときのサーミスタで消費される電力は　A　〔W〕で表される。

(3) 次に、サーミスタにマイクロ波電力を加えると、サーミスタの発熱により R_S が変化し、ブリッジの平衡が崩れるので、再び R を調整してブリッジの平衡をとる。このときのサーミスタに流れる電流 I_2〔A〕を電流計 A で読み取れば、サーミスタに吸収されたマイクロ波電力は　B　〔W〕で求められる。

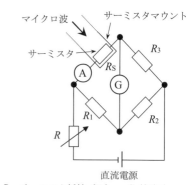

R_S：サーミスタ抵抗〔Ω〕、G：検流計
R_1、R_2、R_3：抵抗〔Ω〕、R：可変抵抗〔Ω〕

	A	B
1	$I_1{}^2 R_2 R_3 / R_1$	$(I_1 + I_2) R_2 R_3 / R_1$
2	$I_1{}^2 R_1 R_2 / R_3$	$(I_1{}^2 + I_2{}^2) R_1 R_2 / R_3$
3	$I_1{}^2 R_1 R_2 / R_3$	$(I_1{}^2 - I_2{}^2) R_1 R_2 / R_3$
4	$I_1{}^2 R_1 R_3 / R_2$	$(I_1 - I_2) R_1 R_3 / R_2$
5	$I_1{}^2 R_1 R_3 / R_2$	$(I_1{}^2 - I_2{}^2) R_1 R_3 / R_2$

解答の指針（4年6月午後）

1

令和 4 年 6 月午前の部〔1〕参照

2

標本化定理より、音声信号を忠実に再現するには、標本化周波数をその音声信号の最高周波数の 2 倍以上にすればよいとされている。題意より標本化周波数は 16 〔kHz〕であるから、その音声信号の最高周波数は <u>8</u> 〔kHz〕である。

3

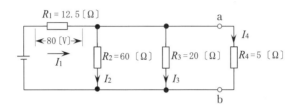

R_1 を流れる電流を I_1、R_2 を流れる電流を I_2、R_3 を流れる電流を I_3 とすると次式が成り立つ。

$$I_1 = I_2 + I_3 + I_4$$

$$I_1 = \frac{80}{12.5} = 6.4 \ [\text{A}]$$

ここで R は、$R_2 R_3 R_4$ の合成抵抗となり、$\dfrac{1}{R} = \dfrac{1}{R_2} + \dfrac{1}{R_3} + \dfrac{1}{R_4}$

代入すると $\dfrac{1}{R} = \dfrac{1}{60} + \dfrac{1}{20} + \dfrac{1}{5} = \dfrac{16}{60}$

合成抵抗 $R = 3.75 \ [\Omega]$ となる。

R_2 の両端の電圧 $V_{ab} = I_1 \times R = 6.4 \times 3.75 = 24 \ [\text{V}]$

したがって $I_4 = \dfrac{V_{ab}}{R_4} = \dfrac{24}{5} = \underline{4.8} \ [\text{A}]$

4

パルス繰り返し周波数 f は、繰り返し周期 T の逆数であり、題意から $T = 4 + 16 = 20 \ [\mu s]$ であるから、$f = 1/T = 1/(20 \times 10^{-6}) = \underline{50} \ [\text{kHz}]$ である。

また、衝撃係数 D は、パルス幅 $\tau \ [\mu s]$ と T との比で定義されるから $D = \tau / T = 4/20 = \underline{0.20}$ である。

4　図2において、TE$_{10}$波が分岐導波管から入力されると、主導波管の左右の出力は**同位相**となる。

誤った記述は2であり、正しくは以下のとおり

2　図1の共振回路のQ（尖鋭度）は、$Q = \dfrac{\omega_0 L}{R_1}$である。

参考

設問図1の直列共振回路の尖鋭度Qは、共振時の電流$\dot{I}$〔A〕、R_1、L及びCの両端の電圧をおのおの$\dot{V}_{R1}$〔V〕、$\dot{V}_L$〔V〕及び$\dot{V}_C$〔V〕として次のようになる。

$$Q = \frac{\left|\dot{V}_L\right|}{\left|\dot{V}_{R1}\right|} = \frac{\left|j\omega_0 L\dot{I}\right|}{\left|R_1 \dot{I}\right|} = \frac{\omega_0 L}{R_1} \quad \text{である。}$$

また、$\left|\dot{V}_L\right| = \left|\dot{V}_C\right|$であるから$Q$は次式でも表される。

$$Q = \frac{\left|\dot{V}_C\right|}{\left|\dot{V}_{R1}\right|} = \frac{\left|\dot{I}/j\omega_0 C\right|}{\left|R_1 \dot{I}\right|} = \frac{1}{\omega_0 C R_1}$$

設問図2の並列共振回路の電源電圧を$\dot{V}$〔V〕、抵抗R_2に流れる電流を$\dot{I}_{R2}$〔A〕、Lに流れる電流を$\dot{I}_L$〔A〕、Cに流れる電流を$\dot{I}_C$〔A〕とすると尖鋭度Qは次のようになる。

$$\dot{I}_{R2} = \frac{\dot{V}}{R_2} \qquad\qquad \therefore \quad \dot{V} = R_2 \dot{I}_{R2}$$

$$\dot{I}_L = \frac{R_2 \dot{I}_{R2}}{j\omega_0 L} \qquad\qquad \therefore \quad Q = \frac{\left|\dot{I}_L\right|}{\left|\dot{I}_{R2}\right|} = \frac{R_2 I_{R2}/j\omega_0 L}{I_{R2}} = \frac{R_2}{\omega_0 L}$$

$$\dot{I}_C = j\omega_0 C\dot{V} = j\omega_0 C R_2 \dot{I}_{R2} \quad \therefore \quad Q = \frac{\left|\dot{I}_C\right|}{\left|\dot{I}_{R2}\right|} = \omega_0 C R_2$$

したがって、$Q = \dfrac{R_2}{\omega_0 L} = \omega_0 C R_2$であり、4は正しい記述である。

1　256QAM方式は、64QAM方式と比較すると、同程度の占有周波数帯幅で同一時間内に2倍の情報量を伝送できる。

グレー符号は、信号点配置図において隣接した前後のビットが1ビットしか変化しないコードであるから2である。

10

　遅延検波方式の復調器では、2相PSK波を1シンボル遅延回路において1シンボル分遅延させて基準搬送波とし、　A　の乗算器にて受信波の積を作り、　B　の低域フィルタ（LPF）を通して高周波成分を除去し識別器を介して復調出力を得る。この方式は同期検波方式より回路が簡単であるが、誤り率が高い。

12

　64QAM方式では1シンボル当たり $n=6$〔bps〕の情報が伝送可能であり、題意からサブキャリアの個数 $C_s=40$、1サブキャリア当たりのシンボルレートを $t_s=5$〔μs〕とするとガードインターバル、誤り訂正符号等が無いことから、最大情報伝送速度 D_m〔bps〕は次式により

$$D_m = \frac{nC_s}{t_s} = \frac{6\times40}{5\times10^{-6}} = 48\times10^6 = \underline{48}\ \text{〔Mbps〕}$$

13

　衛星中継器の回線（チャネル）を地球局に割り当てる方式のうち、「呼の発生のたびに回線（チャネル）を設定し、通信が終了すると解消する割り当て方式」をデマンドアサイメントという。

15

1　が方位分解能向上に一般的な方法であり、他項目の操作の効果は以下のとおり。
2　パルス繰り返し周波数を低くする。→距離測定の範囲を広げることができる。
3　送信パルス幅を広くする。→最大探知距離が大きくなるが最小探知距離も大きくなる。
4　送信電力を大きくする。→最大探知距離が大きくなる。
5　アンテナの海抜高又は地上高を低くする。→死角の範囲が狭くなり最大探知距離が小さくなる。

17

　半波長ダイポールアンテナの電力を P_0〔W〕、八木・宇田アンテナの電力を P〔W〕とすると、指向性アンテナの相対利得 G〔dB〕は次式で示される。

$$G = 10\log_{10}\frac{P_0}{P}\ \text{〔dB〕}$$

　G（真数）を用いて書き直すと P は

$$P = P_0/G\ \text{（真数）} \qquad\qquad \cdots\text{①}$$

　題意から指向性アンテナの相対利得 G〔dB〕は以下のとおりである。

$$10\log_{10}G = 9\ \text{〔dB〕}$$

$G = 9$〔dB〕を真数で表すと、$10^{9/10} = 10^{0.9} = 10^{0.3 \times 3} = 2^3 = 8$

∴　G（真数）$= 8$　　　　　　　　　　　　　　　　　…②

式②を式①に代入して P〔W〕を求めると次のようになる。

$P = P_0 / G$（真数）$= 2/8 = \underline{0.25}$〔W〕

18

令和 4 年 6 月午前の部〔18〕参照

22

4　ゲート電流でアノード電流を制御する**半導体スイッチング**素子である。

23

増幅器への入力電力 P_i〔dBm〕、出力電力 P_0〔dBm〕、減衰器の減衰量 L〔dB〕及び増幅器の電力増幅度 G〔dB〕の間には次式が成立する。

P_0〔dBm〕$= P_i$〔dBm〕$- L$〔dB〕$+ G$〔dB〕

∴　G〔dB〕$= P_0$〔dBm〕$- P_i$〔dBm〕$+ L$〔dB〕

上式に題意の数値を代入すると G は次のようになる。

$G = 14 - 0 + 13 = 27$〔dB〕

したがって電力増幅度（真数）は次のようになる。

$10 \log_{10} G = 27$

$G = 10^{27/10} = 10^{2.7} = 10^{3-0.3} = 1000/2 = \underline{500}$

24

令和 4 年 6 月午前の部〔24〕参照

無線工学　令和4年10月施行（午前の部）

1 次の記述は、対地静止衛星を利用する通信について述べたものである。このうち正しいものを下の番号から選べ。

1 衛星の電源には太陽電池が用いられるため、年間を通じて電源が断となることがないので、蓄電池等は搭載する必要がない。

2 衛星通信に10〔GHz〕以上の電波が用いられる場合は、大気圏の降雨による減衰が少ないので、信号の劣化も少ない。

3 VSAT制御地球局には小型のオフセットパラボラアンテナを、VSAT地球局には大口径のカセグレンアンテナを用いることが多い。

4 電波が、地球上から通信衛星を経由して再び地球上に戻ってくるのに約0.1秒を要する。

5 3個の通信衛星を赤道上空に等間隔に配置することにより、極地域を除く地球上のほとんどの地域をカバーする通信網が構成できる。

2 次の記述は、マイクロ波（SHF）帯の電波による通信の一般的な特徴等について述べたものである。このうち正しいものを下の番号から選べ。

1 アンテナの指向性を鋭くできるので、他の無線回線との混信を避けることが比較的容易である。

2 超短波（VHF）帯の電波に比較して、地形、建造物及び降雨の影響が少ない。

3 自然雑音及び人工雑音の影響が大きく、良好な信号対雑音比（S/N）の通信回線を構成することができない。

4 周波数が高くなるほど降雨による減衰が小さくなり、大容量の通信回線を安定に維持することが容易になる。

3 図に示す回路において、6〔Ω〕の抵抗に流れる電流の値として、最も近いものを下の番号から選べ。

1 1.5〔A〕
2 2.0〔A〕
3 3.0〔A〕
4 4.5〔A〕
5 6.0〔A〕

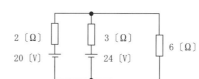

答　　1：5　　2：1　　3：3

4　図に示す並列共振回路において、交流電源から流れる電流 I 及び X_C に流れる電流 I_{XC} の大きさの値の組合せとして、正しいものを下の番号から選べ。ただし、回路は、共振状態にあるものとする。

	I	I_{XC}
1	0.8〔A〕	5.0〔A〕
2	0.8〔A〕	2.5〔A〕
3	0.4〔A〕	2.5〔A〕
4	0.4〔A〕	5.0〔A〕

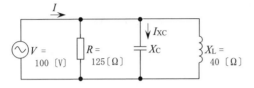

V ：交流電源電圧
R ：抵抗
X_C ：容量リアクタンス
X_L ：誘導リアクタンス

5　次の記述は、半導体素子の一般的な働き、用途などについて述べたものである。このうち誤っているものを下の番号から選べ。

1　ツェナーダイオードは、順方向電圧を加えたときの定電圧特性を利用する素子として用いられる。

2　バラクタダイオードは、逆方向バイアスを与え、このバイアス電圧を変化させると、等価的に可変静電容量として動作する特性を利用する素子として用いられる。

3　ホトダイオードは、光を電気信号に変換する素子として用いられる。

4　発光ダイオード（LED）は、順方向電流が流れたときに発光する性質を利用する素子として用いられる。

5　トンネルダイオードは、その順方向の電圧－電流特性にトンネル効果による負性抵抗特性を持っており、応答特性が速いことを利用して、マイクロ波からミリ波帯の発振に用いることができる。

6　次の記述は、図に示す導波管サーキュレータについて述べたものである。 内に入れるべき字句の正しい組合せを下の番号から選べ。なお、同じ記号の 内には、同じ字句が入るものとする。

(1)　Y 接合した方形導波管の接合部の中心に円柱状の A を置き、この円柱の軸方向に適当な大きさの B を加えた構造である。

(2)　TE$_{10}$ モードの電磁波をポート①へ入力するとポート②へ、ポート②へ入力するとポート③へ、ポート③へ入力するとポート①へそれぞれ出力し、それぞれ他のポートへの出力は極めて小さいので、各ポート間に C がない。

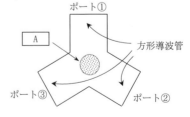

ポート①
A
方形導波管
ポート③
ポート②

	A	B	C
1	セラミックス	静電界	可逆性
2	セラミックス	静磁界	トレーサビリティ
3	フェライト	静電界	トレーサビリティ
4	フェライト	静磁界	可逆性

7 図に示す T 形抵抗減衰器の減衰量 L の値として、最も近いものを下の番号から選べ。ただし、減衰量 L は、減衰器の入力電力を P_1、入力電圧を V_1、出力電力を P_2、出力電圧を V_2 とすると、次式で表されるものとする。また、$\log_{10} 2$ の値は0.3とする。

$$L = 10 \log_{10}(P_1 / P_2) = 10 \log_{10}\{(V_1^2/R_L)/(V_2^2/R_L)\} \ \text{〔dB〕}$$

1 　3 〔dB〕

2 　6 〔dB〕

3 　9 〔dB〕

4 　14 〔dB〕

5 　20 〔dB〕

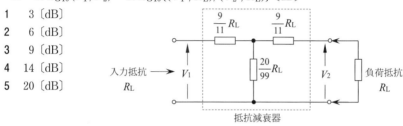

8 次の記述は、直接スペクトル拡散方式を用いた符号分割多元接続（CDMA）について述べたものである。このうち誤っているものを下の番号から選べ。

1 拡散後の信号（チャネル）の周波数帯域幅は、拡散前の信号の周波数帯域幅よりはるかに広い。

2 同一周波数帯域幅内に複数の信号（チャネル）は混在できない。

3 傍受されにくく秘話性が高い。

4 遠近問題の解決策として、送信電力制御という方法がある。

9 次の記述は、BPSK 等のデジタル変調方式におけるシンボルレートとビットレートとの原理的な関係について述べたものである。□□□内に入れるべき字句の正しい組合せを下の番号から選べ。ただし、シンボルレートは、1秒間に伝送するシンボル数（単位は〔sps〕）を表す。

(1) BPSK（2PSK）では、シンボルレートが10.0〔Msps〕のとき、ビットレートは、□ A □〔Mbps〕である。

(2) 16QAM では、ビットレートが32.0〔Mbps〕のとき、シンボルレートは、□ B □〔Msps〕である。

	A	B
1	5.0	8.0
2	5.0	2.0
3	2.5	4.0
4	10.0	4.0
5	10.0	8.0

答　　6：4　　7：5　　8：2　　9：5

10 受信機の内部で発生した雑音を入力端に換算した等価雑音温度 T_e 〔K〕は、雑音指数を F (真数)、周囲温度を T_0 〔K〕とすると、$T_e = T_0(F-1)$ 〔K〕で表すことができる。このとき雑音指数を 7 〔dB〕、周囲温度を 17 〔℃〕とすると、T_e の値として、最も近いものを下の番号から選べ。ただし、$\log_{10} 2$ の値は 0.3 とする。

1　　580〔K〕　　2　　870〔K〕　　3　　1,160〔K〕

4　　1,450〔K〕　　5　　2,030〔K〕

11 次の記述は、図に示す BPSK (2PSK) 信号の復調回路の構成例について述べたものである。□□□ 内に入れるべき字句の正しい組合せを下の番号から選べ。

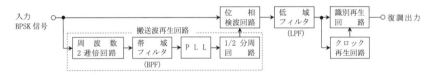

(1)　この復調回路は、□A□ 検波方式を用いている。

(2)　位相検波回路で入力の BPSK 信号と搬送波再生回路で再生した搬送波との掛け算を行い、低域フィルタ (LPF)、識別再生回路及びクロック再生回路によってデジタル信号を復調する。

(3)　搬送波再生回路は、周波数 2 逓倍回路、帯域フィルタ (BPF)、位相同期ループ (PLL) 及び 1/2 分周回路で構成されており、入力の BPSK 信号の位相がデジタル信号に応じて π 〔rad〕変化したとき、搬送波再生回路の帯域フィルタ (BPF) の出力の位相は、□B□。

	A	B
1	同期	変わらない
2	同期	π 〔rad〕変化する
3	遅延	変わらない
4	遅延	$\pi/2$ 〔rad〕変化する
5	遅延	π 〔rad〕変化する

12 次の記述は、ダイバーシティ方式について述べたものである。このうち誤っているものを下の番号から選べ。

1　十分に遠く離した二つ以上の伝送路を設定し、これを切り替えて使用する方法は、ルートダイバーシティ方式といわれる。

2　周波数によりフェージングの影響が異なることを利用して、二つの異なる周波数を用いるダイバーシティ方式は、偏波ダイバーシティ方式といわれる。

3　2基以上の受信アンテナを空間的に離れた位置に設置して、それらの受信信号を切り替えるか又は合成するダイバーシティ方式は、スペースダイバーシティ方式といわれる。

4　ダイバーシティ方式を用いることにより、フェージングの影響を軽減することができる。

13　次の記述は、一般的なマイクロ波多重回線の中継方式について述べたものである。 内に入れるべき字句の正しい組合せを下の番号から選べ。

(1)　直接中継方式は、受信波を A 送信する方式である。

(2)　再生中継方式は、復調した信号から元の符号パルスを再生した後、再度変調して送信するため、波形ひずみ等が累積 B 。

	A	B
1	中間周波数に変換して	されない
2	中間周波数に変換して	される
3	マイクロ波のまま増幅して	される
4	マイクロ波のまま増幅して	されない

14　次の記述は、地上系のマイクロ波（SHF）多重通信において生ずることのある干渉について述べたものである。 内に入れるべき字句の正しい組合せを下の番号から選べ。

(1)　無線中継所などにおいて、正規の伝搬経路以外から、目的の周波数又はその近傍の周波数の電波が受信されるために干渉を生ずることがある。干渉は、 A を劣化させる要因の一つになる。

(2)　中継所のアンテナどうしのフロントバックやフロントサイド結合などによる干渉を軽減するため、指向特性の B 以外の角度で放射レベルが十分小さくなるようなアンテナを用いる。

(3)　ラジオダクトの発生により、通常は影響を受けない見通し距離外の中継局から C による干渉を生ずることがある。

	A	B	C
1	回線品質	主ビーム	オーバーリーチ
2	回線品質	サイドローブ	ナイフエッジ
3	拡散率	主ビーム	ナイフエッジ
4	拡散率	主ビーム	オーバーリーチ
5	拡散率	サイドローブ	ナイフエッジ

答　12：2　13：4　14：1

15　次の記述は、パルスレーダーの性能について述べたものである。このうち
誤っているものを下の番号から選べ。

1　最小探知距離は、主としてパルス幅に比例し、パルス幅を τ〔μs〕とすれば、
約 150τ〔m〕である。

2　方位分解能は、アンテナの水平面内のビーム幅でほぼ決まり、ビーム幅が狭い
ほど良くなる。

3　距離分解能は、同一方位にある二つの物標を識別できる能力を表し、パルス幅
が広いほど良くなる。

4　最大探知距離は、送信電力を大きくし、受信機の感度を良くすると大きくなる。

5　最大探知距離は、アンテナ利得を大きくし、アンテナの高さを高くすると大き
くなる。

16　次の記述は、気象観測用レーダーについて述べたものである。このうち誤っ
ているものを下の番号から選べ。

1　航空管制用や船舶用レーダーは、航空機や船舶などの位置の測定に重点が置か
れているのに対し、気象観測用レーダーは、気象目標から反射される電波の受信
電力強度の測定にも重点が置かれる。

2　反射波の受信電力強度から降水強度を求めるためには、理論式のほかに事前の
現場観測データによる補正が必要である。

3　気象観測に不必要な山岳や建築物からの反射波のほとんどは、その強度が変動
しないことを利用して除去することができる。

4　表示方式には、RHI 方式が適しており、PPI 方式は用いられない。

17　絶対利得が 13〔dB〕のアンテナを半波長ダイポールアンテナに対する相対
利得で表したときの値として、最も近いものを下の番号から選べ。ただし、アンテ
ナの損失はないものとする。

1　9.21〔dB〕　　2　10.85〔dB〕　　3　11.96〔dB〕

4　14.04〔dB〕　　5　15.15〔dB〕

18　次の記述は、図に示す八木・宇田アンテナ（八木アンテナ）について述べた
ものである。このうち誤っているものを下の番号から選べ。

1　放射器の長さ a は、ほぼ1/2波長である。

2　放射器と反射器の間隔 l を1/4波長程度にして用いる。

3　導波器の数を増やすことによって、より利得を高くすることができる。

4　反射器は、放射器より少し長く、容量性のインピーダンスとして働く。

答　　15：3　　16：4　　17：2

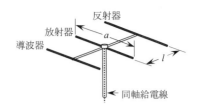

5　最大放射方向は、放射器から見て導波
器の方向に得られる。

19　次の記述は、VHF及びUHF帯で用いられる各種のアンテナについて述べ
たものである。このうち誤っているものを下の番号から選べ。

1　コーナレフレクタアンテナは、サイドローブが比較的少なく、前後比の値を大
きくできる。

2　コーリニアアレイアンテナは、スリーブアンテナに比べ、利得が大きい。

3　2線式折返し半波長ダイポールアンテナの入力インピーダンスは、半波長ダイ
ポールアンテナの入力インピーダンスの約2倍である。

4　八木・宇田アンテナ（八木アンテナ）は、一般に導波器の数を多くするほど指
向性は鋭くなる。

5　ブラウンアンテナは、水平面内指向性が全方向性である。

20　次の記述は、自由空間における電波伝搬について述べたものである。 [ ]
内に入れるべき字句の正しい組合せを下の番号から選べ。

(1)　等方性アンテナから、距離 d 〔m〕のところにおける自由空間電界強度 E
〔V/m〕は、放射電力を P 〔W〕とすると、次式で表される。

$$E = \frac{\sqrt{30P}}{d} \ \text{〔V/m〕}$$

また、半波長ダイポールアンテナに対する相対利得 G（真数）のアンテナの場
合、最大放射方向における自由空間電界強度 E_r〔V/m〕は、次式で表される。

$$E_r \fallingdotseq \boxed{\text{A}} \ \text{〔V/m〕}$$

(2)　半波長ダイポールアンテナに対する相対利得が
15〔dB〕の指向性アンテナに、2〔W〕の電力を供
給した場合、最大放射方向で、受信点における電界
強度が5〔mV/m〕となる送受信点間距離の値は、
約 [B]〔km〕である。ただし、アンテナ及び給
電系の損失はないものとし、$\log_{10}2$ の値は0.3とす
る。

	A	B
1	$\dfrac{G\sqrt{30P}}{d}$	49.6
2	$\dfrac{G\sqrt{30P}}{d}$	24.8
3	$\dfrac{7\sqrt{GP}}{d}$	11.2
4	$\dfrac{7\sqrt{GP}}{d}$	7.9

答　　|18|：4　　|19|：3　　|20|：3

21 次の記述は、図に示す対流圏電波伝搬における M 曲線について述べたものである。□□□内に入れるべき字句の正しい組合せを下の番号から選べ。

(1) 標準大気のときの M 曲線は、□ A □である。

(2) 接地形ラジオダクトが発生しているときの M 曲線は、□ B □である。

(3) 接地形ラジオダクトが発生すると、
電波は、ダクト□ C □を伝搬し、見通し距離外まで伝搬することがある。

```
     A   B   C
1    ③   ①   内
2    ③   ④   外
3    ②   ④   内
4    ②   ④   外
5    ②   ①   内
```

h：地表からの高さ

22 次の記述は、平滑回路について述べたものである。□□□内に入れるべき字句の正しい組合せを下の番号から選べ。

(1) 平滑回路は、一般に、コンデンサ C 及びチョークコイル L を用いて構成し、整流回路から出力された脈流の交流分（リプル）を取り除き、直流に近い出力電圧を得るための□ A □である。

(2) 図は、□ B □入力形平滑回路である。

```
     A                      B
1    低域フィルタ（LPF）      コンデンサ
2    低域フィルタ（LPF）      チョーク
3    帯域フィルタ（BPF）      コンデンサ
4    高域フィルタ（HPF）      コンデンサ
5    高域フィルタ（HPF）      チョーク
```

入力　　L　　C　　出力

23 次の記述は、図に示す方向性結合器を用いて導波管回路の定在波比（SWR）を測定する方法について述べたものである。□□□内に入れるべき字句の正しい組合せを下の番号から選べ。なお、同じ記号の□□□内には、同じ字句が入るものとする。

(1) 主導波管の①からマイクロ波電力を加え、②に被測定回路、③に電力計Ⅰ、④に電力計Ⅱを接続したとき、副導波管の出力③には反射波に□ A □した電力が、副導波管の出力④には進行波に□ A □した電力が得られる。

答　　21：1　　22：2

(2) 電力計Ⅰ及び電力計Ⅱの指示値がそれぞれ M_1〔W〕及び M_2〔W〕であるとき、反射係数 Γ は □B□ で表される。また、SWR は、$(1+\Gamma)/(1-\Gamma)$ により求められる。

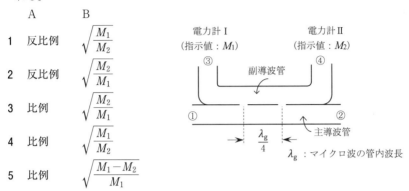

A　　　B

1　反比例　$\sqrt{\dfrac{M_1}{M_2}}$

2　反比例　$\sqrt{\dfrac{M_2}{M_1}}$

3　比例　$\sqrt{\dfrac{M_2}{M_1}}$

4　比例　$\sqrt{\dfrac{M_1}{M_2}}$

5　比例　$\sqrt{\dfrac{M_1-M_2}{M_1}}$

電力計Ⅰ（指示値：M_1）　　電力計Ⅱ（指示値：M_2）

③　　　　④　副導波管

①　　　　②　主導波管

$\dfrac{\lambda_g}{4}$

λ_g：マイクロ波の管内波長

24　次の記述は、マイクロ波用標準信号発生器として一般に必要な条件について述べたものである。このうち条件に該当しないものを下の番号から選べ。

1　出力の周波数特性が良いこと。

2　出力のスプリアスが小さいこと。

3　出力の周波数が正確で安定であること。

4　出力レベルが正確で安定であること。

5　出力インピーダンスが連続的に可変であること。

解答の指針（4年10月午前）

1

1　衛星の電源には太陽電池が用いられるため、**春と秋の年2回電源が断となることがあり蓄電池を搭載する**必要がある。

2　衛星通信に10〔GHz〕以上の電波が用いられる場合は、大気圏の降雨による減衰が**大きく、信号が劣化する**ことがある。

3　VSAT制御地球局には**大口径のカセグレンアンテナ**を、VSAT地球局には**小型のオフセットパラボラアンテナ**を用いることが多い。

4　電波が地球上から通信衛星を経由して再び地球上に戻ってくるのに約**0.25秒**を要する。

2

2　超短波（VHF）帯の電波と比較して地形、建造物及び降雨の影響が**大きい**。

3　自然雑音及び人工雑音の影響が**小さく**、良好の信号対雑音比（S/N）の通信回線を構成することが**できる**。

4　周波数が高くなるほど降雨による減衰が**大きくなり**、大容量の通信回線を安定に維持することが**難しくなる**。

3

　下図の端子 ab 間で R_3 を切り離してテブナンの定理を適用する。閉回路に流れる電流 I_{12} は、

$$I_{12} = (V_2 - V_1)/(R_1 + R_2) = (24 - 20)/(2 + 3) = 0.8 〔A〕 である。$$

　したがって、端子 ab から開放電圧 V_{ab} は、$V_{ab} = V_2 - R_2 I_{12} = 24 - 3 \times 0.8 = 21.6$〔V〕となる。また、端子 ab から左側を見た合成抵抗 R_{12} は、$R_{12} = R_1 R_2 / (R_1 + R_2) = 2 \times 3/(2 + 3) = 1.2$〔Ω〕であるから、テブナンの定理を用いて R_3（$= 6$〔Ω〕）に流れる電流は次のようになる。

$$I = \frac{V_{ab}}{R_{12} + R_3} = \frac{21.6}{1.2 + 6} = \underline{3.0}〔A〕$$

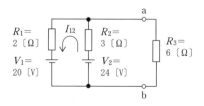

別解

ミルマンの定理によると R_3 の両端の電圧 V_{ab} は次式で表される。

$$V_{ab} = \frac{V_1/R_1 + V_2/R_2}{1/R_1 + 1/R_2 + 1/R_3}$$

上式に題意の数値を代入して

$$V_{ab} = \frac{20/2 + 24/3}{1/2 + 1/3 + 1/6} = 18 \text{〔V〕}$$

したがって R_3（$= 6\Omega$）に流れる電流 I_3 は、$I_3 = V_{ab}/R_3 = 18/6 = \underline{3.0}$ 〔A〕となる。

4

共振状態であるから I は、$I = V/R = 100/125 = \underline{0.8}$ 〔A〕である。

また、$X_C = X_L$ である。

したがって I_{XC} は次式で求められる。

$$I_{XC} = \frac{V}{X_C} = \frac{100}{40} = \underline{2.5} \text{〔A〕}$$

5

1　ツェナーダイオードは、**逆方向**電圧を加えたときの定電圧特性を利用する素子として用いられる。

6

設問図の導波管サーキュレーターは、3端子の非可逆回路の一種であり、静磁界が加えられた円柱状のフェライト中を伝搬する電波の偏波面が回転する性質（ファラデー回転）を利用する。入力と出力の関係は、通常矢印の方向で示され、たとえば、TE$_{10}$ モードの電磁波はポート①から入力されるとポート②に出力されポート③には出力されない。

また、ポート②からポート③に出力されポート①に出力されないなどの方向性を示し、ポート間に可逆性はない。

7

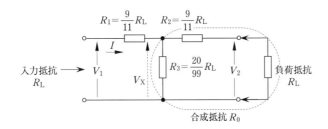

$R_1 = \frac{9}{11}R_L$　　$R_2 = \frac{9}{11}R_L$

入力抵抗 R_L

V_1　　I　　V_X

$R_3 = \frac{20}{99}R_L$　　V_2

負荷抵抗 R_L

合成抵抗 R_0

減衰量 L は入力電力を P_1 出力電力を P_2 とすると $L = P_2/P_1$（真数）で表される。負荷抵抗 R_L は、減衰器の入力抵抗と等しいから、L は、以下のようになる。

$$L = P_1/P_2 = (V_1{}^2/R_L)/(V_2{}^2/R_L) = V_1{}^2/V_2{}^2 \qquad \cdots ①$$

上図で合成抵抗 R_0 は、

$$R_0 = \frac{R_3(R_2 + R_L)}{R_2 + R_L + R_3} = \frac{\dfrac{20}{99}R_L\left(\dfrac{9}{11}R_L + R_L\right)}{\dfrac{9}{11}R_L + R_L + \dfrac{20}{99}R_L} = \frac{2}{11}R_L$$

V_X は R_0 と R_1 の直列接続の回路において、R_0 の両端の電圧であり、次式となる。

$$V_X = V_1 - R_1 I = V_1 - \frac{V_1 R_1}{R_1 + R_0} = \frac{2}{11}V_1 \qquad \cdots ②$$

さらに、R_2 と負荷抵抗 R_L の回路において、V_2 を求めると次式となる。

$$V_2 = R_L I_2 = \frac{R_L V_X}{R_2 + R_L} = \frac{11}{20}V_X \qquad \cdots ③$$

式③に式②を代入

$$V_2 = \frac{11}{20}V_X = \frac{11}{20} \times \frac{2}{11}V_1 = \frac{1}{10}V_1 \qquad \cdots ④$$

式①に式④を代入

$$L = V_1{}^2/V_2{}^2 = V_1{}^2\left(\frac{1}{10}V_1\right)^2 = 10^2$$

デシベルで表すと次式のようになる。

$$10\log_{10}10^2 = 20\log_{10}10 = \underline{20} \; 〔dB〕$$

8

2　同一周波数帯域内に複数の信号（チャネル）が混在できる。

9

(1)　BPSK（2PSK）は、信号点配置図上に2点の変調点を0,1と割り当てて1回の変調操作で1ビットを送ることが可能な方式。
　　　次頁の式から $10.0 \times 1 = \underline{10.0}$ 〔Mbps〕

(2)　16QAMは、信号点配置図上に16点の変調点（$2^4 = 16$）を0000から1111と割り当て、1回の変調操作で4ビットを送ることが可能な方式。
　　　次頁の式から $32.0 \div 4 = \underline{8.0}$ 〔Msps〕

参考

・ビットレートは、1秒間に伝送するビット数、シンボルレートは、1秒当たりの変調回数である。なお、一回の変調で送られるひとまとまりのデータをシンボルという。

・変調方式の各シンボルで送信されるビット数との関係は、

シンボルレート＝（ビットレート）÷（1シンボルで送信されるビット数）

10

F（真数）は次のようになる。

$$F = 10^{7/10} = 10^{0.7} = 10^{(1-0.3)} = 10/10^{0.3} = 10/2 = 5$$

したがって、T_e は題意の数値を用いて次のようになる。

$$T_e = T_0(F-1) = (17+273)(5-1) = 290 \times (5-1) = \underline{1,160}\ （K）$$

11

搬送波再生回路を有しているので、同期検波方式である。

周波数逓倍回路は入力 BPSK 信号の周波数を2倍にするだけで、入力 BPSK 信号の位相が π（rad）変化しても帯域フィルタ（BPF）の出力の位相は変わらない。

12

2　周波数によりフェージングの影響が異なることを利用して二つの異なる周波数を用いるダイバーシティ方式は周波数ダイバーシティ方式といわれる。

15

3　距離分解能は、同一方位にある二つの物標を識別できる能力を表し、パルス幅が狭いほど良くなる。

16

4　表示方式には、物標の距離と方位を360度にわたって表示した PPI 方式と横軸を距離として縦軸に高さを表示した RHI 方式が用いられている。

17

アンテナの絶対利得 G_i は、半波長ダイポールアンテナに対する相対利得を G_r（dB）とし、題意の数値を用いて次のようになる。

$$G_i ≒ G_r + 2.15$$
$$13 ≒ G_r + 2.15$$
$$G_r = \underline{10.85}\ （dB）$$

19

3　2線式折返し半波長ダイポールアンテナの入力インピーダンスは半波長ダイポールアンテナの入力インピーダンスの約4倍である。

20

(1) 自由空間電界強度 $E_r \fallingdotseq \dfrac{7\sqrt{GP}}{d}$ 〔V/m〕

(2) 相対利得 G の真数は $G = 10^{(15/10)} = 10^{1.5} = 10^{(0.3 \times 5)} = 2^5 = 32$

　　したがって送受信点間の距離 d は、(1)の式と題意の数値を用いて以下のようになる。

$$d \fallingdotseq \frac{7\sqrt{GP}}{E} = \frac{7\sqrt{32 \times 2}}{5 \times 10^{-3}} = \frac{7\sqrt{64}}{5 \times 10^{-3}} = \frac{7 \times 8 \times 10^3}{5} = \underline{11.2} \text{ 〔km〕}$$

21

(1) 標準大気の時の M 曲線は、高度 h に対して直線的に増加する③である。

(2) 接地形ダクトが発生しているときは M 曲線が地表からある高度まで減少するから①である。

(3) 接地形ダクトが発生すると、電波は、逆転層と大地の間で反射を繰り返しながらダクト内を見通し距離外まで伝搬することがある。

22

(1) 平滑回路は、設問図のようにコンデンサ C とチョークコイル L で構成し脈流の交流成分を取り除き、直流に近い出力を得るための<u>低域フィルタ（LPF）</u>である。

(2) 入力に近い素子が L であるから<u>チョーク入力形平滑回路</u>である。

23

(1) 管内波長の1/4の間隔の2孔をもつ方向性結合器では①から加えられた進行波に比例した電力は電力計Ⅱで（指示値：M_2）、②からの被測定回路の反射波に比例した電力は電力計Ⅰ（指示値：M_1）で計測される。

(2) したがって、電力反射係数 $\varGamma$ は、電力比 M_1/M_2 の<u>平方根 $\sqrt{M_1/M_2}$</u> である。

　　電圧定在比の最大値を V_{MAX}、最小値を V_{MIN} とすれば、電圧定在比 SWR はそれらの比で定義され、進行波電圧と反射波電圧の実効値をおのおの V_1 と V_2 とすれば、$V_{\text{MAX}} = V_1 + V_2$、$V_{\text{MIN}} = V_1 - V_2$ であるから、次式のようになる。

$$\text{SWR} = \frac{V_{\text{MAX}}}{V_{\text{MIN}}} = \frac{V_1 + V_2}{V_1 - V_2} = \frac{1 + V_2/V_1}{1 - V_2/V_1} = \frac{1 + \varGamma}{1 - \varGamma}$$

24

5　出力インピーダンスは<u>一定で既知であること</u>。

無線工学　令和4年10月施行（午後の部）

1　次の記述は、対地静止衛星を利用する通信について述べたものである。このうち誤っているものを下の番号から選べ。

1　衛星通信では、一般に送信地球局から衛星へのアップリンク用の周波数と衛星から受信地球局へのダウンリンク用の周波数が対で用いられる。

2　衛星通信に10〔GHz〕以上の電波を使用する場合は、大気圏の降雨による減衰を受けやすい。

3　VSAT制御地球局には大口径のカセグレンアンテナを、VSAT地球局には小型のオフセットパラボラアンテナを用いることが多い。

4　電波が、地球上から通信衛星を経由して再び地球上に戻ってくるのに約0.1秒を要する。

5　3個の通信衛星を赤道上空に等間隔に配置することにより、極地域を除く地球上のほとんどの地域をカバーする通信網が構成できる。

2　次の記述は、マイクロ波（SHF）帯の電波による通信の一般的な特徴等について述べたものである。このうち誤っているものを下の番号から選べ。

1　空電雑音及び都市雑音の影響が小さく、良好な信号対雑音比（S/N）の通信回線を構成することができる。

2　超短波（VHF）帯の電波に比較して、地形、建造物及び降雨の影響が少ない。

3　アンテナの指向性を鋭くできるので、他の無線回線との混信を避けることが比較的容易である。

4　周波数が高くなるほど、アンテナを小型化できる。

3　図に示す回路において、2〔Ω〕の抵抗に流れる電流の値として、最も近いものを下の番号から選べ。

1　2.4〔A〕
2　3.2〔A〕
3　3.6〔A〕
4　4.0〔A〕
5　4.6〔A〕

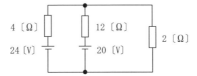

: 直流電源
: 抵抗

答　　1：4　　2：2　　3：5

4　図に示す直列共振回路において、R の両端の
電圧 V_R 及び X_C の両端の電圧 V_{XC} の大きさの値
の組合せとして、正しいものを下の番号から選べ。
ただし、回路は、共振状態にあるものとする。

	V_R	V_{XC}
1	50〔V〕	250〔V〕
2	50〔V〕	500〔V〕
3	100〔V〕	500〔V〕
4	100〔V〕	250〔V〕

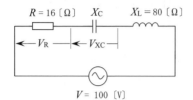

V　：交流電源電圧
R　：抵抗
X_C：容量リアクタンス
X_L：誘導リアクタンス

5　次の記述は、半導体素子の一般的な働き又は用途について述べたものである。
□□内に入れるべき字句の正しい組合せを下の番号から選べ。

(1)　バラクタダイオードは、□A□として用いられる。

(2)　ツェナーダイオードは、主に□B□電圧を加えたときの定電圧特性を利用する。

(3)　トンネルダイオードは、その□C□の電圧－電流特性にトンネル効果による負
　性抵抗特性を持っており、応答特性が速いことを利用して、マイクロ波からミリ
　波帯の発振に用いることができる。

	A	B	C
1	可変静電容量素子	順方向	逆方向
2	可変静電容量素子	逆方向	順方向
3	可変抵抗素子	順方向	順方向
4	可変抵抗素子	逆方向	逆方向
5	可変抵抗素子	順方向	逆方向

6　次の記述は、図に示すサーキュレータの原理、動作などについて述べたもの
である。このうち誤っているものを下の番号から選べ。

1　端子①からの入力は端子②へ出力され、端子②からの
　入力は端子③へ出力される。

2　端子①へ接続したアンテナを送受信用に共用するには、
　原理的に端子②に受信機を、端子③に送信機を接続すれ
　ばよい。

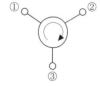

3　フェライトを用いたサーキュレータでは、これに静電界を加えて動作させる。

4　3個の入出力端子の間には互に可逆性がない。

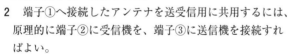

答　　4：3　　5：2　　6：3

7 図に示すT形抵抗減衰器の減衰量Lの値として、最も近いものを下の番号から選べ。ただし、減衰量Lは、減衰器の入力電力をP_1、入力電圧をV_1、出力電力をP_2、出力電圧をV_2とすると、次式で表されるものとする。また、$\log_{10} 2$の値は0.3とする。

$$L = 10 \log_{10}(P_1/P_2) = 10 \log_{10}\{(V_1{}^2/R_L)/(V_2{}^2/R_L)\} \text{〔dB〕}$$

1 3〔dB〕

2 6〔dB〕

3 9〔dB〕

4 14〔dB〕

5 20〔dB〕

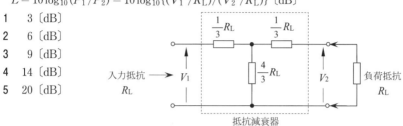

抵抗減衰器

8 次の記述は、直接スペクトル拡散方式を用いた符号分割多元接続（CDMA）について述べたものである。このうち正しいものを下の番号から選べ。

1 遠近問題の解決策として、送信電力制御という方法がある。

2 拡散後の信号（チャネル）の周波数帯域幅は、拡散前の信号の周波数帯域幅よりはるかに狭い。

3 同一周波数帯域幅内に複数の信号（チャネル）は混在できない。

4 傍受され易く秘話性が低い。

9 次の記述は、QPSK等のデジタル変調方式におけるシンボルレートとビットレートとの原理的な関係について述べたものである。□□□内に入れるべき字句の正しい組合せを下の番号から選べ。ただし、シンボルレートは、1秒間に伝送するシンボル数（単位は〔sps〕）を表す。

(1) QPSK（4PSK）では、シンボルレートが10.0〔Msps〕のとき、ビットレートは、□A□〔Mbps〕である。

(2) 64QAMでは、ビットレートが48.0〔Mbps〕のとき、シンボルレートは、□B□〔Msps〕である。

	A	B
1	2.5	0.75
2	10.0	6.0
3	10.0	8.0
4	20.0	6.0
5	20.0	8.0

10 受信機の雑音指数(F)は、受信機の内部で発生した雑音を入力端に換算した等価雑音温度T_e〔K〕と周囲温度T_0〔K〕が与えられたとき、$F = 1 + T_e/T_0$で表すことができる。T_eが1,160〔K〕、周囲温度が17〔℃〕のときのFをデシベルで表した値として、最も近いものを下の番号から選べ。ただし、$\log_{10} 2$の値は0.3とする。

1 7〔dB〕 2 6〔dB〕 3 5〔dB〕 4 4〔dB〕 5 3〔dB〕

答 7:2 8:1 9:5 10:1

11　次の記述は、図に示す BPSK（2PSK）信号の復調回路の構成例について述べたものである。□□□内に入れるべき字句の正しい組合せを下の番号から選べ。

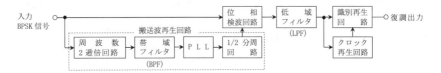

(1)　この復調回路は、同期検波方式を用いている。

(2)　位相検波回路で入力の BPSK 信号と搬送波再生回路で再生した搬送波との □ A □ を行い、低域フィルタ（LPF）、識別再生回路及びクロック再生回路によってデジタル信号を復調する。

(3)　搬送波再生回路は、周波数2逓倍回路、帯域フィルタ（BPF）、位相同期ループ（PLL）及び 1/2 分周回路で構成されており、入力の BPSK 信号の位相がデジタル信号に応じて π〔rad〕変化したとき、搬送波再生回路の帯域フィルタ（BPF）の出力の位相は、□ B □。

	A	B
1	足し算	π〔rad〕変化する
2	足し算	π/2〔rad〕変化する
3	足し算	変わらない
4	掛け算	π/2〔rad〕変化する
5	掛け算	変わらない

12　次の記述は、ダイバーシティ方式について述べたものである。このうち誤っているものを下の番号から選べ。

1　垂直偏波と水平偏波のように直交する偏波のフェージングの影響が異なることを利用したダイバーシティ方式を、偏波ダイバーシティ方式という。

2　周波数によりフェージングの影響が異なることを利用して、二つの異なる周波数を用いるダイバーシティ方式を、周波数ダイバーシティ方式という。

3　2基以上のアンテナを空間的に離れた位置に設置して、それらの受信信号を切り替えるか又は合成するダイバーシティ方式を、スペースダイバーシティ方式という。

4　ダイバーシティ方式は、同時に回線品質が劣化する確率が大きい複数の通信系を設定して、その受信信号を切り替えるか又は合成することで、フェージングによる信号出力の変動を軽減するための方法である。

13　次の記述は、一般的なマイクロ波多重回線の中継方式について述べたものである。□□□内に入れるべき字句の正しい組合せを下の番号から選べ。

答　　　11：5　　12：4

(1)　　A　中継方式は、送られてきた電波を受信してその周波数を中間周波数に変換して増幅した後、再度周波数変換を行い、これを所定レベルまで電力増幅して送信する方式であり、復調及び変調は行わない。

(2)　再生中継方式は、復調した信号から元の符号パルスを再生した後、再度変調して送信するため、波形ひずみ等が累積　　B　　。

	A	B
1	無給電	されない
2	無給電	される
3	非再生（ヘテロダイン）	されない
4	非再生（ヘテロダイン）	される

14　次の記述は、地上系のマイクロ波（SHF）多重通信において生ずることのある干渉について述べたものである。このうち誤っているものを下の番号から選べ。

1　アンテナ相互間の結合による干渉を軽減するには、指向特性の主ビーム以外の角度で放射レベルが十分小さくなるようなアンテナを用いる。

2　送受信アンテナのサーキュレータの結合度及び受信機のフィルタ特性により、送受間干渉の度合いが異なる。

3　無線中継所などにおいて、正規の伝搬経路以外から、目的の周波数又はその近傍の周波数の電波が受信されるために干渉を生ずることがある。

4　ラジオダクトによるオーバーリーチ干渉を避けるには、中継ルートを直線的に設定する。

5　干渉は、回線品質を劣化させる要因の一つになる。

15　次の記述は、パルスレーダーの性能について述べたものである。このうち誤っているものを下の番号から選べ。

1　最小探知距離は、主としてパルス幅に反比例し、パルス幅を τ〔μs〕とすれば、約$150/\tau$〔m〕である。

2　距離分解能は、同一方位にある二つの物標を識別できる能力を表し、パルス幅が狭いほど良くなる。

3　方位分解能は、アンテナの水平面内のビーム幅でほぼ決まり、ビーム幅が狭いほど良くなる。

4　最大探知距離は、送信電力を大きくし、受信機の感度を良くすると大きくなる。

5　最大探知距離は、アンテナ利得を大きくし、アンテナの高さを高くすると大きくなる。

無線工学　4年10月・午後

答　　13：3　　14：4　　15：1

16 次の記述は、気象観測用レーダーについて述べたものである。 内に入れるべき字句の正しい組合せを下の番号から選べ。

(1) 気象観測用レーダーの表示方式は、送受信アンテナを中心として物標の距離と方位を360度にわたって表示した A 方式と、横軸を距離として縦軸に高さを表示した B 方式が用いられている。

(2) 気象観測に不必要な山岳や建築物からの反射波のほとんどは、その強度が C ことを利用して除去することができる。

	A	B	C
1	RHI	PPI	変動しない
2	RHI	PPI	変動している
3	PPI	RHI	変動しない
4	PPI	RHI	変動している

17 半波長ダイポールアンテナに対する相対利得が13.50〔dB〕のアンテナを絶対利得で表したときの値として、最も近いものを下の番号から選べ。ただし、アンテナの損失はないものとする。

1 11.35〔dB〕　　2 12.46〔dB〕　　3 14.54〔dB〕
4 15.65〔dB〕　　5 17.29〔dB〕

18 次の記述は、図に示す八木・宇田アンテナ（八木アンテナ）について述べたものである。 内に入れるべき字句の正しい組合せを下の番号から選べ。

(1) 放射器の長さ a は、ほぼ A 波長である。

(2) 反射器は、放射器より少し長く、 B のインピーダンスとして働く。

(3) 最大放射方向は、放射器から見て C の方向に得られる。

	A	B	C
1	1/2	誘導性	導波器
2	1/2	容量性	導波器
3	1/4	容量性	導波器
4	1/4	容量性	反射器
5	1/4	誘導性	反射器

19 次の記述は、衛星通信に用いられる反射鏡アンテナについて述べたものである。 内に入れるべき字句の正しい組合せを下の番号から選べ。

(1) 回転放物面を反射鏡に用いた円形パラボラアンテナは、一次放射器を A に置く。

(2) 回転放物面を反射鏡に用いた円形パラボラアンテナは、開口面積が B ほど前方に尖鋭な指向性が得られる。

(3) 主反射鏡に回転放物面を、副反射鏡に回転双曲面を用いるものに C がある。

	A	B	C
1	回転放物面の焦点	大きい	カセグレンアンテナ
2	回転放物面の焦点	小さい	カセグレンアンテナ
3	開口面の中心	大きい	ホーンアンテナ
4	開口面の中心	小さい	カセグレンアンテナ
5	開口面の中心	小さい	ホーンアンテナ

20 次の記述は、自由空間における電波伝搬について述べたものである。 ▢ 内に入れるべき字句の正しい組合せを下の番号から選べ。

(1) 等方性アンテナから、距離 d〔m〕のところにおける自由空間電界強度 E〔V/m〕は、放射電力を P〔W〕とすると、次式で表される。

$$E = \frac{\sqrt{30P}}{d} \ \text{〔V/m〕}$$

また、半波長ダイポールアンテナに対する相対利得 G（真数）のアンテナの場合、最大放射方向における自由空間電界強度 E_r〔V/m〕は、次式で表される。

$$E_r ≒ \boxed{\text{A}} \ \text{〔V/m〕}$$

(2) 半波長ダイポールアンテナに対する相対利得が 14〔dB〕の指向性アンテナに、4〔W〕の電力を供給した場合、最大放射方向で送信点からの距離が 12.5〔km〕の受信点における電界強度の値は、約 ▢B▢ 〔V/m〕である。ただし、アンテナ及び給電系の損失はないものとし、$\log_{10} 2$ の値は 0.3 とする。

	A	B
1	$\dfrac{7\sqrt{GP}}{d}$	4.0×10^{-3}
2	$\dfrac{7\sqrt{GP}}{d}$	5.6×10^{-3}
3	$\dfrac{G\sqrt{30P}}{d}$	17.5×10^{-3}
4	$\dfrac{G\sqrt{30P}}{d}$	21.9×10^{-3}

21 次の記述は、電波の対流圏伝搬について述べたものである。このうち正しいものを下の番号から選べ。

1 標準大気中では、電波の見通し距離は幾何学的な見通し距離と等しい。
2 標準大気中では、等価地球半径は真の地球半径より小さい。
3 ラジオダクトが発生すると電波がダクト内に閉じ込められて減衰し、遠方まで伝搬しない。
4 標準大気の屈折率は、地上からの高さに比例して増加する。
5 標準大気のときの M 曲線は、グラフ上で 1 本の直線で表される。

答 19：1 20：2 21：5

22　次の記述は、平滑回路について述べたものである。◻︎◻︎内に入れるべき字句の正しい組合せを下の番号から選べ。

(1)　平滑回路は、一般に、コンデンサ C 及びチョークコイル L を用いて構成し、◻︎A◻︎から出力された脈流の交流分（リプル）を取り除き、直流に近い出力電圧を得るための低域フィルタ（LPF）である。

(2)　図は、◻︎B◻︎入力形平滑回路である。

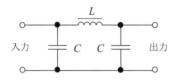

	A	B
1	電源変圧器	チョーク
2	整流回路	チョーク
3	整流回路	コンデンサ
4	負荷	チョーク
5	負荷	コンデンサ

23　図に示す方向性結合器を用いた導波管回路の定在波比（SWR）の測定において、①にマイクロ波電力を加え、②に被測定回路、③に電力計Ⅰ、④に電力計Ⅱを接続したとき、電力計Ⅰ及び電力計Ⅱの指示値がそれぞれ M_1〔W〕及び M_2〔W〕であった。このときの反射係数 Γ 及び SWR を表す式の正しい組合せを下の番号から選べ。

$$
\begin{array}{ccc}
& \Gamma & \text{SWR} \\
1 & \sqrt{\dfrac{M_1}{M_2}} & \dfrac{1-\Gamma}{1+\Gamma} \\
2 & \sqrt{\dfrac{M_1}{M_2}} & \dfrac{1+\Gamma}{1-\Gamma} \\
3 & \sqrt{\dfrac{M_2}{M_1}} & \dfrac{1-\Gamma}{1+\Gamma} \\
4 & \sqrt{\dfrac{M_2}{M_1}} & \dfrac{1+\Gamma}{1-\Gamma} \\
5 & \sqrt{\dfrac{M_2}{M_1}} & \dfrac{1-\Gamma}{\Gamma}
\end{array}
$$

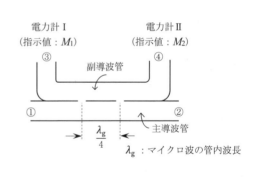

24　次の記述に該当する測定器の名称を下の番号から選べ。

観測信号に含まれている周波数成分を求めるための測定器であり、表示器（画面）の横軸に周波数、縦軸に振幅が表示され、送信機のスプリアスや占有周波数帯幅を計測できる。

1　定在波測定器　　　2　周波数カウンタ　　　3　オシロスコープ

4　スペクトルアナライザ　　　5　ボロメータ電力計

解答の指針（4年10月午後）

1

4　電波が、地球上から通信衛星を経由して再び地球上に戻ってくるのに約0.25秒を要する。

2

2　超短波（VHF）帯の電波と比較して、地形、建造物及び降雨の影響が**大きい**。

3

基本回路は令和4年6月午前の部〔3〕と同じである。

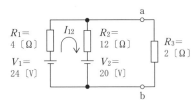

図の端子 ab で R_3（$= 2$ 〔Ω〕）を切り離してテブナンの定理を適用する。

閉回路に流れる電流 I_{12} は、$I_{12} = (V_2 - V_1)/(R_1 + R_2) = (20-24)/(4+12) = -4/16 = -0.25$ 〔A〕である。

したがって、端子 ab から見た開放電圧 V_{ab} は $V_{ab} = V_2 - R_2 I_{12} = 20 - 12 \times (-0.25) = 23$ 〔V〕となる。

また、端子 ab から左を見た合成抵抗 R_{12} は、$R_{12} = \dfrac{R_1 R_2}{R_1 + R_2} = \dfrac{4 \times 12}{4 + 12} = \dfrac{48}{16} = 3$ 〔Ω〕であるから、テブナンの定理を用いて R_3（$= 2$ 〔Ω〕）に流れる電流は次のようになる。

$$I = \frac{V_{ab}}{R_{12} + R_3} = \frac{23}{3+2} = \underline{4.6}\ \text{〔A〕}$$

別解

ミルマンの定理によると R_3 の両端電圧 V_{ab} は次式で表される。

$$V_{ab} = \frac{V_1/R_1 + V_2/R_2}{1/R_1 + 1/R_2 + 1/R_3}$$

上式に題意の数値を代入して

$$V_{ab} = \frac{24/4 + 20/12}{1/4 + 1/12 + 1/2} = 9.2\ \text{〔V〕}$$

したがって R_3（$= 2$ 〔Ω〕）に流れる電流 $I_3 = \dfrac{V_{ab}}{R_2} = \dfrac{9.2}{2} = \underline{4.6}\ \text{〔A〕}$

4

共振状態であるから $X_C = X_L$ であり、V_R は電源電圧 V に等しくなる。

$$V_R = V = \underline{100}\ \text{〔V〕}$$

流れる電流 $I = V/R = 100/16 = 6.25$〔A〕であるから、V_{XC} は以下のようになる。

$$V_{XC} = I_{XC} = I_{XL} = 6.25 \times 80 = \underline{500 \text{〔V〕}}$$

6

3　フェライトを用いたサーキュレータでは、これに**静磁界**を加えて動作させる。

7

入力抵抗 R_L　V_1　V_X　$R_1 = \dfrac{1}{3}R_L$　$R_2 = \dfrac{1}{3}R_L$　$R_3 = \dfrac{4}{3}R_L$　V_2　負荷抵抗 R_L　合成抵抗 R_0

減衰量 L は入力電力を P_1 出力電力を P_2 とすると $L = P_1/P_2$（真数）で表される。負荷抵抗 R_L は減衰器の入力抵抗と等しいから L は以下のようになる。

$$L = P_1/P_2 = (V_1^2/R_L)/(V_2^2/R_L) = V_1^2/V_2^2 \qquad \cdots ①$$

上図で合成抵抗 R_0 は、

$$R_0 = \frac{R_3(R_2+R_L)}{R_2+R_3+R_L} = \left(\frac{4}{3}R_L \times \frac{4}{3}R_L\right)\Big/\left(\frac{1}{3}R_L + R_L + \frac{4}{3}R_L\right) = \frac{2}{3}R_L$$

V_X は R_0 と R_1 の直列接続の回路において、R_0 の両端の電圧であり、次式となる。

$$V_X = R_0 V_1/(R_1+R_0) = \left(\frac{2}{3}R_L\right)V_1\Big/\left(\frac{1}{3}R_L + \frac{2}{3}R_L\right) = \frac{2}{3}V_1 \qquad \cdots ②$$

さらに R_2 と負荷抵抗 R_L の回路において V_2 を求めると次式となる。

$$V_2 = R_L V_X\Big/\left(\frac{1}{3}R_L + R_L\right) = \frac{3}{4}V_X \qquad \cdots ③$$

式③に式②を代入して

$$V_2 = \frac{3}{4}V_X = \frac{3}{4} \times \frac{2}{3}V_1 = \frac{1}{2}V_1 \qquad \cdots ④$$

式①に式④を代入

$$L = V_1^2/V_2^2 = V_1^2\Big/\left(\frac{1}{2}V_1\right)^2 = 2^2$$

デシベルで表すと次のようになる。

$$10\log_{10}2^2 = 20\log_{10}2 = 20 \times 0.3 = \underline{6 \text{〔dB〕}}$$

8

2　拡散後の信号（チャネル）の周波数帯域幅は拡散前の信号の周波数帯域幅よりはるかに**広い**。

3　同一周波数帯域幅内に複数の信号（チャネル）は**混在できる**。

4　傍受されにくく秘話性が**高い**。

9　　令和４年10月午前の部〔9〕を参照

(1)　QPSK（4PSK）は、信号点配置図上に４点の変調点を00から11と割り当て１回の変調操作で２ビットを送ることが可能な方式。

　　したがってビットレートは $10.0 \times 2 = \underline{20.0}$ 〔Mbps〕

(2)　64QAM は、信号点配置図上に64点の変調点（$2^6 = 64$）を000000から111111と割り当て１回の変調操作で６ビットを送ることが可能な方式。

　　したがってシンボルレートは $48.0 \div 6 = \underline{8.0}$ 〔Msps〕

10

F は与式に題意の数値を用いて次のようになる。

$$F = 1 + T_e/T_0 = 1 + \{1,160/(273+17)\} = 1 + \{1,160/290\} = 5$$

したがって、デジタルで表示すると次のようになる。

$$F \,〔\mathrm{dB}〕 = 10 \log_{10} 5 = 10 \log_{10} \frac{10}{2} = 10 \,(\log_{10} 10 - \log_{10} 2) = 10 \,(1 - 0.3)$$
$$= \underline{7} \,〔\mathrm{dB}〕$$

11

(2)　同期検波方式の BPSK（2PSK）波復調器では、搬送波再生回路において基準搬送波を再生、位相検波回路（乗算器）において両波の**掛け算**を行い、低域フィルタ（LPF）を通して高周波成分を除去し識別器を介して復調出力を得る。

(3)　周波数２逓倍回路は、入力の BPSK 信号の周波数を２倍にするだけで、入力信号の位相が π〔rad〕変化しても帯域フィルタ（BPF）の出力の位相は<u>変わらない</u>。

12

4　ダイバーシティ方式では、同時に回線品質が劣化する確率が**小さい**複数の通信系を設定して、その受信信号を切り替えるか又は合成することで、フェージングによる信号出力の変動を軽減するための方法である。

14

4　ラジオダクトによるオーバーリーチ干渉を避けるには、中継ルートを**ジグザグ**に設定して、アンテナの指向性を利用することが多い。

15

1　最小探知距離は、主としてパルス幅に**比例**し、パルス幅を τ〔μs〕とすれば、約 **150τ**〔m〕である。

16

(1)　気象観測用レーダーの表示方式は、送受信アンテナを中心として物標の距離と方位を360度にわたって表示した <u>PPI</u> 方式と横軸を距離として縦軸に高さを表示した <u>RHI</u> 方式が用いられている。

(2)　気象観測に不必要な山岳や建築物からの反射波のほとんどは、その強度が<u>変動しない</u>ことを利用して除去することができる。

17

　アンテナの絶対利得 G_i は、半波長ダイポールアンテナに対する相対利得 G_r〔dB〕とし、題意の数値を用いて次のようになる。

$$G_i \fallingdotseq G_r + 2.15$$
$$G_i \fallingdotseq 13.5 + 2.15$$
$$G_i = \underline{15.65}\ 〔dB〕$$

20

(1)　$E_r \fallingdotseq \dfrac{7\sqrt{GP}}{d}$ 〔V/m〕

(2)　相対利得 G の真数は、$G = 10^{14/10} = 10^{1.4} = 10^{2-0.6} = 10^{2-(0.3\times2)} = 10^2 \times \dfrac{1}{2} \times \dfrac{1}{2} = 25$

　　したがって、受信点における電界強度 E_r は

$$E_r = \frac{7\sqrt{GP}}{d} = \frac{7\sqrt{25\times4}}{12.5\times10^3} = \frac{70}{12.5}\times10^{-3} = \underline{5.6\times10^{-3}}\ 〔V/m〕$$

21

1　標準大気中では電波の見通し距離は幾何学的な見通し距離より**長い**。

2　標準大気中では等価地球半径は真の地球半径より**大きい**。

3　ラジオダクトが発生すると電波がダクト内に閉じ込められて、**通常到達しない遠方まで伝搬する**。

4　標準大気のときの屈折率は、地上からの高さに対して**ほぼ直線的に減少する**。

22

(1)(2)　平滑回路は、<u>整流回路</u>の出力に含まれる脈流の交流成分を除去し、直流に近い出力電圧を得るための低域フィルタ（LPF）であり、設問図の回路は入力に近い素子から<u>コンデンサ</u>入力形平滑回路と呼ばれる。

23　令和4年10月午前の部〔23〕を参照

法 規 編

出題範囲（対象）

「法規」の試験は、電波法及びこれに基づく命令の概要について行われます。

（無線従事者規則第5条）

ご注意

各設問に対する答えは、問題出題時の法令等に準拠した解答です。

試験概要

試験問題：問題数／12問

合格基準：満点／60点　合格点／40点

配点：1問5点

法　規　令和元年6月施行（午前の部）

1　次の記述のうち、総務大臣が無線局の免許を与えないことができる者に該当するものはどれか。電波法（第5条）の規定に照らし、下の1から4までのうちから一つ選べ。

1　無線局の予備免許の際に指定された工事落成の期限経過後2週間以内に工事が落成した旨の届出がなかったことにより免許を拒否され、その拒否の日から2年を経過しない者

2　刑法に規定する罪を犯し罰金以上の刑に処せられ、その執行を終わり、又はその執行を受けることがなくなった日から2年を経過しない者

3　無線局の免許の有効期間満了により免許が効力を失い、その効力を失った日から2年を経過しない者

4　無線局の免許の取消しを受け、その取消しの日から2年を経過しない者

2　次の記述は、無線局の変更検査について述べたものである。電波法（第18条及び第110条）の規定に照らし、____内に入れるべき最も適切な字句の組合せを下の1から4までのうちから一つ選べ。

① 電波法第17条（変更等の許可）第1項の規定により____A____の変更又は無線設備の変更の工事の許可を受けた免許人は、総務大臣の検査を受け、当該変更又は工事の結果が同条同項の許可の内容に適合していると認められた後でなければ、許可に係る無線設備を運用してはならない。ただし、総務省令で定める場合は、この限りでない。

② ①の規定に違反して無線設備を運用した者は、1年以下の懲役又は____B____に処する。

	A	B
1	通信の相手方、通信事項若しくは無線設備の設置場所	50万円以下の罰金
2	通信の相手方、通信事項若しくは無線設備の設置場所	100万円以下の罰金
3	無線設備の設置場所	100万円以下の罰金
4	無線設備の設置場所	50万円以下の罰金

答　　1：4　　2：3

3 周波数の安定のための条件に関する次の記述のうち、無線設備規則（第15条及び第16条）の規定に照らし、これらの規定に定めるところに適合しないものはどれか。下の1から4までのうちから一つ選べ。

1 周波数をその許容偏差内に維持するため、送信装置は、できる限り電源電圧又は負荷の変化によって発振周波数に影響を与えないものでなければならない。

2 周波数をその許容偏差内に維持するため、発振回路の方式は、できる限り気圧の変化によって影響を受けないものでなければならない。

3 移動局（移動するアマチュア局を含む。）の送信装置は、実際上起り得る振動又は衝撃によっても周波数をその許容偏差内に維持するものでなければならない。

4 水晶発振回路に使用する水晶発振子は、周波数をその許容偏差内に維持するため、発振周波数が当該送信装置の水晶発振回路により又はこれと同一の条件の回路によりあらかじめ試験を行って決定されているものでなければならない。

---

4 次の記述は、「周波数の許容偏差」及び「占有周波数帯幅」の定義を述べたものである。電波法施行規則（第2条）の規定に照らし、□□□内に入れるべき最も適切な字句の組合せを下の1から4までのうちから一つ選べ。なお、同じ記号の□□□内には、同じ字句が入るものとする。

① 「周波数の許容偏差」とは、発射によって占有する周波数帯の中央の周波数の割当周波数からの許容することができる最大の偏差又は発射の　A　からの許容することができる最大の偏差をいい、百万分率又はヘルツで表わす。

② 「占有周波数帯幅」とは、その上限の周波数を超えて輻射され、及びその下限の周波数未満において輻射される平均電力がそれぞれ与えられた発射によって輻射される全平均電力の　B　に等しい上限及び下限の周波数帯幅をいう。ただし、周波数分割多重方式の場合、テレビジョン伝送の場合等　B　の比率が占有周波数帯幅及び必要周波数帯幅の定義を実際に適用することが困難な場合においては、異なる比率によることができる。

	A	B
1	特性周波数の基準周波数	0.1パーセント
2	特性周波数の基準周波数	0.5パーセント
3	特性周波数の割当周波数	0.1パーセント
4	特性周波数の割当周波数	0.5パーセント

答　　　3：2　　4：2

5　送信空中線の型式及び構成が適合しなければならない条件に関する次の記述のうち、無線設備規則（第20条）の規定に照らし、この規定に定めるところに適合しないものはどれか。下の1から4までのうちから一つ選べ。

1　空中線を設置する位置の近傍にあるものであって電波の伝わる方向を乱すものがないこと。

2　空中線の利得及び能率がなるべく大であること。

3　満足な指向特性が得られること。

4　整合が十分であること。

6　次の記述は、無線局（登録局を除く。）に選任された主任無線従事者の職務について述べたものである。電波法（第39条）及び電波法施行規則（第34条の5）の規定に照らし、　　　内に入れるべき最も適切な字句の組合せを下の1から4までのうちから一つ選べ。なお、同じ記号の　　　内には、同じ字句が入るものとする。

① 電波法第39条（無線設備の操作）第4項の規定によりその選任の届出がされた主任無線従事者は、　A　に関し総務省令で定める職務を誠実に行わなければならない。

② ①の総務省令で定める職務は、次のとおりとする。

 (1) 主任無線従事者の監督を受けて無線設備の操作を行う者に対する訓練（実習を含む。）の計画を立案し、実施すること。

 (2) 　B　を行い、又はその監督を行うこと。

 (3) 無線業務日誌その他の書類を作成し、又はその作成を監督すること（記載された事項に関し必要な措置を執ることを含む。）。

 (4) 主任無線従事者の職務を遂行するために必要な事項に関し　C　に対して意見を述べること。

 (5) その他無線局の　A　に関し必要と認められる事項

	A	B	C
1	無線設備の管理	電波法に規定する申請又は届出	免許人
2	無線設備の操作の監督	無線設備の機器の点検若しくは保守	免許人
3	無線設備の管理	無線設備の機器の点検若しくは保守	総務大臣
4	無線設備の操作の監督	電波法に規定する申請又は届出	総務大臣

7　次の記述は、混信等の防止について述べたものである。電波法（第56条）の規定に照らし、￣内に入れるべき最も適切な字句の組合せを下の1から4までのうちから一つ選べ。

　無線局は、　A　又は電波天文業務の用に供する受信設備その他の総務省令で定める受信設備（無線局のものを除く。）で総務大臣が指定するものにその　B　その他の妨害を与えないように運用しなければならない。ただし、　C　については、この限りでない。

	A	B	C
1	他の無線局	受信を不可能とするような混信	遭難通信
2	重要無線通信を行う無線局	受信を不可能とするような混信	遭難通信、緊急通信、安全通信及び非常通信
3	他の無線局	運用を阻害するような混信	遭難通信、緊急通信、安全通信及び非常通信
4	重要無線通信を行う無線局	運用を阻害するような混信	遭難通信

8　無線局（登録局を除く。）の運用に関する次の記述のうち、電波法（第52条から第55条まで）の規定に照らし、これらの規定に定めるところに適合しないものはどれか。下の1から4までのうちから一つ選べ。

1　無線局は、免許状に記載された目的又は通信の相手方若しくは通信事項の範囲を超えて運用してはならない。ただし、次の(1)から(6)までに掲げる通信については、この限りでない。
　(1)　遭難通信　　(2)　緊急通信　　(3)　安全通信
　(4)　非常通信　　(5)　放送の受信　　(6)　その他総務省令で定める通信

2　無線局を運用する場合においては、無線設備の設置場所、識別信号、電波の型式及び周波数は、その無線局の免許状に記載されたところによらなければならない。ただし、遭難通信については、この限りでない。

3　無線局を運用する場合においては、空中線電力は、その無線局の免許状に記載されたところによらなければならない。ただし、遭難通信、緊急通信、安全通信及び非常通信については、この限りでない。

4　無線局は、免許状に記載された運用許容時間内でなければ、運用してはならない。ただし、遭難通信、緊急通信、安全通信、非常通信、放送の受信、その他総務省令で定める通信を行う場合及び総務省令で定める場合は、この限りでない。

　答　　7：3　　8：3

9　次の記述は、電波の質等について述べたものである。電波法（第28条及び第72条）の規定に照らし、□□□内に入れるべき最も適切な字句の組合せを下の1から4までのうちから一つ選べ。

① 送信設備に使用する電波の周波数の　A　、　B　電波の質は、総務省令で定めるところに適合するものでなければならない。

② 総務大臣は、無線局の発射する電波の質が①の総務省令で定めるものに適合していないと認めるときは、当該無線局に対して　C　電波の発射の停止を命ずることができる。

	A	B	C
1	偏差及び幅	高調波の強度等	臨時に
2	偏差及び幅	空中線電力の偏差等	3箇月以内の期間を定めて
3	偏差	高調波の強度等	3箇月以内の期間を定めて
4	偏差	空中線電力の偏差等	臨時に

10　総務大臣が無線従事者の免許を取り消すことができる場合に関する次の記述のうち、電波法（第79条）の規定に照らし、この規定に定めるところに適合しないものはどれか。下の1から4までのうちから一つ選べ。

1　無線従事者が電波法若しくは電波法に基づく命令又はこれらに基づく処分に違反したとき。

2　無線従事者が不正な手段により無線従事者の免許を受けたとき。

3　無線従事者が著しく心身に欠陥があって無線従事者たるに適しない者に該当するに至ったとき。

4　無線従事者が正当な理由がないのに、無線通信の業務に5年以上従事しなかったとき。

答　　9：1　　10：4

11　無線局（登録局を除く。）の免許人の総務大臣への報告等に関する次の記述のうち、電波法（第80条及び第81条）の規定に照らし、これらの規定に定めるところに適合しないものはどれか。下の1から4までのうちから一つ選べ。

1　免許人は、遭難通信、緊急通信、安全通信又は非常通信を行ったときは、総務省令で定める手続により、総務大臣に報告しなければならない。

2　免許人は、電波法第74条（非常の場合の無線通信）第1項に規定する通信の訓練のための通信を行ったときは、総務省令で定める手続により、総務大臣に報告しなければならない。

3　免許人は、電波法又は電波法に基づく命令の規定に違反して運用した無線局を認めたときは、総務省令で定める手続により、総務大臣に報告しなければならない。

4　総務大臣は、無線通信の秩序の維持その他無線局の適正な運用を確保するため必要があると認めるときは、免許人に対し、無線局に関し報告を求めることができる。

12　次の記述は、無線局（登録局を除く。）の免許が効力を失ったときに免許人であった者が執るべき措置について述べたものである。電波法（第24条及び第78条）の規定に照らし、□□□内に入れるべき最も適切な字句の組合せを下の1から4までのうちから一つ選べ。

①　無線局の免許がその効力を失ったときは、免許人であった者は、　A　しなければならない。

②　無線局の免許がその効力を失ったときは、免許人であった者は、遅滞なく　B　の撤去その他の総務省令で定める　C　を講じなければならない。

	A	B	C
1	速やかにその免許状を廃棄し、その旨を総務大臣に報告	送信装置	電波の発射を防止するために必要な措置
2	速やかにその免許状を廃棄し、その旨を総務大臣に報告	空中線	他の無線局に混信その他の妨害を与えないために必要な措置
3	1箇月以内にその免許状を返納	空中線	電波の発射を防止するために必要な措置
4	1箇月以内にその免許状を返納	送信装置	他の無線局に混信その他の妨害を与えないために必要な措置

法　規　令和元年6月施行（午後の部）

1　次に掲げる事項のうち、無線局の予備免許の際に総務大臣から指定されるものはどれか。電波法（第8条）の規定に照らし、下の1から4までのうちから一つ選べ。

1　空中線電力
2　免許の有効期間
3　無線設備の設置場所
4　通信の相手方及び通信事項

2　次の記述は、固定局の予備免許を受けた者が行う工事設計の変更について述べたものである。電波法（第9条）の規定に照らし、□□□内に入れるべき最も適切な字句の組合せを下の1から4までのうちから一つ選べ。

① 電波法第8条の予備免許を受けた者は、工事設計を変更しようとするときは、あらかじめ　A　なければならない。ただし、総務省令で定める軽微な事項については、この限りでない。
② ①のただし書の事項について工事設計を変更したときは、　B　なければならない。
③ ①の変更は、　C　に変更を来すものであってはならず、かつ、工事設計が電波法第3章（無線設備）に定める技術基準に合致するものでなければならない。

	A	B	C
1	総務大臣の許可を受け	変更した内容を無線局事項書の備考欄に記載し	無線設備の設置場所
2	総務大臣に届け出	遅滞なくその旨を総務大臣に届け出	無線設備の設置場所
3	総務大臣の許可を受け	遅滞なくその旨を総務大臣に届け出	周波数、電波の型式又は空中線電力
4	総務大臣に届け出	変更した内容を無線局事項書の備考欄に記載し	周波数、電波の型式又は空中線電力

答　　1：1　　2：3

3 「尖頭電力」、「平均電力」、「搬送波電力」及び「規格電力」の定義に関する次の記述のうち、電波法施行規則（第2条）の規定に照らし、この規定に定めるところに適合しないものはどれか。下の1から4までのうちから一つ選べ。

1　「尖頭電力」とは、通常の動作状態において、変調包絡線の最高尖頭における無線周波数1サイクルの間に送信機から空中線系の給電線に供給される平均の電力をいう。

2　「平均電力」とは、通常の動作中の送信機から空中線系の給電線に供給される電力であって、変調において用いられる平均の周波数の周期に比較して十分長い時間（通常、平均の電力が最大である約2分の1秒間）にわたって平均されたものをいう。

3　「搬送波電力」とは、変調のない状態における無線周波数1サイクルの間に送信機から空中線系の給電線に供給される平均の電力をいう。ただし、この定義は、パルス変調の発射には適用しない。

4　「規格電力」とは、終段真空管の使用状態における出力規格の値をいう。

4　次の記述は、人工衛星局の条件について述べたものである。電波法（第36条の2）及び電波法施行規則（第32条の5）の規定に照らし、□□□内に入れるべき最も適切な字句の組合せを下の1から4までのうちから一つ選べ。

①　人工衛星局の無線設備は、遠隔操作により　A　することのできるものでなければならない。

②　人工衛星局は、その　B　を遠隔操作により変更することができるものでなければならない。ただし、総務省令で定める人工衛星局については、この限りでない。

③　②の総務省令で定める人工衛星局は、対地静止衛星に開設する　C　とする。

	A	B	C
1	電波の発射を直ちに停止	発射する電波の周波数	人工衛星局
2	空中線電力を直ちに低下	無線設備の設置場所	人工衛星局
3	空中線電力を直ちに低下	発射する電波の周波数	人工衛星局以外の人工衛星局
4	電波の発射を直ちに停止	無線設備の設置場所	人工衛星局以外の人工衛星局

5　次の記述は、無線設備から発射される電波の強度（電界強度、磁界強度、電力束密度及び磁束密度をいう。）に対する安全施設について述べたものである。電波法施行規則（第21条の3）の規定に照らし、□□□内に入れるべき最も適切な字句の組合せを下の1から4までのうちから一つ選べ。

　無線設備には、当該無線設備から発射される電波の強度が電波法施行規則別表第2号の3の2（電波の強度の値の表）に定める値を超える　A　に取扱者のほか容易に出入りすることができないように、施設をしなければならない。ただし、次の(1)から(4)までに掲げる無線局の無線設備については、この限りではない。

(1)　平均電力が　B　以下の無線局の無線設備
(2)　　C　の無線設備
(3)　地震、台風、洪水、津波、雪害、火災、暴動その他非常の事態が発生し、又は発生するおそれがある場合において、臨時に開設する無線局の無線設備
(4)　(1)から(3)までに掲げるもののほか、この規定を適用することが不合理であるものとして総務大臣が別に告示する無線局の無線設備

	A	B	C
1	場所（人が通常、集合し、通行し、その他出入りする場所に限る。）	20ミリワット	移動する無線局
2	場所（人が通常、集合し、通行し、その他出入りする場所に限る。）	50ミリワット	移動業務の無線局
3	場所（人が出入りするおそれのあるいかなる場所も含む。）	50ミリワット	移動する無線局
4	場所（人が出入りするおそれのあるいかなる場所も含む。）	20ミリワット	移動業務の無線局

6　次の記述のうち、無線局（アマチュア無線局を除く。）の主任無線従事者の意義に該当するものはどれか。電波法（第39条）の規定に照らし、下の1から4までのうちから一つ選べ。

1　同一免許人に属する無線局の無線設備の操作を行う者のうち、免許人からその責任者として命ぜられた者をいう。
2　2以上の無線局が機能上一体となって通信系を構成する場合に、それらの無線設備を管理する者をいう。
3　無線局の管理を免許人から命ぜられ、その旨を総務大臣に届け出た者をいう。
4　無線局の無線設備の操作の監督を行う者をいう。

　答　　5：1　　6：4

7　次の記述は、非常通信について述べたものである。電波法（第52条）の規定に照らし、□□□内に入れるべき最も適切な字句の組合せを下の1から4までのうちから一つ選べ。

　非常通信とは、地震、台風、洪水、津波、雪害、火災、暴動その他非常の事態が発生し、又は発生するおそれがある場合において、　A　を　B　に人命の救助、災害の救援、　C　の確保又は秩序の維持のために行われる無線通信をいう。

	A	B	C
1	有線通信	利用することができないか又はこれを利用することが著しく困難であるとき	交通通信
2	電気通信業務の通信	利用することができないとき	交通通信
3	有線通信	利用することができないとき	電力の供給
4	電気通信業務の通信	利用することができないか又はこれを利用することが著しく困難であるとき	電力の供給

8　無線局（登録局を除く。）の運用に関する次の記述のうち、電波法（第53条、第56条、第57条及び第59条）の規定に照らし、これらの規定に定めるところに適合しないものはどれか。下の1から4までのうちから一つ選べ。

1　無線局は、放送の受信を目的とする受信設備又は電波天文業務の用に供する受信設備その他の総務省令で定める受信設備（無線局のものを除く。）で総務大臣が指定するものにその運用を阻害するような混信その他の妨害を与えないように運用しなければならない。ただし、遭難通信については、この限りでない。

2　無線局は、次に掲げる場合には、なるべく擬似空中線回路を使用しなければならない。

　(1)　無線設備の機器の試験又は調整を行うために運用するとき。

　(2)　実験等無線局を運用するとき。

3　無線局を運用する場合においては、無線設備の設置場所、識別信号、電波の型式及び周波数は、その無線局の免許状に記載されたところによらなければならない。ただし、遭難通信については、この限りでない。

4　何人も法律に別段の定めがある場合を除くほか、特定の相手方に対して行われる無線通信（注）を傍受してその存在若しくは内容を漏らし、又はこれを窃用してはならない。

　　注　電気通信事業法第4条（秘密の保護）第1項又は第164条（適用除外等）第3項の通信であるものを除く。

　答　　7：1　　8：1

9　次の記述は、総務大臣が免許人等 (注) に対して行うことができる処分について述べたものである。電波法（第76条）の規定に照らし、　　内に入れるべき最も適切な字句の組合せを下の1から4までのうちから一つ選べ。

注　免許人又は登録人をいう。

　総務大臣は、免許人等が電波法、放送法若しくはこれらの法律に基づく命令又はこれらに基づく処分に違反したときは、　A　以内の期間を定めて　B　の停止を命じ、又は期間を定めて　C　を制限することができる。

	A	B	C
1	6月	電波の発射	運用許容時間、周波数若しくは空中線電力
2	6月	無線局の運用	電波の型式、周波数若しくは空中線電力
3	3月	電波の発射	電波の型式、周波数若しくは空中線電力
4	3月	無線局の運用	運用許容時間、周波数若しくは空中線電力

10　次の記述のうち、総務大臣から臨時に電波の発射の停止を命じられた無線局が、その発射する電波の質を総務省令で定めるものに適合するよう措置した後の手続に該当するものはどれか。電波法（第72条）の規定に照らし、下の1から4までのうちから一つ選べ。

1　直ちにその電波を発射する。

2　その旨を総務大臣に申し出る。

3　電波の発射を開始した後、その旨を総務大臣に申し出る。

4　他の無線局の通信に混信を与えないことを確かめた後、電波を発射する。

11　次の記述は、無線局の定期検査（電波法第73条第1項の検査をいう。）について述べたものである。電波法（第73条）の規定に照らし、　　内に入れるべき最も適切な字句の組合せを下の1から4までのうちから一つ選べ。

① 　総務大臣は、　A　、あらかじめ通知する期日に、その職員を無線局（総務省令で定めるものを除く。）に派遣し、その無線設備等（無線設備、無線従事者の資格（主任無線従事者の要件に係るものを含む。）及び員数並びに時計及び書類をいう。以下同じ。）を検査させる。

② 　①の検査は、当該無線局 (注1) の免許人から、①の規定により総務大臣が通知した期日の　B　前までに、当該無線局の無線設備等について登録検査等事業者 (注2)（無線設備等の点検の事業のみを行う者を除く。）が、総務省令で定めるところにより、当該登録に係る検査を行い、当該無線局の無線設備がその工事設計に合致しており、かつ、その無線従事者の資格及び員数並びに時計及び書類が電波法の関係規定にそれぞれ違反していない旨を記載した証明書の提出があっ

答　　9：4　　10：2

たときは、①の規定にかかわらず、　C　することができる。

　　　注1　人の生命又は身体の安全の確保のためその適正な運用の確保が必要な無線局として総
　　　　　務省令で定めるものを除く。以下同じ。
　　　2　電波法第24条の2（検査等事業者の登録）第1項の登録を受けた者をいう。

	A	B	C
1	総務省令で定める時期ごとに	3月	一部を省略
2	毎年1回	3月	省略
3	総務省令で定める時期ごとに	1月	省略
4	毎年1回	1月	一部を省略

12　次の記述のうち、無線従事者の選任又は解任の際に、無線局（登録局を除く。）の免許人が執らなければならない措置に該当するものはどれか。電波法（第39条及び第51条）の規定に照らし、下の1から4までのうちから一つ選べ。

1　無線局の免許人は、無線従事者を選任しようとするときは、総務大臣に届け出て、その指示を受けなければならない。これを解任しようとするときも、同様とする。

2　無線局の免許人は、無線従事者を選任しようとするときは、あらかじめ総務大臣の許可を受けなければならない。これを解任しようとするときも、同様とする。

3　無線局の免許人は、無線従事者を選任しようとするときは、あらかじめ総務大臣に届け出なければならない。これを解任しようとするときも、同様とする。

4　無線局の免許人は、無線従事者を選任したときは、遅滞なく、その旨を総務大臣に届け出なければならない。これを解任したときも、同様とする。

法　規　令和元年10月施行（午前の部）

1　次の記述は、電波法の目的及び電波法に定める定義を述べたものである。電波法（第1条及び第2条）の規定に照らし、□□□内に入れるべき最も適切な字句の組合せを下の1から4までのうちから一つ選べ。

① 電波法は、電波の　A　な利用を確保することによって、公共の福祉を増進することを目的とする。

② 「無線設備」とは、無線電信、無線電話その他電波を送り、又は受けるための　B　をいう。

③ 「無線従事者」とは、無線設備の　C　を行う者であって、総務大臣の免許を受けたものをいう。

	A	B	C
1	公平かつ能率的	通信設備	操作
2	有効かつ適正	通信設備	操作又はその監督
3	公平かつ能率的	電気的設備	操作又はその監督
4	有効かつ適正	電気的設備	操作

2　総務大臣から無線設備の変更の工事の許可を受けた免許人が、許可に係る無線設備を運用するために執らなければならない措置に関する次の記述のうち、電波法（第18条）の規定に照らし、この規定に定めるところに適合するものはどれか。下の1から4までのうちから一つ選べ。

1　無線設備の変更の工事を行った後、遅滞なくその工事が終了した旨を総務大臣に届け出なければならない。

2　無線設備の変更の工事を実施した旨を免許状の余白に記載し、その写しを総務大臣に提出しなければならない。

3　総務省令で定める場合を除き、総務大臣の検査を受け、無線設備の変更の工事の結果が許可の内容に適合していると認められなければならない。

4　登録検査等事業者（注1）又は登録外国点検事業者（注2）の検査を受け、無線設備の変更の工事の結果が電波法第3章（無線設備）に定める技術基準に適合していると認められなければならない。

　　注1　電波法第24条の2（検査等事業者の登録）第1項の登録を受けた者をいう。
　　　2　電波法第24条の13（外国点検事業者の登録等）第1項の登録を受けた者をいう。

　答　　1：3　　2：3

3　周波数測定装置の備付け等に関する次の記述のうち、電波法（第31条及び第37条）及び電波法施行規則（第11条の3）の規定に照らし、これらの規定に定めるところに適合しないものはどれか。下の1から4までのうちから一つ選べ。

1　総務省令で定める送信設備には、その誤差が使用周波数の許容偏差の2分の1以下である周波数測定装置を備え付けなければならない。

2　電波法第31条の規定により備え付けなければならない周波数測定装置は、その型式について、総務大臣の行う検定に合格したものでなければ、施設してはならない。ただし、総務大臣が行う検定に相当する型式検定に合格している機器その他の機器であって総務省令で定めるものを施設する場合は、この限りでない。

3　26.175MHzを超える周波数の電波を利用する送信設備には、電波法第31条に規定する周波数測定装置の備付けを要しない。

4　空中線電力50ワット以下の送信設備には、電波法第31条に規定する周波数測定装置の備付けを要しない。

4　次の記述は、「混信」の定義を述べたものである。電波法施行規則（第2条）の規定に照らし、　　内に入れるべき最も適切な字句の組合せを下の1から4までのうちから一つ選べ。

「混信」とは、他の無線局の正常な業務の運行を　A　する電波の発射、輻射又は　B　をいう。

	A	B
1	妨害	誘導
2	制限	反射
3	制限	誘導
4	妨害	反射

5　次の記述は、送信空中線の型式及び構成等について述べたものである。無線設備規則（第20条及び第22条）の規定に照らし、　　内に入れるべき最も適切な字句の組合せを下の1から4までのうちから一つ選べ。

① 送信空中線の型式及び構成は、次の(1)から(3)までに適合するものでなければならない。
　(1)　空中線の　A　がなるべく大であること。
　(2)　　B　が十分であること。
　(3)　満足な指向特性が得られること。

② 空中線の指向特性は、次の(1)から(4)までに掲げる事項によって定める。
　(1)　主輻射方向及び副輻射方向
　(2)　　C　の主輻射の角度の幅
　(3)　空中線を設置する位置の近傍にあるものであって電波の伝わる方向を乱すも

	の	A	B	C
(4)	給電線よりの輻射	1　利得及び能率	調整	垂直面
		2　利得及び能率	整合	水平面
		3　強度	整合	垂直面
		4　強度	調整	水平面

6 　無線従事者の免許が与えられないことがある者に関する次の記述のうち、電波法（第42条）の規定に照らし、この規定に定めるところに適合しないものはどれか。下の1から4までのうちから一つ選べ。

1　日本の国籍を有しなくなった者

2　電波法第9章（罰則）の罪を犯し罰金以上の刑に処せられ、その執行を終わり、又はその執行を受けることがなくなった日から2年を経過しない者

3　不正な手段により免許を受けて電波法第79条（無線従事者の免許の取消し等）の規定により、無線従事者の免許を取り消され、取消しの日から2年を経過しない者

4　電波法若しくは電波法に基づく命令又はこれらに基づく処分に違反して電波法第79条（無線従事者の免許の取消し等）の規定により、無線従事者の免許を取り消され、取消しの日から2年を経過しない者

7 　次の記述は、無線局（登録局を除く。）の運用について述べたものである。電波法（第53条及び第54条）の規定に照らし、　　　内に入れるべき最も適切な字句の組合せを下の1から4までのうちから一つ選べ。

① 　無線局を運用する場合においては、　A　、識別信号、　B　は、その無線局の免許状に記載されたところによらなければならない。ただし、遭難通信については、この限りでない。

② 　無線局を運用する場合においては、空中線電力は、次の(1)及び(2)に定めるところによらなければならない。ただし、遭難通信については、この限りでない。

(1)　免許状に記載されたものの範囲内であること。

(2)　通信を行うため　C　であること。

	A	B	C
1	無線設備	通信方式及び周波数	必要最小のもの
2	無線設備	電波の型式及び周波数	必要かつ十分なもの
3	無線設備の設置場所	電波の型式及び周波数	必要最小のもの
4	無線設備の設置場所	通信方式及び周波数	必要かつ十分なもの

答　　5：2　　6：1　　7：3

8　無線設備の機器の試験又は調整のための無線局の運用に関する次の記述のうち、電波法（第57条）及び無線局運用規則（第22条及び第39条）の規定に照らし、これらの規定に定めるところに適合しないものはどれか。下の1から4までのうちから一つ選べ。

1　無線局は、無線設備の機器の試験又は調整を行うために運用するときは、なるべく擬似空中線回路を使用しなければならない。

2　無線局は、無線設備の機器の試験又は調整のため電波の発射を必要とするときは、発射する前に自局の発射しようとする電波の周波数及びその他必要と認める周波数によって聴守し、他の無線局の通信に混信を与えないことを確かめなければならない。

3　無線局は、無線設備の機器の試験又は調整中は、しばしばその電波の周波数により聴守を行い、他の無線局が通信を行っていないかどうかを確かめなければならない。

4　無線局は、無線設備の機器の試験又は調整のための電波の発射が他の既に行われている通信に混信を与える旨の通知を受けたときは、直ちにその電波の発射を中止しなければならない。

9　総務大臣が行う無線局（登録局を除く。）の周波数等の変更の命令に関する次の記述のうち、電波法（第71条）の規定に照らし、この規定に定めるところに適合するものはどれか。下の1から4までのうちから一つ選べ。

1　総務大臣は、電波の能率的な利用の確保その他特に必要があると認めるときは、当該無線局の電波の型式又は周波数の指定を変更することができる。

2　総務大臣は、無線局が他の無線局に混信その他の妨害を与えていると認めるときは、当該無線局の電波の型式、周波数又は空中線電力の指定を変更することができる。

3　総務大臣は、混信の除去その他特に必要があると認めるときは、無線局の運用に支障を及ぼさない範囲内に限り、当該無線局の周波数若しくは空中線電力の指定を変更し、又は無線局の無線設備の設置場所の変更を命ずることができる。

4　総務大臣は、電波の規整その他公益上必要があるときは、無線局の目的の遂行に支障を及ぼさない範囲内に限り、当該無線局の周波数若しくは空中線電力の指定を変更し、又は人工衛星局の無線設備の設置場所の変更を命ずることができる。

10　次の記述は、電波の発射の停止について述べたものである。電波法（第72条）の規定に照らし、□□□内に入れるべき最も適切な字句の組合せを下の1から4までのうちから一つ選べ。なお、同じ記号の□□□内には、同じ字句が入るものとする。

① 総務大臣は、無線局の発射する　A　が電波法第28条の総務省令で定めるものに適合していないと認めるときは、当該無線局に対して臨時に電波の発射の停止を命ずることができる。

② 総務大臣は、①の命令を受けた無線局からその発射する　A　が電波法第28条の総務省令の定めるものに適合するに至った旨の申出を受けたときは、その無線局に　B　させなければならない。

③ 総務大臣は、②により発射する　A　が電波法第28条の総務省令で定めるものに適合しているときは、　C　しなければならない。

	A	B	C
1	電波の質	電波の質の測定結果を報告	当該無線局に対してその旨を通知
2	電波の質	電波を試験的に発射	直ちに①の停止を解除
3	電波の強度	電波を試験的に発射	当該無線局に対してその旨を通知
4	電波の強度	電波の質の測定結果を報告	直ちに①の停止を解除

11　次の記述は、無線局の免許の取消し等について述べたものである。電波法（第76条）の規定に照らし、□□□内に入れるべき最も適切な字句の組合せを下の1から4までのうちから一つ選べ。

① 総務大臣は、免許人（包括免許人を除く。以下同じ。）が電波法、放送法若しくはこれらの法律に基づく命令又はこれらに基づく処分に違反したときは、　A　以内の期間を定めて無線局の運用の停止を命じ、又は期間を定めて運用許容時間、　B　を制限することができる。

② 総務大臣は、免許人が正当な理由がないのに、無線局の運用を引き続き　C　以上休止したときは、その免許を取り消すことができる。

③ 総務大臣は、免許人が①の命令又は制限に従わないときは、その免許を取り消すことができる。

	A	B	C
1	6月	電波の型式若しくは周波数	6月
2	3月	電波の型式若しくは周波数	1年
3	6月	周波数若しくは空中線電力	1年
4	3月	周波数若しくは空中線電力	6月

答　　10：2　　11：4

12　免許状に記載した事項に変更を生じたときに免許人が執らなければならない措置に関する次の記述のうち、電波法（第21条）の規定に照らし、この規定に定めるところに適合するものはどれか。下の1から4までのうちから一つ選べ。

1　遅滞なく、その旨を総務大臣に届け出なければならない。

2　免許状を総務大臣に提出し、訂正を受けなければならない。

3　速やかに免許状を訂正し、総務大臣にその旨を報告しなければならない。

4　免許状を訂正することについて、あらかじめ総務大臣の許可を受けなければならない。

法　規　令和元年10月施行（午後の部）

1　電波法に規定する用語の定義を述べた次の記述のうち、電波法（第2条）の規定に照らし、この規定に定めるところに適合するものはどれか。下の1から4までのうちから一つ選べ。

1　「電波」とは、500万メガヘルツ以下の周波数の電磁波をいう。

2　「無線電話」とは、電波を利用して、音声を送り、又は受けるための電気的設備をいう。

3　「無線設備」とは、無線電信、無線電話その他電波を送り、又は受けるための電気的設備をいう。

4　「無線局」とは、無線設備及び無線設備の管理を行う者の総体をいう。ただし、受信のみを目的とするものを含まない。

2　次の記述は、予備免許及び申請による周波数等の変更について述べたものである。電波法（第8条及び第19条）の規定に照らし、□□□内に入れるべき最も適切な字句の組合せを下の1から4までのうちから一つ選べ。なお、同じ記号の□□□内には、同じ字句が入るものとする。

① 総務大臣は、電波法第7条（申請の審査）の規定により審査した結果、その申請が同条第1項各号に適合していると認めるときは、申請者に対し、次の(1)から(5)までに掲げる事項を指定して、無線局の予備免許を与える。

　(1)　| A |　　(2)　電波の型式及び周波数　　(3)　識別信号

　(4)　| B |　　(5)　運用許容時間

② 総務大臣は、予備免許を受けた者から申請があった場合において、相当と認めるときは、①の| A |を延長することができる。

③ 総務大臣は、免許人又は電波法第8条の予備免許を受けた者が識別信号、電波の型式、周波数、| B |又は運用許容時間の指定の変更を申請した場合において、| C |ときは、その指定を変更することができる。

	A	B	C
1	工事落成の期限	空中線電力	混信の除去その他特に必要があると認める
2	工事落成の期限	無線設備の設置場所	電波の規整その他公益上必要がある
3	免許の有効期間	空中線電力	電波の規整その他公益上必要がある
4	免許の有効期間	無線設備の設置場所	混信の除去その他特に必要があると認める

法規　二元年10月・午後

答　　1：3　　2：1

3　「無人方式の無線設備」の定義を述べた次の記述のうち、電波法施行規則（第2条）の規定に照らし、この規定に定めるところに適合するものはどれか。下の1から4までのうちから一つ選べ。

1　無線従事者が常駐しない場所に設置されている無線設備をいう。

2　他の無線局が遠隔操作をすることによって動作する無線設備をいう。

3　遠隔地点における測定器の測定結果を、自動的に送信し、又は中継する無人の無線設備をいう。

4　自動的に動作する無線設備であって、通常の状態においては技術操作を直接必要としないものをいう。

4　次の記述は、送信設備に使用する電波の質、受信設備の条件及び安全施設について述べたものである。電波法（第28条から第30条まで）の規定に照らし、□□□内に入れるべき最も適切な字句の組合せを下の1から4までのうちから一つ選べ。

①　送信設備に使用する電波の　A　電波の質は、総務省令で定めるところに適合するものでなければならない。

②　受信設備は、その副次的に発する電波又は高周波電流が、総務省令で定める限度を超えて　B　に支障を与えるものであってはならない。

③　無線設備には、　C　ことがないように、総務省令で定める施設をしなければならない。

	A	B	C
1	周波数の偏差及び幅、空中線電力の偏差等	他の無線設備の機能	他の電気的設備の機能に障害を与える
2	周波数の偏差及び幅、高調波の強度等	他の無線設備の機能	人体に危害を及ぼし、又は物件に損傷を与える
3	周波数の偏差及び幅、空中線電力の偏差等	重要無線通信を行う無線局の運用	人体に危害を及ぼし、又は物件に損傷を与える
4	周波数の偏差及び幅、高調波の強度等	重要無線通信を行う無線局の運用	他の電気的設備の機能に障害を与える

5　高圧電気（注）に対する安全施設に関する次の記述のうち、電波法施行規則（第22条から第25条まで）の規定に照らし、これらの規定に定めるところに適合しないものはどれか。下の1から4までのうちから一つ選べ。

注　高周波若しくは交流の電圧300ボルト又は直流の電圧750ボルトを超える電気をいう。

1　高圧電気を使用する電動発電機、変圧器、ろ波器、整流器その他の機器は、外部より容易に触れることができないように、絶縁しゃへい体又は接地された金属しゃへい体の内に収容しなければならない。ただし、取扱者のほか出入できないように設備した場所に装置する場合は、この限りでない。

2　送信設備の各単位装置相互間をつなぐ電線であって高圧電気を通ずるものは、線溝若しくは丈夫な絶縁体又は接地された金属しゃへい体の内に収容しなければならない。ただし、取扱者のほか出入できないように設備した場所に装置する場合は、この限りでない。

3　送信設備の調整盤又は外箱から露出する電線に高圧電気を通ずる場合においては、その電線が絶縁されているときであっても、電気設備に関する技術基準を定める省令（昭和40年通商産業省令第61号）の規定するところに準じて保護しなければならない。

4　送信設備の空中線、給電線又はカウンターポイズであって高圧電気を通ずるものは、その高さが人の歩行その他起居する平面から2メートル以上のものでなければならない。ただし、次の(1)及び(2)の場合は、この限りでない。

(1)　2メートルに満たない高さの部分が、人体に容易に触れない構造である場合又は人体が容易に触れない位置にある場合

(2)　移動局であって、その移動体の構造上困難であり、かつ、取扱者以外の者が出入しない場所にある場合

6　次の記述は、主任無線従事者の講習の期間について述べたものである。電波法施行規則（第34条の7）の規定に照らし、□□□内に入れるべき最も適切な字句の組合せを下の1から4までのうちから一つ選べ。

① 無線局（総務省令で定める無線局及び登録局を除く。）の免許人は、主任無線従事者を　A　無線設備の操作の監督に関し総務大臣の行う講習を受けさせなければならない。

② 免許人は、①の講習を受けた主任無線従事者にその講習を受けた日から　B　に講習を受けさせなければならない。当該講習を受けた日以降についても同様とする。

	A	B
1	選任したときは、当該主任無線従事者に選任の日から6箇月以内に	5年以内
2	選任したときは、当該主任無線従事者に選任の日から6箇月以内に	3年以内
3	選任しようとするときは、あらかじめ	3年以内
4	選任しようとするときは、あらかじめ	5年以内

答　　5：4　　6：1

7　次の記述は、無線通信（注）の秘密の保護について述べたものである。電波法（第59条及び第109条）の規定に照らし、□□□内に入れるべき最も適切な字句の組合せを下の1から4までのうちから一つ選べ。

注　電気通信事業法第4条（秘密の保護）第1項又は同法第164条（適用除外等）第3項の通信であるものを除く。

①　何人も法律に別段の定めがある場合を除くほか、□A□を傍受して□B□を漏らし、又はこれを窃用してはならない。

②　無線局の取扱中に係る無線通信の秘密を漏らし、又は窃用した者は、1年以下の懲役又は50万円以下の罰金に処する。

③　□C□がその業務に関し知り得た②の秘密を漏らし、又は窃用したときは、2年以下の懲役又は100万円以下の罰金に処する。

	A	B	C
1	総務省令で定める周波数により行われる無線通信	その存在若しくは内容	無線従事者
2	特定の相手方に対して行われる無線通信	その存在若しくは内容	無線通信の業務に従事する者
3	特定の相手方に対して行われる無線通信	その通信の内容	無線従事者
4	総務省令で定める周波数により行われる無線通信	その通信の内容	無線通信の業務に従事する者

8　一般通信方法における無線通信の原則に関する次の記述のうち、無線局運用規則（第10条）の規定に照らし、この規定に定めるところに適合しないものはどれか。下の1から4までのうちから一つ選べ。

1　必要のない無線通信は、これを行ってはならない。

2　無線通信に使用する用語は、できる限り簡潔でなければならない。

3　無線通信を行うときは、自局の識別信号を付して、その出所を明らかにしなければならない。

4　無線通信は、正確に行うものとし、通信上の誤りを知ったときは、通報の送信終了後一括して訂正しなければならない。

9　総務大臣がその職員を無線局（登録局を除く。）に派遣し、その無線設備等（注）を検査させることができる場合に関する次の記述のうち、電波法（第73条）の規定に照らし、この規定に定めるところに適合しないものはどれか。下の1から4までのうちから一つ選べ。

注　無線設備、無線従事者の資格及び員数並びに時計及び書類をいう。

答　7：2　8：4

1　無線局の発射する電波の質が電波法第28条の総務省令で定めるものに適合していないと認めて臨時に電波の発射の停止を命じた無線局から、その発射する電波の質が同条の総務省令の定めるものに適合するに至った旨の申出があったとき。

2　無線設備が電波法第3章（無線設備）に定める技術基準に適合していないと認め、当該無線設備を使用する無線局の免許人に対し、その技術基準に適合するように当該無線設備の修理その他の必要な措置を執るべきことを命じたとき。

3　無線局の検査の結果について総務大臣又は総合通信局長（沖縄総合通信事務所長を含む。）から指示を受けた免許人から、その措置の内容について報告があったとき。

4　無線局の発射する電波の質が電波法第28条の総務省令で定めるものに適合していないと認め、当該無線局に対して臨時に電波の発射の停止を命じたとき。

10　無線局（登録局を除く。）の免許人が電波法又は電波法に基づく命令の規定に違反して運用した無線局を認めたときに執らなければならない措置に関する次の記述のうち、電波法（第80条）及び電波法施行規則（第42条の4）の規定に照らし、これらの規定に定めるところに適合するものはどれか。下の1から4までのうちから一つ選べ。

1　その無線局を告発しなければならない。

2　その無線局の電波の発射を停止させなければならない。

3　その無線局の免許人にその旨を通知しなければならない。

4　できる限り速やかに、文書によって、総務大臣又は総合通信局長（沖縄総合通信事務所長を含む。）に報告しなければならない。

11　次の記述は、無線従事者の免許の取消し等について述べたものである。電波法（第42条及び第79条）及び無線従事者規則（第51条）の規定に照らし、　　　　内に入れるべき最も適切な字句の組合せを下の1から4までのうちから一つ選べ。

① 総務大臣は、無線従事者が電波法若しくは電波法に基づく命令又はこれらに基づく処分に違反したときは、無線従事者の免許を取り消し、又は3箇月以内の期間を定めて　A　することができる。

② 無線従事者は、①により無線従事者の免許の取消しの処分を受けたときは、その処分を受けた日から　B　以内にその免許証を総務大臣又は総合通信局長（沖縄総合通信事務所長を含む。）に返納しなければならない。

③ 総務大臣は、①により無線従事者の免許を取り消され、取消しの日から　C　を経過しない者に対しては、無線従事者の免許を与えないことができる。

	A	B	C
1	その業務に従事することを停止	10日	2年
2	無線設備の操作の範囲を制限	1箇月	2年
3	無線設備の操作の範囲を制限	10日	5年
4	その業務に従事することを停止	1箇月	5年

12 次の記述は、無線局の廃止等について述べたものである。電波法（第22条から第24条まで）の規定に照らし、 内に入れるべき最も適切な字句の組合せを下の1から4までのうちから一つ選べ。

① 免許人は、その無線局を廃止するときは、その旨を総務大臣に A 。

② 免許人が無線局を廃止したときは、免許は、その効力を失う。

③ 無線局の免許がその効力を失ったときは、免許人であった者は、 B しなければならない。

	A	B
1	届け出なければならない	速やかにその免許状を廃棄し、その旨を総務大臣に報告
2	届け出なければならない	1箇月以内にその免許状を返納
3	申請しなければならない	速やかにその免許状を廃棄し、その旨を総務大臣に報告
4	申請しなければならない	1箇月以内にその免許状を返納

答　 11 : 1　 12 : 2

法　規　令和２年２月施行（午前の部）

1　電波法に規定する用語の定義を述べた次の記述のうち、電波法（第２条）の規定に照らし、この規定に定めるところに適合しないものはどれか。下の１から４までのうちから一つ選べ。

1　「電波」とは、300万メガヘルツ以下の周波数の電磁波をいう。

2　「無線設備」とは、無線電信、無線電話その他電波を送り、又は受けるための電気的設備をいう。

3　「無線局」とは、無線設備及び無線設備の操作の監督を行う者の総体をいう。ただし、受信のみを目的とするものを含まない。

4　「無線従事者」とは、無線設備の操作又はその監督を行う者であって、総務大臣の免許を受けたものをいう。

2　次の記述は、無線局の免許の有効期間及び再免許の申請の期間について述べたものである。電波法（第13条）、電波法施行規則（第７条）及び無線局免許手続規則（第18条）の規定に照らし、□内に入れるべき最も適切な字句の組合せを下の１から４までのうちから一つ選べ。なお、同じ記号の□内には、同じ字句が入るものとする。

① 免許の有効期間は、免許の日から起算して□A□を超えない範囲内において総務省令で定める。ただし、再免許を妨げない。

② 特定実験試験局（総務大臣が公示する周波数、当該周波数の使用が可能な地域及び期間並びに空中線電力の範囲内で開設する実験試験局をいう。以下同じ。）の免許の有効期間は、□B□とする。

③ 固定局の免許の有効期間は、□A□とする。

④ 再免許の申請は、特定実験試験局にあっては免許の有効期間満了前１箇月以上３箇月を超えない期間、固定局にあっては免許の有効期間満了前□C□を超えない期間において行わなければならない。ただし、免許の有効期間が１年以内である無線局については、その有効期間満了前１箇月までに行うことができる。

⑤ 免許の有効期間満了前１箇月以内に免許を与えられた無線局については、④の規定にかかわらず、免許を受けた後直ちに再免許の申請を行わなければならない。

	A	B	C
1	5年	当該周波数の使用が可能な期間	3箇月以上6箇月
2	5年	当該実験又は試験の目的を達成するために必要な期間	1箇月以上1年
3	2年	当該実験又は試験の目的を達成するために必要な期間	3箇月以上6箇月
4	2年	当該周波数の使用が可能な期間	1箇月以上1年

3 次に掲げる事項のうち、空中線の指向特性を定める事項に該当しないものはどれか。無線設備規則（第22条）の規定に照らし、下の1から4までのうちから一つ選べ。

1 給電線よりの輻射
2 空中線の利得及び能率
3 主輻射方向及び副輻射方向
4 空中線を設置する位置の近傍にあるものであって電波の伝わる方向を乱すもの

4 次の記述は、周波数に関する定義を述べたものである。電波法施行規則（第2条）の規定に照らし、____内に入れるべき最も適切な字句の組合せを下の1から4までのうちから一つ選べ。

① 「割当周波数」とは、無線局に割り当てられた周波数帯の　A　をいう。
② 「特性周波数」とは、与えられた発射において　B　をいう。
③ 「基準周波数」とは、割当周波数に対して、固定し、かつ、特定した位置にある周波数をいう。この場合において、この周波数の割当周波数に対する偏位は、特性周波数が発射によって占有する周波数帯の中央の周波数に対してもつ偏位と同一の　C　及び同一の符号をもつものとする。

	A	B	C
1	下限の周波数	容易に識別し、かつ、測定することのできる周波数	相対値
2	下限の周波数	必要周波数帯に隣接する周波数	絶対値
3	中央の周波数	必要周波数帯に隣接する周波数	相対値
4	中央の周波数	容易に識別し、かつ、測定することのできる周波数	絶対値

答　2：1　3：2　4：4

5　高圧電気（注）を使用する電動発電機、変圧器、ろ波器、整流器その他の機器が満たすべき安全施設の条件に関する次の記述のうち、電波法施行規則（第22条）の規定に照らし、この規定に定めるところに適合するものはどれか。下の１から４までのうちから一つ選べ。

　　注　高周波若しくは交流の電圧300ボルト又は直流の電圧750ボルトを超える電気をいう。

1　外部を電気的に完全に絶縁し、かつ、電気設備に関する技術基準を定める省令（昭和40年通商産業省令第61号）の規定に従って措置しなければならない。ただし、無線従事者のほか容易に出入できないように設備した場所に装置する場合は、この限りでない。

2　外部より容易に触れることができないように、絶縁しゃへい体又は接地された金属しゃへい体の内に収容しなければならない。ただし、取扱者のほか出入できないように設備した場所に装置する場合は、この限りでない。

3　人の目につく箇所に「高圧注意」の表示をしなければならない。ただし、移動局であって、その移動体の構造上困難であり、かつ、無線従事者以外の者が出入しない場所にある場合は、この限りでない。

4　その高さが人の歩行その他起居する平面から２メートル以上のものでなければならない。ただし、２メートルに満たない高さの部分が、人体に容易に触れない構造である場合は、この限りでない。

6　次の記述は、主任無線従事者の非適格事由について述べたものである。電波法（第39条）及び電波法施行規則（第34条の３）の規定に照らし、□□内に入れるべき最も適切な字句の組合せを下の１から４までのうちから一つ選べ。

①　主任無線従事者は、電波法第40条（無線従事者の資格）の定めるところにより、無線設備の操作の監督を行うことができる無線従事者であって、総務省令で定める事由に該当しないものでなければならない。

②　①の総務省令で定める事由は、次のとおりとする。

　⑴　電波法第９章（罰則）の罪を犯し罰金以上の刑に処せられ、その執行を終わり、又はその執行を受けることがなくなった日から　A　を経過しない者であること。

　⑵　電波法第79条（無線従事者の免許の取消し等）第１項第１号の規定により　B　され、その処分の期間が終了した日から３箇月を経過していない者であること。

　⑶　主任無線従事者として選任される日以前５年間において無線局（無線従事者の選任を要する無線局でアマチュア局以外のものに限る。）の無線設備の操作又はその監督の業務に従事した期間が　C　に満たない者であること。

　答　　5：2

法規　2年2月・午前

	A	B	C
1	2年	業務に従事することを停止	3箇月
2	2年	無線設備の操作の範囲を制限	6箇月
3	1年	無線設備の操作の範囲を制限	3箇月
4	1年	業務に従事することを停止	6箇月

7 次の記述は、無線局（登録局を除く。）の運用について述べたものである。電波法（第52条及び第53条）の規定に照らし、____内に入れるべき最も適切な字句の組合せを下の１から４までのうちから一つ選べ。

① 無線局は、免許状に記載された目的又は__A__の範囲を超えて運用してはならない。ただし、次の(1)から(6)までに掲げる通信については、この限りでない。

　(1) 遭難通信　(2) 緊急通信　(3) 安全通信　(4) 非常通信

　(5) 放送の受信　(6) その他総務省令で定める通信

② 無線局を運用する場合においては、__B__は、その無線局の免許状に記載されたところによらなければならない。ただし、__C__については、この限りでない。

	A	B	C
1	通信の相手方若しくは通信事項	識別信号、電波の型式、周波数及び空中線電力	遭難通信、緊急通信、安全通信及び非常通信
2	通信事項	識別信号、電波の型式、周波数及び空中線電力	遭難通信
3	通信の相手方若しくは通信事項	無線設備の設置場所、識別信号、電波の型式及び周波数	遭難通信
4	通信事項	無線設備の設置場所、識別信号、電波の型式及び周波数	遭難通信、緊急通信、安全通信及び非常通信

8 次に掲げる通信のうち、固定局（電気通信業務の通信を行う無線局を除く。）がその免許状に記載された目的等にかかわらず運用することができる通信に該当しないものはどれか。電波法施行規則（第37条）の規定に照らし、下の１から４までのうちから一つ選べ。

1 電波の規正に関する通信

2 免許人以外の者のために行う通信

3 無線機器の試験又は調整をするために行う通信

4 電波法第74条（非常の場合の無線通信）第１項に規定する通信の訓練のために行う通信

| 答 | 6：1　7：3　8：2 |

9　次の記述は、非常の場合の無線通信等について述べたものである。電波法（第74条及び第74条の２）の規定に照らし、□□□内に入れるべき最も適切な字句の組合せを下の１から４までのうちから一つ選べ。

① 　総務大臣は、地震、台風、洪水、津波、雪害、火災、暴動その他非常の事態が発生し、又は発生するおそれがある場合においては、人命の救助、災害の救援、□A□の確保又は秩序の維持のために必要な通信を□B□に行わせることができる。

② 　総務大臣は、①の通信の円滑な実施を確保するため必要な体制を整備するため、非常の場合における通信計画の作成、通信訓練の実施その他の必要な措置を講じておかなければならない。

③ 　総務大臣は、②の措置を講じようとするときは、□C□の協力を求めることができる。

	A	B	C
1	交通通信	電気通信事業者	無線従事者
2	電力の供給	電気通信事業者	免許人又は登録人
3	電力の供給	無線局	無線従事者
4	交通通信	無線局	免許人又は登録人

10　次の記述は、無線局（登録局を除く。）の臨時検査（電波法第73条第５項の検査をいう。）について述べたものである。電波法（第73条）の規定に照らし、□□□内に入れるべき最も適切な字句の組合せを下の１から４までのうちから一つ選べ。なお、同じ記号の□□□内には、同じ字句が入るものとする。

　総務大臣は、次の(1)から(4)までに掲げる場合は、その職員を無線局に派遣し、その無線設備等（注）を検査させることができる。

　注　無線設備、無線従事者の資格及び員数並びに時計及び書類をいう。

(1) 　総務大臣が電波法第71条の５の規定により無線設備が電波法第３章（無線設備）に定める技術基準に適合していないと認め、当該無線設備を使用する無線局の免許人に対し、その技術基準に適合するように当該無線設備の□A□その他の必要な措置を執るべきことを命じたとき。

(2) 　総務大臣が電波法第72条第１項の規定により無線局の発射する□B□が電波法第28条の総務省令で定めるものに適合していないと認め、当該無線局に対して□C□電波の発射の停止を命じたとき。

(3) 　総務大臣が(2)の命令を受けた無線局からその発射する□B□が電波法第28条の総務省令の定めるものに適合するに至った旨の申出を受けたとき。

(4) 　電波法の施行を確保するため特に必要があるとき。

．．

答　　　9：4

	A	B	C
1	運用の停止	電波の強度	臨時に
2	修理	電波の強度	３箇月以内の期間を定めて
3	修理	電波の質	臨時に
4	運用の停止	電波の質	３箇月以内の期間を定めて

11 無線従事者がその免許を取り消されることがあるときに関する次の記述のうち、電波法（第79条）の規定に照らし、この規定に定めるところに適合しないものはどれか。下の１から４までのうちから一つ選べ。

1 不正な手段により無線従事者の免許を受けたとき。

2 正当な理由がないのに、無線通信の業務に５年以上従事しなかったとき。

3 電波法若しくは電波法に基づく命令又はこれらに基づく処分に違反したとき。

4 著しく心身に欠陥があって無線従事者たるに適しない者に該当するに至ったとき。

12 無線局（包括免許に係るものを除く。）の免許状に関する次の記述のうち、電波法（第21条及び第24条）及び無線局免許手続規則（第23条）の規定に照らし、これらの規定に定めるところに適合するものはどれか。下の１から４までのうちから一つ選べ。

1 免許人は、免許状に記載した事項に変更を生じたときは、速やかに免許状を訂正し、総務大臣にその旨を報告しなければならない。

2 免許がその効力を失ったときは、免許人であった者は、速やかにその免許状を廃棄し、その旨を総務大臣に報告しなければならない。

3 免許がその効力を失ったときは、免許人であった者は、１箇月以内にその免許状を返納しなければならない。

4 免許人は、免許状を破損し、失った等のために免許状の再交付を受けたときは、速やかに旧免許状を廃棄し、その旨を総務大臣に報告しなければならない。

法　規　令和2年2月施行（午後の部）

1　　固定局の予備免許中における工事落成の期限の延長、工事設計の変更等に関する次の記述のうち、電波法（第8条及び第9条）の規定に照らし、これらの規定に定めるところに適合しないものはどれか。下の1から4までのうちから一つ選べ。

1　総務大臣は、予備免許を受けた者から申請があった場合において、相当と認めるときは、予備免許の際に指定した工事落成の期限を延長することができる。

2　予備免許を受けた者は、工事設計を変更しようとするときは、あらかじめ総務大臣にその旨を届け出なければならない。

3　予備免許を受けた者が工事設計を変更しようとするときは、その変更は、周波数、電波の型式又は空中線電力に変更を来すものであってはならず、かつ、工事設計が電波法第3章（無線設備）に定める技術基準に合致するものでなければならない。

4　予備免許を受けた者は、無線局の目的、通信の相手方、通信事項又は無線設備の設置場所を変更しようとするときは、あらかじめ総務大臣の許可を受けなければならない。ただし、基幹放送局以外の無線局が基幹放送をすることとする無線局の目的の変更は、これを行うことができない。

2　　次の記述は、無線局の変更検査について述べたものである。電波法（第18条）の規定に照らし、　　内に入れるべき最も適切な字句の組合せを下の1から4までのうちから一つ選べ。

① 電波法第17条（変更等の許可）第1項の規定により　A　の変更又は無線設備の変更の工事の許可を受けた免許人は、総務大臣の検査を受け、当該変更又は工事の結果が同条同項の許可の内容に適合していると認められた後でなければ、許可に係る無線設備を運用してはならない。ただし、総務省令で定める場合は、この限りでない。

② ①の検査は、①の検査を受けようとする者が、当該検査を受けようとする無線設備について登録検査等事業者(注1)又は登録外国点検事業者(注2)が総務省令で定めるところにより行った当該登録に係る　B　を記載した書類を総務大臣に提出した場合においては、　C　を省略することができる。

注1　電波法第24条の2（検査等事業者の登録）第1項の登録を受けた者をいう。

2　電波法第24条の13（外国点検事業者の登録等）第1項の登録を受けた者をいう。

答　1：2

	A	B	C
1	通信の相手方、通信事項若しくは無線設備の設置場所	検査の結果	その一部
2	無線設備の設置場所	検査の結果	当該検査
3	通信の相手方、通信事項若しくは無線設備の設置場所	点検の結果	当該検査
4	無線設備の設置場所	点検の結果	その一部

3 次に掲げる無線設備の機器のうち、その型式について、総務大臣の行う検定に合格したものでなければ施設してはならないものに該当するものはどれか。電波法（第37条）の規定に照らし、下の1から4までのうちから一つ選べ。ただし、総務大臣が行う検定に相当する型式検定に合格している機器その他の機器であって総務省令で定めるものを施設する場合を除く。

1 放送の業務の用に供する無線局の無線設備の機器
2 電気通信業務の用に供する無線局の無線設備の機器
3 電波法第31条の規定により備え付けなければならない周波数測定装置
4 人命若しくは財産の保護又は治安の維持の用に供する無線局の無線設備の機器

4 次の記述は、受信設備の条件について述べたものである。電波法（第29条）及び無線設備規則（第24条）の規定に照らし、□□□内に入れるべき最も適切な字句の組合せを下の1から4までのうちから一つ選べ。なお、同じ記号の□□□内には、同じ字句が入るものとする。

① 受信設備は、その副次的に発する電波又は高周波電流が、総務省令で定める限度を超えて　A　に支障を与えるものであってはならない。
② ①の副次的に発する電波が　A　に支障を与えない限度は、受信空中線と　B　の等しい擬似空中線回路を使用して測定した場合に、その回路の電力が　C　以下でなければならない。
③ 無線設備規則第24条（副次的に発する電波等の限度）第2項以下の規定において、別段の定めがあるものは②にかかわらず、その定めるところによるものとする。

	A	B	C
1	他の無線設備の機能	電気的常数	4ナノワット
2	他の無線設備の機能	利得及び能率	4ミリワット
3	重要無線通信の運用	電気的常数	4ミリワット
4	重要無線通信の運用	利得及び能率	4ナノワット

答　2：4　3：3　4：1

5　次の表の各欄の記述は、それぞれ電波の型式の記号表示と主搬送波の変調の型式、主搬送波を変調する信号の性質及び伝送情報の型式に分類して表す電波の型式を示したものである。電波法施行規則（第４条の２）の規定に照らし、□□内に入れるべき最も適切な字句の組合せを下の１から４までのうちから一つ選べ。

電波の型式の記号	電　波　の　型　式		
	主搬送波の変調の型式	主搬送波を変調する信号の性質	伝送情報の型式
Ｊ８Ｅ	A	アナログ信号である２以上のチャネルのもの	電話（音響の放送を含む。）
Ｇ１Ｄ	角度変調であって、位相変調	B	データ伝送、遠隔測定又は遠隔指令
Ｆ３Ｃ	角度変調であって、周波数変調	アナログ信号である単一チャネルのもの	C

	A	B	C
1	振幅変調であって、抑圧搬送波による単側波帯	デジタル信号である単一チャネルのものであって、変調のための副搬送波を使用しないもの	ファクシミリ
2	振幅変調であって、低減搬送波による単側波帯	デジタル信号である単一チャネルのものであって、変調のための副搬送波を使用するもの	ファクシミリ
3	振幅変調であって、低減搬送波による単側波帯	デジタル信号である単一チャネルのものであって、変調のための副搬送波を使用しないもの	テレビジョン（映像に限る。）
4	振幅変調であって、抑圧搬送波による単側波帯	デジタル信号である単一チャネルのものであって、変調のための副搬送波を使用するもの	テレビジョン（映像に限る。）

6　無線局（登録局を除く。）に選任される主任無線従事者に関する次の記述のうち、電波法（第39条）の規定に照らし、この規定に定めるところに適合しないものはどれか。下の１から４までのうちから一つ選べ。

1　主任無線従事者は、電波法第40条（無線従事者の資格）の定めるところにより、無線設備の操作の監督を行うことができる無線従事者であって、総務省令で定める事由に該当しないものでなければならない。

2　無線局の免許人は、主任無線従事者を選任しようとするときは、あらかじめ、その旨を総務大臣に届け出なければならない。これを解任しようとするときも、同様とする。

··········

答　　⑤：1

3　無線局の免許人によりその選任の届出がされた主任無線従事者は、無線設備の操作の監督に関し総務省令で定める職務を誠実に行わなければならない。

4　無線局の免許人によりその選任の届出がされた主任無線従事者の監督の下に無線設備の操作に従事する者は、当該主任無線従事者が総務省令で定める職務を行うため必要であると認めてする指示に従わなければならない。

7　次の記述は、混信等の防止について述べたものである。電波法（第56条）の規定に照らし、□□□内に入れるべき最も適切な字句の組合せを下の１から４までのうちから一つ選べ。

　無線局は、□A□又は電波天文業務の用に供する受信設備その他の総務省令で定める受信設備（無線局のものを除く。）で総務大臣が指定するものにその運用を阻害するような□B□を与えないように運用しなければならない。ただし、□C□については、この限りでない。

	A	B	C
1	重要無線通信を行う無線局	混信その他の妨害	遭難通信
2	他の無線局	混信その他の妨害	遭難通信、緊急通信、安全通信及び非常通信
3	重要無線通信を行う無線局	混信	遭難通信、緊急通信、安全通信及び非常通信
4	他の無線局	混信	遭難通信

8　無線通信（注）の秘密の保護に関する次の記述のうち、電波法（第59条）の規定に照らし、この規定に定めるところに適合するものはどれか。下の１から４までのうちから一つ選べ。

注　電気通信事業法第４条（秘密の保護）第１項又は第164条（適用除外等）第３項の通信であるものを除く。

1　何人も法律に別段の定めがある場合を除くほか、総務省令で定める周波数を使用して行われる暗語による無線通信を傍受してその存在若しくは内容を漏らし、又はこれを窃用してはならない。

2　何人も法律に別段の定めがある場合を除くほか、総務省令で定める周波数を使用して行われる無線通信を傍受してその存在若しくは内容を漏らし、又はこれを窃用してはならない。

3　何人も法律に別段の定めがある場合を除くほか、特定の相手方に対して行われる暗語による無線通信を傍受してその存在若しくは内容を漏らし、又はこれを窃用してはならない。

答　　6：2　　7：2

4　何人も法律に別段の定めがある場合を除くほか、特定の相手方に対して行われる無線通信を傍受してその存在若しくは内容を漏らし、又はこれを窃用してはならない。

9　次の記述は、無線局（登録局を除く。）の免許人の総務大臣への報告等について述べたものである。電波法（第80条及び第81条）の規定に照らし、　　　内に入れるべき最も適切な字句の組合せを下の１から４までのうちから一つ選べ。

①　無線局の免許人は、次の(1)及び(2)に掲げる場合は、総務省令で定める手続により、総務大臣に報告しなければならない。

(1)　　A　　。

(2)　　B　　。

②　総務大臣は、無線通信の秩序の維持その他　C　を確保するため必要があると認めるときは、免許人に対し、無線局に関し報告を求めることができる。

	A	B	C
1	遭難通信、緊急通信、安全通信又は非常通信を行ったとき	電波法又は電波法に基づく命令の規定に違反して運用した無線局を認めたとき	無線局の適正な運用
2	無線設備の機器の試験又は調整を行うために無線局を運用したとき	電波法第74条（非常の場合の無線通信）第１項に規定する通信の訓練のための通信を行ったとき	無線局の適正な運用
3	無線設備の機器の試験又は調整を行うために無線局を運用したとき	電波法又は電波法に基づく命令の規定に違反して運用した無線局を認めたとき	電波の能率的な利用
4	遭難通信、緊急通信、安全通信又は非常通信を行ったとき	電波法第74条（非常の場合の無線通信）第１項に規定する通信の訓練のための通信を行ったとき	電波の能率的な利用

10　次に掲げる処分のうち、免許人が電波法、放送法若しくはこれらの法律に基づく命令又はこれらに基づく処分に違反したときに、総務大臣から受けることがある処分に該当するものはどれか。電波法（第76条）の規定に照らし、下の１から４までのうちから一つ選べ。

1　3月以内の期間を定めて行われる無線局の通信の相手方又は通信事項の制限

2　6月以内の期間を定めて行われる無線局の電波の型式の制限

3　3月以内の期間を定めて行われる無線局の運用の停止

4　再免許の拒否

11　総務大臣が無線局に対し臨時に電波の発射の停止を命ずることができる場合に関する次の記述のうち、電波法（第72条）の規定に照らし、この規定に定めるところに適合するものはどれか。下の１から４までのうちから一つ選べ。

1　無線局の発射する電波の空中線電力が免許状に記載された空中線電力の範囲を超えていると認めるとき。

2　無線局の発射する電波の質が電波法第28条の総務省令で定めるものに適合していないと認めるとき。

3　無線局の発射する電波の周波数が免許状に記載された周波数以外のものであると認めるとき。

4　無線局の発射する電波が重要無線通信に妨害を与えていると認めるとき。

12　次の記述は、無線従事者の免許証について述べたものである。電波法施行規則（第38条）及び無線従事者規則（第50条及び第51条）の規定に照らし、[　　　]内に入れるべき最も適切な字句の組合せを下の１から４までのうちから一つ選べ。なお、同じ記号の[　　　]内には、同じ字句が入るものとする。

①　無線従事者は、その業務に従事しているときは、免許証を[A]していなければならない。

②　無線従事者は、[B]に変更を生じたとき又は免許証を汚し、破り、若しくは失ったために免許証の再交付を受けようとするときは、申請書に次の(1)から(3)までに掲げる書類を添えて総務大臣又は総合通信局長（沖縄総合通信事務所長を含む。以下同じ。）に提出しなければならない。

(1)　免許証（免許証を失った場合を除く。）

(2)　写真１枚

(3)　[B]の変更の事実を証する書類（[B]に変更を生じたときに限る。）

③　無線従事者は、免許の取消しの処分を受けたときは、その処分を受けた日から[C]にその免許証を総務大臣又は総合通信局長に返納しなければならない。免許証の再交付を受けた後失った免許証を発見したときも同様とする。

	A	B	C
1	無線局に保管	氏名又は住所	10日以内
2	無線局に保管	氏名	30日以内
3	携帯	氏名	10日以内
4	携帯	氏名又は住所	30日以内

法　規　令和２年10月施行（午前の部）

1　次の記述は、申請による周波数等の変更について述べたものである。電波法（第19条）の規定に照らし、□□□内に入れるべき最も適切な字句の組合せを下の１から４までのうちから一つ選べ。

　総務大臣は、免許人又は電波法第８条の予備免許を受けた者が識別信号、　A　、周波数、　B　又は運用許容時間の指定の変更を申請した場合において、　C　その他特に必要があると認めるときは、その指定を変更することができる。

	A	B	C
1	無線設備の設置場所	空中線電力	電波の規整
2	無線設備の設置場所	空中線の型式及び構成	混信の除去
3	電波の型式	空中線電力	混信の除去
4	電波の型式	空中線の型式及び構成	電波の規整

2　無線局の免許の有効期間及び再免許の申請の期間に関する次の記述のうち、電波法（第13条）、電波法施行規則（第７条）及び無線局免許手続規則（第18条）の規定に照らし、これらの規定に定めるところに適合しないものはどれか。下の１から４までのうちから一つ選べ。

1　免許の有効期間は、免許の日から起算して５年を超えない範囲内において総務省令で定める。ただし、再免許を妨げない。

2　特定実験試験局（総務大臣が公示する周波数、当該周波数の使用が可能な地域及び期間並びに空中線電力の範囲内で開設する実験試験局をいう。）の免許の有効期間は、当該周波数の使用が可能な期間とする。

3　固定局の免許の有効期間は、５年とする。

4　再免許の申請は、固定局（免許の有効期間が１年以内であるものを除く。）にあっては免許の有効期間満了前１箇月以上１年を超えない期間において行わなければならない。

3　送信空中線の型式及び構成に関する次の事項のうち、無線設備規則（第20条）の規定に照らし、送信空中線の型式及び構成が適合しなければならない条件に該当しないものはどれか。下の１から４までのうちから一つ選べ。

　答　　1：3　　2：4

1　整合が十分であること。
2　満足な指向特性が得られること。
3　空中線の利得及び能率がなるべく大であること。
4　発射可能な電波の周波数帯域がなるべく広いものであること。

4　次の記述は、「周波数の許容偏差」及び「スプリアス発射」の定義を述べたものである。電波法施行規則（第2条）の規定に照らし、　　内に入れるべき最も適切な字句の組合せを下の1から4までのうちから一つ選べ。

①　「周波数の許容偏差」とは、発射によって占有する周波数帯の中央の周波数の割当周波数からの許容することができる最大の偏差又は発射の特性周波数の　A　からの許容することができる最大の偏差をいい、100万分率又はヘルツで表す。

②　「スプリアス発射」とは、必要周波数帯外における1又は2以上の周波数の電波の発射であって、そのレベルを情報の伝送に影響を与えないで　B　することができるものをいい、　C　を含み、帯域外発射を含まないものとする。

	A	B	C
1	基準周波数	低減	高調波発射、低調波発射、寄生発射及び相互変調積
2	割当周波数	除去	高調波発射、低調波発射、寄生発射及び相互変調積
3	基準周波数	除去	高調波発射及び低調波発射
4	割当周波数	低減	高調波発射及び低調波発射

5　周波数の安定のための条件に関する次の記述のうち、無線設備規則（第15条及び第16条）の規定に照らし、これらの規定に定めるところに適合しないものはどれか。下の1から4までのうちから一つ選べ。

1　水晶発振回路に使用する水晶発振子は、周波数をその許容偏差内に維持するため、発振周波数が当該送信装置の水晶発振回路により又はこれと同一の条件の回路によりあらかじめ試験を行って決定されているものでなければならない。
2　移動局（移動するアマチュア局を含む。）の送信装置は、実際上起り得る振動又は衝撃によっても周波数をその許容偏差内に維持するものでなければならない。
3　周波数をその許容偏差内に維持するため、発振回路の方式は、できる限り気圧の変化によって影響を受けないものでなければならない。
4　周波数をその許容偏差内に維持するため、送信装置は、できる限り電源電圧又は負荷の変化によって発振周波数に影響を与えないものでなければならない。

6　次の記述は、無線局（登録局を除く。）に選任される主任無線従事者の講習の期間等について述べたものである。電波法（第39条）及び電波法施行規則（第34条の7）の規定に照らし、_____内に入れるべき最も適切な字句の組合せを下の1から4までのうちから一つ選べ。

① 無線局の免許人は、主任無線従事者を　A　なければならない。

② 無線局の免許人は、主任無線従事者を選任したときは、当該主任無線従事者に選任の日から　B　以内に無線設備の操作の監督に関し総務大臣の行う講習を受けさせなければならない。

③ 無線局の免許人は、②の講習を受けた主任無線従事者にその講習を受けた日から　C　以内に講習を受けさせなければならない。当該講習を受けた日以降についても同様とする。

	A	B	C
1	選任したときは、遅滞なく、その旨を総務大臣に届け出	6箇月	5年
2	選任しようとするときは、総務大臣の承認を受け	6箇月	3年
3	選任しようとするときは、総務大臣の承認を受け	1年	5年
4	選任したときは、遅滞なく、その旨を総務大臣に届け出	1年	3年

7　非常通信に関する次の記述のうち、電波法（第52条）の規定に照らし、この規定に定めるところに適合するものはどれか。下の1から4までのうちから一つ選べ。

1 地震、台風、洪水、津波、雪害、火災、暴動その他非常の事態が発生した場合において、人命の救助、災害の救援、交通通信の確保又は秩序の維持のために行われる無線通信をいう。

2 地震、台風、洪水、津波、雪害、火災、暴動その他非常の事態が発生し、又は発生するおそれがある場合において、人命の救助、災害の救援、交通通信の確保又は秩序の維持のために行われる無線通信をいう。

3 地震、台風、洪水、津波、雪害、火災、暴動その他非常の事態が発生した場合において、電気通信業務の通信を利用することができないときに人命の救助、災害の救援、交通通信の確保又は秩序の維持のために行われる無線通信をいう。

4 地震、台風、洪水、津波、雪害、火災、暴動その他非常の事態が発生し、又は発生するおそれがある場合において、有線通信を利用することができないか又はこれを利用することが著しく困難であるときに人命の救助、災害の救援、交通通信の確保又は秩序の維持のために行われる無線通信をいう。

答　6：1　7：4

8　次の記述は、無線設備の機器の試験又は調整のための無線局の運用について述べたものである。電波法（第57条）及び無線局運用規則（第22条及び第39条）の規定に照らし、□□□内に入れるべき最も適切な字句の組合せを下の1から4までのうちから一つ選べ。

① 無線局は、無線設備の機器の試験又は調整を行うために運用するときは、なるべく擬似空中線回路を使用しなければならない。

② 無線局は、無線設備の機器の試験又は調整のため電波の発射を必要とするときは、発射する前に自局の発射しようとする電波の　A　によって聴守し、他の無線局の通信に混信を与えないことを確かめなければならない。

③ ②の試験又は調整中は、しばしばその電波の周波数により聴守を行い、　B　どうかを確かめなければならない。

④ 無線局は、③により聴守を行った結果、無線設備の機器の試験又は調整のための電波の発射が他の既に行われている通信に混信を与える旨の通知を受けたときは、直ちに　C　しなければならない。

	A	B	C
1	周波数及びその他必要と認める周波数	他の無線局が通信を行っていないか	空中線電力を低減
2	周波数及びその他必要と認める周波数	他の無線局から停止の要求がないか	その電波の発射を中止
3	周波数	他の無線局が通信を行っていないか	その電波の発射を中止
4	周波数	他の無線局から停止の要求がないか	空中線電力を低減

9　無線局（登録局を除く。）の免許人が電波法又は電波法に基づく命令の規定に違反して運用した無線局を認めたときに執らなければならない措置に関する次の事項のうち、電波法（第80条）の規定に照らし、この規定に定めるところに該当するものはどれか。下の1から4までのうちから一つ選べ。

1 その無線局の免許人にその旨を通知すること。

2 総務省令で定める手続により、総務大臣に報告すること。

3 その無線局の電波の発射を停止させること。

4 その無線局を告発すること。

答　8：2　　9：2

10　次の記述は、無線局の発射する電波の質が総務省令で定めるものに適合していないと認めるときに総務大臣が行うことができる処分等について述べたものである。電波法（第72条及び第73条）の規定に照らし、□□□内に入れるべき最も適切な字句の組合せを下の１から４までのうちから一つ選べ。

① 総務大臣は、無線局の発射する電波の質が電波法第28条の総務省令で定めるものに適合していないと認めるときは、当該無線局に対して　A　電波の発射の停止を命ずることができる。

② 総務大臣は、①の命令を受けた無線局からその発射する電波の質が電波法第28条の総務省令の定めるものに適合するに至った旨の申出を受けたときは、その無線局に電波を試験的に発射させなければならない。

③ 総務大臣は、②により発射する電波の質が電波法第28条の総務省令で定めるものに適合しているときは、直ちに　B　しなければならない。

④ 総務大臣は、①の電波の発射の停止を命じたとき、②の申出があったときは、その職員を無線局に派遣し、その無線設備等（無線設備、無線従事者の資格及び　C　並びに時計及び書類をいう。）を検査させることができる。

	A	B	C
1	臨時に	当該無線局に対してその旨を通知	技能
2	期間を定めて	①の停止を解除	技能
3	臨時に	①の停止を解除	員数
4	期間を定めて	当該無線局に対してその旨を通知	員数

11　次の記述は、免許等を要しない無線局（注）及び受信設備に対する監督について述べたものである。電波法（第82条）の規定に照らし、□□□内に入れるべき最も適切な字句の組合せを下の１から４までのうちから一つ選べ。

注　電波法第４条（無線局の開設）第１号から第３号までに掲げる無線局をいう。

① 総務大臣は、免許等を要しない無線局の無線設備の発する電波又は受信設備が副次的に発する電波若しくは高周波電流が　A　の機能に継続的かつ重大な障害を与えるときは、その設備の所有者又は占有者に対し、その障害を除去するために　B　を命ずることができる。

② 総務大臣は、免許等を要しない無線局の無線設備について又は放送の受信を目的とする受信設備以外の受信設備について①の措置を執るべきことを命じた場合において特に必要があると認めるときは、　C　ことができる。

答　　10：3

	A	B	C
1	電気通信業務の用に供する無線局の無線設備	設備の使用を中止する措置を執るべきこと	その職員を当該設備のある場所に派遣し、その設備を検査させる
2	他の無線設備	設備の使用を中止する措置を執るべきこと	その事実及び措置の内容を記載した書面の提出を求める
3	他の無線設備	必要な措置を執るべきこと	その職員を当該設備のある場所に派遣し、その設備を検査させる
4	電気通信業務の用に供する無線局の無線設備	必要な措置を執るべきこと	その事実及び措置の内容を記載した書面の提出を求める

12 無線局の免許がその効力を失ったときに免許人であった者が執らなくてはならない措置に関する次の事項のうち、電波法（第24条）の規定に照らし、この規定に定めるところに該当するものはどれか。下の1から4までのうちから一つ選べ。
1 遅滞なく免許状を廃棄すること。
2 1箇月以内に免許状を総務大臣に返納すること。
3 3箇月以内に免許状を総務大臣に返納すること。
4 無線局の免許の申請書の添付書類の写しとともに免許状を2年間保存すること。

法　規　令和2年10月施行（午後の部）

1　申請の審査に関する次の事項のうち、電波法（第7条）の規定に照らし、総務大臣が基地局の免許の申請書を受理したときに審査しなければならない事項に該当しないものはどれか。下の1から4までのうちから一つ選べ。

1　周波数の割当てが可能であること。

2　当該業務を維持するに足りる経理的基礎及び技術的能力があること。

3　工事設計が電波法第3章（無線設備）に定める技術基準に適合すること。

4　総務省令で定める無線局（基幹放送局を除く。）の開設の根本的基準に合致すること。

2　次の記述は、無線局の落成後の検査について述べたものである。電波法（第10条）の規定に照らし、□□□内に入れるべき最も適切な字句の組合せを下の1から4までのうちから一つ選べ。

① 電波法第8条の予備免許を受けた者は、工事が落成したときは、その旨を総務大臣に届け出て、その無線設備、無線従事者の資格（主任無線従事者の要件に係るものを含む。）及び　A　並びに時計及び書類（以下「無線設備等」という。）について検査を受けなければならない。

② ①の検査は、①の検査を受けようとする者が、当該検査を受けようとする無線設備等について登録検査等事業者（注1）又は登録外国点検事業者（注2）が総務省令で定めるところにより行った当該登録に係る　B　を記載した書類を添えて①の届出をした場合においては、　C　を省略することができる。

　　注1　電波法第24条の2（検査等事業者の登録）第1項の登録を受けた者をいう。

　　　2　電波法第24条の13（外国点検事業者の登録等）第1項の登録を受けた者をいう。

	A	B	C
1	技能	点検の結果	当該検査
2	技能	検査の結果	その一部
3	員数	点検の結果	その一部
4	員数	検査の結果	当該検査

答　　1：2　　2：3

3　「無給電中継装置」の定義を述べた次の記述のうち、電波法施行規則（第2条）の規定に照らし、この規定に定めるところに適合するものはどれか。下の1から4までのうちから一つ選べ。

1　送信機、受信機その他の電源を必要とする機器を使用しないで電波の伝搬方向を変える中継装置をいう。

2　自動的に動作する無線設備であって、通常の状態においては技術操作を直接必要としないものをいう。

3　受信装置のみによって電波の伝搬方向を変える中継装置をいう。

4　電源として太陽電池を使用して自動的に中継する装置をいう。

4　次の記述は、電波の質及び受信設備の条件について述べたものである。電波法（第28条及び第29条）の規定に照らし、□□□内に入れるべき最も適切な字句の組合せを下の1から4までのうちから一つ選べ。

① 送信設備に使用する電波の　A　、　B　電波の質は、総務省令で定めるところに適合するものでなければならない。

② 受信設備は、その副次的に発する電波又は高周波電流が、総務省令で定める限度を超えて　C　の機能に支障を与えるものであってはならない。

	A	B	C
1	周波数の偏差	高調波の強度等	電気通信業務の用に供する無線局の無線設備
2	周波数の偏差及び幅	空中線電力の偏差等	電気通信業務の用に供する無線局の無線設備
3	周波数の偏差	空中線電力の偏差等	他の無線設備
4	周波数の偏差及び幅	高調波の強度等	他の無線設備

5　次の記述は、無線設備の安全性の確保等について述べたものである。電波法施行規則（第21条の2及び第21条の3）の規定に照らし、□□□内に入れるべき最も適切な字句の組合せを下の1から4までのうちから一つ選べ。

① 無線設備は、破損、発火、発煙等により　A　ことがあってはならない。

② 無線設備には、当該無線設備から発射される電波の強度（電界強度、磁界強度、電力束密度及び磁束密度をいう。）が電波法施行規則別表第2号の3の2（電波の強度の値の表）に定める値を超える　B　に取扱者のほか容易に出入りすることができないように、施設をしなければならない。ただし、次の(1)から(4)までに掲げる無線局の無線設備については、この限りではない。

答　　3：1　　4：4

(1)　平均電力が　C　以下の無線局の無線設備

(2)　移動する無線局の無線設備

(3)　地震、台風、洪水、津波、雪害、火災、暴動その他非常の事態が発生し、又は発生するおそれがある場合において、臨時に開設する無線局の無線設備

(4)　(1)から(3)までに掲げるもののほか、この規定を適用することが不合理であるものとして総務大臣が別に告示する無線局の無線設備

	A	B	C
1	他の電気的設備の機能に障害を与える	場所（人が通常、集合し、通行し、その他出入りする場所に限る。）	50ミリワット
2	人体に危害を及ぼし、又は物件に損傷を与える	場所（人が通常、集合し、通行し、その他出入りする場所に限る。）	20ミリワット
3	人体に危害を及ぼし、又は物件に損傷を与える	場所（人が出入りするおそれのあるいかなる場所も含む。）	50ミリワット
4	他の電気的設備の機能に障害を与える	場所（人が出入りするおそれのあるいかなる場所も含む。）	20ミリワット

6　無線局（登録局を除く。）に選任された主任無線従事者の職務に関する次の事項のうち、電波法施行規則（第34条の５）の規定に照らし、主任無線従事者が行わなければならない職務に該当しないものはどれか。下の１から４までのうちから一つ選べ。

1　電波法に規定する申請又は届出を行うこと。

2　無線設備の機器の点検若しくは保守を行い、又はその監督を行うこと。

3　主任無線従事者の職務を遂行するために必要な事項に関し免許人に対して意見を述べること。

4　主任無線従事者の監督を受けて無線設備の操作を行う者に対する訓練（実習を含む。）の計画を立案し、実施すること。

7　無線局（登録局を除く。）の運用に関する次の記述のうち、電波法（第52条から第55条まで）の規定に照らし、これらの規定に定めるところに適合しないものはどれか。下の１から４までのうちから一つ選べ。

1　無線局は、免許状に記載された目的又は通信の相手方若しくは通信事項の範囲を超えて運用してはならない。ただし、次の(1)から(6)までに掲げる通信については、この限りでない。

答　5：2　6：1

(1) 遭難通信　(2) 緊急通信　(3) 安全通信　(4) 非常通信
(5) 放送の受信　(6) その他総務省令で定める通信

2　無線局を運用する場合においては、無線設備の設置場所、識別信号、電波の型式及び周波数は、その無線局の免許状に記載されたところによらなければならない。ただし、遭難通信については、この限りでない。

3　無線局を運用する場合においては、空中線電力は、その無線局の免許状に記載されたところによらなければならない。ただし、遭難通信、緊急通信、安全通信及び非常通信については、この限りでない。

4　無線局は、免許状に記載された運用許容時間内でなければ、運用してはならない。ただし、遭難通信、緊急通信、安全通信、非常通信、放送の受信、その他総務省令で定める通信を行う場合及び総務省令で定める場合は、この限りでない。

8　次の記述は、無線局の運用について述べたものである。電波法（第56条、第57条及び第59条）の規定に照らし、[　　]内に入れるべき最も適切な字句の組合せを下の1から4までのうちから一つ選べ。

① 無線局は、他の無線局又は電波天文業務の用に供する受信設備その他の総務省令で定める受信設備（無線局のものを除く。）で総務大臣が指定するものにその[　A　]その他の妨害を与えないように運用しなければならない。ただし、遭難通信、緊急通信、安全通信及び非常通信については、この限りでない。

② 無線局は、[　B　]ときは、なるべく擬似空中線回路を使用しなければならない。

③ 何人も法律に別段の定めがある場合を除くほか、[　C　]無線通信（注）を傍受してその存在若しくは内容を漏らし、又はこれを窃用してはならない。

　　注　電気通信事業法第4条（秘密の保護）第1項又は第164条（適用除外等）第3項の通信であるものを除く。

	A	B	C
1	受信を不可能とするような混信	総務大臣又は総合通信局長（沖縄総合通信事務所長を含む。）が行う無線局の検査のために運用する	特定の相手方に対して行われる
2	受信を不可能とするような混信	無線設備の機器の試験又は調整を行うために運用する	総務省令で定める周波数により行われる
3	運用を阻害するような混信	総務大臣又は総合通信局長（沖縄総合通信事務所長を含む。）が行う無線局の検査のために運用する	総務省令で定める周波数により行われる
4	運用を阻害するような混信	無線設備の機器の試験又は調整を行うために運用する	特定の相手方に対して行われる

答　　7：3　　8：4

9　無線設備が電波法第３章（無線設備）に定める技術基準に適合していないと認めるときに、総務大臣が当該無線設備を使用する無線局（登録局を除く。）の免許人に対して行うことができる処分に関する次の事項のうち、電波法（第71条の５）の規定に照らし、この規定に定めるところに該当するものはどれか。下の１から４までのうちから一つ選べ。

1　無線局の免許を取り消すこと。
2　当該無線設備の使用を禁止すること。
3　臨時に電波の発射の停止を命ずること。
4　技術基準に適合するように当該無線設備の修理その他の必要な措置を執るべきことを命ずること。

10　次の記述は、総務大臣が行う無線局（登録局を除く。）に対する周波数等の変更命令について述べたものである。電波法（第71条）の規定に照らし、 ☐ 内に入れるべき最も適切な字句の組合せを下の１から４までのうちから一つ選べ。

　総務大臣は、 A 必要があるときは、無線局の B に支障を及ぼさない範囲内に限り、当該無線局の C の指定を変更し、又は人工衛星局の無線設備の設置場所の変更を命ずることができる。

	A	B	C
1	電波の規整その他公益上	目的の遂行	周波数若しくは空中線電力
2	混信の除去その他特に	運用	周波数若しくは空中線電力
3	電波の規整その他公益上	運用	電波の型式若しくは周波数
4	混信の除去その他特に	目的の遂行	電波の型式若しくは周波数

11　無線従事者に対する次に掲げる処分のうち、電波法（第79条）の規定に照らし、無線従事者が、電波法若しくは電波法に基づく命令又はこれらに基づく処分に違反したときに、総務大臣から受けることがある処分に該当するものはどれか。下の１から４までのうちから一つ選べ。

1　無線従事者の免許の取消し
2　無線設備の操作の範囲の制限
3　無線従事者が従事する無線局の運用の停止
4　6箇月以内の期間を定めて行うその業務に従事することの停止

法規　2年10月・午後

12　次の記述は、無線局（包括免許に係るものを除く。）の免許状について述べたものである。電波法（第24条）及び無線局免許手続規則（第22条及び第23条）の規定に照らし、□□□内に入れるべき最も適切な字句の組合せを下の1から4までのうちから一つ選べ。

① 　免許がその効力を失ったときは、免許人であった者は、　A　しなければならない。

② 　免許人は、電波法第21条の免許状の訂正を受けようとするときは、次の(1)から(5)までに掲げる事項を記載した申請書を総務大臣又は総合通信局長（沖縄総合通信事務所長を含む。以下同じ。）に提出しなければならない。

(1) 　免許人の氏名又は名称及び住所並びに法人にあっては、その代表者の氏名

(2) 　無線局の種別及び局数　　　(3) 　識別信号

(4) 　免許の番号　　　　　　　　(5) 　訂正を受ける箇所及び訂正を受ける理由

③ 　免許人は、免許状を　B　等のために免許状の再交付の申請をしようとするときは、次の(1)から(5)までに掲げる事項を記載した申請書を総務大臣又は総合通信局長に提出しなければならない。

(1) 　免許人の氏名又は名称及び住所並びに法人にあっては、その代表者の氏名

(2) 　無線局の種別及び局数

(3) 　識別信号　　　(4) 　免許の番号　　　(5) 　再交付を求める理由

④ 　免許人は、新たな免許状の交付による訂正を受けたとき、又は免許状の再交付を受けたときは、　C　旧免許状を返さなければならない。ただし、免許状を失った等のためにこれを返すことができない場合は、この限りでない。

	A	B	C
1	速やかにその免許状を廃棄し、その旨を総務大臣に報告	破損し、汚し、失った	10日以内に
2	1箇月以内にその免許状を返納	破損し、汚し、失った	遅滞なく
3	1箇月以内にその免許状を返納	破損し、失った	10日以内に
4	速やかにその免許状を廃棄し、その旨を総務大臣に報告	破損し、失った	遅滞なく

　答　　　12：2

法　規　令和3年2月施行（午前の部）

1　次の記述は、固定局の免許の申請について述べたものである。電波法（第6条）の規定に照らし、□□□内に入れるべき最も適切な字句の組合せを下の1から4までのうちから一つ選べ。

固定局の免許を受けようとする者は、申請書に、次の(1)から(8)までに掲げる事項を記載した書類を添えて、総務大臣に提出しなければならない。

(1)　目的　　　(2)　 A 　　　(3)　通信の相手方及び通信事項
(4)　無線設備の設置場所　　　(5)　電波の型式並びに B 及び空中線電力
(6)　希望する運用許容時間（運用することができる時間をいう。）
(7)　無線設備（電波法第30条（安全施設）の規定により備え付けなければならない設備を含む。）の工事設計及び C
(8)　運用開始の予定期日

	A	B	C
1	申請者が現に行っている業務の概要	発射可能な周波数の範囲	工事落成の予定期日
2	申請者が現に行っている業務の概要	希望する周波数の範囲	工事費の支弁方法
3	開設を必要とする理由	発射可能な周波数の範囲	工事費の支弁方法
4	開設を必要とする理由	希望する周波数の範囲	工事落成の予定期日

2　無線設備の変更の工事（総務省令で定める軽微な事項を除く。）をしようとするときに免許人が執らなければならない措置に関する次の記述のうち、電波法（第17条）の規定に照らし、この規定に定めるところに適合するものはどれか。下の1から4までのうちから一つ選べ。

1　あらかじめ総務大臣の許可を受けなければならない。
2　あらかじめ総務大臣に届け出なければならない。
3　適宜変更の工事を行い、工事完了後その旨を総務大臣に届け出なければならない。
4　あらかじめ総務大臣に連絡し、その指示を受けなければならない。

　答　　1：4　　2：1

3　周波数測定装置の備付け等に関する次の記述のうち、電波法（第31条及び第37条）及び電波法施行規則（第11条の3）の規定に照らし、これらの規定に定めるところに適合しないものはどれか。下の1から4までのうちから一つ選べ。

1　総務省令で定める送信設備には、その誤差が使用周波数の許容偏差の2分の1以下である周波数測定装置を備え付けなければならない。

2　電波法第31条の規定により備え付けなければならない周波数測定装置は、その型式について、総務大臣の行う検定に合格したものでなければ、施設してはならない。ただし、総務大臣が行う検定に相当する型式検定に合格している機器その他の機器であって総務省令で定めるものを施設する場合は、この限りでない。

3　空中線電力100ワット以下の送信設備には、電波法第31条に規定する周波数測定装置の備付けを要しない。

4　26.175MHzを超える周波数の電波を利用する送信設備には、電波法第31条に規定する周波数測定装置の備付けを要しない。

4　次の記述は、高圧電気に対する安全施設について述べたものである。電波法施行規則（第25条）の規定に照らし、□内に入れるべき最も適切な字句の組合せを下の1から4までのうちから一つ選べ。なお、同じ記号の□内には、同じ字句が入るものとする。

　送信設備の空中線、給電線若しくはカウンターポイズであって高圧電気（高周波若しくは交流の電圧　A　又は直流の電圧750ボルトを超える電気をいう。）を通ずるものは、その高さが人の歩行その他起居する平面から　B　以上のものでなければならない。ただし、次の(1)及び(2)に掲げる場合は、この限りでない。

(1)　B　に満たない高さの部分が、人体に容易に触れない構造である場合又は人体が容易に触れない位置にある場合

(2)　移動局であって、その移動体の構造上困難であり、かつ、　C　以外の者が出入しない場所にある場合

	A	B	C
1	350ボルト	3メートル	無線従事者
2	300ボルト	2.5メートル	無線従事者
3	350ボルト	2.5メートル	取扱者
4	300ボルト	3メートル	取扱者

5　空中線電力の定義を述べた次の記述のうち、電波法施行規則（第2条）の規定に照らし、この規定に定めるところに適合しないものはどれか。下の1から4までのうちから一つ選べ。

1　「尖頭電力」とは、通常の動作状態において、変調包絡線の最高尖頭における無線周波数1サイクルの間に送信機から空中線系の給電線に供給される平均の電力をいう。

2　「平均電力」とは、通常の動作中の送信機から空中線系の給電線に供給される電力であって、変調において用いられる平均の周波数の周期に比較して十分長い時間（通常、平均の電力が最大である約2分の1秒間）にわたって平均されたものをいう。

3　「搬送波電力」とは、変調のない状態における無線周波数1サイクルの間に送信機から空中線系の給電線に供給される平均の電力をいう。ただし、この定義は、パルス変調の発射には適用しない。

4　「規格電力」とは、終段真空管の使用状態における出力規格の値をいう。

6　次の記述は、無線局（登録局を除く。）に選任された主任無線従事者の職務について述べたものである。電波法（第39条）及び電波法施行規則（第34条の5）の規定に照らし、□□□内に入れるべき最も適切な字句の組合せを下の1から4までのうちから一つ選べ。なお、同じ記号の□□□内には、同じ字句が入るものとする。

① 電波法第39条（無線設備の操作）第4項の規定によりその選任の届出がされた主任無線従事者は、 A に関し総務省令で定める職務を誠実に行わなければならない。

② ①の総務省令で定める職務は、次の(1)から(5)までに掲げるとおりとする。

(1) 主任無線従事者の監督を受けて無線設備の操作を行う者に対する訓練（実習を含む。）の計画を立案し、実施すること。

(2) B を行い、又はその監督を行うこと。

(3) 無線業務日誌その他の書類を作成し、又はその作成を監督すること（記載された事項に関し必要な措置を執ることを含む。）。

(4) 主任無線従事者の職務を遂行するために必要な事項に関し C に対して意見を述べること。

(5) その他無線局の A に関し必要と認められる事項

	A	B	C
1	無線設備の管理	電波法に規定する申請若しくは届出	免許人
2	無線設備の操作の監督	電波法に規定する申請若しくは届出	総務大臣
3	無線設備の操作の監督	無線設備の機器の点検若しくは保守	免許人
4	無線設備の管理	無線設備の機器の点検若しくは保守	総務大臣

答　　5：2　　6：3

7　次の記述は、無線局（登録局を除く。）の免許状の記載事項の遵守について述べたものである。電波法（第53条、第54条及び第110条）の規定に照らし、□□□内に入れるべき最も適切な字句の組合せを下の1から4までのうちから一つ選べ。

①　無線局を運用する場合においては、　A　は、その無線局の免許状に記載されたところによらなければならない。ただし、遭難通信については、この限りでない。

②　無線局を運用する場合においては、空中線電力は、次の(1)及び(2)に定めるところによらなければならない。ただし、遭難通信については、この限りでない。

(1)　免許状に記載されたものの範囲内であること。

(2)　通信を行うため　B　であること。

③　①又は　C　に違反して無線局を運用した者は、1年以下の懲役又は100万円以下の罰金に処する。

	A	B	C
1	無線設備、識別信号、電波の型式及び周波数	必要かつ十分なもの	②（(2)を除く。）
2	無線設備、識別信号、電波の型式及び周波数	必要最小のもの	②（(1)を除く。）
3	無線設備の設置場所、識別信号、電波の型式及び周波数	必要かつ十分なもの	②（(1)を除く。）
4	無線設備の設置場所、識別信号、電波の型式及び周波数	必要最小のもの	②（(2)を除く。）

8　一般通信方法における無線通信の原則に関する次の記述のうち、無線局運用規則（第10条）の規定に照らし、この規定に定めるところに適合しないものはどれか。下の1から4までのうちから一つ選べ。

1　無線通信は、試験電波を発射した後でなければ行ってはならない。

2　無線通信に使用する用語は、できる限り簡潔でなければならない。

3　無線通信を行うときは、自局の識別信号を付して、その出所を明らかにしなければならない。

4　無線通信は、正確に行うものとし、通信上の誤りを知ったときは、直ちに訂正しなければならない。

9　次の記述は、固定局の検査について述べたものである。電波法（第73条）の規定に照らし、□□□内に入れるべき最も適切な字句の組合せを下の1から4までのうちから一つ選べ。

① 総務大臣は、　A　、あらかじめ通知する期日に、その職員を無線局（総務省令で定めるものを除く。）に派遣し、その無線設備等（無線設備、無線従事者の資格（主任無線従事者の要件に係るものを含む。）及び員数並びに時計及び書類をいう。以下同じ。）を検査させる。

② ①の検査は、当該無線局（注１）の免許人から、①により総務大臣が通知した期日の　B　前までに、当該無線局の無線設備等について登録検査等事業者（注２）（無線設備等の点検の事業のみを行う者を除く。）が、総務省令で定めるところにより、当該登録に係る検査を行い、当該無線局の無線設備がその工事設計に合致しており、かつ、その無線従事者の資格及び員数並びに時計及び書類が電波法の関係規定にそれぞれ違反していない旨を記載した証明書の提出があったときは、①にかかわらず、　C　することができる。

注１　人の生命又は身体の安全の確保のためその適正な運用の確保が必要な無線局として総務省令で定めるものを除く。以下同じ。

　２　電波法第24条の２（検査等事業者の登録）第１項の登録を受けた者をいう。

	A	B	C
1	総務省令で定める時期ごとに	３月	一部を省略
2	毎年１回	１月	一部を省略
3	総務省令で定める時期ごとに	１月	省略
4	毎年１回	３月	省略

---

10 総務大臣が行う無線局（登録局を除く。）の周波数等の変更の命令に関する次の記述のうち、電波法（第71条）の規定に照らし、この規定に定めるところに適合するものはどれか。下の１から４までのうちから一つ選べ。

1 総務大臣は、電波の規整その他公益上必要があるときは、無線局の目的の遂行に支障を及ぼさない範囲内に限り、当該無線局の周波数若しくは空中線電力の指定を変更し、又は人工衛星局の無線設備の設置場所の変更を命ずることができる。

2 総務大臣は、混信の除去その他特に必要があると認めるときは、無線局の運用に支障を及ぼさない範囲内に限り、当該無線局の周波数若しくは空中線電力の指定を変更し、又は無線局の無線設備の設置場所の変更を命ずることができる。

3 総務大臣は、無線局が他の無線局に混信その他の妨害を与えていると認めるときは、当該無線局の電波の型式、周波数又は空中線電力の指定を変更することができる。

4 総務大臣は、電波の能率的な利用の確保その他特に必要があると認めるときは、当該無線局の電波の型式又は周波数の指定を変更することができる。

答　　9：3　　10：1

11　次の記述は、総務大臣が無線局（登録局を除く。）の免許を取り消すことができる場合について述べたものである。電波法（第76条）の規定に照らし、____内に入れるべき最も適切な字句の組合せを下の1から4までのうちから一つ選べ。

総務大臣は、免許人（包括免許人を除く。）が次の(1)から(4)までのいずれかに該当するときは、その免許を取り消すことができる。

(1)　正当な理由がないのに、無線局の運用を引き続き　A　以上休止したとき。

(2)　不正な手段により無線局の免許若しくは電波法第17条（変更等の許可）の許可を受け、又は電波法第19条（申請による周波数等の変更）の規定による指定の変更を行わせたとき。

(3)　免許人が電波法、放送法若しくはこれらの法律に基づく命令又はこれらに基づく処分に違反したことにより、3月以内の期間を定めて行われる　B　の停止の命令、又は期間を定めて行われる　C　の制限に従わないとき。

(4)　免許人が電波法又は放送法に規定する罪を犯し罰金以上の刑に処せられ、その執行を終わり、又はその執行を受けることがなくなった日から2年を経過しない者に該当するに至ったとき。

	A	B	C
1	6月	電波の発射	電波の型式、周波数若しくは空中線電力
2	1年	電波の発射	運用許容時間、周波数若しくは空中線電力
3	1年	無線局の運用	電波の型式、周波数若しくは空中線電力
4	6月	無線局の運用	運用許容時間、周波数若しくは空中線電力

12　免許状に記載した事項に変更を生じたときに免許人が執らなければならない措置に関する次の記述のうち、電波法（第21条）の規定に照らし、この規定に定めるところに適合するものはどれか。下の1から4までのうちから一つ選べ。

1　遅滞なく、その旨を総務大臣に届け出なければならない。

2　免許状を総務大臣に提出し、訂正を受けなければならない。

3　速やかに免許状を訂正し、総務大臣にその旨を報告しなければならない。

4　免許状を訂正することについて、あらかじめ総務大臣の許可を受けなければならない。

答　　11：4　　12：2

法　規　令和3年2月施行（午後の部）

1　次の記述は、電波法に規定する定義を述べたものである。電波法（第2条）の規定に照らし、□□□内に入れるべき最も適切な字句の組合せを下の1から4までのうちから一つ選べ。

① 「無線設備」とは、無線電信、無線電話その他電波を送り、又は受けるための　A　をいう。

② 「無線局」とは、無線設備及び　B　の総体をいう。ただし、受信のみを目的とするものを含まない。

③ 「無線従事者」とは、無線設備の　C　を行う者であって、総務大臣の免許を受けたものをいう。

	A	B	C
1	電気的設備	無線設備の操作を行う者	操作又はその監督
2	電気的設備	無線従事者	操作
3	通信設備	無線設備の操作を行う者	操作
4	通信設備	無線従事者	操作又はその監督

2　総務大臣から無線設備の変更の工事の許可を受けた免許人が、許可に係る無線設備を運用するために執らなければならない措置に関する次の記述のうち、電波法（第18条）の規定に照らし、この規定に定めるところに適合するものはどれか。下の1から4までのうちから一つ選べ。

1　無線設備の変更の工事を行った後、遅滞なくその工事が終了した旨を総務大臣に届け出なければならない。

2　無線設備の変更の工事を実施した旨を免許状の余白に記載し、その写しを総務大臣に提出しなければならない。

3　総務省令で定める場合を除き、総務大臣の検査を受け、無線設備の変更の工事の結果が許可の内容に適合していると認められなければならない。

4　登録検査等事業者（注1）又は登録外国点検事業者（注2）の検査を受け、無線設備の変更の工事の結果が電波法第3章（無線設備）に定める技術基準に適合していると認められなければならない。

　　注1　電波法第24条の2（検査等事業者の登録）第1項の登録を受けた者をいう。
　　　2　電波法第24条の13（外国点検事業者の登録等）第1項の登録を受けた者をいう。

答　　1：1　　2：3

3　通信方式の定義を述べた次の記述のうち、電波法施行規則（第２条）の規定に照らし、この規定に定めるところに適合しないものはどれか。下の１から４までのうちから一つ選べ。

1　「同報通信方式」とは、特定の２以上の受信設備に対し、同時に同一内容の通報の送信のみを行う通信方式をいう。

2　「半複信方式」とは、通信路の一端においては単信方式であり、他の一端においては複信方式である通信方式をいう。

3　「複信方式」とは、相対する方向で送信が同時に行われる通信方式をいう。

4　「単信方式」とは、単一の通信の相手方に対し、送信のみを行う通信方式をいう。

4　次の記述は、送信設備に使用する電波の質、受信設備の条件及び安全施設について述べたものである。電波法（第28条から第30条まで）の規定に照らし、□□□内に入れるべき最も適切な字句の組合せを下の１から４までのうちから一つ選べ。

①　送信設備に使用する電波の周波数の偏差及び幅、　A　電波の質は、総務省令で定めるところに適合するものでなければならない。

②　受信設備は、その副次的に発する電波又は高周波電流が、総務省令で定める限度を超えて　B　に支障を与えるものであってはならない。

③　無線設備には、人体に危害を及ぼし、又は　C　ことがないように、総務省令で定める施設をしなければならない。

	A	B	C
1	空中線電力の偏差等	他の無線設備の機能	他の電気的設備の機能に障害を及ぼす
2	高調波の強度等	重要無線通信の運用	他の電気的設備の機能に障害を及ぼす
3	空中線電力の偏差等	重要無線通信の運用	物件に損傷を与える
4	高調波の強度等	他の無線設備の機能	物件に損傷を与える

5　次の記述は、周波数の安定のための条件について述べたものである。無線設備規則（第15条）の規定に照らし、□□□内に入れるべき最も適切な字句の組合せを下の１から４までのうちから一つ選べ。

①　周波数をその許容偏差内に維持するため、送信装置は、できる限り　A　によって発振周波数に影響を与えないものでなければならない。

②　周波数をその許容偏差内に維持するため、発振回路の方式は、できる限り　B　によって影響を受けないものでなければならない。

答　　3：4　　4：4

③　移動局（移動するアマチュア局を含む。）の送信装置は、実際上起り得る　C　によっても周波数をその許容偏差内に維持するものでなければならない。

	A	B	C
1	外囲の温度又は湿度の変化	電源電圧又は負荷の変化	気圧の変化
2	電源電圧又は負荷の変化	外囲の温度又は湿度の変化	振動又は衝撃
3	電源電圧又は負荷の変化	外囲の温度又は湿度の変化	気圧の変化
4	外囲の温度又は湿度の変化	電源電圧又は負荷の変化	振動又は衝撃

6　無線従事者の免許証に関する次の記述のうち、電波法施行規則（第38条）及び無線従事者規則（第50条及び第51条）の規定に照らし、これらの規定に定めるところに適合しないものはどれか。下の１から４までのうちから一つ選べ。

1　無線従事者は、免許証を失ったために免許証の再交付を受けようとするときは、無線従事者免許証再交付申請書に写真１枚を添えて総務大臣又は総合通信局長（沖縄総合通信事務所長を含む。以下２及び３において同じ。）に提出しなければならない。

2　無線従事者は、免許証を失ったために免許証の再交付を受けた後失った免許証を発見したときは、１箇月以内に再交付を受けた免許証を総務大臣又は総合通信局長に返納しなければならない。

3　無線従事者は、氏名に変更を生じたときに免許証の再交付を受けようとするときは、無線従事者免許証再交付申請書に免許証、写真１枚及び氏名の変更の事実を証する書類を添えて総務大臣又は総合通信局長に提出しなければならない。

4　無線従事者は、その業務に従事しているときは、免許証を携帯していなければならない。

7　次の記述は、無線通信の秘密の保護について述べたものである。電波法（第59条及び第109条）の規定に照らし、　　　　内に入れるべき最も適切な字句の組合せを下の１から４までのうちから一つ選べ。

①　何人も法律に別段の定めがある場合を除くほか、　A　無線通信（注）を傍受して　B　を漏らし、又はこれを窃用してはならない。

　　注　電気通信事業法第４条（秘密の保護）第１項又は第164条（適用除外等）第３項の通信であるものを除く。以下同じ。

②　無線局の取扱中に係る無線通信の秘密を漏らし、又は窃用した者は、１年以下の懲役又は50万円以下の罰金に処する。

③　　C　がその業務に関し知り得た②の秘密を漏らし、又は窃用したときは、２年以下の懲役又は100万円以下の罰金に処する。

	A	B	C
1	特定の相手方に対して行われる	その存在若しくは内容	無線通信の業務に従事する者
2	特定の相手方に対して行われる	その通信の内容	無線従事者
3	総務省令で定める周波数により行われる	その存在若しくは内容	無線従事者
4	総務省令で定める周波数により行われる	その通信の内容	無線通信の業務に従事する者

8 　無線設備の機器の試験又は調整のための無線局の運用に関する次の記述のうち、電波法（第57条）及び無線局運用規則（第22条及び第39条）の規定に照らし、これらの規定に定めるところに適合しないものはどれか。下の1から4までのうちから一つ選べ。

1　無線局は、無線設備の機器の試験又は調整を行うために運用するときは、なるべく擬似空中線回路を使用しなければならない。

2　無線局は、無線設備の機器の試験又は調整のため電波の発射を必要とするときは、発射する前に自局の発射しようとする電波の周波数及びその他必要と認める周波数によって聴守し、他の無線局の通信に混信を与えないことを確かめなければならない。

3　無線局は、無線設備の機器の試験又は調整中は、しばしば、周波数の偏差が許容値を超えていないかどうかを確かめなければならない。

4　無線局は、無線設備の機器の試験又は調整のための電波の発射が他の既に行われている通信に混信を与える旨の通知を受けたときは、直ちにその電波の発射を中止しなければならない。

9 　次の記述は、電波の発射の停止について述べたものである。電波法（第72条）の規定に照らし、□□□内に入れるべき最も適切な字句の組合せを下の1から4までのうちから一つ選べ。

①　総務大臣は、無線局の発射する電波の質が電波法第28条の総務省令で定めるものに適合していないと認めるときは、当該無線局に対して□A□電波の発射の停止を命ずることができる。

②　総務大臣は、①の命令を受けた無線局からその発射する電波の質が電波法第28条の総務省令の定めるものに適合するに至った旨の申出を受けたときは、その無線局に□B□させなければならない。

③　総務大臣は、②により発射する電波の質が電波法第28条の総務省令で定めるものに適合しているときは、直ちに□C□しなければならない。

	A	B	C
1	期間を定めて	電波の質の測定結果を報告	①の停止を解除
2	臨時に	電波を試験的に発射	①の停止を解除
3	期間を定めて	電波を試験的に発射	当該無線局に対してその旨を通知
4	臨時に	電波の質の測定結果を報告	当該無線局に対してその旨を通知

10 無線局（登録局を除く。）の免許人の総務大臣への報告等に関する次の記述のうち、電波法（第80条及び第81条）の規定に照らし、これらの規定に定めるところに適合しないものはどれか。下の1から4までのうちから一つ選べ。

1 免許人は、遭難通信、緊急通信、安全通信又は非常通信を行ったときは、総務省令で定める手続により、総務大臣に報告しなければならない。

2 免許人は、電波法又は電波法に基づく命令の規定に違反して運用した無線局を認めたときは、総務省令で定める手続により、総務大臣に報告しなければならない。

3 総務大臣は、無線通信の秩序の維持その他無線局の適正な運用を確保するため必要があると認めるときは、免許人に対し、無線局に関し報告を求めることができる。

4 免許人は、電波法第74条（非常の場合の無線通信）第1項に規定する通信の訓練のための通信を行ったときは、総務省令で定める手続により、総務大臣に報告しなければならない。

11 無線従事者の免許の取消し等に関する次の記述のうち、電波法（第42条及び第79条）及び無線従事者規則（第51条）の規定に照らし、これらの規定に定めるところに適合しないものはどれか。下の1から4までのうちから一つ選べ。

1 総務大臣は、無線従事者が電波法若しくは電波法に基づく命令又はこれらに基づく処分に違反したときは、その免許を取り消し、又は3箇月以内の期間を定めて無線設備の操作の範囲を制限することができる。

2 総務大臣は、無線従事者の免許を取り消され、取消しの日から2年を経過しない者に対しては、無線従事者の免許を与えないことができる。

3 無線従事者は、免許の取消しの処分を受けたときは、その処分を受けた日から10日以内にその免許証を総務大臣又は総合通信局長（沖縄総合通信事務所長を含む。）に返納しなければならない。

4 総務大臣は、無線従事者が不正な手段により免許を受けたときは、その免許を取り消し、又は3箇月以内の期間を定めてその業務に従事することを停止することができる。

| 答 | 9 : 2 | 10 : 4 | 11 : 1 |

12　次の記述は、無線局（登録局を除く。）の免許が効力を失ったときに免許人であった者が執るべき措置について述べたものである。電波法（第24条及び第78条）の規定に照らし、□□□内に入れるべき最も適切な字句の組合せを下の1から4までのうちから一つ選べ。

① 無線局の免許がその効力を失ったときは、免許人であった者は、□ A □しなければならない。

② 無線局の免許がその効力を失ったときは、免許人であった者は、遅滞なく□ B □の撤去その他の総務省令で定める□ C □を講じなければならない。

	A	B	C
1	速やかにその免許状を廃棄し、その旨を総務大臣に報告	送信装置	電波の発射を防止するために必要な措置
2	1箇月以内にその免許状を返納	送信装置	他の無線局に混信その他の妨害を与えないために必要な措置
3	1箇月以内にその免許状を返納	空中線	電波の発射を防止するために必要な措置
4	速やかにその免許状を廃棄し、その旨を総務大臣に報告	空中線	他の無線局に混信その他の妨害を与えないために必要な措置

法　規　令和３年６月施行（午前の部）

1　電波法に規定する用語の定義を述べた次の記述のうち、電波法（第２条）の規定に照らし、この規定に定めるところに適合するものはどれか。下の１から４までのうちから一つ選べ。

1　「無線従事者」とは、無線設備の操作又はその監督を行う者であって、総務大臣の免許を受けたものをいう。

2　「無線局」とは、無線設備及び無線設備の管理を行う者の総体をいう。ただし、受信のみを目的とするものを含まない。

3　「無線設備」とは、無線電信、無線電話その他電波を送るための通信設備をいう。

4　「電波」とは、500万メガヘルツ以下の周波数の電磁波をいう

2　次の記述は、無線局の予備免許を受けた者が行う工事設計の変更について述べたものである。電波法（第９条）の規定に照らし、□□□内に入れるべき最も適切な字句の組合せを下の１から４までのうちから一つ選べ。

①　電波法第８条の予備免許を受けた者は、工事設計を変更しようとするときは、あらかじめ□A□なければならない。ただし、総務省令で定める軽微な事項については、この限りでない。

②　①の変更は、□B□に変更を来すものであってはならず、かつ、電波法第７条（申請の審査）第１項第１号の□C□に合致するものでなければならない。

	A	B	C
1	総務大臣の許可を受け	周波数、電波の型式又は空中線電力	技術基準（電波法第３章（無線設備）に定めるものに限る。）
2	総務大臣の許可を受け	無線設備の設置場所	無線局（基幹放送局を除く。）の開設の根本的基準
3	総務大臣に届け出	周波数、電波の型式又は空中線電力	無線局（基幹放送局を除く。）の開設の根本的基準
4	総務大臣に届け出	無線設備の設置場所	技術基準（電波法第３章（無線設備）に定めるものに限る。）

答　1：1　　2：1

3　次の記述は、高圧電気に対する安全施設について述べたものである。電波法施行規則（第22条）の規定に照らし、◻︎◻︎◻︎内に入れるべき最も適切な字句の組合せを下の１から４までのうちから一つ選べ。

　高圧電気（高周波若しくは交流の電圧◻︎Ａ◻︎又は直流の電圧750ボルトを超える電気をいう。）を使用する電動発電機、変圧器、ろ波器、整流器その他の機器は、外部より容易に触れることができないように、絶縁しゃへい体又は◻︎Ｂ◻︎の内に収容しなければならない。ただし、◻︎Ｃ◻︎のほか出入できないように設備した場所に装置する場合は、この限りでない。

	A	B	C
1	300ボルト	赤色塗装された金属しゃへい体	無線従事者
2	500ボルト	赤色塗装された金属しゃへい体	取扱者
3	500ボルト	接地された金属しゃへい体	無線従事者
4	300ボルト	接地された金属しゃへい体	取扱者

4　次の記述は、電波の質及び用語の定義について述べたものである。電波法（第28条）及び電波法施行規則（第２条）の規定に照らし、◻︎◻︎◻︎内に入れるべき最も適切な字句の組合せを下の１から４までのうちから一つ選べ。なお、同じ記号の◻︎◻︎◻︎内には、同じ字句が入るものとする。

①　送信設備に使用する電波の周波数の偏差及び幅、◻︎Ａ◻︎電波の質は、総務省令で定めるところに適合するものでなければならない。

②　「周波数の許容偏差」とは、発射によって占有する周波数帯の中央の周波数の割当周波数からの許容することができる最大の偏差又は発射の◻︎Ｂ◻︎からの許容することができる最大の偏差をいい、百万分率又はヘルツで表わす。

③　「占有周波数帯幅」とは、その上限の周波数を超えて輻射され、及びその下限の周波数未満において輻射される平均電力がそれぞれ与えられた発射によって輻射される全平均電力の◻︎Ｃ◻︎に等しい上限及び下限の周波数帯幅をいう。ただし、周波数分割多重方式の場合、テレビジョン伝送の場合等◻︎Ｃ◻︎の比率が占有周波数帯幅及び必要周波数帯幅の定義を実際に適用することが困難な場合においては、異なる比率によることができる。

	A	B	C
1	空中線電力の偏差等	特性周波数の基準周波数	0.1パーセント
2	高調波の強度等	特性周波数の割当周波数	0.1パーセント
3	空中線電力の偏差等	特性周波数の割当周波数	0.5パーセント
4	高調波の強度等	特性周波数の基準周波数	0.5パーセント

5　空中線の指向特性に関する次の事項のうち、無線設備規則（第22条）の規定に照らし、空中線の指向特性を定める事項に該当しないものはどれか。下の１から４までのうちから一つ選べ。

1　給電線よりの輻射

2　垂直面の主輻射の角度の幅

3　主輻射方向及び副輻射方向

4　空中線を設置する位置の近傍にあるものであって電波の伝わる方向を乱すもの

6　次の記述は、無線従事者の免許証について述べたものである。電波法施行規則（第38条）及び無線従事者規則（第50条及び第51条）の規定に照らし、　　　　内に入れるべき最も適切な字句の組合せを下の１から４までのうちから一つ選べ。なお、同じ記号の　　　　内には、同じ字句が入るものとする。

① 無線従事者は、その業務に従事しているときは、免許証を　A　していなければならない。

② 無線従事者は、　B　に変更を生じたとき又は免許証を汚し、破り、若しくは失ったために免許証の再交付を受けようとするときは、申請書に次の(1)から(3)までに掲げる書類を添えて総務大臣又は総合通信局長（沖縄総合通信事務所長を含む。以下同じ。）に提出しなければならない。

(1) 免許証（免許証を失った場合を除く。）

(2) 写真１枚

(3) 　B　の変更の事実を証する書類（　B　に変更を生じたときに限る。）

③ 無線従事者は、免許の取消しの処分を受けたときは、その処分を受けた日から　C　にその免許証を総務大臣又は総合通信局長に返納しなければならない。免許証の再交付を受けた後失った免許証を発見したときも同様とする。

	A	B	C
1	無線局に保管	氏名又は住所	10日以内
2	携帯	氏名又は住所	30日以内
3	携帯	氏名	10日以内
4	無線局に保管	氏名	30日以内

答　　５：2　　６：3

7　固定局（電気通信業務の通信を行う無線局を除く。）がその免許状に記載された目的等にかかわらず運用することができる通信に関する次の事項のうち、電波法施行規則（第37条）の規定に照らし、この規定に定めるところに該当しないものはどれか。下の１から４までのうちから一つ選べ。

1　電波法第74条（非常の場合の無線通信）第１項に規定する通信の訓練のために行う通信

2　無線機器の試験又は調整をするために行う通信

3　免許人以外の者のために行う通信

4　電波の規正に関する通信

8　次の記述は、非常時運用人による無線局（登録局を除く。）の運用について述べたものである。電波法（第70条の７）の規定に照らし、□□□内に入れるべき最も適切な字句の組み合わせを下の１から４までのうちから一つ選べ。

① 無線局（注1）の免許人は、地震、台風、洪水、津波、雪害、火災、暴動その他非常の事態が発生し、又は発生するおそれがある場合において、人命の救助、災害の救援、交通通信の確保又は秩序の維持のために必要な通信を行うときは、当該無線局の免許が効力を有する間、□ A □ことができる。

注1　その運用が、専ら電波法第39条（無線設備の操作）第１項本文の総務省令で定める簡易な操作によるものに限る。以下同じ。

② ①により無線局を自己以外の者に運用させた免許人は、遅滞なく、当該無線局を運用する非常時運用人（注2）の氏名又は名称、□ B □その他の総務省令で定める事項を総務大臣に届け出なければならない。

注2　当該無線局を運用する自己以外の者をいう。以下同じ。

③ ②の免許人は、当該無線局の運用が適正に行われるよう、総務省令で定めるところにより、非常時運用人に対し、□ C □を行わなければならない。

	A	B	C
1	当該無線局を自己以外の者に運用させる	非常時運用人による運用の期間	必要かつ適切な監督
2	当該無線局を自己以外の者に運用させる	非常時運用人が指定した運用責任者の氏名	無線設備の取扱いの訓練
3	総務大臣の許可を受けて当該無線局を自己以外の者に運用させる	非常時運用人による運用の期間	無線設備の取扱いの訓練
4	総務大臣の許可を受けて当該無線局を自己以外の者に運用させる	非常時運用人が指定した運用責任者の氏名	必要かつ適切な監督

答　　7：3　　8：1

9　総務大臣がその職員を無線局（登録局を除く。）に派遣し、その無線設備等
(注) を検査させることができる場合に関する次の事項のうち、電波法（第73条）の
規定に照らし、この規定に定めるところに該当しないものはどれか。下の１から４
までのうちから一つ選べ。

　　注　無線設備、無線従事者の資格及び員数並びに時計及び書類をいう。

1　電波法の施行を確保するため特に必要があるとき。
2　無線局の検査の結果について総務大臣又は総合通信局長（沖縄総合通信事務所
　長を含む。）から指示を受けた免許人から、その措置の内容について報告があっ
　たとき。
3　無線設備が電波法第３章（無線設備）に定める技術基準に適合していないと認
　め、当該無線設備を使用する無線局の免許人に対し、その技術基準に適合するよ
　うに当該無線設備の修理その他の必要な措置を執るべきことを命じたとき。
4　無線局の発射する電波の質が電波法第28条の総務省令で定めるものに適合して
　いないと認めて臨時に電波の発射の停止を命じた無線局から、その発射する電波
　の質が同条の総務省令の定めるものに適合するに至った旨の申出があったとき。

10　無線従事者がその免許を取り消されることがある場合に関する次の事項のう
ち、電波法（第79条）の規定に照らし、この規定に定めるところに該当するものは
どれか。下の１から４までのうちから一つ選べ。

1　刑法に規定する罪を犯し、罰金以上の刑に処せられたとき。
2　不正な手段により無線従事者の免許を受けたとき。
3　無線通信の業務に５年以上従事しなかったとき。
4　日本の国籍を失ったとき。

11　次の記述は、総務大臣が免許人等 (注) に対して行うことができる処分につ
いて述べたものである。電波法（第76条）の規定に照らし、□□□内に入れるべき
最も適切な字句の組合せを下の１から４までのうちから一つ選べ。

　　注　免許人又は登録人をいう。

　総務大臣は、免許人等が電波法、放送法若しくはこれらの法律に基づく命令又は
これらに基づく処分に違反したときは、□A□以内の期間を定めて無線局の運用の
停止を命じ、又は期間を定めて□B□を制限することができる。

	A	B
1	3月	電波の型式、周波数若しくは空中線電力
2	6月	電波の型式、周波数若しくは空中線電力
3	3月	運用許容時間、周波数若しくは空中線電力
4	6月	運用許容時間、周波数若しくは空中線電力

　答　　9：2　　10：2　　11：3

12　無線局（包括免許に係るものを除く。）の免許状に関する次の記述のうち、電波法（第21条及び第24条）及び無線局免許手続規則（第22条及び第23条）の規定に照らし、これらの規定に定めるところに適合しないものはどれか。下の１から４までのうちから一つ選べ。

1　免許人は、免許状を破損し、汚し、失った等のために免許状の再交付の申請をしようとするときは、次の(1)から(5)までに掲げる事項を記載した申請書を総務大臣又は総合通信局長（沖縄総合通信事務所長を含む。）に提出しなければならない。

(1)　免許人の氏名又は名称及び住所並びに法人にあっては、その代表者の氏名
(2)　無線局の種別及び局数　　　(3)　識別信号　　　(4)　免許の番号
(5)　再交付を求める理由

2　免許人は、免許状に記載した事項に変更を生じたときは、次の(1)から(5)までに掲げる事項を記載した申請書を総務大臣又は総合通信局長（沖縄総合通信事務所長を含む。）に提出しなければならない。

(1)　免許人の氏名又は名称及び住所並びに法人にあっては、その代表者の氏名
(2)　無線局の種別及び局数　　　(3)　識別信号　　　(4)　免許の番号
(5)　訂正を受ける箇所及び訂正を受ける理由

3　免許人は、新たな免許状の交付による訂正を受けたとき、又は免許状の再交付を受けたときは、遅滞なく旧免許状を返さなければならない。ただし、免許状を失った等のためにこれを返すことができない場合は、この限りでない。

4　免許がその効力を失ったときは、免許人であった者は、速やかにその免許状を廃棄し、その旨を総務大臣に報告しなければならない。

答　　**12**：4

法　規　令和３年６月施行（午後の部）

1　総務大臣が無線局の免許を与えないことができる者に関する次の事項のうち、電波法（第５条）の規定に照らし、この規定に定めるところに該当するものはどれか。下の１から４までのうちから一つ選べ。

1　無線局の免許の取消しを受け、その取消しの日から２年を経過しない者

2　無線局の免許の有効期間満了により免許が効力を失い、その効力を失った日から２年を経過しない者

3　刑法に規定する罪を犯し罰金以上の刑に処せられ、その執行を終わり、又はその執行を受けることがなくなった日から２年を経過しない者

4　無線局の予備免許の際に指定された工事落成の期限経過後２週間以内に工事が落成した旨の届出がなかったことにより免許を拒否され、その拒否の日から２年を経過しない者

2　次の記述は、無線局の変更検査について述べたものである。電波法（第18条及び第110条）の規定に照らし、□□□内に入れるべき最も適切な字句の組合せを下の１から４までのうちから一つ選べ。

①　電波法第17条（変更等の許可）第１項の規定により　A　の変更又は無線設備の変更の工事の許可を受けた免許人は、総務大臣の検査を受け、当該変更又は工事の結果が同条同項の許可の内容に適合していると認められた後でなければ、許可に係る無線設備を運用してはならない。ただし、総務省令で定める場合は、この限りでない。

②　①の検査は、①の検査を受けようとする者が、当該検査を受けようとする無線設備について登録検査等事業者^(注１)又は登録外国点検事業者^(注２)が総務省令で定めるところにより行った当該登録に係る点検の結果を記載した書類を総務大臣に提出した場合においては、　B　を省略することができる。

　注１　電波法第24条の２（検査等事業者の登録）第１項の登録を受けた者をいう。
　　２　電波法第24条の13（外国点検事業者の登録等）第１項の登録を受けた者をいう。

③　①に違反して無線設備を運用した者は、１年以下の懲役又は　C　に処する。

	A	B	C
1	通信の相手方、通信事項若しくは無線設備の設置場所	その一部	50万円以下の罰金
2	通信の相手方、通信事項若しくは無線設備の設置場所	当該検査	100万円以下の罰金
3	無線設備の設置場所	その一部	100万円以下の罰金
4	無線設備の設置場所	当該検査	50万円以下の罰金

3　「無人方式の無線設備」の定義を述べた次の記述のうち、電波法施行規則（第2条）の規定に照らし、この規定に定めるところに適合するものはどれか。下の1から4までのうちから一つ選べ。

1　無線従事者が常駐しない場所に設置されている無線設備をいう。

2　他の無線局が遠隔操作をすることによって動作する無線設備をいう。

3　遠隔地点における測定器の測定結果を、自動的に送信し、又は中継する無人の無線設備をいう。

4　自動的に動作する無線設備であって、通常の状態においては技術操作を直接必要としないものをいう。

4　総務大臣の行う型式検定に合格したものでなければ施設してはならない無線設備の機器に関する次の事項のうち、電波法（第37条）の規定に照らし、この規定に定めるところに該当するものはどれか。下の1から4までのうちから一つ選べ。ただし、総務大臣が行う検定に相当する型式検定に合格している機器その他の機器であって総務省令で定めるものを施設する場合を除く。

1　放送の業務の用に供する無線局の無線設備の機器

2　電気通信業務の用に供する無線局の無線設備の機器

3　電波法第31条の規定により備え付けなければならない周波数測定装置

4　人命若しくは財産の保護又は治安の維持の用に供する無線局の無線設備の機器

5　次の記述は、受信設備の条件について述べたものである。電波法（第29条）及び無線設備規則（第24条）の規定に照らし、□□□内に入れるべき最も適切な字句の組合せを下の1から4までのうちから一つ選べ。なお、同じ記号の□□□内には、同じ字句が入るものとする。

答　　2：3　　3：4　　4：3

① 受信設備は、その副次的に発する電波又は高周波電流が、総務省令で定める限度を超えて　A　の機能に支障を与えるものであってはならない。

② ①の副次的に発する電波が　A　の機能に支障を与えない限度は、受信空中線と　B　の等しい擬似空中線回路を使用して測定した場合に、その回路の電力が　C　以下でなければならない。

③ 無線設備規則第24条（副次的に発する電波等の限度）第２項以下の規定において、別段の定めがあるものは②にかかわらず、その定めるところによるものとする。

	A	B	C
1	重要無線通信に使用する無線設備	利得及び能率	4ナノワット
2	他の無線設備	電気的常数	4ナノワット
3	重要無線通信に使用する無線設備	電気的常数	4ミリワット
4	他の無線設備	利得及び能率	4ミリワット

---

6 無線局（登録局を除く。）に選任される主任無線従事者に関する次の記述のうち、電波法（第39条）及び電波法施行規則（第34条の３、第34条の５及び第34条の７）の規定に照らし、これらの規定に定めるところに適合しないものはどれか。下の１から４までのうちから一つ選べ。

1 無線局の免許人によりその選任の届出がされた主任無線従事者は、当該主任無線従事者の監督を受けて無線設備の操作を行う者に対する訓練（実習を含む。）の計画を立案し、実施するなど、無線設備の操作の監督に関し総務省令で定める職務を誠実に行わなければならない。

2 主任無線従事者は、電波法第40条（無線従事者の資格）の定めるところにより、無線設備の操作の監督を行うことができる無線従事者であって、主任無線従事者として選任される日以前５年間において無線局の無線設備の操作又はその監督の業務に従事した期間が３箇月に満たない者に該当しないものでなければならない。

3 無線局の免許人は、主任無線従事者を選任しようとするときは、あらかじめ、その旨を総務大臣に届け出なければならない。これを解任しようとするときも、同様とする。

4 無線局の免許人は、その選任の届出をした主任無線従事者に、選任の日から６箇月以内に無線設備の操作の監督に関し総務大臣の行う講習を受けさせなければならない。

答　5：2　6：3

7 次の記述は、無線局（登録局を除く。）の目的外使用の禁止等について述べたものである。電波法（第52条から第54条まで）の規定に照らし、□□内に入れるべき最も適切な字句の組合せを下の１から４までのうちから一つ選べ。

① 無線局は、免許状に記載された目的又は □A□ の範囲を超えて運用してはならない。ただし、次の(1)から(6)までに掲げる通信については、この限りでない。

(1) 遭難通信　　　(2) 緊急通信　　　(3) 安全通信

(4) 非常通信　　　(5) 放送の受信　　　(6) その他総務省令で定める通信

② 無線局を運用する場合においては、□B□、識別信号、電波の型式及び周波数は、その無線局の免許状に記載されたところによらなければならない。ただし、遭難通信については、この限りでない。

③ 無線局を運用する場合においては、空中線電力は、次の(1)及び(2)に定めるところによらなければならない。ただし、遭難通信については、この限りでない。

(1) 免許状に記載されたものの範囲内であること。

(2) 通信を行うため □C□ であること。

	A	B	C
1	通信の相手方若しくは通信事項	無線設備の設置場所	必要最小のもの
2	通信の相手方若しくは通信事項	無線設備	必要かつ十分なもの
3	通信事項	無線設備の設置場所	必要かつ十分なもの
4	通信事項	無線設備	必要最小のもの

8 無線局の運用に関する次の記述のうち、電波法（第55条、第56条、第57条及び第59条）の規定に照らし、これらの規定に定めるところに適合しないものはどれか。下の１から４までのうちから一つ選べ。

1 無線局は、免許状に記載された運用許容時間内でなければ、運用してはならない。ただし、遭難通信、緊急通信、安全通信、非常通信、放送の受信、その他総務省令で定める通信を行う場合及び総務省令で定める場合は、この限りでない。

2 無線局は、放送の受信を目的とする受信設備又は電波天文業務の用に供する受信設備その他の総務省令で定める受信設備で総務大臣が指定するものにその運用を阻害するような混信その他の妨害を与えないように運用しなければならない。ただし、遭難通信については、この限りでない。

3 無線局は、無線設備の機器の試験又は調整を行うために運用するときは、なるべく擬似空中線回路を使用しなければならない。

4 何人も法律に別段の定めがある場合を除くほか、特定の相手方に対して行われる無線通信 (注) を傍受してその存在若しくは内容を漏らし、又はこれを窃用してはならない。

　　注　電気通信事業法第４条（秘密の保護）第１項又は第164条（適用除外等）第３項の通信であるものを除く。

9　次の記述は、非常の場合の無線通信について述べたものである。電波法（第74条及び第74条の2）の規定に照らし、□内に入れるべき最も適切な字句の組合せを下の1から4までのうちから一つ選べ。

① 総務大臣は、地震、台風、洪水、津波、雪害、火災、暴動その他非常の事態が発生し、又は発生するおそれがある場合においては、人命の救助、災害の救援、　A　の確保又は秩序の維持のために必要な通信を　B　ことができる。

② 総務大臣は、①の通信の円滑な実施を確保するため必要な体制を整備するため、非常の場合における通信計画の作成、通信訓練の実施その他の必要な措置を講じておかなければならない。

③ 総務大臣は、②の措置を講じようとするときは、　C　の協力を求めることができる。

	A	B	C
1	交通通信	電気通信事業者に要請する	無線従事者
2	電力の供給	電気通信事業者に要請する	免許人又は登録人
3	電力の供給	無線局に行わせる	無線従事者
4	交通通信	無線局に行わせる	免許人又は登録人

10　次の記述は、無線局（登録局を除く。）の免許人の総務大臣への報告等について述べたものである。電波法（第80条及び第81条）の規定に照らし、□内に入れるべき最も適切な字句の組合せを下の1から4までのうちから一つ選べ。

① 無線局の免許人は、次の(1)及び(2)に掲げる場合は、総務省令で定める手続により、総務大臣に報告しなければならない。

(1) 遭難通信、緊急通信、安全通信又は非常通信を行ったとき。

(2) 　A　。

② 総務大臣は、　B　その他　C　を確保するため必要があると認めるときは、免許人に対し、無線局に関し報告を求めることができる。

	A	B	C
1	無線設備の機器の試験又は調整を行うために無線局を運用したとき	無線通信の秩序の維持	電波の能率的な利用
2	電波法又は電波法に基づく命令の規定に違反して運用した無線局を認めたとき	混信の除去	電波の能率的な利用
3	無線設備の機器の試験又は調整を行うために無線局を運用したとき	混信の除去	無線局の適正な運用
4	電波法又は電波法に基づく命令の規定に違反して運用した無線局を認めたとき	無線通信の秩序の維持	無線局の適正な運用

答　9：4　10：4

11 総務大臣が無線局に対して臨時に電波の発射の停止を命ずることができる場合に関する次の事項のうち、電波法（第72条）の規定に照らし、この規定に定めるところに該当するものはどれか。下の１から４までのうちから一つ選べ。

1 無線局の発射する電波の空中線電力が免許状に記載された空中線電力の範囲を超えていると認めるとき。

2 無線局の発射する電波の質が電波法第28条の総務省令で定めるものに適合していないと認めるとき。

3 無線局の発射する電波の周波数が免許状に記載された周波数以外のものであると認めるとき。

4 無線局の発射する電波が重要無線通信に妨害を与えていると認めるとき。

12 次の記述は、無線局（包括免許に係るものを除く。）の廃止等について述べたものである。電波法（第22条から第24条まで及び第78条）の規定に照らし、□□□内に入れるべき最も適切な字句の組合せを下の１から４までのうちから一つ選べ。

① 免許人は、その無線局を　A　なければならない。

② 免許人が無線局を廃止したときは、免許は、その効力を失う。

③ 無線局の免許がその効力を失ったときは、免許人であった者は、　B　しなければならない。

④ 無線局の免許がその効力を失ったときは、免許人であった者は、遅滞なく空中線の撤去その他の総務省令で定める　C　ために必要な措置を講じなければならない。

	A	B	C
1	廃止するときは、その旨を総務大臣に届け出	１箇月以内にその免許状を返納	電波の発射を防止する
2	廃止しようとするときは、あらかじめ総務大臣の許可を受け	１箇月以内にその免許状を返納	他の無線局に混信その他の妨害を与えない
3	廃止しようとするときは、あらかじめ総務大臣の許可を受け	速やかにその免許状を廃棄し、その旨を総務大臣に報告	電波の発射を防止する
4	廃止するときは、その旨を総務大臣に届け出	速やかにその免許状を廃棄し、その旨を総務大臣に報告	他の無線局に混信その他の妨害を与えない

法　規　令和３年10月施行（午前の部）

1　次の記述は、予備免許及び申請による周波数等の変更について述べたものである。電波法（第８条及び第19条）の規定に照らし、□□□内に入れるべき最も適切な字句の組合せを下の１から４までのうちから一つ選べ。なお、同じ記号の□□□内には、同じ字句が入るものとする。

① 　総務大臣は、電波法第７条（申請の審査）の規定により審査した結果、その申請が同条第１項各号に適合していると認めるときは、申請者に対し、次の(1)から(5)までに掲げる事項を指定して、無線局の予備免許を与える。

(1)　□ A □　　　(2)　電波の型式及び周波数　　　(3)　□ B □

(4)　空中線電力　　　(5)　運用許容時間

② 　総務大臣は、予備免許を受けた者から申請があった場合において、相当と認めるときは、①の□ A □を延長することができる。

③ 　総務大臣は、免許人又は電波法第８条の予備免許を受けた者が□ B □、電波の型式、周波数、空中線電力又は運用許容時間の指定の変更を申請した場合において、□ C □ときは、その指定を変更することができる。

	A	B	C
1	免許の有効期間	無線設備の設置場所	混信の除去その他特に必要があると認める
2	免許の有効期間	識別信号	電波の規整その他公益上必要がある
3	工事落成の期限	無線設備の設置場所	電波の規整その他公益上必要がある
4	工事落成の期限	識別信号	混信の除去その他特に必要があると認める

2　電波法に規定する用語の定義を述べた次の記述のうち、電波法（第２条）の規定に照らし、この規定に定めるところに適合しないものはどれか。下の１から４までのうちから一つ選べ。

1 　「電波」とは、300万メガヘルツ以下の周波数の電磁波をいう。

2 　「無線設備」とは、無線電信、無線電話その他電波を送り、又は受けるための電気的設備をいう。

3 　「無線従事者」とは、無線設備の操作又はその監督を行う者であって、総務大臣の免許を受けたものをいう。

4 　「無線局」とは、無線設備及び無線設備の操作の監督を行う者の総体をいう。ただし、受信のみを目的とするものを含まない。

　答　　　1：4　　　2：4

3　次の記述は、「混信」の定義を述べたものである。電波法施行規則（第2条）の規定に照らし、□□□内に入れるべき最も適切な字句の組合せを下の1から4までのうちから一つ選べ。

「混信」とは、他の無線局の正常な業務の運行を□A□する電波の発射、輻（ふく）射又は□B□をいう。

	A	B
1	妨害	誘導
2	制限	反射
3	妨害	反射
4	制限	誘導

4　高圧電気（注）に対する安全施設に関する次の記述のうち、電波法施行規則（第22条から第25条まで）の規定に照らし、これらの規定に定めるところに適合しないものはどれか。下の1から4までのうちから一つ選べ。

　　注　高周波若しくは交流の電圧300ボルト又は直流の電圧750ボルトを超える電気をいう。

1　高圧電気を使用する電動発電機、変圧器、ろ波器、整流器その他の機器は、外部より容易に触れることができないように、絶縁しゃへい体又は接地された金属しゃへい体の内に収容しなければならない。ただし、取扱者のほか出入できないように設備した場所に装置する場合は、この限りでない。

2　送信設備の調整盤又は外箱から露出する電線に高圧電気を通ずる場合においては、その電線が絶縁されているときであっても、電気設備に関する技術基準を定める省令（昭和40年通商産業省令第61号）の規定するところに準じて保護しなければならない。

3　送信設備の空中線、給電線又はカウンターポイズであって高圧電気を通ずるものは、その高さが人の歩行その他起居する平面から2.5メートル以上のものでなければならない。ただし、次の(1)及び(2)の場合は、この限りでない。

　(1)　2.5メートルに満たない高さの部分が、人体に容易に触れない構造である場合又は人体が容易に触れない位置にある場合

　(2)　移動局であって、その移動体の構造上困難であり、かつ、無線従事者以外の者が出入しない場所にある場合

4　送信設備の各単位装置相互間をつなぐ電線であって高圧電気を通ずるものは、線溝若しくは丈夫な絶縁体の内又は赤色の彩色が施された金属しゃへい体の内に収容しなければならない。ただし、無線従事者のほか出入できないように設備した場所に装置する場合は、この限りでない。

　答　　3：1　　4：4

5　次の記述は、送信空中線の型式及び構成等について述べたものである。無線設備規則（第20条及び第22条）の規定に照らし、□□内に入れるべき最も適切な字句の組合せを下の１から４までのうちから一つ選べ。

① 送信空中線の型式及び構成は、次の(1)から(3)までに適合するものでなければならない。

(1)　空中線の　A　がなるべく大であること。

(2)　　B　が十分であること。

(3)　満足な指向特性が得られること。

② 空中線の指向特性は、次の(1)から(4)までに掲げる事項によって定める。

(1)　主輻射方向及び副輻射方向

(2)　　C　の主輻射の角度の幅

(3)　空中線を設置する位置の近傍にあるものであって電波の伝わる方向を乱すもの

(4)　給電線よりの輻射

	A	B	C
1	利得及び能率	整合	水平面
2	利得	整合	垂直面
3	利得	調整	水平面
4	利得及び能率	調整	垂直面

6　無線従事者の免許証に関する次の記述のうち、無線従事者規則（第50条及び第51条）の規定に照らし、これらの規定に定めるところに適合しないものはどれか。下の１から４までのうちから一つ選べ。

1　無線従事者は、免許の取消しの処分を受けたときは、その処分を受けた日から10日以内にその免許証を総務大臣又は総合通信局長（沖縄総合通信事務所長を含む。）に返納しなければならない。

2　無線従事者は、免許証を失ったために免許証の再交付を受けようとするときは、無線従事者免許証再交付申請書に写真１枚を添えて総務大臣又は総合通信局長（沖縄総合通信事務所長を含む。）に提出しなければならない。

3　無線従事者は、免許証を失ったために免許証の再交付を受けた後失った免許証を発見したときは、30日以内に再交付を受けた免許証を総務大臣又は総合通信局長（沖縄総合通信事務所長を含む。）に返納しなければならない。

4　無線従事者は、氏名に変更を生じたときに免許証の再交付を受けようとするときは、無線従事者免許証再交付申請書に免許証、写真１枚及び氏名の変更の事実を証する書類を添えて総務大臣又は総合通信局長（沖縄総合通信事務所長を含む。）に提出しなければならない。

答　　5：1　　6：3

7　非常通信に関する次の記述のうち、電波法（第52条）の規定に照らし、この規定に定めるところに適合するものはどれか。下の１から４までのうちから一つ選べ。

1　地震、台風、洪水、津波、雪害、火災、暴動その他非常の事態が発生し、又は発生するおそれがある場合において、有線通信を利用することができないか又はこれを利用することが著しく困難であるときに人命の救助、災害の救援、交通通信の確保又は秩序の維持のために行われる無線通信をいう。

2　地震、台風、洪水、津波、雪害、火災、暴動その他非常の事態が発生した場合において、電気通信業務の通信を利用することができないときに人命の救助、災害の救援、交通通信の確保又は秩序の維持のために行われる無線通信をいう。

3　地震、台風、洪水、津波、雪害、火災、暴動その他非常の事態が発生し、又は発生するおそれがある場合において、人命の救助、災害の救援、交通通信の確保又は秩序の維持のために行われる無線通信をいう。

4　地震、台風、洪水、津波、雪害、火災、暴動その他非常の事態が発生した場合において、人命の救助、災害の救援、交通通信の確保又は秩序の維持のために行われる無線通信をいう。

8　次の記述は、混信等の防止について述べたものである。電波法（第56条）の規定に照らし、□□□内に入れるべき最も適切な字句の組合せを下の１から４までのうちから一つ選べ。

　無線局は、　A　又は電波天文業務の用に供する受信設備その他の総務省令で定める受信設備（無線局のものを除く。）で総務大臣が指定するものにその　B　その他の妨害を与えないように運用しなければならない。ただし、　C　については、この限りでない。

	A	B	C
1	他の無線局	受信を不可能とするような混信	遭難通信
2	他の無線局	運用を阻害するような混信	遭難通信、緊急通信、安全通信及び非常通信
3	重要無線通信を行う無線局	受信を不可能とするような混信	遭難通信、緊急通信、安全通信及び非常通信
4	重要無線通信を行う無線局	運用を阻害するような混信	遭難通信

　答　　　7：1　　8：2

9　次の記述は、総務大臣がその職員を無線局（登録局を除く。）に派遣し、その無線設備等（注）を検査させることができる場合について述べたものである。電波法（第73条）の規定に照らし、□□□内に入れるべき最も適切な字句の組合せを下の１から４までのうちから一つ選べ。なお、同じ記号の□□□内には、同じ字句が入るものとする。

注　無線設備、無線従事者の資格及び員数並びに時計及び書類をいう。

　総務大臣は、次の(1)から(4)までに掲げる場合は、その職員を無線局に派遣し、その無線設備等を検査させることができる。

(1)　総務大臣が電波法第71条の５の規定により無線設備が電波法第３章（無線設備）に定める技術基準に適合していないと認め、当該無線設備を使用する無線局の免許人に対し、　A　その他の必要な措置を執るべきことを命じたとき。

(2)　総務大臣が電波法第72条第１項の規定により無線局の発射する　B　が電波法第28条の総務省令で定めるものに適合していないと認め、当該無線局に対して　C　電波の発射の停止を命じたとき。

(3)　総務大臣が(2)の命令を受けた無線局からその発射する　B　が電波法第28条の総務省令の定めるものに適合するに至った旨の申出を受けたとき。

(4)　電波法の施行を確保するため特に必要があるとき。

	A	B	C
1	その技術基準に適合するように当該無線設備の修理	電波の強度	３月以内の期間を定めて
2	当該無線設備の使用の禁止	電波の質	３月以内の期間を定めて
3	その技術基準に適合するように当該無線設備の修理	電波の質	臨時に
4	当該無線設備の使用の禁止	電波の強度	臨時に

10　総務大臣が無線局の免許を取り消すことができる場合に関する次の事項のうち、電波法（第76条）の規定に照らし、この規定に定めるところに該当しないものを下の１から４までのうちから一つ選べ。

1　免許人が正当な理由がないのに、無線局の運用を引き続き６月以上休止したとき。

2　免許人が不正な手段により無線局の免許若しくは電波法第17条（変更等の許可）の許可を受け、又は電波法第19条（申請による周波数等の変更）の規定による指定の変更を行わせたとき。

3　免許人が電波法、放送法若しくはこれらの法律に基づく命令又はこれらに基づ

く処分に違反し、総務大臣から6月以内の期間を定めて無線局の運用の停止を命じられ、又は期間を定めて電波の型式、周波数若しくは空中線電力を制限され、その命令又は制限に従わないとき。

4　免許人が電波法又は放送法に規定する罪を犯し罰金以上の刑に処せられ、その執行を終わり、又はその執行を受けることがなくなった日から2年を経過しない者に該当するに至ったとき。

11　無線局（登録局を除く。）の免許人が電波法又は電波法に基づく命令の規定に違反して運用した無線局を認めたときに執らなければならない措置に関する次の記述のうち、電波法（第80条）及び電波法施行規則（第42条の4）の規定に照らし、これらの規定に定めるところに適合するものはどれか。下の1から4までのうちから一つ選べ。

1　その無線局を告発しなければならない。

2　その無線局の電波の発射を停止させなければならない。

3　その無線局の免許人にその旨を通知しなければならない。

4　できる限り速やかに、文書によって、総務大臣又は総合通信局長（沖縄総合通信事務所長を含む。）に報告しなければならない。

12　次の記述は、無線局（包括免許に係るものを除く。）の免許状の訂正及び再交付について述べたものである。無線局免許手続規則（第22条及び第23条）の規定に照らし、 内に入れるべき最も適切な字句の組合せを下の1から4までのうちから一つ選べ。なお、同じ記号の 内には、同じ字句が入るものとする。

①　免許人は、電波法第21条の免許状の訂正を受けようとするときは、次の(1)から(5)までに掲げる事項を記載した A を総務大臣又は総合通信局長（沖縄総合通信事務所長を含む。以下同じ。）に提出しなければならない。

　(1)　免許人の氏名又は名称及び住所並びに法人にあっては、その代表者の氏名

　(2)　無線局の種別及び局数

　(3)　識別信号　　(4)　免許の番号　　(5)　訂正を受ける箇所及び訂正を受ける理由

②　免許人は、新たな免許状の交付による訂正を受けたときは、 B 旧免許状を返さなければならない。

③　免許人は、免許状を C 、失った等のために免許状の再交付の申請をしようとするときは、次の(1)から(5)までに掲げる事項を記載した申請書を総務大臣又は総合通信局長に提出しなければならない。

　(1)　免許人の氏名又は名称及び住所並びに法人にあっては、その代表者の氏名

　(2)　無線局の種別及び局数

(3) 識別信号　　(4) 免許の番号　　(5) 再交付を求める理由

④ 免許人は、③により免許状の再交付を受けたときは、　B　旧免許状を返さなければならない。ただし、免許状を失った等のためにこれを返すことができない場合は、この限りでない。

	A	B	C
1	届出書	遅滞なく	破損し
2	申請書	遅滞なく	破損し、汚し
3	申請書	10日以内に	破損し
4	届出書	10日以内に	破損し、汚し

答　　12 : 2

法 規　令和３年10月施行（午後の部）

1　固定局の予備免許中における工事落成の期限の延長、工事設計等の変更に関する次の記述のうち、電波法（第８条及び第９条）の規定に照らし、これらの規定に定めるところに適合しないものはどれか。下の１から４までのうちから一つ選べ。

1　総務大臣は、予備免許を受けた者から申請があった場合において、相当と認めるときは、予備免許の際に指定した工事落成の期限を延長することができる。

2　予備免許を受けた者は、工事設計を変更しようとするときは、あらかじめ総務大臣にその旨を届け出なければならない。

3　予備免許を受けた者が工事設計を変更しようとするときは、その変更は、周波数、電波の型式又は空中線電力に変更を来すものであってはならず、かつ、工事設計が電波法第３章（無線設備）に定める技術基準に合致するものでなければならない。

4　予備免許を受けた者は、無線局の目的、通信の相手方、通信事項又は無線設備の設置場所を変更しようとするときは、あらかじめ総務大臣の許可を受けなければならない。ただし、基幹放送局以外の無線局が基幹放送をすることとする無線局の目的の変更は、これを行うことができない。

2　次の記述は、無線局の免許の有効期間及び再免許の申請の期間について述べたものである。電波法（第13条）、電波法施行規則（第７条）及び無線局免許手続規則（第18条）の規定に照らし、　　　内に入れるべき最も適切な字句の組合せを下の１から４までのうちから一つ選べ。なお、同じ記号の　　　内には、同じ字句が入るものとする。

①　免許の有効期間は、免許の日から起算して　A　を超えない範囲内において総務省令で定める。ただし、再免許を妨げない。

②　特定実験試験局（総務大臣が公示する周波数、当該周波数の使用が可能な地域及び期間並びに空中線電力の範囲内で開設する実験試験局をいう。以下同じ。）の免許の有効期間は、　B　とする。

③　固定局の免許の有効期間は、　A　とする。

④　再免許の申請は、特定実験試験局にあっては免許の有効期間満了前１箇月以上３箇月を超えない期間、固定局にあっては免許の有効期間満了前　C　を超えない期間において行わなければならない。ただし、免許の有効期間が１年以内である無線局については、その有効期間満了前１箇月までに行うことができる。

答　　1：2

⑤　④にかかわらず、免許の有効期間満了前１箇月以内に免許を与えられた無線局については、免許を受けた後直ちに再免許の申請を行わなければならない。

	A	B	C
1	５年	当該実験又は試験の目的を達成するために必要な期間	１箇月以上１年
2	５年	当該周波数の使用が可能な期間	３箇月以上６箇月
3	２年	当該実験又は試験の目的を達成するために必要な期間	３箇月以上６箇月
4	２年	当該周波数の使用が可能な期間	１箇月以上１年

3　「無給電中継装置」の定義を述べた次の記述のうち、電波法施行規則（第２条）の規定に照らし、この規定に定めるところに適合するものはどれか。下の１から４までのうちから一つ選べ。

1　電源として太陽電池を使用して自動的に中継する装置をいう。

2　受信装置のみによって電波の伝搬方向を変える中継装置をいう。

3　自動的に動作する無線設備であって、通常の状態においては技術操作を直接必要としないものをいう。

4　送信機、受信機その他の電源を必要とする機器を使用しないで電波の伝搬方向を変える中継装置をいう。

4　次の記述は、電波の強度（注）に対する安全施設について述べたものである。電波法施行規則（第21条の３）の規定に照らし、□□内に入れるべき最も適切な字句の組合せを下の１から４までのうちから一つ選べ。

注　電界強度、磁界強度、電力束密度及び磁束密度をいう。

無線設備には、当該無線設備から発射される電波の強度が電波法施行規則別表第２号の３の２（電波の強度の値の表）に定める値を超える　A　に　B　のほか容易に出入りすることができないように、施設をしなければならない。ただし、次の(1)から(4)までに掲げる無線局の無線設備については、この限りではない。

(1)　平均電力が　C　以下の無線局の無線設備

(2)　移動する無線局の無線設備

(3)　地震、台風、洪水、津波、雪害、火災、暴動その他非常の事態が発生し、又は発生するおそれがある場合において、臨時に開設する無線局の無線設備

(4)　(1)から(3)までに掲げるもののほか、この規定を適用することが不合理であるものとして総務大臣が別に告示する無線局の無線設備

| 答 | | **2**：2 | **3**：4 |

	A	B	C
1	場所（人が通常、集合し、通行し、その他出入りする場所に限る。）	無線従事者	10ミリワット
2	場所（人が出入りするおそれのあるいかなる場所も含む。）	取扱者	10ミリワット
3	場所（人が通常、集合し、通行し、その他出入りする場所に限る。）	取扱者	20ミリワット
4	場所（人が出入りするおそれのあるいかなる場所も含む。）	無線従事者	20ミリワット

5 周波数の安定のための条件に関する次の記述のうち、無線設備規則（第15条及び第16条）の規定に照らし、これらの規定に定めるところに適合しないものはどれか。下の1から4までのうちから一つ選べ。

1 周波数をその許容偏差内に維持するため、送信装置は、できる限り電源電圧又は負荷の変化によって発振周波数に影響を与えないものでなければならない。

2 周波数をその許容偏差内に維持するため、発振回路の方式は、できる限り外囲の温度又は湿度の変化によって影響を受けないものでなければならない。

3 移動局（移動するアマチュア局を含む。）の送信装置は、実際上起り得る気圧の変化によっても周波数をその許容偏差内に維持するものでなければならない。

4 水晶発振回路に使用する水晶発振子は、周波数をその許容偏差内に維持するため、発振周波数が当該送信装置の水晶発振回路により又はこれと同一の条件の回路によりあらかじめ試験を行って決定されているものでなければならない。

6 次の記述は、主任無線従事者の講習の期間について述べたものである。電波法施行規則（第34条の7）の規定に照らし、□□□内に入れるべき最も適切な字句の組合せを下の1から4までのうちから一つ選べ。

① 無線局（総務省令で定める無線局及び登録局を除く。）の免許人は、主任無線従事者を□A□無線設備の操作の監督に関し総務大臣の行う講習を受けさせなければならない。

② 無線局の免許人は、①の講習を受けた主任無線従事者にその講習を受けた日から□B□に講習を受けさせなければならない。当該講習を受けた日以降についても同様とする。

	A	B
1	選任したときは、当該主任無線従事者に選任の日から６箇月以内に	５年以内
2	選任しようとするときは、あらかじめ	５年以内
3	選任しようとするときは、あらかじめ	３年以内
4	選任したときは、当該主任無線従事者に選任の日から６箇月以内に	３年以内

7 次の記述は、無線局（登録局を除く。）の免許状の記載事項の遵守について述べたものである。電波法（第53条）の規定に照らし、□□□内に入れるべき最も適切な字句の組合せを下の１から４までのうちから一つ選べ。

無線局を運用する場合においては、　A　、識別信号、　B　は、その無線局の免許状に記載されたところによらなければならない。ただし、　C　については、この限りでない。

	A	B	C
1	無線設備の設置場所	電波の型式、周波数及び空中線電力	遭難通信、緊急通信、安全通信及び非常通信
2	無線設備の設置場所	電波の型式及び周波数	遭難通信
3	無線設備	電波の型式、周波数及び空中線電力	遭難通信
4	無線設備	電波の型式及び周波数	遭難通信、緊急通信、安全通信及び非常通信

8 無線通信 (注) の秘密の保護に関する次の記述のうち、電波法（第59条）の規定に照らし、この規定に定めるところに適合するものはどれか。下の１から４までのうちから一つ選べ。

注　電気通信事業法第４条（秘密の保護）第１項又は第164条（適用除外等）第３項の通信であるものを除く。

1　何人も法律に別段の定めがある場合を除くほか、特定の相手方に対して行われる無線通信を傍受してその存在若しくは内容を漏らし、又はこれを窃用してはならない。

2　何人も法律に別段の定めがある場合を除くほか、特定の相手方に対して行われる暗語による無線通信を傍受してその存在若しくは内容を漏らし、又はこれを窃用してはならない。

答　　6：1　　7：2

3　何人も法律に別段の定めがある場合を除くほか、総務省令で定める周波数を使用して行われる無線通信を傍受してその存在若しくは内容を漏らし、又はこれを窃用してはならない。

4　何人も法律に別段の定めがある場合を除くほか、総務省令で定める周波数を使用して行われる暗語による無線通信を傍受してその存在若しくは内容を漏らし、又はこれを窃用してはならない。

9　次の記述は、無線従事者の免許の取消し等について述べたものである。電波法（第42条及び第79条）及び無線従事者規則（第51条）の規定に照らし、□□□内に入れるべき最も適切な字句の組合せを下の１から４までのうちから一つ選べ。

①　総務大臣は、無線従事者が電波法若しくは電波法に基づく命令又はこれらに基づく処分に違反したときは、無線従事者の免許を取り消し、又は３箇月以内の期間を定めて□A□することができる。

②　無線従事者は、①により無線従事者の免許の取消しの処分を受けたときは、その処分を受けた日から□B□以内にその免許証を総務大臣又は総合通信局長（沖縄総合通信事務所長を含む。）に返納しなければならない。

③　総務大臣は、①により無線従事者の免許を取り消され、取消しの日から□C□を経過しない者に対しては、無線従事者の免許を与えないことができる。

	A	B	C
1	無線設備の操作の範囲を制限	１箇月	２年
2	その業務に従事することを停止	１箇月	５年
3	その業務に従事することを停止	10日	２年
4	無線設備の操作の範囲を制限	10日	５年

10　無線設備が電波法第３章（無線設備）に定める技術基準に適合していないと認めるときに、総務大臣が当該無線設備を使用する無線局（登録局を除く。）の免許人に対して行うことができる処分に関する次の事項のうち、電波法（第71条の５）の規定に照らし、この規定に定めるところに該当するものはどれか。下の１から４までのうちから一つ選べ。

1　無線局の免許を取り消すこと。

2　当該無線設備の使用を禁止すること。

3　期間を定めて無線局の運用の停止を命ずること。

4　技術基準に適合するように当該無線設備の修理その他の必要な措置を執るべきことを命ずること。

答　　8：1　　9：3　　10：4

11　次の記述は、電波の質等について述べたものである。電波法（第28条及び第72条）の規定に照らし、□□□内に入れるべき最も適切な字句の組合せを下の１から４までのうちから一つ選べ。

① 送信設備に使用する電波の周波数の偏差及び幅、　A　電波の質は、総務省令で定めるところに適合するものでなければならない。

② 総務大臣は、無線局の発射する電波の質が①の総務省令で定めるものに適合していないと認めるときは、当該無線局に対して臨時に電波の発射の停止を命ずることができる。

③ 総務大臣は、②の命令を受けた無線局からその発射する電波の質が電波法第28条の総務省令の定めるものに適合するに至った旨の申出を受けたときは、その無線局に　B　させなければならない。

④ 総務大臣は、③により発射する電波の質が電波法第28条の総務省令で定めるものに適合しているときは、　C　しなければならない。

	A	B	C
1	空中線電力の偏差等	電波を試験的に発射	当該無線局に対してその旨を通知
2	高調波の強度等	電波の質の測定結果を報告	当該無線局に対してその旨を通知
3	空中線電力の偏差等	電波の質の測定結果を報告	直ちに②の停止を解除
4	高調波の強度等	電波を試験的に発射	直ちに②の停止を解除

12　無線従事者の選任又は解任の際に、無線局（登録局を除く。）の免許人が執らなければならない措置に関する次の記述のうち、電波法（第39条及び第51条）の規定に照らし、この規定に定めるところに適合するものはどれか。下の１から４までのうちから一つ選べ。

1　無線局の免許人は、無線従事者を選任したときは、遅滞なく、その旨を総務大臣に届け出なければならない。これを解任したときも、同様とする。

2　無線局の免許人は、無線従事者を選任しようとするときは、あらかじめ総務大臣に届け出なければならない。これを解任しようとするときも、同様とする。

3　無線局の免許人は、無線従事者を選任しようとするときは、あらかじめ総務大臣の許可を受けなければならない。これを解任しようとするときも、同様とする。

4　無線局の免許人は、無線従事者を選任しようとするときは、総務大臣に届け出て、その指示を受けなければならない。これを解任しようとするときも、同様とする。

答　　11：4　　12：1

法　規　令和４年２月施行（午前の部）

1　次の記述は、無線局の落成後の検査について述べたものである。電波法（第10条）の規定に照らし、□□□内に入れるべき最も適切な字句の組合せを下の１から４までのうちから一つ選べ。

① 電波法第８条の予備免許を受けた者は、工事が落成したときは、その旨を総務大臣に届け出て、その無線設備、無線従事者の資格（主任無線従事者の要件に係るものを含む。）及び　A　並びに時計及び書類（以下「無線設備等」という。）について検査を受けなければならない。

② ①の検査は、①の検査を受けようとする者が、当該検査を受けようとする無線設備等について登録検査等事業者（注１）又は登録外国点検事業者（注２）が総務省令で定めるところにより行った当該登録に係る　B　を記載した書類を添えて①の届出をした場合においては、　C　することができる。

注１　電波法第24条の２（検査等事業者の登録）第１項の登録を受けた者をいう。
　２　電波法第24条の13（外国点検事業者の登録等）第１項の登録を受けた者をいう。

	A	B	C
1	員数	検査の結果	省略
2	員数	点検の結果	その一部を省略
3	技能	検査の結果	その一部を省略
4	技能	点検の結果	省略

2　無線局の予備免許を受けた者が総務大臣から指定された工事落成の期限（工事落成の期限の延長があったときは、その期限）経過後２週間以内に電波法第10条（落成後の検査）の規定による工事が落成した旨の届出をしないときに、総務大臣から受ける処分に関する次の記述のうち、電波法（第11条）の規定に照らし、この規定に定めるところに適合するものはどれか。下の１から４までのうちから一つ選べ。

1　工事落成期限の延長の申請をするよう命ぜられる。
2　速やかに工事を落成するよう命ぜられる。
3　無線局の予備免許を取り消される。
4　無線局の免許を拒否される。

答　　1：2　　2：4

3　周波数測定装置の備付け等に関する次の記述のうち、電波法（第31条及び第37条）及び電波法施行規則（第11条の３）の規定に照らし、これらの規定に定めるところに適合しないものはどれか。下の１から４までのうちから一つ選べ。

1　総務省令で定める送信設備には、その誤差が使用周波数の許容偏差の２分の１以下である周波数測定装置を備え付けなければならない。

2　電波法第31条の規定により備え付けなければならない周波数測定装置は、その型式について、総務大臣の行う検定に合格したものでなければ、施設してはならない（注）。

　注　総務大臣が行う検定に相当する型式検定に合格している機器その他の機器であって総務省令で定めるものを施設する場合を除く。

3　26.175MHz 以下の周波数の電波を利用する送信設備には、電波法第31条に規定する周波数測定装置の備付けを要しない。

4　空中線電力10ワット以下の送信設備には、電波法第31条に規定する周波数測定装置の備付けを要しない。

4　次の記述は、周波数に関する定義を述べたものである。電波法施行規則（第２条）の規定に照らし、　　　　内に入れるべき最も適切な字句の組合せを下の１から４までのうちから一つ選べ。

①　「割当周波数」とは、無線局に割り当てられた周波数帯の　A　をいう。

②　「特性周波数」とは、与えられた発射において　B　をいう。

③　「基準周波数」とは、割当周波数に対して、固定し、かつ、特定した位置にある周波数をいう。この場合において、この周波数の割当周波数に対する偏位は、特性周波数が発射によって占有する周波数帯の中央の周波数に対してもつ偏位と同一の　C　及び同一の符号をもつものとする。

	A	B	C
1	中央の周波数	容易に識別し、かつ、測定することのできる周波数	絶対値
2	下限の周波数	必要周波数帯に隣接する周波数	絶対値
3	中央の周波数	必要周波数帯に隣接する周波数	相対値
4	下限の周波数	容易に識別し、かつ、測定することのできる周波数	相対値

5　次の記述は、高圧電気に対する安全施設について述べたものである。電波法施行規則（第22条、第23条及び第25条）の規定に照らし、　　　　内に入れるべき最も適切な字句の組合せを下の１から４までのうちから一つ選べ。なお、同じ記号の　　　　内には、同じ字句が入るものとする。

① 高圧電気（高周波若しくは交流の電圧　A　又は直流の電圧750ボルトを超える電気をいう。以下同じ。）を使用する電動発電機、変圧器、ろ波器、整流器その他の機器は、外部より容易に触れることができないように、絶縁しゃへい体又は　B　の内に収容しなければならない。ただし、取扱者のほか出入できないように設備した場所に装置する場合は、この限りでない。

② 送信設備の各単位装置相互間をつなぐ電線であって高圧電気を通ずるものは、線溝若しくは丈夫な絶縁体又は　B　の内に収容しなければならない。ただし、取扱者のほか出入できないように設備した場所に装置する場合は、この限りでない。

③ 送信設備の空中線、給電線又はカウンターポイズであって高圧電気を通ずるものは、その高さが人の歩行その他起居する平面から　C　以上のものでなければならない。ただし、次の(1)及び(2)の場合は、この限りでない。

(1) 　C　に満たない高さの部分が、人体に容易に触れない構造である場合又は人体が容易に触れない位置にある場合

(2) 移動局であって、その移動体の構造上困難であり、かつ、無線従事者以外の者が出入しない場所にある場合

	A	B	C
1	300ボルト	接地された金属しゃへい体	2.5メートル
2	500ボルト	接地された金属しゃへい体	3メートル
3	500ボルト	金属しゃへい体	2.5メートル
4	300ボルト	金属しゃへい体	3メートル

---

6 無線従事者の免許等に関する次の記述のうち、電波法（第41条及び第42条）、電波法施行規則（第38条）及び無線従事者規則（第51条）の規定に照らし、これらの規定に定めるところに適合しないものはどれか。下の１から４までのうちから一つ選べ。

1 無線従事者になろうとする者は、総務大臣の免許を受けなければならない。

2 総務大臣は、電波法第９章（罰則）の罪を犯し罰金以上の刑に処せられ、その執行を終わり、又はその執行を受けることがなくなった日から２年を経過しない者に対しては、無線従事者の免許を与えないことができる。

3 無線従事者は、その業務に従事しているときは、免許証を携帯していなければならない。

4 無線従事者は、免許証を失ったために免許証の再交付を受けた後失った免許証を発見したときは、１箇月以内に再交付を受けた免許証を総務大臣又は総合通信局長（沖縄総合通信事務所長を含む。）に返納しなければならない。

答　　5：1　　6：4

7　無線局（登録局を除く。）の運用に関する次の記述のうち、電波法（第52条から第55条まで）の規定に照らし、これらの規定に定めるところに適合しないものはどれか。下の１から４までのうちから一つ選べ。

1　無線局は、免許状に記載された目的又は通信の相手方若しくは通信事項の範囲を超えて運用してはならない。ただし、次の(1)から(6)までに掲げる通信については、この限りでない。

(1)　遭難通信　　　(2)　緊急通信　　　(3)　安全通信

(4)　非常通信　　　(5)　放送の受信　　　(6)　その他総務省令で定める通信

2　無線局を運用する場合においては、無線設備の設置場所、識別信号、電波の型式及び周波数は、その無線局の免許状に記載されたところによらなければならない。ただし、遭難通信については、この限りでない。

3　無線局を運用する場合においては、空中線電力は、その無線局の免許状に記載されたところによらなければならない。ただし、遭難通信、緊急通信、安全通信及び非常通信については、この限りでない。

4　無線局は、免許状に記載された運用許容時間内でなければ、運用してはならない。ただし、遭難通信、緊急通信、安全通信、非常通信、放送の受信、その他総務省令で定める通信を行う場合及び総務省令で定める場合は、この限りでない。

8　次の記述は、無線局の運用について述べたものである。電波法（第56条、第57条及び第59条）の規定に照らし、□□□内に入れるべき最も適切な字句の組合せを下の１から４までのうちから一つ選べ。

①　無線局は、□A□又は電波天文業務の用に供する受信設備その他の総務省令で定める受信設備（無線局のものを除く。）で総務大臣が指定するものにその運用を阻害するような混信その他の妨害を与えないように運用しなければならない。ただし、遭難通信、緊急通信、安全通信及び非常通信については、この限りでない。

②　無線局は、□B□ときは、なるべく擬似空中線回路を使用しなければならない。

③　何人も法律に別段の定めがある場合を除くほか、□C□無線通信（注）を傍受してその存在若しくは内容を漏らし、又はこれを窃用してはならない。

注　電気通信事業法第４条（秘密の保護）第１項又は第164条（適用除外等）第３項の通信であるものを除く。

	A	B	C
1	重要無線通信を行う無線局	無線設備の機器の試験又は調整を行うために運用する	総務省令で定める周波数により行われる
2	重要無線通信を行う無線局	総務大臣又は総合通信局長（沖縄総合通信事務所長を含む。）が行う無線局の検査のために運用する	特定の相手方に対して行われる

3	他の無線局	無線設備の機器の試験又は調整を行うために運用する	特定の相手方に対して行われる
4	他の無線局	総務大臣又は総合通信局長（沖縄総合通信事務所長を含む。）が行う無線局の検査のために運用する	総務省令で定める周波数により行われる

9 次に掲げる処分のうち、無線局（登録局を除く。）の免許人が電波法、放送法若しくはこれらの法律に基づく命令又はこれらに基づく処分に違反したときに総務大臣から受けることがある処分に該当しないものはどれか。電波法（第76条）の規定に照らし、下の1から4までのうちから一つ選べ。

1　期間を定めて行う周波数の制限
2　期間を定めて行う空中線電力の制限
3　期間を定めて行う運用許容時間の制限
4　期間を定めて行う通信の相手方又は通信事項の制限

10 次の記述は、総務大臣が行う無線局（登録局を除く。）に対する周波数等の変更命令について述べたものである。電波法（第71条）の規定に照らし、□□内に入れるべき最も適切な字句の組合せを下の1から4までのうちから一つ選べ。

　総務大臣は、□A□必要があるときは、無線局の□B□に支障を及ぼさない範囲内に限り、当該無線局の□C□の指定を変更し、又は人工衛星局の無線設備の設置場所の変更を命ずることができる。

	A	B	C
1	混信の除去その他特に	運用	周波数若しくは空中線電力
2	電波の規整その他公益上	目的の遂行	周波数若しくは空中線電力
3	混信の除去その他特に	目的の遂行	電波の型式若しくは周波数
4	電波の規整その他公益上	運用	電波の型式若しくは周波数

11 次に掲げる事項のうち、無線局（登録局を除く。）の免許人が電波法又は電波法に基づく命令の規定に違反して運用した無線局を認めたときに執らなければならない措置に該当するものはどれか。電波法（第80条）の規定に照らし、下の1から4までのうちから一つ選べ。

1　総務省令で定める手続により、総務大臣に報告すること。
2　その無線局の免許人にその旨を通知すること。
3　その無線局の電波の発射を停止させること。
4　その無線局を告発すること。

答　8：3　9：4　10：2　11：1

12 次の記述は、無線局の廃止等について述べたものである。電波法（第22条から第24条まで）の規定に照らし、□□内に入れるべき最も適切な字句の組合せを下の１から４までのうちから一つ選べ。

① 免許人は、その無線局を廃止するときは、その旨を総務大臣に　A　。

② 免許人が無線局を廃止したときは、免許は、その効力を失う。

③ 免許がその効力を失ったときは、免許人であった者は、　B　しなければならない。

	A	B
1	申請しなければならない	１箇月以内にその免許状を返納
2	届け出なければならない	１箇月以内にその免許状を返納
3	届け出なければならない	速やかにその免許状を廃棄し、その旨を総務大臣に報告
4	申請しなければならない	速やかにその免許状を廃棄し、その旨を総務大臣に報告

法　規　令和４年２月施行（午後の部）

1　次に掲げる事項のうち、総務大臣が固定局の免許の申請書を受理したとき
に審査しなければならない事項に該当しないものはどれか。電波法（第７条）の規
定に照らし、下の１から４までのうちから一つ選べ。

1　総務省令で定める無線局（基幹放送局を除く。）の開設の根本的基準に合致す
ること。
2　工事設計が電波法第３章（無線設備）に定める技術基準に適合すること。
3　当該業務を維持するに足りる経理的基礎及び技術的能力があること。
4　周波数の割当てが可能であること。

2　次の記述は、無線局の免許後の変更手続等について述べたものである。電波
法（第17条及び第18条）の規定に照らし、　　内に入れるべき最も適切な字句の
組合せを下の１から４までのうちから一つ選べ。なお、同じ記号の　　内には、
同じ字句が入るものとする。

①　免許人は、無線局の目的、　A　若しくは無線設備の設置場所を変更し、又は
　　B　をしようとするときは、あらかじめ総務大臣の許可を受けなければならな
い（注）。ただし、総務省令で定める軽微な事項については、この限りでない。

　注　基幹放送局以外の無線局が基幹放送をすることとする無線局の目的の変更は、これを行うこ
とができない。

②　①により無線設備の設置場所の変更又は　B　の許可を受けた免許人は、総務
大臣の検査を受け、当該変更又は工事の結果が①の許可の内容に適合していると
認められた後でなければ、　C　を運用してはならない。ただし、総務省令で定
める場合は、この限りでない。

	A	B	C
1	無線局の種別、通信の相手方、通信事項	無線設備の変更の工事	当該無線局の無線設備
2	無線局の種別、通信の相手方、通信事項	周波数、電波の型式若しくは空中線電力の変更	許可に係る無線設備
3	通信の相手方、通信事項	無線設備の変更の工事	許可に係る無線設備
4	通信の相手方、通信事項	周波数、電波の型式若しくは空中線電力の変更	当該無線局の無線設備

　答　　1：3　　2：3

3　「実効輻射電力」の定義を述べた次の記述のうち、電波法施行規則（第２条）の規定に照らし、この規定に定めるところに適合するものはどれか。下の１から４までのうちから一つ選べ。

1　「実効輻射電力」とは、空中線系の給電線に供給される電力に、与えられた方向における空中線の絶対利得を乗じたものをいう。

2　「実効輻射電力」とは、空中線系の給電線に供給される電力に、与えられた方向における空中線の相対利得を乗じたものをいう。

3　「実効輻射電力」とは、空中線に供給される電力に、与えられた方向における空中線の絶対利得を乗じたものをいう。

4　「実効輻射電力」とは、空中線に供給される電力に、与えられた方向における空中線の相対利得を乗じたものをいう。

4　次の記述は、空中線等の保安施設について述べたものである。電波法施行規則（第26条）の規定に照らし、□□□内に入れるべき最も適切な字句の組み合わせを下の１から４までのうちから一つ選べ。

　無線設備の空中線系には□A□を、また、カウンターポイズには□B□をそれぞれ設けなければならない。ただし、□C□周波数を使用する無線局の無線設備及び陸上移動局又は携帯局の無線設備の空中線については、この限りでない。

	A	B	C
1	避雷器及び接地装置	避雷器	26.175MHz を超える
2	避雷器又は接地装置	接地装置	26.175MHz を超える
3	避雷器及び接地装置	接地装置	26.175MHz 以下の
4	避雷器又は接地装置	避雷器	26.175MHz 以下の

5　次に掲げる事項のうち、送信空中線の型式及び構成が適合しなければならない条件に該当しないものはどれか。無線設備規則（第20条）の規定に照らし、下の１から４までのうちから一つ選べ。

1　発射可能な電波の周波数帯域がなるべく広いものであること。

2　空中線の利得及び能率がなるべく大であること。

3　満足な指向特性が得られること。

4　整合が十分であること。

答　　3：4　　4：2　　5：1

6　次の記述は、主任無線従事者の非適格事由について述べたものである。電波法（第39条）及び電波法施行規則（第34条の３）の規定に照らし、◻内に入れるべき最も適切な字句の組合せを下の１から４までのうちから一つ選べ。

① 主任無線従事者は、電波法第40条（無線従事者の資格）の定めるところにより、無線設備の操作の監督を行うことができる無線従事者であって、総務省令で定める事由に該当しないものでなければならない。

② ①の総務省令で定める事由は、次の(1)から(3)までに掲げるとおりとする。

  (1) 電波法第９章（罰則）の罪を犯し罰金以上の刑に処せられ、その執行を終わり、又はその執行を受けることがなくなった日から ◻Ａ◻ を経過しない者であること。

  (2) 電波法第79条（無線従事者の免許の取消し等）第１項第１号の規定により ◻Ｂ◻ され、その処分の期間が終了した日から３箇月を経過していない者であること。

  (3) 主任無線従事者として選任される日以前５年間において無線局（無線従事者の選任を要する無線局でアマチュア局以外のものに限る。）の無線設備の操作又はその監督の業務に従事した期間が ◻Ｃ◻ に満たない者であること。

	Ａ	Ｂ	Ｃ
1	１年	無線設備の操作の範囲を制限	３箇月
2	２年	無線設備の操作の範囲を制限	６箇月
3	２年	業務に従事することを停止	３箇月
4	１年	業務に従事することを停止	６箇月

7　次の記述は、無線局（登録局を除く。）を運用する場合の空中線電力について述べたものである。電波法（第54条）の規定に照らし、◻内に入れるべき最も適切な字句の組合せを下の１から４までのうちから一つ選べ。

　無線局を運用する場合においては、空中線電力は、次の(1)及び(2)に定めるところによらなければならない。ただし、◻Ａ◻ については、この限りでない。

(1) 免許状に ◻Ｂ◻ であること。
(2) 通信を行うため ◻Ｃ◻ であること。

	Ａ	Ｂ	Ｃ
1	遭難通信	記載されたものの範囲内	必要最小のもの
2	遭難通信	記載されたもの	十分なもの
3	遭難通信、緊急通信、安全通信及び非常通信	記載されたものの範囲内	十分なもの
4	遭難通信、緊急通信、安全通信及び非常通信	記載されたもの	必要最小のもの

　答　　6：3　　7：1

8　無線設備の機器の試験又は調整のための無線局の運用に関する次の記述のうち、電波法（第57条）及び無線局運用規則（第22条及び第39条）の規定に照らし、これらの規定に定めるところに適合しないものはどれか。下の１から４までのうちから一つ選べ。

1　無線局は、無線設備の機器の試験又は調整を行うために運用するときは、なるべく擬似空中線回路を使用しなければならない。

2　無線局は、無線設備の機器の試験又は調整のため電波の発射を必要とするときは、発射する前に自局の発射しようとする電波の周波数及びその他必要と認める周波数によって聴守し、他の無線局の通信に混信を与えないことを確かめなければならない。

3　無線局は、無線設備の機器の試験又は調整中は、しばしばその電波の周波数により聴守を行い、他の無線局から停止の要求がないかどうかを確かめなければならない。

4　無線局は、無線設備の機器の試験又は調整のための電波の発射が他の既に行われている通信に混信を与える旨の通知を受けたときは、空中線電力を低減して電波を発射しなければならない。

9　次の記述は、無線局の発射する電波の質が総務省令で定めるものに適合していないと認めるときに総務大臣が行うことができる処分等について述べたものである。電波法（第72条）の規定に照らし、□□□内に入れるべき最も適切な字句の組合せを下の１から４までのうちから一つ選べ。

①　総務大臣は、無線局の発射する電波の質が電波法第28条の総務省令で定めるものに適合していないと認めるときは、当該無線局に対して臨時に□A□を命ずることができる。

②　総務大臣は、①の命令を受けた無線局からその発射する電波の質が電波法第28条の総務省令の定めるものに適合するに至った旨の申出を受けたときは、その無線局に□B□させなければならない。

③　総務大臣は、②により発射する電波の質が電波法第28条の総務省令で定めるものに適合しているときは、□C□しなければならない。

	A	B	C
1	運用の停止	電波の質の測定結果を報告	直ちに①の停止を解除
2	電波の発射の停止	電波を試験的に発射	直ちに①の停止を解除
3	運用の停止	電波を試験的に発射	当該無線局に対してその旨を通知
4	電波の発射の停止	電波の質の測定結果を報告	当該無線局に対してその旨を通知

答　　8：4　　9：2

10　次に掲げる処分のうち、無線従事者が電波法若しくは電波法に基づく命令又はこれらに基づく処分に違反したときに、総務大臣から受けることがある処分に該当するものはどれか。電波法（第79条）の規定に照らし、下の１から４までのうちから一つ選べ。

1　６箇月以内の期間を定めて行うその業務に従事することの停止

2　無線従事者が従事する無線局の運用許容時間、周波数若しくは空中線電力の制限

3　無線設備の操作の範囲の制限

4　無線従事者の免許の取消し

11　次の記述は、免許等を要しない無線局（注）及び受信設備に対する監督について述べたものである。電波法（第82条）の規定に照らし、□□□内に入れるべき最も適切な字句の組合せを下の１から４までのうちから一つ選べ。

注　電波法第４条（無線局の開設）第１号から第３号までに掲げる無線局をいう。

① 総務大臣は、免許等を要しない無線局の無線設備の発する電波又は受信設備が副次的に発する電波若しくは高周波電流が□A□の機能に継続的かつ重大な障害を与えるときは、その設備の所有者又は占有者に対し、その障害を除去するために□B□を命ずることができる。

② 総務大臣は、免許等を要しない無線局の無線設備について又は放送の受信を目的とする受信設備以外の受信設備について①の措置を執るべきことを命じた場合において特に必要があると認めるときは、□C□ことができる。

	A	B	C
1	他の無線設備	必要な措置を執るべきこと	その職員を当該設備のある場所に派遣し、その設備を検査させる
2	電気通信業務の用に供する無線局の無線設備	必要な措置を執るべきこと	その事実及び措置の内容を記載した書面の提出を求める
3	電気通信業務の用に供する無線局の無線設備	設備の使用を中止する措置を執るべきこと	その職員を当該設備のある場所に派遣し、その設備を検査させる
4	他の無線設備	設備の使用を中止する措置を執るべきこと	その事実及び措置の内容を記載した書面の提出を求める

答　10：4　11：1

12　　無線局の免許状に関する次の記述のうち、電波法（第21条及び第24条）及び無線局免許手続規則（第22条及び第23条）の規定に照らし、これらの規定に定めるところに適合しないものはどれか。下の１から４までのうちから一つ選べ。

1　　免許人は、免許状に記載した事項に変更を生じたときは、その免許状を総務大臣に提出し、訂正を受けなければならない。

2　　免許がその効力を失ったときは、免許人であった者は、10日以内にその免許状を返納しなければならない。

3　　免許人は、新たな免許状の交付による訂正を受けたときは、遅滞なく旧免許状を返さなければならない。

4　　免許人は、免許状を破損し、汚し、失った等のために免許状の再交付を受けたときは、遅滞なく旧免許状を返さなければならない。ただし、免許状を失った等のためにこれを返すことができない場合は、この限りでない。

──────────────────────────────────────

答　　　12：2

法 規　令和４年６月施行（午前の部）

1　次の記述は、電波法の目的及び電波法に規定する用語の定義を述べたものである。電波法（第１条及び第２条）の規定に照らし、□□□内に入れるべき最も適切な字句の組合せを下の１から４までのうちから一つ選べ。

① 電波法は、電波の□A□な利用を確保することによって、公共の福祉を増進することを目的とする。

② 「無線設備」とは、無線電信、無線電話その他電波を送り、又は受けるための□B□をいう。

③「無線局」とは、無線設備及び□C□の総体をいう。ただし、受信のみを目的とするものを含まない。

	A	B	C
1	公平かつ能率的	電気的設備	無線設備の操作を行う者
2	公平かつ能率的	通信設備	無線設備の操作の監督を行う者
3	有効かつ適正	電気的設備	無線設備の操作の監督を行う者
4	有効かつ適正	通信設備	無線設備の操作を行う者

2　総務大臣から無線設備の変更の工事の許可を受けた免許人が、許可に係る無線設備を運用するために執らなければならない措置に関する次の記述のうち、電波法（第18条）の規定に照らし、この規定に定めるところに適合するものはどれか。下の１から４までのうちから一つ選べ。

1　無線設備の変更の工事を行った後、遅滞なくその工事が終了した旨を総務大臣に届け出なければならない。

2　無線設備の変更の工事を実施した旨を免許状の余白に記載し、その写しを総務大臣に提出しなければならない。

3　総務省令で定める場合を除き、総務大臣の検査を受け、無線設備の変更の工事の結果が許可の内容に適合していると認められなければならない。

4　登録検査等事業者（注1）又は登録外国点検事業者（注2）の検査を受け、無線設備の変更の工事の結果が電波法第３章（無線設備）に定める技術基準に適合していると認められなければならない。

　注1　電波法第24条の２（検査等事業者の登録）第１項の登録を受けた者をいう。
　　2　電波法第24条の13（外国点検事業者の登録等）第１項の登録を受けた者をいう。

　答　　1：1　　2：3

3 空中線電力の定義を述べた次の記述のうち、電波法施行規則（第２条）の規定に照らし、この規定に定めるところに適合しないものはどれか。下の１から４までのうちから一つ選べ。

1 「尖頭電力」とは、通常の動作状態において、変調包絡線の最高尖頭における無線周波数１サイクルの間に送信機から空中線系の給電線に供給される平均の電力をいう。

2 「平均電力」とは、通常の動作中の送信機から空中線系の給電線に供給される電力であって、変調において用いられる最低周波数の周期に比較して十分長い時間（通常、平均の電力が最大である約１０分の１秒間）にわたって平均されたものをいう。

3 「搬送波電力」とは、通常の動作状態における無線周波数１サイクルの間に送信機から空中線系の給電線に供給される最大の電力をいう。ただし、この定義は、パルス変調の発射には適用しない。

4 「規格電力」とは、終段真空管の使用状態における出力規格の値をいう。

4 高圧電気（注）を使用する電動発電機、変圧器、ろ波器、整流器その他の機器が満たすべき安全施設の条件に関する次の記述のうち、電波法施行規則（第22条）の規定に照らし、この規定に定めるところに適合するものはどれか。下の１から４までのうちから一つ選べ。

　　注　高周波若しくは交流の電圧300ボルト又は直流の電圧750ボルトを超える電気をいう。

1 外部を電気的に完全に絶縁し、かつ、電気設備に関する技術基準を定める省令（昭和40年通商産業省令第61号）の規定に従って措置しなければならない。ただし、無線従事者のほか容易に出入できないように設備した場所に装置する場合は、この限りでない。

2 外部より容易に触れることができないように、絶縁しゃへい体又は接地された金属しゃへい体の内に収容しなければならない。ただし、取扱者のほか出入できないように設備した場所に装置する場合は、この限りでない。

3 人の目につく箇所に「高圧注意」の表示をしなければならない。ただし、移動局であって、その移動体の構造上困難であり、かつ、無線従事者以外の者が出入しない場所にある場合は、この限りでない。

4 その高さが人の歩行その他起居する平面から２メートル以上のものでなければならない。ただし、２メートルに満たない高さの部分が、人体に容易に触れない構造である場合は、この限りでない。

答　3：3　　4：2

5　次の記述は、周波数の安定のための条件について述べたものである。無線設備規則（第15条）の規定に照らし、_____内に入れるべき最も適切な字句の組合せを下の１から４までのうちから一つ選べ。

① 周波数をその許容偏差内に維持するため、送信装置は、できる限り__A__によって発振周波数に影響を与えないものでなければならない。

② 周波数をその許容偏差内に維持するため、発振回路の方式は、できる限り__B__によって影響を受けないものでなければならない。

③ 移動局（移動するアマチュア局を含む。）の送信装置は、実際上起り得る__C__によっても周波数をその許容偏差内に維持するものでなければならない。

	A	B	C
1	外囲の温度又は湿度の変化	電源電圧又は負荷の変化	気圧の変化
2	電源電圧又は負荷の変化	外囲の温度又は湿度の変化	気圧の変化
3	外囲の温度又は湿度の変化	電源電圧又は負荷の変化	振動又は衝撃
4	電源電圧又は負荷の変化	外囲の温度又は湿度の変化	振動又は衝撃

6　次の記述は、無線従事者の免許証の再交付及び返納について述べたものである。無線従事者規則（第50条及び第51条）の規定に照らし、_____内に入れるべき最も適切な字句の組合せを下の１から４までのうちから一つ選べ。なお、同じ記号の_____内には、同じ字句が入るものとする。

① 無線従事者は、__A__に変更を生じたとき又は免許証を__B__、若しくは失ったために免許証の再交付を受けようとするときは、申請書に次の(1)から(3)までに掲げる書類を添えて総務大臣又は総合通信局長（沖縄総合通信事務所長を含む。以下同じ。）に提出しなければならない。

(1) 免許証（免許証を失った場合を除く。）　　(2) 写真１枚

(3) __A__の変更の事実を証する書類（__A__に変更を生じたときに限る。）

② 無線従事者は、免許証を失ったために免許証の再交付を受けた後失った免許証を発見したときは、__C__にその免許証を総務大臣又は総合通信局長に返納しなければならない。

	A	B	C
1	氏名	汚し、破り	10日以内
2	氏名又は住所	汚し、破り	30日以内
3	氏名又は住所	破り	10日以内
4	氏名	破り	30日以内

答　5：4　6：1

7 　無線局がなるべく擬似空中線回路を使用しなければならない場合に関する次の事項のうち、電波法（第57条）の規定に照らし、この規定に定めるところに該当するものはどれか。下の１から４までのうちから一つ選べ。

1　実用化試験局を運用するとき。

2　無線設備の機器の試験又は調整を行うために運用するとき。

3　工事設計書に記載された空中線を使用することができないとき。

4　総務大臣が行う無線局の検査に際してその運用を必要とするとき。

8 　次の記述は、無線通信（注）の秘密の保護について述べたものである。電波法（第59条及び第109条）の規定に照らし、□内に入れるべき最も適切な字句の組合せを下の１から４までのうちから一つ選べ。

注　電気通信事業法第４条（秘密の保護）第１項又は同法第164条（適用除外等）第３項の通信であるものを除く。

① 　何人も法律に別段の定めがある場合を除くほか、□ A □を傍受して□ B □を漏らし、又はこれを窃用してはならない。

② 　無線局の取扱中に係る無線通信の秘密を漏らし、又は窃用した者は、１年以下の懲役又は50万円以下の罰金に処する。

③ 　□ C □がその業務に関し知り得た②の秘密を漏らし、又は窃用したときは、２年以下の懲役又は100万円以下の罰金に処する。

	A	B	C
1	総務省令で定める周波数により行われる無線通信	その存在若しくは内容	無線従事者
2	総務省令で定める周波数により行われる無線通信	その通信の内容	無線通信の業務に従事する者
3	特定の相手方に対して行われる無線通信	その存在若しくは内容	無線通信の業務に従事する者
4	特定の相手方に対して行われる無線通信	その通信の内容	無線従事者

9 　総務大臣が行う無線局（登録局を除く。）の周波数等の変更の命令に関する次の記述のうち、電波法（第71条）の規定に照らし、この規定に定めるところに適合するものはどれか。下の１から４までのうちから一つ選べ。

1　総務大臣は、電波の能率的な利用の確保その他特に必要があると認めるときは、当該無線局の電波の型式又は周波数の指定を変更することができる。

2　総務大臣は、無線局が他の無線局に混信その他の妨害を与えていると認めるときは、当該無線局の電波の型式、周波数又は空中線電力の指定を変更することが

できる。

3　総務大臣は、混信の除去その他特に必要があると認めるときは、無線局の運用に支障を及ぼさない範囲内に限り、当該無線局の周波数若しくは空中線電力の指定を変更し、又は無線局の無線設備の設置場所の変更を命ずることができる。

4　総務大臣は、電波の規整その他公益上必要があるときは、無線局の目的の遂行に支障を及ぼさない範囲内に限り、当該無線局の周波数若しくは空中線電力の指定を変更し、又は人工衛星局の無線設備の設置場所の変更を命ずることができる。

10　次の記述は、非常の場合の無線通信について述べたものである。電波法（第74条）の規定に照らし、□□□内に入れるべき最も適切な字句の組合せを下の１から４までのうちから一つ選べ。

総務大臣は、地震、台風、洪水、津波、雪害、火災、暴動その他非常の事態が□ A □場合においては、人命の救助、災害の救援、□ B □の確保又は秩序の維持のために必要な通信を□ C □ことができる。

	A	B	C
1	発生した	交通通信	電気通信事業者に要請する
2	発生し、又は発生するおそれがある	電力の供給	電気通信事業者に要請する
3	発生した	電力の供給	無線局に行わせる
4	発生し、又は発生するおそれがある	交通通信	無線局に行わせる

11　次の記述は、総務大臣が無線局（登録局を除く。）の免許を取り消すことができる場合について述べたものである。電波法（第76条）の規定に照らし、□□□内に入れるべき最も適切な字句の組合せを下の１から４までのうちから一つ選べ。

総務大臣は、免許人（包括免許人を除く。）が次の(1)から(4)までのいずれかに該当するときは、その免許を取り消すことができる。

(1)　正当な理由がないのに、無線局の運用を引き続き□ A □以上休止したとき。

(2)　不正な手段により無線局の免許若しくは電波法第17条（変更等の許可）の許可を受け、又は電波法第19条（申請による周波数等の変更）の規定による指定の変更を行わせたとき。

(3)　免許人が電波法、放送法若しくはこれらの法律に基づく命令又はこれらに基づく処分に違反したことにより、３月以内の期間を定めて行われる□ B □の停止の命令、又は期間を定めて行われる□ C □の制限に従わないとき。

(4)　免許人が電波法又は放送法に規定する罪を犯し罰金以上の刑に処せられ、その執行を終わり、又はその執行を受けることがなくなった日から2年を経過しない者に該当するに至ったとき。

	A	B	C
1	6月	無線局の運用	運用許容時間、周波数若しくは空中線電力
2	1年	無線局の運用	電波の型式、周波数若しくは空中線電力
3	1年	電波の発射	運用許容時間、周波数若しくは空中線電力
4	6月	電波の発射	電波の型式、周波数若しくは空中線電力

12　免許状に記載した事項に変更を生じたときに免許人が執らなければならない措置に関する次の記述のうち、電波法（第21条）の規定に照らし、この規定に定めるところに適合するものはどれか。下の1から4までのうちから一つ選べ。

1　免許状を訂正することについて、あらかじめ総務大臣の許可を受けなければならない。

2　速やかに免許状を訂正し、総務大臣にその旨を報告しなければならない。

3　免許状を総務大臣に提出し、訂正を受けなければならない。

4　遅滞なく、その旨を総務大臣に届け出なければならない。

法　規　令和４年６月施行（午後の部）

1　次の記述は、申請による周波数等の変更について述べたものである。電波法（第19条及び第76条）の規定に照らし、□□□内に入れるべき最も適切な字句の組合せを下の１から４までのうちから一つ選べ。

① 総務大臣は、免許人又は電波法第８条の予備免許を受けた者が識別信号、□A□又は運用許容時間の指定の変更を申請した場合において、□B□特に必要があると認めるときは、その指定を変更することができる。

② 総務大臣は、免許人（包括免許人を除く。）が不正な手段により電波法第19条（申請による周波数等の変更）の規定による①の指定の変更を行わせたときは、□C□ことができる。

	A	B	C
1	電波の型式、周波数、空中線電力	電波の規整その他公益上	６箇月以内の期間を定めて無線局の運用の停止を命ずる
2	電波の型式、周波数、空中線電力	混信の除去その他	その免許を取り消す
3	無線設備の設置場所、電波の型式、周波数、空中線電力	電波の規整その他公益上	その免許を取り消す
4	無線設備の設置場所、電波の型式、周波数、空中線電力	混信の除去その他	６箇月以内の期間を定めて無線局の運用の停止を命ずる

2　無線局の免許の有効期間及び再免許の申請の期間に関する次の記述のうち、電波法（第13条）、電波法施行規則（第７条）及び無線局免許手続規則（第18条）の規定に照らし、これらの規定に定めるところに適合しないものはどれか。下の１から４までのうちから一つ選べ。

1 免許の有効期間は、免許の日から起算して５年を超えない範囲内において総務省令で定める。ただし、再免許を妨げない。
2 特定実験試験局（総務大臣が公示する周波数、当該周波数の使用が可能な地域及び期間並びに空中線電力の範囲内で開設する実験試験局をいう。）の免許の有効期間は、当該周波数の使用が可能な期間とする。
3 固定局の免許の有効期間は、５年とする。
4 再免許の申請は、固定局（免許の有効期間が１年以内であるものを除く。）に

答　**1**：2

あっては免許の有効期間満了前１箇月以上１年を超えない期間において行わなければならない。

3　次に掲げる事項のうち、空中線の指向特性を定める事項に該当しないものはどれか。無線設備規則（第22条）の規定に照らし、下の１から４までのうちから一つ選べ。

1　空中線を設置する位置の近傍にあるものであって電波の伝わる方向を乱すもの
2　主輻射方向及び副輻射方向
3　垂直面の主輻射の角度の幅
4　給電線よりの輻射

4　次の記述は、電波の質及び受信設備の条件について述べたものである。電波法（第28条及び第29条）の規定に照らし、□□内に入れるべき最も適切な字句の組合せを下の１から４までのうちから一つ選べ。

① 送信設備に使用する電波の　A　、　B　電波の質は、総務省令で定めるところに適合するものでなければならない。
② 受信設備は、その副次的に発する電波又は高周波電流が、総務省令で定める限度を超えて　C　の機能に支障を与えるものであってはならない。

	A	B	C
1	周波数の偏差及び幅	空中線電力の偏差等	電気通信業務の用に供する無線局の無線設備
2	周波数の偏差	高調波の強度等	電気通信業務の用に供する無線局の無線設備
3	周波数の偏差及び幅	高調波の強度等	他の無線設備
4	周波数の偏差	空中線電力の偏差等	他の無線設備

5　次の記述は、「スプリアス発射」及び「帯域外発射」の定義を述べたものである。電波法施行規則（第２条）の規定に照らし、□□内に入れるべき最も適切な字句の組合せを下の１から４までのうちから一つ選べ。なお、同じ記号の□□内には、同じ字句が入るものとする。

答　2：4　3：3　4：3

① 「スプリアス発射」とは、　A　外における１又は２以上の周波数の電波の発射であって、そのレベルを情報の伝送に影響を与えないで　B　することができるものをいい、　C　を含み、帯域外発射を含まないものとする。

② 「帯域外発射」とは、　A　に近接する周波数の電波の発射で情報の伝送のための変調の過程において生ずるものをいう。

	A	B	C
1	必要周波数帯	低減	高調波発射、低調波発射、寄生発射及び相互変調積
2	送信周波数帯	低減	高調波発射及び低調波発射
3	送信周波数帯	除去	高調波発射、低調波発射、寄生発射及び相互変調積
4	必要周波数帯	除去	高調波発射及び低調波発射

6　無線局（登録局を除く。）に選任される主任無線従事者に関する次の記述のうち、電波法（第39条）の規定に照らし、この規定に定めるところに適合しないものはどれか。下の１から４までのうちから一つ選べ。

1　主任無線従事者は、電波法第40条（無線従事者の資格）の定めるところにより、無線設備の操作の監督を行うことができる無線従事者であって、総務省令で定める事由に該当しないものでなければならない。

2　無線局の免許人は、主任無線従事者を選任しようとするときは、あらかじめ、その旨を総務大臣に届け出なければならない。これを解任しようとするときも、同様とする。

3　無線局の免許人によりその選任の届出がされた主任無線従事者は、無線設備の操作の監督に関し総務省令で定める職務を誠実に行わなければならない。

4　無線局の免許人は、その選任の届出をした主任無線従事者に、総務省令で定める期間ごとに、無線設備の操作の監督に関し総務大臣の行う講習を受けさせなければならない。

7　一般通信方法における無線通信の原則に関する次の記述のうち、無線局運用規則（第10条）の規定に照らし、この規定に定めるところに適合するものはどれか。下の１から４までのうちから一つ選べ。

1　無線通信を行うときは、暗語を使用してはならない。

2　無線通信に使用する用語は、できる限り簡潔でなければならない。

3　無線通信は、試験電波を発射した後でなければ行ってはならない。

4　無線通信は、正確に行うものとし、通信上の誤りを知ったときは、通報の送信終了後一括して訂正しなければならない。

8　次の記述は、無線局（登録局を除く。）の運用について述べたものである。電波法（第52条及び第53条）の規定に照らし、□□□内に入れるべき最も適切な字句の組合せを下の１から４までのうちから一つ選べ。

① 無線局は、免許状に記載された目的又は　A　の範囲を超えて運用してはならない。ただし、次の(1)から(6)までに掲げる通信については、この限りでない。

(1) 遭難通信　　(2) 緊急通信　　(3) 安全通信　　(4) 非常通信

(5) 放送の受信　　(6) その他総務省令で定める通信

② 無線局を運用する場合においては、　B　は、その無線局の免許状に記載されたところによらなければならない。ただし、　C　については、この限りでない。

	A	B	C
1	通信の相手方若しくは通信事項	無線設備の設置場所、識別信号、電波の型式及び周波数	遭難通信
2	通信の相手方若しくは通信事項	識別信号、電波の型式、周波数及び空中線電力	遭難通信、緊急通信、安全通信及び非常通信
3	通信事項	無線設備の設置場所、識別信号、電波の型式及び周波数	遭難通信、緊急通信、安全通信及び非常通信
4	通信事項	識別信号、電波の型式、周波数及び空中線電力	遭難通信

9　無線局（登録局を除く。）の免許人の総務大臣への報告等に関する次の記述のうち、電波法（第80条及び第81条）の規定に照らし、これらの規定に定めるところに適合しないものはどれか。下の１から４までのうちから一つ選べ。

1　免許人は、遭難通信、緊急通信、安全通信又は非常通信を行ったときは、総務省令で定める手続により、総務大臣に報告しなければならない。

2　免許人は、電波法第74条（非常の場合の無線通信）第１項に規定する通信の訓練のための通信を行ったときは、総務省令で定める手続により、総務大臣に報告しなければならない。

3　免許人は、電波法又は電波法に基づく命令の規定に違反して運用した無線局を認めたときは、総務省令で定める手続により、総務大臣に報告しなければならない。

4　総務大臣は、無線通信の秩序の維持その他無線局の適正な運用を確保するため必要があると認めるときは、免許人に対し、無線局に関し報告を求めることができる。

答　　8：1　　9：2

10　次の記述は、総務大臣がその職員を無線局（登録局を除く。）に派遣し、その無線設備等（注）を検査させることができる場合等について述べたものである。電波法（第71条の５、第72条及び第73条）の規定に照らし、　　　内に入れるべき最も適切な字句の組合せを下の１から４までのうちから一つ選べ。なお、同じ記号の　　　内には、同じ字句が入るものとする。

　注　無線設備、無線従事者の資格及び員数並びに時計及び書類をいう。

① 　総務大臣は、無線設備が電波法第３章（無線設備）に定める技術基準に適合していないと認めるときは、当該無線設備を使用する無線局の免許人に対し、その技術基準に適合するように当該無線設備の　A　その他の必要な措置を執るべきことを命ずることができる。

② 　総務大臣は、無線局の発射する電波の質が電波法第28条の総務省令で定めるものに適合していないと認めるときは、当該無線局に対して　B　電波の発射の停止を命ずることができる。

③ 　総務大臣は、②の命令を受けた無線局からその発射する電波の質が電波法第28条の総務省令の定めるものに適合するに至った旨の申出を受けたときは、その無線局に　C　させなければならない。

④ 　総務大臣は、③により発射する電波の質が電波法第28条の総務省令で定めるものに適合しているときは、直ちに②の停止を解除しなければならない。

⑤ 　総務大臣は、①の無線設備の　A　その他の必要な措置を執るべきことを命じたとき、②の電波の発射の停止を命じたとき、③の申出があったとき、その他電波法の施行を確保するため特に必要があるときは、その職員を無線局に派遣し、その無線設備等を検査させることができる。

	A	B	C
1	修理	臨時に	電波を試験的に発射
2	取替え	期間を定めて	電波を試験的に発射
3	修理	期間を定めて	電波の質の測定結果を報告
4	取替え	臨時に	電波の質の測定結果を報告

11　無線従事者がその免許を取り消されることがあるときに関する次の事項のうち、電波法（第79条）の規定に照らし、この規定に定めるところに該当しないものはどれか。下の１から４までのうちから一つ選べ。

1　著しく心身に欠陥があって無線従事者たるに適しない者に該当するに至ったとき。

2　電波法若しくは電波法に基づく命令又はこれらに基づく処分に違反したとき。

3　正当な理由がないのに、無線通信の業務に５年以上従事しなかったとき。

4　不正な手段により無線従事者の免許を受けたとき。

12　次の記述は、無線局（登録局を除く。）の免許が効力を失ったときに免許人であった者が執るべき措置について述べたものである。電波法（第24条及び第78条）の規定に照らし、□□□内に入れるべき最も適切な字句の組合せを下の１から４までのうちから一つ選べ。

①　無線局の免許がその効力を失ったときは、免許人であった者は、　A　しなければならない。

②　無線局の免許がその効力を失ったときは、免許人であった者は、遅滞なく　B　の撤去その他の総務省令で定める　C　を講じなければならない。

	A	B	C
1	速やかにその免許状を廃棄し、その旨を総務大臣に報告	送信装置	電波の発射を防止するために必要な措置
2	１箇月以内にその免許状を返納	送信装置	他の無線局に混信その他の妨害を与えないために必要な措置
3	１箇月以内にその免許状を返納	空中線	電波の発射を防止するために必要な措置
4	速やかにその免許状を廃棄し、その旨を総務大臣に報告	空中線	他の無線局に混信その他の妨害を与えないために必要な措置

法　規　令和４年10月施行（午前の部）

1　次の記述は、無線局の変更検査について述べたものである。電波法（第18条）の規定に照らし、□内に入れるべき最も適切な字句の組合せを下の１から４までのうちから一つ選べ。

① 電波法第17条（変更等の許可）第１項の規定により　A　の変更又は無線設備の変更の工事の許可を受けた免許人は、総務大臣の検査を受け、当該変更又は工事の結果が同条同項の許可の内容に適合していると認められた後でなければ、許可に係る無線設備を運用してはならない。ただし、総務省令で定める場合は、この限りでない。

② ①の検査は、①の検査を受けようとする者が、当該検査を受けようとする無線設備について登録検査等事業者（注１）又は登録外国点検事業者（注２）が総務省令で定めるところにより行った当該登録に係る　B　を記載した書類を総務大臣に提出した場合においては、　C　を省略することができる。

注１　電波法第24条の２（検査等事業者の登録）第１項の登録を受けた者をいう。

　　２　電波法第24条の13（外国点検事業者の登録等）第１項の登録を受けた者をいう。

	A	B	C
1	通信の相手方、通信事項若しくは無線設備の設置場所	検査の結果	その一部
2	通信の相手方、通信事項若しくは無線設備の設置場所	点検の結果	当該検査
3	無線設備の設置場所	検査の結果	当該検査
4	無線設備の設置場所	点検の結果	その一部

2　固定局の予備免許中における工事設計の変更等に関する次の記述のうち、電波法（第８条、第９条、第11条及び第19条）の規定に照らし、これらの規定に定めるところに適合しないものはどれか。下の１から４までのうちから一つ選べ。

1　総務大臣は、無線局の予備免許の際に指定した工事落成の期限（期限の延長があったときは、その期限）経過後２週間以内に電波法第10条（落成後の検査）の規定による工事が落成した旨の届出がないときは、その無線局の免許を拒否しなければならない。

2　総務大臣は、予備免許を受けた者が、識別信号、電波の型式、周波数、空中線電力又は運用許容時間の指定の変更を申請した場合において、混信の除去その他

答　　1：4

特に必要があると認めるときは、その指定を変更することができる。

3　総務大臣は、予備免許を受けた者から申請があった場合において、相当と認めるときは、予備免許の際に指定した工事落成の期限を延長することができる。

4　予備免許を受けた者は、工事設計を変更しようとするときは、あらかじめ総務大臣にその旨を届け出なければならない。

3　次の記述は、「混信」の定義を述べたものである。電波法施行規則（第２条）の規定に照らし、____内に入れるべき最も適切な字句の組合せを下の１から４までのうちから一つ選べ。

「混信」とは、他の無線局の正常な業務の運行を____A____する電波の発射、輻射又は____B____をいう。

	A	B
1	制限	反射
2	妨害	誘導
3	制限	誘導
4	妨害	反射

4　次の記述は、受信設備の条件等について述べたものである。電波法（第29条及び第82条）及び無線設備規則（第24条）の規定に照らし、____内に入れるべき最も適切な字句の組合せを下の１から４までのうちから一つ選べ。なお、同じ記号の____内には、同じ字句が入るものとする。

①　受信設備は、その副次的に発する電波又は高周波電流が、総務省令で定める限度を超えて____A____の機能に支障を与えるものであってはならない。

②　①の副次的に発する電波が____A____の機能に支障を与えない限度は、受信空中線と電気的常数の等しい擬似空中線回路を使用して測定した場合に、その回路の電力が____B____以下でなければならない。

③　無線設備規則第24条（副次的に発する電波等の限度）第２項以下の規定において、別段の定めがあるものは②にかかわらず、その定めるところによるものとする。

④　総務大臣は、受信設備が副次的に発する電波又は高周波電流が____A____の機能に継続的かつ重大な障害を与えるときは、その設備の所有者又は占有者に対し、その障害を除去するために必要な措置を執るべきことを命ずることができる。

⑤　総務大臣は、放送の受信を目的とする受信設備以外の受信設備について④の措置を執るべきことを命じた場合において特に必要があると認めるときは、____C____ことができる。

	A	B	C
1	重要無線通信に使用する無線設備	4ミリワット	その職員を当該設備のある場所に派遣し、その設備を検査させる
2	他の無線設備	4ミリワット	その事実及び措置の内容を記載した書面の提出を求める
3	他の無線設備	4ナノワット	その職員を当該設備のある場所に派遣し、その設備を検査させる
4	重要無線通信に使用する無線設備	4ナノワット	その事実及び措置の内容を記載した書面の提出を求める

5 周波数の安定のための条件に関する次の記述のうち、無線設備規則（第15条及び第16条）の規定に照らし、これらの規定に定めるところに適合しないものはどれか。下の1から4までのうちから一つ選べ。

1 水晶発振回路に使用する水晶発振子は、周波数をその許容偏差内に維持するため、発振周波数が当該送信装置の水晶発振回路により又はこれと同一の条件の回路によりあらかじめ試験を行って決定されているものでなければならない。

2 移動局（移動するアマチュア局を含む。）の送信装置は、実際上起り得る振動又は衝撃によっても周波数をその許容偏差内に維持するものでなければならない。

3 周波数をその許容偏差内に維持するため、発振回路の方式は、できる限り気圧の変化によって影響を受けないものでなければならない。

4 周波数をその許容偏差内に維持するため、送信装置は、できる限り電源電圧又は負荷の変化によって発振周波数に影響を与えないものでなければならない。

6 無線従事者の免許等に関する次の記述のうち、電波法（第41条）、電波法施行規則（第38条）及び無線従事者規則（第50条及び第51条）の規定に照らし、これらの規定に定めるところに適合しないものはどれか。下の1から4までのうちから一つ選べ。

1 無線従事者は、免許証を失ったために免許証の再交付を受けた後失った免許証を発見したときは、発見した日から1箇月以内に発見した免許証を総務大臣又は総合通信局長（沖縄総合通信事務所長を含む。）に返納しなければならない。

2 無線従事者は、免許証を失ったために免許証の再交付を受けようとするときは、無線従事者免許証再交付申請書に写真1枚を添えて総務大臣又は総合通信局長（沖縄総合通信事務所長を含む。）に提出しなければならない。

3　無線従事者は、その業務に従事しているときは、免許証を携帯していなければ
　ならない。

4　無線従事者になろうとする者は、総務大臣の免許を受けなければならない。

7　次の記述は、無線局（登録局を除く。）の運用について述べたものである。
電波法（第53条及び第54条）の規定に照らし、　　　内に入れるべき最も適切な字
句の組合せを下の１から４までのうちから一つ選べ。

①　無線局を運用する場合においては、　A　、識別信号、電波の型式及び周波数
　は、その無線局の免許状に記載されたところによらなければならない。ただし、
　遭難通信については、この限りでない。

②　無線局を運用する場合においては、空中線電力は、次の(1)及び(2)に定めるとこ
　ろによらなければならない。ただし、遭難通信については、この限りでない。

　(1)　免許状に　B　であること。

　(2)　通信を行うため　C　であること。

	A	B	C
1	無線設備の設置場所	記載されたものの範囲内	必要最小のもの
2	無線設備の設置場所	記載されたもの	必要かつ十分なもの
3	無線設備	記載されたものの範囲内	必要かつ十分なもの
4	無線設備	記載されたもの	必要最小のもの

8　次に掲げる通信のうち、固定局（電気通信業務の通信を行う無線局を除く。）
がその免許状に記載された目的等にかかわらず運用することができる通信に該当し
ないものはどれか。電波法施行規則（第37条）の規定に照らし、下の１から４まで
のうちから一つ選べ。

1　電波の規正に関する通信

2　免許人以外の者のために行う通信

3　無線機器の試験又は調整をするために行う通信

4　電波法第74条（非常の場合の無線通信）第１項に規定する通信の訓練のために
　行う通信

9　次の記述は、無線局（登録局を除く。）の免許人の総務大臣への報告等につ
いて述べたものである。電波法（第80条及び第81条）の規定に照らし、　　　内に
入れるべき最も適切な字句の組合せを下の１から４までのうちから一つ選べ。

①　無線局の免許人は、次の(1)及び(2)に掲げる場合は、総務省令で定める手続によ
　り、総務大臣に報告しなければならない。

(1) 　A　。　　　(2) 　B　。

② 　総務大臣は、無線通信の秩序の維持その他　C　を確保するため必要があると認めるときは、免許人に対し、無線局に関し報告を求めることができる。

	A	B	C
1	遭難通信、緊急通信、安全通信又は非常通信を行ったとき	電波法第74条（非常の場合の無線通信）第１項に規定する通信の訓練のための通信を行ったとき	電波の能率的な利用
2	無線設備の機器の試験又は調整を行うために無線局を運用したとき	電波法又は電波法に基づく命令の規定に違反して運用した無線局を認めたとき	電波の能率的な利用
3	遭難通信、緊急通信、安全通信又は非常通信を行ったとき	電波法又は電波法に基づく命令の規定に違反して運用した無線局を認めたとき	無線局の適正な運用
4	無線設備の機器の試験又は調整を行うために無線局を運用したとき	電波法第74条（非常の場合の無線通信）第１項に規定する通信の訓練のための通信を行ったとき	無線局の適正な運用

10 　総務大臣が無線局に対して臨時に電波の発射の停止を命ずることができる場合に関する次の事項のうち、電波法（第72条）の規定に照らし、この規定に定めるところに該当するものはどれか。下の１から４までのうちから一つ選べ。

1 　無線局の発射する電波の空中線電力が免許状に記載された空中線電力の範囲を超えていると認めるとき。

2 　無線局の発射する電波の質が電波法第28条の総務省令で定めるものに適合していないと認めるとき。

3 　無線局の発射する電波の周波数が免許状に記載された周波数以外のものであると認めるとき。

4 　無線局の発射する電波が重要無線通信に妨害を与えていると認めるとき。

11 　無線従事者の免許の取消し等に関する次の記述のうち、電波法（第42条及び第79条）及び無線従事者規則（第51条）の規定に照らし、これらの規定に定めるところに適合しないものはどれか。下の１から４までのうちから一つ選べ。

1 　総務大臣は、無線従事者が電波法若しくは電波法に基づく命令又はこれらに基づく処分に違反したときは、その免許を取り消し、又は３箇月以内の期間を定めて無線設備の操作の範囲を制限することができる。

2 　無線従事者は、免許の取消しの処分を受けたときは、その処分を受けた日から10日以内にその免許証を総務大臣又は総合通信局長（沖縄総合通信事務所長を含

む。）に返納しなければならない。

3　総務大臣は、無線従事者の免許を取り消され、取消しの日から２年を経過しない者に対しては、無線従事者の免許を与えないことができる。

4　総務大臣は、無線従事者が不正な手段により免許を受けたときは、その免許を取り消し、又は３箇月以内の期間を定めてその業務に従事することを停止することができる。

12　次の記述は、無線局（包括免許に係るものを除く。）の免許状の訂正及び再交付について述べたものである。無線局免許手続規則（第22条及び第23条）の規定に照らし、□□□内に入れるべき最も適切な字句の組合せを下の１から４までのうちから一つ選べ。なお、同じ記号の□□□内には、同じ字句が入るものとする。

①　免許人は、電波法第21条の免許状の訂正を受けようとするときは、次の(1)から(5)までに掲げる事項を記載した　A　を総務大臣又は総合通信局長（沖縄総合通信事務所長を含む。以下同じ。）に提出しなければならない。

(1)　免許人の氏名又は名称及び住所並びに法人にあっては、その代表者の氏名

(2)　無線局の種別及び局数　　(3)　識別信号　　(4)　免許の番号

(5)　訂正を受ける箇所及び訂正を受ける理由

②　免許人は、新たな免許状の交付による訂正を受けたときは、　B　旧免許状を返さなければならない。

③　免許人は、免許状を　C　、失った等のために免許状の再交付の申請をしようとするときは、次の(1)から(5)までに掲げる事項を記載した申請書を総務大臣又は総合通信局長に提出しなければならない。

(1)　免許人の氏名又は名称及び住所並びに法人にあっては、その代表者の氏名

(2)　無線局の種別及び局数　　(3)　識別信号　　(4)　免許の番号

(5)　再交付を求める理由

④　免許人は、③により免許状の再交付を受けたときは、　B　旧免許状を返さなければならない。ただし、免許状を失った等のためにこれを返すことができない場合は、この限りでない。

	A	B	C
1	届出書	遅滞なく	破損し
2	申請書	遅滞なく	破損し、汚し
3	申請書	10日以内に	破損し
4	届出書	10日以内に	破損し、汚し

答　　11：1　　12：2

法　規　令和4年10月施行（午後の部）

1　次の記述は、無線局の免許後の変更手続について述べたものである。電波法（第17条）の規定に照らし、□□□内に入れるべき最も適切な字句の組合せを下の1から4までのうちから一つ選べ。

免許人は、無線局の目的、　A　若しくは無線設備の設置場所を変更し、又は　B　ときは、あらかじめ　C　ならない（注）。ただし、総務省令で定める軽微な事項については、この限りでない。

注　基幹放送局以外の無線局が基幹放送をすることとする無線局の目的の変更は、これを行うことができない。

	A	B	C
1	無線局の種別、通信の相手方、通信事項	電波の型式若しくは周波数を変更しようとする	総務大臣の許可を受けなければ
2	通信の相手方、通信事項	無線設備の変更の工事をしようとする	総務大臣の許可を受けなければ
3	無線局の種別、通信の相手方、通信事項	無線設備の変更の工事をしようとする	総務大臣に届け出なければ
4	通信の相手方、通信事項	電波の型式若しくは周波数を変更しようとする	総務大臣に届け出なければ

2　総務大臣が無線局の免許を与えないことができる者に関する次の事項のうち、電波法（第5条）の規定に照らし、この規定に定めるところに該当するものはどれか。下の1から4までのうちから一つ選べ。

1　無線局の免許の取消しを受け、その取消しの日から2年を経過しない者
2　無線局の免許の有効期間満了により免許が効力を失い、その効力を失った日から2年を経過しない者
3　刑法に規定する罪を犯し罰金以上の刑に処せられ、その執行を終わり、又はその執行を受けることがなくなった日から2年を経過しない者
4　無線局の予備免許の際に指定された工事落成の期限経過後2週間以内に工事が落成した旨の届出がなかったことにより免許を拒否され、その拒否の日から2年を経過しない者

答　　1：2　　2：1

3　総務大臣の行う型式検定に合格したものでなければ施設してはならない無線設備の機器に関する次の事項のうち、電波法（第37条）の規定に照らし、この規定に定めるところに該当するものはどれか。下の1から4までのうちから一つ選べ。ただし、総務大臣が行う検定に相当する型式検定に合格している機器その他の機器であって総務省令で定めるものを施設する場合を除く。

1　放送の業務の用に供する無線局の無線設備の機器

2　電気通信業務の用に供する無線局の無線設備の機器

3　電波法第31条の規定により備え付けなければならない周波数測定装置

4　人命若しくは財産の保護又は治安の維持の用に供する無線局の無線設備の機器

4　次の記述は、無線設備の安全性の確保等について述べたものである。電波法施行規則（第21条の3及び第21条の4）の規定に照らし、   内に入れるべき最も適切な字句の組合せを下の1から4までのうちから一つ選べ。

① 無線設備は、破損、発火、発煙等により A ことがあってはならない。

② 無線設備には、当該無線設備から発射される電波の強度（電界強度、磁界強度、電力束密度及び磁束密度をいう。）が電波法施行規則別表第2号の3の3（電波の強度の値の表）に定める値を超える場所（人が通常、集合し、通行し、その他出入りする場所に限る。）に B のほか容易に出入りすることができないように、施設をしなければならない。ただし、次の(1)から(4)までに掲げる無線局の無線設備については、この限りではない。

(1) 平均電力が C 以下の無線局の無線設備

(2) 移動する無線局の無線設備

(3) 地震、台風、洪水、津波、雪害、火災、暴動その他非常の事態が発生し、又は発生するおそれがある場合において、臨時に開設する無線局の無線設備

(4) (1)から(3)までに掲げるもののほか、この規定を適用することが不合理であるものとして総務大臣が別に告示する無線局の無線設備

	A	B	C
1	人体に危害を及ぼし、又は物件に損傷を与える	無線従事者	50ミリワット
2	他の電気的設備の機能に障害を与える	無線従事者	20ミリワット
3	他の電気的設備の機能に障害を与える	取扱者	50ミリワット
4	人体に危害を及ぼし、又は物件に損傷を与える	取扱者	20ミリワット

5　通信方式の定義を述べた次の記述のうち、電波法施行規則（第２条）の規定に照らし、この規定に定めるところに適合しないものはどれか。下の１から４までのうちから一つ選べ。

1　「単信方式」とは、単一の通信の相手方に対し、送信のみを行う通信方式をいう。

2　「複信方式」とは、相対する方向で送信が同時に行われる通信方式をいう。

3　「半複信方式」とは、通信路の一端においては単信方式であり、他の一端においては複信方式である通信方式をいう。

4　「同報通信方式」とは、特定の２以上の受信設備に対し、同時に同一内容の通報の送信のみを行う通信方式をいう。

6　次の記述は、無線従事者の免許証について述べたものである。電波法施行規則（第38条）及び無線従事者規則（第50条及び第51条）の規定に照らし、□□□内に入れるべき最も適切な字句の組合せを下の１から４までのうちから一つ選べ。なお、同じ記号の□□□内には、同じ字句が入るものとする。

① 無線従事者は、その業務に従事しているときは、免許証を □ A □ していなければならない。

② 無線従事者は、□ B □ に変更を生じたとき又は免許証を汚し、破り、若しくは失ったために免許証の再交付を受けようとするときは、申請書に次の(1)から(3)までに掲げる書類を添えて総務大臣又は総合通信局長（沖縄総合通信事務所長を含む。以下同じ。）に提出しなければならない。

(1) 免許証（免許証を失った場合を除く。）　　(2) 写真１枚

(3) □ B □ の変更の事実を証する書類（□ B □ に変更を生じたときに限る。）

③ 無線従事者は、免許の取消しの処分を受けたときは、その処分を受けた日から □ C □ にその免許証を総務大臣又は総合通信局長に返納しなければならない。免許証の再交付を受けた後失った免許証を発見したときも同様とする。

	A	B	C
1	無線局に保管	氏名又は住所	10日以内
2	無線局に保管	氏名	30日以内
3	携帯	氏名又は住所	30日以内
4	携帯	氏名	10日以内

....

答　　5：1　　6：4

7　次の記述は、非常通信について述べたものである。電波法（第52条）の規定に照らし、□□□内に入れるべき最も適切な字句の組合せを下の1から4までのうちから一つ選べ。

非常通信とは、地震、台風、洪水、津波、雪害、火災、暴動その他非常の事態が発生し、又は発生するおそれがある場合において、□A□を□B□に人命の救助、災害の救援、□C□の確保又は秩序の維持のために行われる無線通信をいう。

	A	B	C
1	有線通信	利用することができないとき	電力の供給
2	電気通信業務の通信	利用することができないか又はこれを利用することが著しく困難であるとき	電力の供給
3	有線通信	利用することができないか又はこれを利用することが著しく困難であるとき	交通通信
4	電気通信業務の通信	利用することができないとき	交通通信

8　無線局の運用に関する次の記述のうち、電波法（第55条、第56条、第57条及び第59条）の規定に照らし、これらの規定に定めるところに適合しないものはどれか。下の1から4までのうちから一つ選べ。

1　無線局は、免許状に記載された運用許容時間内でなければ、運用してはならない。ただし、遭難通信、緊急通信、安全通信、非常通信、放送の受信、その他総務省令で定める通信を行う場合及び総務省令で定める場合は、この限りでない。

2　無線局は、他の無線局又は電波天文業務の用に供する受信設備その他の総務省令で定める受信設備（無線局のものを除く。）で総務大臣が指定するものにその運用を阻害するような混信その他の妨害を与えないように運用しなければならない。ただし、遭難通信、緊急通信、安全通信及び非常通信については、この限りでない。

3　無線局は、無線設備の機器の試験又は調整を行うために運用するときは、なるべく擬似空中線回路を使用しなければならない。

4　何人も法律に別段の定めがある場合を除くほか、総務省令で定める周波数を使用して行われる無線通信（注）を傍受してその存在若しくは内容を漏らし、又はこれを窃用してはならない。

注　電気通信事業法第4条（秘密の保護）第1項又は第164条（適用除外等）第3項の通信であるものを除く。

答　7：3　　8：4

9　次の記述は、総務大臣が免許人等（注）に対して行うことができる処分について述べたものである。電波法（第76条）の規定に照らし、□内に入れるべき最も適切な字句の組合せを下の１から４までのうちから一つ選べ。

　注　免許人又は登録人をいう。

　総務大臣は、免許人等が電波法、放送法若しくはこれらの法律に基づく命令又はこれらに基づく処分に違反したときは、　A　以内の期間を定めて　B　の停止を命じ、又は期間を定めて　C　を制限することができる。

	A	B	C
1	3月	電波の発射	電波の型式、周波数若しくは空中線電力
2	3月	無線局の運用	運用許容時間、周波数若しくは空中線電力
3	6月	電波の発射	運用許容時間、周波数若しくは空中線電力
4	6月	無線局の運用	電波の型式、周波数若しくは空中線電力

10　次の記述は、無線局（登録局を除く。）の検査等について述べたものである。電波法（第73条）及び電波法施行規則（第39条）の規定に照らし、□内に入れるべき最も適切な字句の組み合わせを下の１から４までのうちから一つ選べ。

① 　総務大臣は、総務省令で定める時期ごとに、あらかじめ通知する期日に、その職員を無線局（総務省令で定めるものを除く。）に派遣し、その無線設備等（無線設備、無線従事者の資格（主任無線従事者の要件に係るものを含む。）及び員数並びに時計及び書類をいう。以下同じ。）を検査させる。

② 　①の検査は、当該無線局（注）の免許人から、①により総務大臣が通知した期日の　A　前までに、当該無線局の無線設備等について電波法第24条の２（検査等事業者の登録）第１項の登録を受けた者（無線設備等の点検の事業のみを行う者を除く。）が、総務省令で定めるところにより、当該登録に係る検査を行い、当該無線局の無線設備がその工事設計に合致しており、かつ、その無線従事者の資格及び員数並びに時計及び書類が電波法の関係規定にそれぞれ違反していない旨を記載した証明書の提出があったときは、①にかかわらず、　B　することができる。

　注　人の生命又は身体の安全の確保のためその適正な運用の確保が必要な無線局として総務省令で定めるものを除く。以下同じ。

③ 　免許人は、検査の結果について総務大臣又は総合通信局長（沖縄総合通信事務所長を含む。）から指示を受け相当な措置をしたときは、速やかにその措置の内容を　C　しなければならない。

答　　9：2

	A	B	C
1	1月	一部を省略	無線局検査結果通知書の余白に記載
2	3月	一部を省略	総務大臣又は総合通信局長（沖縄総合通信事務所長を含む。）に報告
3	3月	省略	無線局検査結果通知書の余白に記載
4	1月	省略	総務大臣又は総合通信局長（沖縄総合通信事務所長を含む。）に報告

11　無線設備が電波法第３章（無線設備）に定める技術基準に適合していないと認めるときに、総務大臣が当該無線設備を使用する無線局（登録局を除く。）の免許人に対して行うことができる処分に関する次の事項のうち、電波法（第71条の５）の規定に照らし、この規定に定めるところに該当するものはどれか。下の１から４までのうちから一つ選べ。

1　技術基準に適合するように当該無線設備の修理その他の必要な措置を執るべきことを命ずること。
2　臨時に電波の発射の停止を命ずること。
3　当該無線設備の使用を禁止すること。
4　無線局の免許を取り消すこと。

12　無線局の免許等に関する次の記述のうち、電波法（第14条、第21条及び第24条）及び無線局免許手続規則（第22条及び第23条）の規定に照らし、これらの規定に定めるところに適合しないものはどれか。下の１から４までのうちから一つ選べ。

1　総務大臣は、無線局の免許を与えたときは、免許状を交付するものとし、その免許状には、免許の年月日及び免許の番号、免許人の氏名又は名称及び住所、無線局の種別、無線局の目的、通信の相手方及び通信事項、無線設備の設置場所、免許の有効期間、識別信号、電波の型式及び周波数、空中線電力並びに運用許容時間を記載しなければならない。
2　免許人は、免許状に記載した事項に変更を生じたときは、その免許状を総務大臣に提出し、訂正を受けなければならない。
3　免許がその効力を失ったときは、免許人であった者は、速やかにその免許状を廃棄し、その旨を総務大臣に報告しなければならない。
4　免許人は、免許状を破損し、汚し、失った等のために免許状の再交付を受けたときは、遅滞なく旧免許状を返さなければならない。ただし、免許状を失った等のためにこれを返すことができない場合は、この限りでない。

答　　10：4　　11：1　　12：3

「法規」解答の根拠条文

電 波 法

（目的）
第1条　この法律は、電波の公平且つ能率的な利用を確保することによって、公共の福祉を増進することを目的とする。

（定義）
第2条　この法律及びこの法律に基づく命令の規定の解釈に関しては、次の定義に従うものとする。
　一　「電波」とは、300万メガヘルツ以下の周波数の電磁波をいう。
　二　「無線電信」とは、電波を利用して、符号を送り、又は受けるための通信設備をいう。
　三　「無線電話」とは、電波を利用して、音声その他の音響を送り、又は受けるための通信設備をいう。
　四　「無線設備」とは、無線電信、無線電話その他電波を送り、又は受けるための電気的設備をいう。
　五　「無線局」とは、無線設備及び無線設備の操作を行う者の総体をいう。但し、受信のみを目的とするものを含まない。
　六　「無線従事者」とは、無線設備の操作又はその監督を行う者であって、総務大臣の免許を受けたものをいう。

（無線局の開設）
第4条　無線局を開設しようとする者は、総務大臣の免許を受けなければならない。ただし、次に掲げる無線局については、この限りでない。
　一　発射する電波が著しく微弱な無線局で総務省令で定めるもの
　二　26.9メガヘルツから27.2メガヘルツまでの周波数の電波を使用し、かつ、空中線電力が0.5ワット以下である無線局のうち総務省令で定めるものであつて、第38条の7第1項（第38条の31第4項において準用する場合を含む。）、第38条の26（第38条の31第6項において準用する場合を含む。）若しくは第38条の35又は第38条の44第3項の規定により表示が付されている無線設備（第38条の23第1項（第38条の29、第38条の31第4項及び第6項並びに第38条の38において準用する場合を含む。）の規定により表示が付されていないものとみなされたものを除く。以下「適合表示無線設備」という。）のみを使用するもの
　三　空中線電力が1ワット以下である無線局のうち総務省令で定めるものであつて、第4条の3の規定により指定された呼出符号又は呼出名称を自動的に送信し、又は受信する機能その他総務省令で定める機能を有することにより他の無線局にその運用を阻害するような混信その他の妨害を与えないように運用することができるもので、かつ、適合表示無線設備のみを使用するもの
　四　第27条の21第1項の登録を受けて開設する無線局（以下「登録局」という。）

（次章に定める技術基準に相当する技術基準に適合している無線設備に係る特例）
第4条の2　本邦に入国する者が、自ら持ち込む無線設備（次章に定める技術基準に相当する技術基準として総務大臣が指定する技術基準に適合しているものに限る。）を使用して無線局（前条第3号の総務省令で定める無線局のうち、用途、周波数その他の条件を勘案して総務省令で定めるものに限る。）を開設しようとするときは、当該無線設備は、適合表示無線設備でない場合であつても、同号の規定の適用については、当該者の入国の日から同日以後90日を超えない範囲内で総務省令で定める期間を経過する日までの間に限り、適合表示無線設備とみなす。この場合において、当該無線設備については、同章の規定は、適用しない。

2　次章に定める技術基準に相当する技術基準として総務大臣が指定する技術基準に適合している無線設備を使用して実験等無線局（科学若しくは技術の発達のための実験、電波の利用の効率性に関する試験又は電波の利用の需要に関する調査に専用する無線局をいう。以下同じ。）（前条第3号の総務省令で定める無線局のうち、用途、周波数その他の条件を勘案して総務省令で定めるものであるものに限る。）を開設しようとする者は、総務省令で定めるところにより、次に掲げる事項を総務大臣に届け出ることができる。ただし、この項の規定による届出（第2号及び第3号に掲げる事項を同じくするものに限る。）をしたことがある者については、この限りでない。

一　氏名又は名称及び住所並びに法人にあつては、その代表者の氏名

二　実験、試験又は調査の目的

三　無線設備の規格

四　無線設備の設置場所（移動する無線局にあつては、移動範囲）

五　運用開始の予定期日

六　その他総務省令で定める事項

3　前項の規定による届出があつたときは、当該届出に係る同項の実験等無線局に使用される同項の無線設備は、適合表示無線設備でない場合であつても、前条第3号の規定の適用については、当該届出の日から同日以後180日を超えない範囲内で総務省令で定める期間を経過する日又は当該実験等無線局を廃止した日のいずれか早い日までの間に限り、適合表示無線設備とみなす。この場合において、当該無線設備については、次章の規定は適用せず、第82条の規定の適用については、同条第1項中「与える」とあるのは「与え、又はそのおそれがある」と、「その設備の所有者又は占有者」とあるのは「第4条の2第2項の規定による届出をした者」と、「を除去する」とあるのは「の除去又は発生の防止をする」と、同条第2項及び第3項中「前項」とあるのは「第4条の2第3項において読み替えて適用する前項」とする。

4　第2項の規定による届出をした者は、総務省令で定めるところにより、同項第1号に掲げる事項に変更があつたときは遅滞なく、同項第4号から第6号までに掲げる事項の変更（総務省令で定める軽微な変更を除く。）をしようとするときはあらかじめ、その旨を総務大臣に届け出なければならない。

5　第38条の20及び第38条の21第1項の規定は第2項の規定による届出をした者及び当該届出に係る無線設備について、第78条の規定は当該届出をした者が当該届出に係る実験等無線局を廃止したときについて準用する。この場合において、同条中「免許人等であつた」とあるのは、「第4条の2第2項の規定による届出をした」と読み替えるものとする。

6　第2項の規定による届出をした者は、当該届出に係る実験等無線局を廃止したときは、遅滞なく、その旨を総務大臣に届け出なければならない。

7　第1項及び第2項の規定による技術基準の指定は、告示をもつて行わなければならない。

（欠格事由）

第5条　次の各号のいずれかに該当する者には、無線局の免許を与えない。

一　日本の国籍を有しない人

二　外国政府又はその代表者

三　外国の法人又は団体

四　法人又は団体であつて、前3号に掲げる者がその代表者であるもの又はこれらの者がその役員の3分の1以上若しくは議決権の3分の1以上を占めるもの

2　前項の規定は、次に掲げる無線局については、適用しない。

一　実験等無線局

二　アマチュア無線局（個人的な興味によつて無線通信を行うために開設する無線局をいう。以下同じ。）

三　船舶の無線局（船舶に開設する無線局のうち、電気通信業務（電気通信事業法（昭和59年法律第86号）第2条第6号に

規定する電気通信業務をいう。以下同じ。）を行うことを目的とするもの以外のもの（実験等無線局及びアマチュア無線局を除く。）をいう。以下同じ。）

四　航空機の無線局（航空機に開設する無線局のうち、電気通信業務を行うことを目的とするもの以外のもの（実験等無線局及びアマチュア無線局を除く。）をいう。以下同じ。）

五　特定の固定地点間の無線通信を行う無線局（実験等無線局、アマチュア無線局、大使館、公使館又は領事館の公用に供するもの及び電気通信業務を行うことを目的とするものを除く。）

六　大使館、公使館又は領事館の公用に供する無線局（特定の固定地点間の無線通信を行うものに限る。）であつて、その国内において日本国政府又はその代表者が同種の無線局を開設することを認める国の政府又はその代表者の開設するもの

七　自動車その他の陸上を移動するものに開設し、若しくは携帯して使用するために開設する無線局又はこれらの無線局若しくは携帯して使用するための受信設備と通信を行うために陸上に開設する移動しない無線局（電気通信業務を行うことを目的とするものを除く。）

八　電気通信業務を行うことを目的として開設する無線局

九　電気通信業務を行うことを目的とする無線局の無線設備を搭載する人工衛星の位置、姿勢等を制御することを目的として陸上に開設する無線局

3　次の各号のいずれかに該当する者には、無線局の免許を与えないことができる。

一　この法律又は放送法（昭和25年法律第132号）に規定する罪を犯し罰金以上の刑に処せられ、その執行を終わり、又はその執行を受けることがなくなつた日から2年を経過しない者

二　第75条第1項又は第76条第4項（第4号を除く。）若しくは第5項（第5号を除く。）の規定により無線局の免許の取消しを受け、その取消しの日から2年を

経過しない者

三　第27条の16第1項（第1号を除く。）又は第6項（第4号及び第5号を除く。）の規定により認定の取消しを受け、その取消しの日から2年を経過しない者

四　第76条第6項（第3号を除く。）の規定により第27条の21第1項の登録の取消しを受け、その取消しの日から2年を経過しない者

4　公衆によつて直接受信されることを目的とする無線通信の送信（第99条の2を除き、以下「放送」という。）であつて、第26条第2項第5号イに掲げる周波数（第7条第3項及び第4項において「基幹放送用割当可能周波数」という。）の電波を使用するもの（以下「基幹放送」という。）をする無線局（受信障害対策中継放送、衛星基幹放送（放送法第2条第13号に規定する衛星基幹放送をいう。次条第2項第9号イ及び第80条の2において同じ。）及び移動受信用地上基幹放送（同法第2条第14号に規定する移動受信用地上基幹放送をいう。以下同じ。）をする無線局を除く。）については、第1項及び前項の規定にかかわらず、次の各号（コミュニティ放送（同法第93条第1項第7号に規定するコミュニティ放送をいう。次条第2項第9号ハ及び第80条の2第1項において同じ。）をする無線局にあつては、第3号を除く。）のいずれかに該当する者には、無線局の免許を与えない。

一　第1項第1号から第3号まで若しくは前項各号に掲げる者又は放送法第103条第1項若しくは第104条（第5号を除く。）の規定による認定の取消し若しくは同法第131条の規定により登録の取消しを受け、その取消しの日から2年を経過しない者

二　法人又は団体であつて、第1項第1号から第3号までに掲げる者が特定役員（放送法第2条第31号に規定する特定役員をいう。次条第2項第9号イにおいて同じ。）であるもの又はこれらの者がその議決権の5分の1以上を占めるもの

三　法人又は団体であつて、イに掲げる者により直接に占められる議決権の割合（以下「外国人等直接保有議決権割合」という。）とこれらの者によりロに掲げる者を通じて間接に占められる議決権の割合として総務省令で定める割合（次条第2項第9号ハにおいて「外国人等間接保有議決権割合」という。）とを合計した割合が5分の1以上であるもの（前号に該当する場合を除く。）

イ　第1項第1号から第3号までに掲げる者

ロ　外国人等直接保有議決権割合が総務省令で定める割合以上である法人又は団体

四　法人又は団体であつて、その役員が前項各号のいずれかに該当する者であるもの

5　前項に規定する受信障害対策中継放送とは、相当範囲にわたる受信の障害が発生している地上基幹放送（放送法第2条第15号の地上基幹放送をいう。以下同じ。）及び当該地上基幹放送の電波に重畳して行う多重放送（同条第19号に規定する多重放送をいう。以下同じ。）を受信し、その全ての放送番組に変更を加えないで当該受信の障害が発生している区域において受信されることを目的として同時にその再放送をする基幹放送のうち、当該障害に係る地上基幹放送又は当該地上基幹放送の電波に重畳して行う多重放送をする無線局の免許を受けた者が行うもの以外のものをいう。

6　第27条の14第1項の認定を受けた者であつて第27条の12第1項に規定する開設指針に定める納付の期限までに同条第3項第6号に規定する特定基地局開設料を納付していないものには、当該特定基地局開設料が納付されるまでの間、同条第1項に規定する特定基地局の免許を与えないことができる。

（免許の申請）

第6条　無線局の免許を受けようとする者は、申請書に、次に掲げる事項（前条第2項各号に掲げる無線局の免許を受けようとする者にあつては、第10号に掲げる事項を除く。）を記載した書類を添えて、総務大臣に提出しなければならない。

一　目的（二以上の目的を有する無線局であつて、その目的に主たるものと従たるものの区別がある場合にあつては、その主従の区別を含む。）

二　開設を必要とする理由

三　通信の相手方及び通信事項

四　無線設備の設置場所（移動する無線局のうち、次のイ又はロに掲げるものについては、それぞれイ又はロに定める事項。第18条第1項を除き、以下同じ。）

イ　人工衛星の無線局（以下「人工衛星局」という。）　その人工衛星の軌道又は位置

ロ　人工衛星局、船舶の無線局（人工衛星局の中継によつてのみ無線通信を行うものを除く。第3項において同じ。）、船舶地球局（船舶に開設する無線局であつて、人工衛星局の中継によつてのみ無線通信を行うもの（実験等無線局及びアマチュア無線局を除く。）をいう。以下同じ。）、航空機の無線局（人工衛星局の中継によつてのみ無線通信を行うものを除く。第5項において同じ。）及び航空機地球局（航空機に開設する無線局であつて、人工衛星局の中継によつてのみ無線通信を行うもの（実験等無線局及びアマチュア無線局を除く。）をいう。以下同じ。）以外の無線局　移動範囲

五　電波の型式並びに希望する周波数の範囲及び空中線電力

六　希望する運用許容時間（運用することができる時間をいう。以下同じ。）

七　無線設備（第30条及び第32条の規定により備え付けなければならない設備を含む。次項第3号、第10条第1項、第12条、第17条、第18条、第24条の2第4項、第27条の14第2項第10号、第38条の2第1項、第70条の5の2第1項、第71条の5、

第73条第1項ただし書、第3項及び第6
項並びに第102条の18第1項において同
じ。）の工事設計及び工事落成の予定期
日
八　運用開始の予定期日
九　他の無線局の第14条第2項第2号の免
許人又は第27条の26第1項の登録人（以
下「免許人等」という。）との間で混信
その他の妨害を防止するために必要な措
置に関する契約を締結しているときは、
その契約の内容
十　法人又は団体にあつては、次に掲げる
事項
イ　代表者の氏名又は名称及び前条第1
項第1号から第3号までに掲げる者に
より占められる役員の割合
ロ　外国人等直接保有議決権割合
2から9　（省略）

（申請の審査）
第7条　総務大臣は、前条第1項の申請書を
受理したときは、遅滞なくその申請が次の
各号のいずれにも適合しているかどうかを
審査しなければならない。
一　工事設計が第3章に定める技術基準に
適合すること。
二　周波数の割当てが可能であること。
三　主たる目的及び従たる目的を有する無
線局にあつては、その従たる目的の遂行
がその主たる目的の遂行に支障を及ぼす
おそれがないこと。
四　前3号に掲げるもののほか、総務省令
で定める無線局（基幹放送局を除く。）
の開設の根本的基準に合致すること。
2　総務大臣は、前条第2項の申請書を受理
したときは、遅滞なくその申請が次の各号
に適合しているかどうかを審査しなけれ
ばならない。
一　工事設計が第3章に定める技術基準に
適合すること及び基幹放送の業務に用い
られる電気通信設備が放送法第121条第
1項の総務省令で定める技術基準に適合
すること。
二　総務大臣が定める基幹放送用周波数使

用計画（基幹放送局に使用させることの
できる周波数及びその周波数の使用に関
し必要な事項を定める計画をいう。以下
同じ。）に基づき、周波数の割当てが可
能であること。
三　当該業務を維持するに足りる経理的基
礎及び技術的能力があること。
四　特定地上基幹放送局にあつては、次の
いずれにも適合すること。
イ　基幹放送の業務に用いられる電気通
信設備が放送法第111条第1項の総務
省令で定める技術基準に適合すること。
ロ　免許を受けようとする者が放送法第
93条第1項第5号に掲げる要件に該当
すること。
ハ　その免許を与えることが放送法第91
条第1項の基幹放送普及計画に適合す
ることその他放送の普及及び健全な発
達のために適切であること。
五　地上基幹放送の業務を行うことについ
て放送法第93条第1項の規定により認定
を受けようとする者の当該業務に用いら
れる無線局にあつては、当該認定を受け
ようとする者が同項各号（第4号を除
く。）に掲げる要件のいずれにも該当す
ること。
六　基幹放送に加えて基幹放送以外の無線
通信の送信をする無線局にあつては、次
のいずれにも適合すること。
イ　基幹放送以外の無線通信の送信につ
いて、周波数の割当てが可能であるこ
と。
ロ　基幹放送以外の無線通信の送信につ
いて、前項第4号の総務省令で定める
無線局（基幹放送局を除く。）の開設
の根本的基準に合致すること。
ハ　基幹放送以外の無線通信の送信をす
ることが適正かつ確実に基幹放送をす
ることに支障を及ぼすおそれがないも
のとして総務省令で定める基準に合致
すること。
七　前各号に掲げるもののほか、総務省令
で定める基幹放送局の開設の根本的基準
に合致すること。

3から6　（省略）

（予備免許）

第8条　総務大臣は、前条の規定により審査した結果、その申請が同条第1項各号又は第2項各号に適合していると認めるときは、申請者に対し、次に掲げる事項を指定して、無線局の予備免許を与える。

一　工事落成の期限

二　電波の型式及び周波数

三　呼出符号（標識符号を含む。）、呼出名称その他の総務省令で定める識別信号（以下「識別信号」という。）

四　空中線電力

五　運用許容時間

2　総務大臣は、予備免許を受けた者から申請があつた場合において、相当と認めるときは、前項第1号の期限を延長することができる。

（工事設計等の変更）

第9条　前条の予備免許を受けた者は、工事設計を変更しようとするときは、あらかじめ総務大臣の許可を受けなければならない。ただし、総務省令で定める軽微な事項については、この限りでない。

2　前項ただし書の総務省令で定める軽微な事項について工事設計を変更したときは、遅滞なく、その旨を総務大臣に届け出なければならない。

3　第1項の変更は、周波数、電波の型式又は空中線電力に変更を来すものであつてはならず、かつ、第7条第1項第1号又は第2項第1号の技術基準（第3章に定めるものに限る。）に合致するものでなければならない。

4　前条の予備免許を受けた者は、無線局の目的、通信の相手方、通信事項、放送事項、放送区域若しくは無線設備の設置場所の変更又は基幹放送の業務に用いられる電気通信設備を変更（総務省令で定める軽微な変更を除く。）をしようとするときは、あらかじめ総務大臣の許可を受けなければならない。ただし、次に掲げる事項を

内容とする無線局の目的の変更は、これを行うことができない。

一　基幹放送局以外の無線局が基幹放送をすることとすること。

二　基幹放送局が基幹放送をしないこととすること。

5　次の各号に掲げる無線局について前条の予備免許を受けた者は、当該各号に定める変更があつたときは、遅滞なく、その旨を総務大臣に届け出なければならない。

一　基幹放送局以外の無線局（第5条第2項各号に掲げる無線局を除く。）　第6条第1項第10号に掲げる事項の変更（当該変更によつて第5条第1項第4号に該当することとなるおそれが少ないものとして総務省令で定めるものを除く。）

二　基幹放送局　第6条第2項第3号、第4号、第6号、第8号又は第9号に掲げる事項の変更（同項第6号に掲げる事項にあつては前項の総務省令で定める軽微な変更に限り、同条第2項第9号に掲げる事項にあつては当該変更によつて第5条第4項第2号又は第3号に該当することとなるおそれが少ないものとして総務省令で定めるものを除く。）

6　第5条第1項から第3項までの規定は、無線局の目的の変更に係る第4項の許可に準用する。

（落成後の検査）

第10条　第8条の予備免許を受けた者は、工事が落成したときは、その旨を総務大臣に届け出て、その無線設備、無線従事者の資格（第39条第3項に規定する主任無線従事者の要件、第48条の2第1項の船舶局無線従事者証明及び第50条第1項に規定する遭難通信責任者の要件に係るものを含む。第12条及び第73条第3項において同じ。）及び員数並びに時計及び書類（以下「無線設備等」という。）について検査を受けなければならない。

2　前項の検査は、同項の検査を受けようとする者が、当該検査を受けようとする無線設備等について第24条の2第1項又は第

24条の13第1項の登録を受けた者が総務省令で定めるところにより行つた当該登録に係る点検の結果を記載した書類を添えて前項の届出をした場合においては、その一部を省略することができる。

（免許の拒否）
第11条　第8条第1項第1号の期限（同条第2項の規定による期限の延長があつたときは、その期限）経過後2週間以内に前条の規定による届出がないときは、総務大臣は、その無線局の免許を拒否しなければならない。

（免許の付与）
第12条　総務大臣は、第10条の規定による検査を行つた結果、その無線設備が第6条第1項第7号又は同条第2項第2号の工事設計（第9条第1項の規定による変更があつたときは、変更があつたもの）に合致し、かつ、その無線従事者の資格及び員数が第39条又は第39条の13、第40条及び第50条の規定に、その時計及び書類が第60条の規定にそれぞれ違反しないと認めるときは、遅滞なく申請者に対し免許を与えなければならない。

（免許の有効期間）
第13条　免許の有効期間は、免許の日から起算して5年を超えない範囲内において総務省令で定める。ただし、再免許を妨げない。
2　船舶安全法第4条（同法第29条ノ7の規定に基づく政令において準用する場合を含む。以下同じ。）の船舶の船舶局（以下「義務船舶局」という。）及び航空法第60条の規定により無線設備を設置しなければならない航空機の航空機局（以下「義務航空機局」という。）の免許の有効期間は、前項の規定にかかわらず、無期限とする。

（免許状）
第14条　総務大臣は、免許を与えたときは、免許状を交付する。
2　免許状には、次に掲げる事項を記載しなければならない。
　一　免許の年月日及び免許の番号
　二　免許人（無線局の免許を受けた者をいう。以下同じ。）の氏名又は名称及び住所
　三　無線局の種別
　四　無線局の目的（主たる目的及び従たる目的を有する無線局にあつては、その主従の区別を含む。）
　五　通信の相手方及び通信事項
　六　無線設備の設置場所
　七　免許の有効期間
　八　識別信号
　九　電波の型式及び周波数
　十　空中線電力
　十一　運用許容時間
3　基幹放送局の免許状には、前項の規定にかかわらず、次に掲げる事項を記載しなければならない。
　一　前項各号（基幹放送のみをする無線局の免許状にあつては、第5号を除く。）に掲げる事項
　二　放送区域
　三　特定地上基幹放送局の免許状にあつては放送事項、認定基幹放送事業者（放送法第2条第21の認定基幹放送事業者をいう。以下同じ。）の地上基幹放送の業務の用に供する無線局にあつてはその無線局に係る認定基幹放送事業者の氏名又は名称

（変更等の許可）
第17条　免許人は、無線局の目的、通信の相手方、通信事項、放送事項、放送区域若しくは無線設備の設置場所の変更若しくは基幹放送の業務に用いられる電気通信設備を変更（総務省令で定める軽微な変更を除く。）をし、又は無線設備の変更の工事をしようとするときは、あらかじめ総務大臣の許可を受けなければならない。ただし、次に掲げる事項を内容とする無線局の目的の変更は、これを行うことができない。

一　基幹放送局以外の無線局が基幹放送をすることとすること。
二　基幹放送局が基幹放送をしないこととすること。
2　次の各号に掲げる無線局の免許人は、当該各号に定める変更があつたときは、遅滞なく、その旨を総務大臣に届け出なければならない。
一　基幹放送局以外の無線局（第5条第2項各号に掲げる無線局を除く。）　第6条第1項第10号に掲げる事項の変更（当該変更によつて第5条第1項第4号に該当することとなるおそれが少ないものとして総務省令で定めるものを除く。）
二　基幹放送局　第6条第2項第3号、第4号、第6号、第8号又は第9号に掲げる事項の変更（同項第6号に掲げる事項にあつては前項の総務省令で定める軽微な変更に限り、同条第2項第9号に掲げる事項にあつては当該変更によつて第5条第4項第2号又は第3号に該当することとなるおそれが少ないものとして総務省令で定めるものを除く。）
3　第5条第1項から第3項までの規定は無線局の目的の変更に係る第1項の許可について、第9条第1項ただし書、第2項及び第3項の規定は第1項の規定により無線設備の変更の工事をする場合について、それぞれ準用する。

（変更検査）
第18条　前条第1項の規定により無線設備の設置場所の変更又は無線設備の変更の工事の許可を受けた免許人は、総務大臣の検査を受け、当該変更又は工事の結果が同条同項の許可の内容に適合していると認められた後でなければ、許可に係る無線設備を運用してはならない。ただし、総務省令で定める場合は、この限りでない。
2　前項の検査は、同項の検査を受けようとする者が、当該検査を受けようとする無線設備について第24条の2第1項又は第24条の13第1項の登録を受けた者が総務省令で定めるところにより行つた当該登録

に係る点検の結果を記載した書類を総務大臣に提出した場合においては、その一部を省略することができる。

（申請による周波数等の変更）
第19条　総務大臣は、免許人又は第8条の予備免許を受けた者が識別信号、電波の型式、周波数、空中線電力又は運用許容時間の指定の変更を申請した場合において、混信の除去その他特に必要があると認めるときは、その指定を変更することができる。

（免許の承継等）
第20条　免許人について相続があつたときは、その相続人は、免許人の地位を承継する。
2　免許人（第7項及び第8項に規定する無線局の免許人を除く。以下この項及び次項において同じ。）たる法人が合併又は分割（無線局をその用に供する事業の全部を承継させるものに限る。）をしたときは、合併後存続する法人若しくは合併により設立された法人又は分割により当該事業の全部を承継した法人は、総務大臣の許可を受けて免許人の地位を承継することができる。
3　免許人が無線局をその用に供する事業の全部の譲渡しをしたときは、譲受人は、総務大臣の許可を受けて免許人の地位を承継することができる。
4から10　（省略）

（免許状の訂正）
第21条　免許人は、免許状に記載した事項に変更を生じたときは、その免許状を総務大臣に提出し、訂正を受けなければならない。

（無線局の廃止）
第22条　免許人は、その無線局を廃止するときは、その旨を総務大臣に届け出なければならない。

第23条　免許人が無線局を廃止したときは、免許は、その効力を失う。

（免許状の返納）

第24条　免許がその効力を失つたときは、免許人であつた者は、1箇月以内にその免許状を返納しなければならない。

（無線局に関する情報の公表等）

第25条　総務大臣は、無線局の免許又は第27条の21第1項の登録（以下「免許等」という。）をしたときは、総務省令で定める無線局を除き、その無線局の免許状に記載された事項若しくは第27条の6第3項の規定により届け出られた事項（第14条第2項各号に掲げる事項に相当する事項に限る。）又は第27条の25第1項の登録状に記載された事項若しくは第27条の34の規定により届け出られた事項（第27条の25第2項に規定する事項に相当する事項に限る。）のうち、総務省令で定めるものをインターネットの利用その他の方法により公表する。

2　前項の規定により公表する事項のほか、総務大臣は、自己の無線局の開設又は周波数の変更をする場合その他総務省令で定める場合に必要とされる混信若しくはふくそうに関する調査又は第27条の12第3項第7号に規定する終了促進措置を行おうとする者の求めに応じ、当該調査又は当該終了促進措置を行うために必要な限度において、当該者に対し、無線局の無線設備の工事設計その他の無線局に関する事項に係る情報であつて総務省令で定めるものを提供することができる。

3　前項の規定に基づき情報の提供を受けた者は、当該情報を同項の調査又は終了促進措置の用に供する目的以外の目的のために利用し、又は提供してはならない。

（周波数割当計画）

第26条　総務大臣は、免許の申請等に資するため、割り当てることが可能である周波数の表（以下「周波数割当計画」という。）を作成し、これを公衆の閲覧に供するとともに、公示しなければならない。これを変更したときも、同様とする。

2　周波数割当計画には、割当てを受けることができる無線局の範囲を明らかにするため、割り当てることが可能である周波数ごとに、次に掲げる事項を記載するものとする。

一　無線局の行う無線通信の態様

二　無線局の目的

三　周波数の使用の期限その他の周波数の使用に関する条件

四　第27条の14第6項の規定により指定された周波数であるときは、その旨

五　放送をする無線局に係る周波数にあつては、次に掲げる周波数の区分の別

イ　放送をする無線局に専ら又は優先的に割り当てる周波数

ロ　イに掲げる周波数以外のもの

（電波の利用状況の調査）

第26条の2　総務大臣は、周波数割当計画の作成又は変更その他電波の有効利用に資する施策を総合的かつ計画的に推進するため、調査区分（300万メガヘルツ以下の周波数についての次の各号に掲げる無線局の種類ごとの当該各号に定める事項の別による区分をいう。次条第1項及び第3項において同じ。）ごとに、総務省令で定めるところにより、無線局の数、無線局の行う無線通信の通信量、無線局の無線設備の使用の態様その他の電波の利用状況を把握するために必要な事項として総務省令で定める事項の調査（以下この条及び次条第1項において「利用状況調査」という。）を行うものとする。

一　電気通信業務用基地局　周波数帯（300万メガヘルツ以下の周波数を電波の特性その他の事項を勘案して総務大臣が定める周波数の範囲ごとに区分した各周波数をいう。次号及び第27条の12第2項第3号において同じ。）、電気通信業務用基地局の免許人その他総務省令で定める事項

二　電気通信業務用基地局以外の無線局　周波数帯その他総務省令で定める事項

2　総務大臣は、利用状況調査を行つたときは、遅滞なく、その結果を電波監理審議会

に報告するとともに、総務省令で定めるところにより、その結果の概要を公表するものとする。

3　総務大臣は、利用状況調査を行うため必要な限度において、免許人等に対し、必要な事項について報告を求めることができる。

（電波の質）

第28条　送信設備に使用する電波の周波数の偏差及び幅、高調波の強度等電波の質は、総務省令で定めるところに適合するものでなければならない。

（受信設備の条件）

第29条　受信設備は、その副次的に発する電波又は高周波電流が、総務省令で定める限度をこえて他の無線設備の機能に支障を与えるものであつてはならない。

（安全施設）

第30条　無線設備には、人体に危害を及ぼし、又は物件に損傷を与えることがないように、総務省令で定める施設をしなければならない。

（周波数測定装置の備えつけ）

第31条　総務省令で定める送信設備には、その誤差が使用周波数の許容偏差の2分の1以下である周波数測定装置を備えつけなければならない。

（人工衛星局の条件）

第36条の2　人工衛星局の無線設備は、遠隔操作により電波の発射を直ちに停止することのできるものでなければならない。

2　人工衛星局は、その無線設備の設置場所を遠隔操作により変更することができるものでなければならない。ただし、総務省令で定める人工衛星局については、この限りでない。

（無線設備の機器の検定）

第37条　次に掲げる無線設備の機器は、そ

の型式について、総務大臣の行う検定に合格したものでなければ、施設してはならない。ただし、総務大臣が行う検定に相当する型式検定に合格している機器その他の機器であつて総務省令で定めるものを施設する場合は、この限りでない。

一　第31条の規定により備え付けなければならない周波数測定装置

二から六　（省略）

（無線設備の操作）

第39条　第40条の定めるところにより無線設備の操作を行うことができる無線従事者（義務船舶局等の無線設備であつて総務省令で定めるものの操作については、第48条の2第1項の船舶局無線従事者証明を受けている無線従事者。以下この条において同じ。）以外の者は、無線局（アマチュア無線局を除く。以下この条において同じ。）の無線設備の操作の監督を行う者（以下「主任無線従事者」という。）として選任された者であつて第4項の規定によりその選任の届出がされたものにより監督を受けなければ、無線局の無線設備の操作（簡易な操作であつて総務省令で定めるものを除く。）を行つてはならない。ただし、船舶又は航空機が航行中であるため無線従事者を補充することができないとき、その他総務省令で定める場合は、この限りでない。

2　モールス符号を送り、又は受ける無線電信の操作その他総務省令で定める無線設備の操作は、前項本文の規定にかかわらず、第40条の定めるところにより、無線従事者でなければ行つてはならない。

3　主任無線従事者は、第40条の定めるところにより、無線設備の操作の監督を行うことができる無線従事者であつて、総務省令で定める事由に該当しないものでなければならない。

4　無線局の免許人等は、主任無線従事者を選任したときは、遅滞なく、その旨を総務大臣に届け出なければならない。これを解任したときも、同様とする。

5　前項の規定によりその選任の届出がされ

た主任無線従事者は、無線設備の操作の監督に関し総務省令で定める職務を誠実に行わなければならない。

6 第4項の規定によりその選任の届出がされた主任無線従事者の監督の下に無線設備の操作に従事する者は、当該主任無線従事者が前項の職務を行うため必要であると認めてする指示に従わなければならない。

7 無線局（総務省令で定めるものを除く。）の免許人等は、第4項の規定によりその選任の届出をした主任無線従事者に、総務省令で定める期間ごとに、無線設備の操作の監督に関し総務大臣の行う講習を受けさせなければならない。

（無線従事者の資格）

第40条 無線従事者の資格は、次の各号に掲げる区分に応じ、それぞれ当該各号に掲げる資格とする。

一 無線従事者（総合） 次の資格
　イ 第一級総合無線通信士
　ロ 第二級総合無線通信士
　ハ 第三級総合無線通信士

二 無線従事者（海上） 次の資格
　イ 第一級海上無線通信士
　ロ 第二級海上無線通信士
　ハ 第三級海上無線通信士
　ニ 第四級海上無線通信士
　ホ 政令で定める海上特殊無線技士

三 無線従事者（航空） 次の資格
　イ 航空無線通信士
　ロ 政令で定める航空特殊無線技士

四 無線従事者（陸上） 次の資格
　イ 第一級陸上無線技術士
　ロ 第二級陸上無線技術士
　ハ 政令で定める陸上特殊無線技士

五 無線従事者（アマチュア） 次の資格
　イ 第一級アマチュア無線技士
　ロ 第二級アマチュア無線技士
　ハ 第三級アマチュア無線技士
　ニ 第四級アマチュア無線技士

2 前項第1号から第4号までに掲げる資格を有する者の行い、又はその監督を行うことができる無線設備の操作の範囲及び同

項第5号に掲げる資格を有する者の行うことができる無線設備の操作の範囲は、資格別に政令で定める。

（免許）

第41条 無線従事者になろうとする者は、総務大臣の免許を受けなければならない。

2 無線従事者の免許は、次の各号のいずれかに該当する者（第2号から第4号までに該当する者にあつては、第48条第1項後段の規定により期間を定めて試験を受けさせないこととした者で、当該期間を経過しないものを除く。）でなければ、受けることができない。

一 前条第1項の資格別に行う無線従事者国家試験に合格した者

二 前条第1項の資格（総務省令で定めるものに限る。）の無線従事者の養成課程で、総務大臣が総務省令で定める基準に適合するものであることの認定をしたものを修了した者

三 次に掲げる学校教育法（昭和22年法律第26号）による学校において次に掲げる当該学校の区分に応じ前条第1項の資格（総務省令で定めるものに限る。）ごとに総務省令で定める無線通信に関する科目を修めて卒業した者（同法による専門職大学の前期課程にあつては、修了した者）
　イ 大学（短期大学を除く。）
　ロ 短期大学（学校教育法による専門職大学の前期課程を含む。）又は高等専門学校
　ハ 高等学校又は中等教育学校

四 前条第1項の資格（総務省令で定めるものに限る。）ごとに前3号に掲げる者と同等以上の知識及び技能を有する者として総務省令で定める同項の資格及び業務経歴その他の要件を備える者

（免許を与えない場合）

第42条 次の各号のいずれかに該当する者に対しては、無線従事者の免許を与えないことができる。

一 第9章の罪を犯し罰金以上の刑に処せ

られ、その執行を終わり、又はその執行を受けることがなくなつた日から2年を経過しない者

二 第79条第1項第1号又は第2号の規定により無線従事者の免許を取り消され、取消しの日から2年を経過しない者

三 著しく心身に欠陥があつて無線従事者たるに適しない者

（選解任届）

第51条 第39条第4項の規定は、主任無線従事者以外の無線従事者の選任又は解任に準用する。

（目的外使用の禁止等）

第52条 無線局は、免許状に記載された目的又は通信の相手方若しくは通信事項（特定地上基幹放送局については放送事項）の範囲を超えて運用してはならない。ただし、次に掲げる通信については、この限りでない。

一 遭難通信（船舶又は航空機が重大かつ急迫の危険に陥つた場合に遭難信号を前置する方法その他総務省令で定める方法により行う無線通信をいう。以下同じ。）

二 緊急通信（船舶又は航空機が重大かつ急迫の危険に陥るおそれがある場合その他緊急の事態が発生した場合に緊急信号を前置する方法その他総務省令で定める方法により行う無線通信をいう。以下同じ。）

三 安全通信（船舶又は航空機の航行に対する重大な危険を予防するために安全信号を前置する方法その他総務省令で定める方法により行う無線通信をいう。以下同じ。）

四 非常通信（地震、台風、洪水、津波、雪害、火災、暴動その他非常の事態が発生し、又は発生するおそれがある場合において、有線通信を利用することができないか又はこれを利用することが著しく困難であるときに人命の救助、災害の救援、交通通信の確保又は秩序の維持のために行われる無線通信をいう。以下同じ。）

五 放送の受信

六 その他総務省令で定める通信

第53条 無線局を運用する場合においては、無線設備の設置場所、識別信号、電波の型式及び周波数は、その無線局の免許状又は第27条の22第1項の登録状（次条第1号及び第103条の2第4項第2号において「免許状等」という。）に記載されたところによらなければならない。ただし、遭難通信については、この限りでない。

第54条 無線局を運用する場合においては、空中線電力は、次の各号の定めるところによらなければならない。ただし、遭難通信については、この限りでない。

一 免許状等に記載されたものの範囲内であること。

二 通信を行うため必要最小のものであること。

第55条 無線局は、免許状に記載された運用許容時間内でなければ、運用してはならない。ただし、第52条各号に掲げる通信を行う場合及び総務省令で定める場合は、この限りでない。

（混信等の防止）

第56条 無線局は、他の無線局又は電波天文業務（宇宙から発する電波の受信を基礎とする天文学のための当該電波の受信の業務をいう。）の用に供する受信設備その他の総務省令で定める受信設備（無線局のものを除く。）で総務大臣が指定するものにその運用を阻害するような混信その他の妨害を与えないように運用しなければならない。但し、第52条第1号から第4号までに掲げる通信については、この限りでない。

2 前項に規定する指定は、当該指定に係る受信設備を設置している者の申請により行なう。

3 総務大臣は、第1項に規定する指定をしたときは、当該指定に係る受信設備について、総務省令で定める事項を公示しなければならない。

4　前二項に規定するもののほか、指定の申請の手続、指定の基準、指定の取消しその他の第1項に規定する指定に関し必要な事項は、総務省令で定める。

（擬似空中線回路の使用）

第57条　無線局は、次に掲げる場合には、なるべく擬似空中線回路を使用しなければならない。

一　無線設備の機器の試験又は調整を行うために運用するとき。

二　実験等無線局を運用するとき。

（秘密の保護）

第59条　何人も法律に別段の定めがある場合を除くほか、特定の相手方に対して行われる無線通信（電気通信事業法第4条第1項又は第164条第3項の通信であるものを除く。第109条並びに第109条の2第2項及び第3項において同じ。）を傍受してその存在若しくは内容を漏らし、又はこれを窃用してはならない。

（時計、業務書類等の備付け）

第60条　無線局には、正確な時計及び無線業務日誌その他総務省令で定める書類を備え付けておかなければならない。ただし、総務省令で定める無線局については、これらの全部又は一部の備付けを省略することができる。

（非常時運用人による無線局の運用）

第70条の7　無線局（その運用が、専ら第39条第1項本文の総務省令で定める簡易な操作（次条第1項において単に「簡易な操作」という。）によるものに限る。）の免許人等は、地震、台風、洪水、津波、雪害、火災、暴動その他非常の事態が発生し、又は発生するおそれがある場合において、人命の救助、災害の救援、交通通信の確保又は秩序の維持のために必要な通信を行うときは、当該無線局の免許等が効力を有する間、当該無線局を自己以外の者に運用させることができる。

2　前項の規定により無線局を自己以外の者に運用させた免許人等は、遅滞なく、当該無線局を運用する自己以外の者（以下この条において「非常時運用人」という。）の氏名又は名称、非常時運用人による運用の期間その他の総務省令で定める事項を総務大臣に届け出なければならない。

3　前項に規定する免許人等は、当該無線局の運用が適正に行われるよう、総務省令で定めるところにより、非常時運用人に対し、必要かつ適切な監督を行わなければならない。

4　第74条の2第2項、第76条第1項及び第3項、第76条の2の2並びに第81条の規定は、非常時運用人について準用する。この場合において、必要な技術的読替えは、政令で定める。

（周波数等の変更）

第71条　総務大臣は、電波の規整その他公益上必要があるときは、無線局の目的の遂行に支障を及ぼさない範囲内に限り、当該無線局（登録局を除く。）の周波数若しくは空中線電力の指定を変更し、又は登録局の周波数若しくは空中線電力若しくは人工衛星局の無線設備の設置場所の変更を命ずることができる。

2　国は、前項の規定による無線局の周波数若しくは空中線電力の指定の変更又は登録局の周波数若しくは空中線電力若しくは人工衛星局の無線設備の設置場所の変更を命じたことによって生じた損失を当該無線局の免許人等に対して補償しなければならない。

3　前項の規定により補償すべき損失は、同項の処分によつて通常生ずべき損失とする。

4　第2項の補償金額に不服がある者は、補償金額決定の通知を受けた日から6箇月以内に、訴えをもつて、その増額を請求することができる。

5　前項の訴においては、国を被告とする。

6　第1項の規定により人工衛星局の無線設備の設置場所の変更の命令を受けた免許人は、その命令に係る措置を講じたとき

は、速やかに、その旨を総務大臣に報告しなければならない。

（技術基準適合命令）

第71条の5　総務大臣は、無線設備が第3章に定める技術基準に適合していないと認めるときは、当該無線設備を使用する無線局の免許人等に対し、その技術基準に適合するように当該無線設備の修理その他の必要な措置をとるべきことを命ずることができる。

（電波の発射の停止）

第72条　総務大臣は、無線局の発射する電波の質が第28条の総務省令で定めるものに適合していないと認めるときは、当該無線局に対して臨時に電波の発射の停止を命ずることができる。

2　総務大臣は、前項の命令を受けた無線局からその発射する電波の質が第28条の総務省令の定めるものに適合するに至つた旨の申出を受けたときは、その無線局に電波を試験的に発射させなければならない。

3　総務大臣は、前項の規定により発射する電波の質が第28条の総務省令で定めるものに適合しているときは、直ちに第1項の停止を解除しなければならない。

（検査）

第73条　総務大臣は、総務省令で定める時期ごとに、あらかじめ通知する期日に、その職員を無線局（総務省令で定めるものを除く。）に派遣し、その無線設備等を検査させる。ただし、当該無線局の発射する電波の質又は空中線電力に係る無線設備の事項以外の事項の検査を行う必要がないと認める無線局については、その無線局に電波の発射を命じて、その発射する電波の質又は空中線電力の検査を行う。

2　前項の検査は、当該無線局についてその検査を同項の総務省令で定める時期に行う必要がないと認める場合及び当該無線局のある船舶又は航空機が当該時期に外国地間を航行中の場合においては、同項の

規定にかかわらず、その時期を延期し、又は省略することができる。

3　第1項の検査は、当該無線局（人の生命又は身体の安全の確保のためその適正な運用の確保が必要な無線局として総務省令で定めるものを除く。以下この項において同じ。）の免許人から、第1項の規定により総務大臣が通知した期日の1月前までに、当該無線局の無線設備等について第24条の2第1項の登録を受けた者（無線設備等の点検の事業のみを行う者を除く。）が、総務省令で定めるところにより、当該登録に係る検査を行い、当該無線局の無線設備がその工事設計に合致しており、かつ、その無線従事者の資格及び員数が第39条又は第39条の13、第40条及び第50条の規定に、その時計及び書類が第60条の規定にそれぞれ違反していない旨を記載した証明書の提出があつたときは、第1項の規定にかかわらず、省略することができる。

4　第1項の検査は、当該無線局の免許人から、同項の規定により総務大臣が通知した期日の1箇月前までに、当該無線局の無線設備等について第24条の2第1項又は第24条の13第1項の登録を受けた者が総務省令で定めるところにより行つた当該登録に係る点検の結果を記載した書類の提出があつたときは、第1項の規定にかかわらず、その一部を省略することができる。

5　総務大臣は、第71条の5の無線設備の修理その他の必要な措置をとるべきことを命じたとき、前条第1項の電波の発射の停止を命じたとき、同条第2項の申出があつたとき、無線局のある船舶又は航空機が外国へ出港しようとするとき、その他この法律の施行を確保するため特に必要があるときは、その職員を無線局に派遣し、その無線設備等を検査させることができる。

6　総務大臣は、無線局のある船舶又は航空機が外国へ出港しようとする場合その他この法律の施行を確保するため特に必要がある場合において、当該無線局の発射する電波の質又は空中線電力に係る無線設備の事項のみについて検査を行う必要が

あると認めるときは、その無線局に電波の発射を命じて、その発射する電波の質又は空中線電力の検査を行うことができる。

7　第39条の9第2項及び第3項の規定は、第1項本文又は第5項の規定による検査について準用する。

（非常の場合の無線通信）

第74条　総務大臣は、地震、台風、洪水、津波、雪害、火災、暴動その他非常の事態が発生し、又は発生するおそれがある場合においては、人命の救助、災害の救援、交通通信の確保又は秩序の維持のために必要な通信を無線局に行わせることができる。

2　総務大臣が前項の規定により無線局に通信を行わせたときは、国は、その通信に要した実費を弁償しなければならない。

（非常の場合の通信体制の整備）

第74条の2　総務大臣は、前条第1項に規定する通信の円滑な実施を確保するため必要な体制を整備するため、非常の場合における通信計画の作成、通信訓練の実施その他の必要な措置を講じておかなければならない。

2　総務大臣は、前項に規定する措置を講じようとするときは、免許人等の協力を求めることができる。

第76条　総務大臣は、免許人等がこの法律、放送法若しくはこれらの法律に基づく命令又はこれらに基づく処分に違反したときは、3月以内の期間を定めて無線局の運用の停止を命じ、又は期間を定めて運用許容時間、周波数若しくは空中線電力を制限することができる。

2　総務大臣は、包括免許人又は包括登録人がこの法律、放送法若しくはこれらの法律に基づく命令又はこれらに基づく処分に違反したときは、3月以内の期間を定めて、包括免許又は第27条の32第1項の規定による登録に係る無線局の新たな開設を禁止することができる。

3　総務大臣は、前二項の規定によるほか、

登録人が第3章に定める技術基準に適合しない無線設備を使用することにより他の登録局の運用に悪影響を及ぼすおそれがあるとき、その他登録局の運用が適正を欠くため電波の能率的な利用を阻害するおそれが著しいときは、3月以内の期間を定めて、その登録に係る無線局の運用の停止を命じ、運用許容時間、周波数若しくは空中線電力を制限し、又は新たな開設を禁止することができる。

4　総務大臣は、免許人（包括免許人を除く。）が次の各号のいずれかに該当するときは、その免許を取り消すことができる。

一　正当な理由がないのに、無線局の運用を引き続き6月以上休止したとき。

二　不正な手段により無線局の免許若しくは第17条の許可を受け、又は第19条の規定による指定の変更を行わせたとき。

三　第1項の規定による命令又は制限に従わないとき。

四　免許人が第5条第3項第1号に該当するに至つたとき。

五　特定地上基幹放送局の免許人が第7条第2項第4号ロに適合しなくなつたとき。

5　総務大臣は、包括免許人が次の各号のいずれかに該当するときは、その包括免許を取り消すことができる。

一　第27条の5第1項第4号の期限（第27条の6第1項の規定による期限の延長があつたときは、その期限）までに特定無線局の運用を全く開始しないとき。

二　正当な理由がないのに、その包括免許に係る全ての特定無線局の運用を引き続き6月以上休止したとき。

三　不正な手段により包括免許若しくは第27条の8第1項の許可を受け、又は第27条の9の規定による指定の変更を行わせたとき。

四　第1項の規定による命令若しくは制限又は第2項の規定による禁止に従わないとき。

五　包括免許人が第5条第3項第1号に該当するに至つたとき。

6　総務大臣は、登録人が次の各号のいずれ

かに該当するときは、その登録を取り消すことができる。

　一　不正な手段により第27条の21第1項の登録又は第27条の26第1項若しくは第27条の33第1項の変更登録を受けたとき。

　二　第1項の規定による命令若しくは制限、第2項の規定による禁止又は第3項の規定による命令、制限若しくは禁止に従わないとき。

　三　登録人が第5条第3項第1号に該当するに至つたとき。

7　総務大臣は、前三項の規定によるほか、電気通信業務を行うことを目的とする無線局の免許人等が次の各号のいずれかに該当するときは、その免許等を取り消すことができる。

　一　電気通信事業法第12条第1項の規定により同法第9条の登録を拒否されたとき。

　二　電気通信事業法第13条第3項において準用する同法第12条第1項の規定により同法第13条第1項の変更登録を拒否されたとき（当該変更登録が無線局に関する事項の変更に係るものである場合に限る。）。

　三　電気通信事業法第15条の規定により同法第9条の登録を抹消されたとき。

8　総務大臣は、第4項（第4号を除く。）及び第5項（第5号を除く。）の規定により免許の取消しをしたとき、並びに第6項（第3号を除く。）の規定により登録の取消しをしたときは、当該免許人等であつた者が受けている他の無線局の免許等又は開設計画若しくは無線設備等保守規程の認定を取り消すことができる。

　　（電波の発射の防止）

第78条　無線局の免許等がその効力を失つたときは、免許人等であつた者は、遅滞なく空中線の撤去その他の総務省令で定める電波の発射を防止するために必要な措置を講じなければならない。

　　（無線従事者の免許の取消し等）

第79条　総務大臣は、無線従事者が左の各号の一に該当するときは、その免許を取り消し、又は3箇月以内の期間を定めてその業務に従事することを停止することができる。

　一　この法律若しくはこの法律に基く命令又はこれらに基く処分に違反したとき。

　二　不正な手段により免許を受けたとき。

　三　第42条第3号に該当するに至つたとき。

2　前項（第3号を除く。）の規定は、船舶局無線従事者証明を受けている者に準用する。この場合において、同項中「免許」とあるのは、「船舶局無線従事者証明」と読み替えるものとする。

3　第77条の規定は、第1項（前項において準用する場合を含む。）の規定による取消し又は停止に準用する。

　　（報告等）

第80条　無線局の免許人等は、次に掲げる場合は、総務省令で定める手続により、総務大臣に報告しなければならない。

　一　遭難通信、緊急通信、安全通信又は非常通信を行つたとき（第70条の7第1項、第70条の8第1項又は第70条の9第1項の規定により無線局を運用させた免許人等以外の者が行つたときを含む。）。

　二　この法律又はこの法律に基づく命令の規定に違反して運用した無線局を認めたとき。

　三　無線局が外国において、あらかじめ総務大臣が告示した以外の運用の制限をされたとき。

第81条　総務大臣は、無線通信の秩序の維持その他無線局の適正な運用を確保するため必要があると認めるときは、免許人等に対し、無線局に関し報告を求めることができる。

　　（免許等を要しない無線局及び受信設備に対する監督）

第82条　総務大臣は、第4条第1号から第3号までに掲げる無線局（以下「免許等を要しない無線局」という。）の無線設備の発する電波又は受信設備が副次的に発する電

波若しくは高周波電流が他の無線設備の機能に継続的かつ重大な障害を与えるときは、その設備の所有者又は占有者に対し、その障害を除去するために必要な措置をとるべきことを命ずることができる。

2 総務大臣は、免許等を要しない無線局の無線設備について又は放送の受信を目的とする受信設備以外の受信設備について前項の措置をとるべきことを命じた場合において特に必要があると認めるときは、その職員を当該設備のある場所に派遣し、その設備を検査させることができる。

3 第39条の9第2項及び第3項の規定は、前項の規定による検査について準用する。

（電波利用料の徴収等）

第103条の2 免許人等は、電波利用料として、無線局の免許等の日から起算して30日以内及びその後毎年その免許等の日に応当する日（応当する日がない場合には、その翌日。以下この条において「応当日」という。）から起算して30日以内に、当該無線局の免許等の日又は応当日（以下この項において「起算日」という。）から始まる各1年の期間（無線局の免許等の日が2月29日である場合においてその期間がうるう年の前年の3月1日から始まるときは翌年の2月28日までの期間とし、起算日から当該免許等の有効期間の満了の日までの期間が1年に満たない場合にはその期間とする。）について、別表第6の上欄に掲げる無線局の区分に従い同表の下欄に掲げる金額（起算日から当該免許等の有効期間の満了の日までの期間が1年に満たない場合には、その額に当該期間の月数を12で除して得た数を乗じて得た額に相当する金額）を国に納めなければならない。

2から16 （省略）

17 免許人等（包括免許人等を除く。）は、第1項の規定により電波利用料を納めるときには、その翌年の応当日以後の期間に係る電波利用料を前納することができる。

18から24 （省略）

25 総務大臣は、電波利用料を納めない者が

あるときは、督促状によつて、期限を指定して督促しなければならない。

26 総務大臣は、前項の規定による督促を受けた者がその指定の期限までにその督促に係る電波利用料及び次項の規定による延滞金を納めないときは、国税滞納処分の例により、これを処分する。この場合における電波利用料及び延滞金の先取特権の順位は、国税及び地方税に次ぐものとする。

27・28 （省略）

第109条 無線局の取扱中に係る無線通信の秘密を漏らし、又は窃用した者は、1年以下の懲役又は50万円以下の罰金に処する。

2 無線通信の業務に従事する者がその業務に関し知り得た前項の秘密を漏らし、又は窃用したときは、2年以下の懲役又は100万円以下の罰金に処する。

第109条の2 暗号通信を傍受した者又は暗号通信を媒介する者であつて当該暗号通信を受信したものが、当該暗号通信の秘密を漏らし、又は窃用する目的で、その内容を復元したときは、1年以下の懲役又は50万円以下の罰金に処する。

2 無線通信の業務に従事する者が、前項の罪を犯したとき（その業務に関し暗号通信を傍受し、又は受信した場合に限る。）は、2年以下の懲役又は100万円以下の罰金に処する。

3 前二項において「暗号通信」とは、通信の当事者（当該通信を媒介する者であつて、その内容を復元する権限を有するものを含む。）以外の者がその内容を復元できないようにするための措置が行われた無線通信をいう。

4 第1項及び第2項の未遂罪は、罰する。

5 第1項、第2項及び前項の罪は、刑法第4条の2の例に従う。

第110条 次の各号のいずれかに該当する者は、1年以下の懲役又は100万円以下の罰金に処する。

一 第4条第1項の規定による免許又は第

27条の21第１項の規定による登録がない
のに、無線局を開設したとき

二　第４条の規定による免許又は第27条の
21第１項の規定による登録がないのに、
かつ、第70条の７第１項、第70条の８第
１項又は第70条の９第１項の規定によら
ないで、無線局を運用したとき。

三　第27条の７の規定に違反して特定無線
局を開設したとき。

四　第100条第１項の規定による許可がな
いのに、同条同項の設備を運用したとき。

五　第52条、第53条、第54条第１号又は第
55条の規定に違反して無線局を運用した
とき。

六　第18条第１項の規定に違反して無線設
備を運用したとき。

七　第71条の５（第100条第５項において
準用する場合を含む。）の規定による命
令に違反したとき。

八　第72条第１項（第100条第５項におい
て準用する場合を含む。）又は第76条第
１項（第70条の７第４項、第70条の８第
３項、第70条の９第３項及び第100条第
５項において準用する場合を含む。）の
規定によつて電波の発射又は運用を停止
された無線局又は第100条第１項の設備
を運用したとき。

九　第74条第１項の規定による処分に違反
したとき。

十　第76条第２項の規定による禁止に違反
して無線局を開設したとき。

十一　第38条の22第１項（第38条の29及び
第38条の38において準用する場合を含
む。）の規定による命令に違反したとき。

十二　第38条の28第１項（第１号に係る部
分に限る。）、第38条の36第１項（第１号
に係る部分に限る。）又は第38条の37第
１項の規定による禁止に違反したとき。

電波法施行令

（操作及び監督の範囲）

第３条　次の表の上欄に掲げる資格の無線従
事者は、それぞれ、同表の下欄に掲げる無

線設備の操作（アマチュア無線局の無線設
備の操作を除く。以下この項において同
じ。）を行い、並びに当該操作のうちモー
ルス符号を送り、又は受ける無線電信の通
信操作（以下この条において「モールス符
号による通信操作」という。）及び法第39
条第２項の総務省令で定める無線設備の操
作以外の操作の監督を行うことができる。

（抜粋）

資　格	操作の範囲
第一級陸上特殊無線技士	一　陸上の無線局の空中線電力500ワット以下の多重無線設備（多重通信を行うことができる無線設備でテレビジョンとして使用するものを含む。）で30メガヘルツ以上の周波数の電波を使用するものの技術操作 二　前号に掲げる操作以外の操作で第二級陸上特殊無線技士の操作の範囲に属するもの
第二級陸上特殊無線技士	一　次に掲げる無線設備の外部の転換装置で電波の質に影響を及ぼさないものの技術操作 イ　受信障害対策中継放送局及び特定市区町村放送局の無線設備 ロ　陸上の無線局の空中線電力10ワット以下の無線設備（多重無線設備を除く。）で1,606.5キロヘルツから4,000キロヘルツまでの周波数の電波を使用するもの ハ　陸上の無線局のレーダーでロに掲げるもの以外のもの ニ　陸上の無線局で人工衛星局の中継により無線通信を行うものの空中線電力50ワット以下の多重無線設備 二　第三級陸上特殊無線技士の操作の範囲に属する操作
第三級陸上特殊無線技士	陸上の無線局の無線設備（レーダー及び人工衛星局の中継により無線通信を行う無線局の多重無線設備を除く。）で次に掲げるものの外部の転換装置で電波の質に影響を及ぼさないものの技術操作 一　空中線電力50ワット以下の無線設備で25,010キロヘルツから960メガヘルツまでの周波数の電波を使用するもの 二　空中線電力100ワット以下の無線設備で1,215メガヘルツ以上の周波数の電波を使用するもの

2から5 （省略）

電波法施行規則

（定義等）

第2条 電波法に基づく命令の規定の解釈に関しては、別に規定するもののほか、次の定義に従うものとする。

一から十五の三 （省略）

十六 「単向通信方式」とは、単一の通信の相手方に対し、送信のみを行なう通信方式をいう。

十七 「単信方式」とは、相対する方向で送信が交互に行なわれる通信方式をいう。

十八 「複信方式」とは、相対する方向で送信が同時に行なわれる通信方式をいう。

十九 「半複信方式」とは、通信路の一端においては単信方式であり、他の一端においては複信方式である通信方式をいう。

二十 「同報通信方式」とは、特定の二以上の受信設備に対し、同時に同一内容の通報の送信のみを行なう通信方式をいう。

二十一から四十三 （省略）

四十四 「無給電中継装置」とは、送信機、受信機その他の電源を必要とする機器を使用しないで電波の伝搬方向を変える中継装置をいう。

四十五 「無人方式の無線設備」とは、自動的に動作する無線設備であつて、通常の状態においては技術操作を直接必要としないものをいう。

四十六～五十八 （省略）

五十九 「周波数の許容偏差」とは、発射によつて占有する周波数帯の中央の周波数の割当周波数からの許容することができる最大の偏差又は発射の特性周波数の基準周波数からの許容することができる最大の偏差をいい、百万分率又はヘルツで表わす。

六十 （省略）

六十一 「占有周波数帯幅」とは、その上限の周波数をこえて輻射され、及びその下限の周波数未満において輻射される平均電力がそれぞれ与えられた発射によつて輻射される全平均電力の0.5パーセントに等しい上限及び下限の周波数帯幅をいう。ただし、周波数分割多重方式の場合、テレビジヨン伝送の場合等0.5パーセントの比率が占有周波数帯幅及び必要周波数帯幅の定義を実際に適用することが困難な場合においては、異なる比率によることができる。

六十二 「必要周波数帯幅」とは、与えられた発射の種別について、特定の条件のもとにおいて、使用される方式に必要な速度及び質で情報の伝送を確保するためにじゆうぶんな占有周波数帯幅の最小値をいう。この場合、低減搬送波方式の搬送波に相当する発射等受信装置の良好な動作に有用な発射は、これに含まれるものとする。

六十三 「スプリアス発射」とは、必要周波数帯外における一又は二以上の周波数の電波の発射であつて、そのレベルを情報の伝送に影響を与えないで低減することができるものをいい、高調波発射、低調波発射、寄生発射及び相互変調積を含み、帯域外発射を含まないものとする。

六十三の二 「帯域外発射」とは、必要周波数帯に近接する周波数の電波の発射で情報の伝送のための変調の過程において生ずるものをいう。

六十三の三 「不要発射」とは、スプリアス発射及び帯域外発射をいう。

六十三の四 「スプリアス領域」とは、帯域外領域の外側のスプリアス発射が支配的な周波数帯をいう。

六十三の五 「帯域外領域」とは、必要周波数帯の外側の帯域外発射が支配的な周波数帯をいう。

六十四 「混信」とは、他の無線局の正常な業務の運行を妨害する電波の発射、輻射又は誘導をいう。

六十五から六十七 （省略）

六十八 「空中線電力」とは、尖頭電力、平均電力、搬送波電力又は規格電力をいう。

六十九 「尖頭電力」とは、通常の動作状態において、変調包絡線の最高尖頭にお

ける無線周波数1サイクルの間に送信機から空中線系の給電線に供給される平均の電力をいう。

七十　「平均電力」とは、通常の動作中の送信機から空中線系の給電線に供給される電力であつて、変調において用いられる最低周波数の周期に比較してじゆうぶん長い時間（通常、平均の電力が最大である約10分の1秒間）にわたつて平均されたものをいう。

七十一　「搬送波電力」とは、変調のない状態における無線周波数1サイクルの間に送信機から空中線系の給電線に供給される平均の電力をいう。ただし、この定義は、パルス変調の発射には適用しない。

七十二　「規格電力」とは、終段真空管の使用状態における出力規格の値をいう。

七十三〜七十七　（省略）

七十八　「実効輻射電力」とは、空中線に供給される電力に、与えられた方向における空中線の相対利得を乗じたものをいう。

七十八の二から九十三　（省略）

（電波の型式の表示）

第4条の2　電波の主搬送波の変調の型式、主搬送波を変調する信号の性質及び伝送情報の型式は、次の各号に掲げるように分類し、それぞれ当該各号に掲げる記号をもつて表示する。ただし、主搬送波を変調する信号の性質を表示する記号は、対応する算用数字をもつて表示することがあるものとする。

一　主搬送波の変調の型式　　　記号
　(1)　無変調　　　　　　　　　　　N
　(2)　振幅変調
　　(一)　両側波帯　　　　　　　　A
　　(二)　全搬送波による単側波帯　H
　　(三)　低減搬送波による単側波帯　R
　　(四)　抑圧搬送波による単側波帯　J
　　(五)　独立側波帯　　　　　　　B
　　(六)　残留側波帯　　　　　　　C
　(3)　角度変調
　　(一)　周波数変調　　　　　　　F

　　(二)　位相変調　　　　　　　　G
　(4)　同時に、又は一定の順序で振幅変調及び角度変調を行うもの　　D
　(5)　パルス変調
　　(一)　無変調パルス列　　　　　P
　　(二)　変調パルス列
　　　ア　振幅変調　　　　　　　　K
　　　イ　幅変調又は時間変調　　　L
　　　ウ　位置変調又は位相変調　　M
　　　エ　パルスの期間中に搬送波を角度変調するもの　　　　　Q
　　　オ　アからエまでの各変調の組合せ又は他の方法によつて変調するもの　　　　　　　　V
　(6)　(1)から(5)までに該当しないものであつて、同時に、又は一定の順序で振幅変調、角度変調又はパルス変調のうちの2以上を組み合わせて行うもの　　　　　　W
　(7)　その他のもの　　　　　　　X
二　主搬送波を変調する信号の性質　記号
　(1)　変調信号のないもの　　　　0
　(2)　デイジタル信号である単一チヤネルのもの
　　(一)　変調のための副搬送波を使用しないもの　　　　　　　　1
　　(二)　変調のための副搬送波を使用するもの　　　　　　　　2
　(3)　アナログ信号である単一チヤネルのもの　　　　　　　　3
　(4)　デイジタル信号である二以上のチヤネルのもの　　　　　　7
　(5)　アナログ信号である二以上のチヤネルのもの　　　　　　8
　(6)　デイジタル信号の一又は二以上のチヤネルとアナログ信号の一又は二以上のチヤネルを複合したもの　　　　　　　　　　　九
　(7)　その他のもの　　　　　　　X
三　伝送情報の型式　　　　　　記号
　(1)　無情報　　　　　　　　　N
　(2)　電信
　　(一)　聴覚受信を目的とするもの　A
　　(二)　自動受信を目的とするもの　B

(3)　フアクシミリ　　　　　　　　　C

(4)　データ伝送、遠隔測定又は遠隔
指令　　　　　　　　　　　　　　D

(5)　電話（音響の放送を含む。）　　E

(6)　テレビジョン（映像に限る。）　F

(7)　(1)から(6)までの型式の組合せの
もの　　　　　　　　　　　　　　W

(8)　その他のもの　　　　　　　　　X

2　この規則その他法に基づく省令、告示等
において電波の型式は、前項に規定する主
搬送波の変調の型式、主搬送波を変調する
信号の性質及び伝送情報の型式を同項に
規定する記号をもつて、かつ、その順序に
従つて表記する。

3　この規則その他法に基づく省令、告示等
においては、電波は、電波の型式、「電波」
の文字、周波数の順序に従つて表示するこ
とを例とする。

（免許を要しない無線局）

第6条　法第4条第1号に規定する発射する
電波が著しく微弱な無線局を次のとおり定
める。

一　当該無線局の無線設備から3メートル
の距離において、その電界強度（総務大
臣が別に告示する試験設備の内部におい
てのみ使用される無線設備については当
該試験設備の外部における電界強度を当
該無線設備からの距離に応じて補正して
得たものとし、人の生体内に植え込まれ
た状態又は一時的に留置された状態にお
いてのみ使用される無線設備については
当該生体の外部におけるものとする。）
が、次の表の上欄の区分に従い、それぞ
れ同表の下欄に掲げる値以下であるもの

周　波　数　帯	電　界　強　度
322MHz以下	毎メートル500マイクロボルト
322MHzを超え10GHz以下	毎メートル35マイクロボルト
10GHzを超え150GHz以下	次式で求められる値（毎メートル500マイクロボルトを超える場合は、毎メートル500マイクロボルト）毎メートル3.5 f マイクロボルト

	fは、GHzを単位とする周波数とする。
150GHzを超えるもの	毎メートル500マイクロボルト

二　当該無線局の無線設備から500メート
ルの距離において、その電界強度が毎
メートル200マイクロボルト以下のもの
であつて、総務大臣が用途並びに電波の
型式及び周波数を定めて告示するもの

三　標準電界発生器、ヘテロダイン周波数
計その他の測定用小型発振器

2　前項第1号の電界強度の測定方法につい
ては、別に告示する。

3　法第4条第2号の総務省令で定める無線
局は、A3E電波26.968MHz、26.976MHz、
27.04MHz、27.08MHz、27.088MHz、
27.112MHz、27.12MHz又は27.144MHzの
周波数を使用し、かつ、空中線電力が0.5
ワット以下であるものとする。

4　（省略）

（免許等の有効期間）

第7条　法第13条の総務省令で定める免許の
有効期間は、次の各号に掲げる無線局の種
別に従い、それぞれ当該各号に定めるとお
りとする。

一　地上基幹放送局（臨時目的放送を専ら
行うものに限る。）　当該放送の目的を達
成するために必要な期間

二　地上基幹放送試験局　2年

三　衛星基幹放送局（臨時目的放送を専ら
行うものに限る。）　当該放送の目的を達
成するために必要な期間

四～六　（省略）

七　その他の無線局　5年

（周波数測定装置の備付け）

第11条の3　法第31条の総務省令で定める送
信設備は、次の各号に掲げる送信設備以外
のものとする。

一　26.175MHzを超える周波数の電波を利
用するもの

二　空中線電力10ワット以下のもの

三　法第31条に規定する周波数測定装置を

備え付けている相手方の無線局によつて
その使用電波の周波数が測定されること
となつているもの

四　当該送信設備の無線局の免許人が別に
備え付けた法第31条に規定する周波数測
定装置をもつてその使用電波の周波数を
随時測定し得るもの

五　基幹放送局の送信設備であつて、空中
線電力50ワット以下のもの

六　標準周波数局において使用されるもの

七　アマチュア局の送信設備であつて、当
該設備から発射される電波の特性周波数
を0.025パーセント以内の誤差で測定する
ことにより、その電波の占有する周波数
帯幅が、当該無線局が動作することを許
される周波数帯内にあることを確認する
ことができる装置を備え付けているもの

八　その他総務大臣が別に告示するもの

（無線設備の安全性の確保）

第21条の2　無線設備は、破損、発火、発煙
等により人体に危害を及ぼし、又は物件に
損傷を与えることがあつてはならない。

（電波の強度に対する安全施設）

第21条の3　無線設備には、当該無線設備か
ら発射される電波の強度（電界強度、磁界
強度、電力束密度及び磁束密度をいう。以
下同じ。）が別表第2号の3の2に定める
値を超える場所（人が通常、集合し、通行
し、その他出入りする場所に限る。）に取
扱者のほか容易に出入りすることができな
いように、施設をしなければならない。た
だし、次の各号に掲げる無線局の無線設備
については、この限りではない。

一　平均電力が20ミリワット以下の無線局
の無線設備

二　移動する無線局の無線設備

三　地震、台風、洪水、津波、雪害、火災、
暴動その他非常の事態が発生し、又は発
生するおそれがある場合において、臨時
に開設する無線局の無線設備

四　前三号に掲げるもののほか、この規定
を適用することが不合理であるものとし

て総務大臣が別に告示する無線局の無線
設備

2　前項の電波の強度の算出方法及び測定方
法については、総務大臣が別に告示する。

（高圧電気に対する安全施設）

第22条　高圧電気（高周波若しくは交流の
電圧300ボルト又は直流の電圧750ボルトを
こえる電気をいう。以下同じ。）を使用す
る電動発電機、変圧器、ろ波器、整流器そ
の他の機器は、外部より容易にふれること
ができないように、絶縁しやへい体又は接
地された金属しやへい体の内に収容しなけ
ればならない。但し、取扱者のほか出入で
きないように設備した場所に装置する場合
は、この限りでない。

第23条　送信設備の各単位装置相互間をつ
なぐ電線であつて高圧電気を通ずるものは、
線溝若しくは丈夫な絶縁体又は接地された
金属しやへい体の内に収容しなければなら
ない。但し、取扱者のほか出入できないよ
うに設備した場所に装置する場合は、この
限りでない。

第24条　送信設備の調整盤又は外箱から露
出する電線に高圧電気を通ずる場合におい
ては、その電線が絶縁されているときであ
つても、電気設備に関する技術基準を定め
る省令（昭和40年通商産業省令第61号）の
規定するところに準じて保護しなければな
らない。

第25条　送信設備の空中線、給電線若しく
はカウンターポイズであつて高圧電気を通
ずるものは、その高さが人の歩行その他起
居する平面から2.5メートル以上のもので
なければならない。但し、左の各号の場合
は、この限りでない。

一　2.5メートルに満たない高さの部分が、
人体に容易にふれない構造である場合又
は人体が容易にふれない位置にある場合

二　移動局であつて、その移動体の構造上
困難であり、且つ、無線従事者以外の者

が出入しない場所にある場合

（空中線等の保安施設）
第26条　無線設備の空中線系には避雷器又
は接地装置を、また、カウンターポイズに
は接地装置をそれぞれ設けなければならな
い。ただし、26.175MHzを超える周波数を
使用する無線局の無線設備及び陸上移動局
又は携帯局の無線設備の空中線については、
この限りでない。

（人工衛星局の設置場所変更機能の特例）
第32条の5　法第36条の2第2項ただし書の
総務省令で定める人工衛星局は、対地静止
衛星に開設する人工衛星局以外の人工衛星
局とする。

（主任無線従事者の非適格事由）
第34条の3　法第39条第3項の総務省令で定
める事由は、次のとおりとする。
　一　法第42条第1号に該当する者であるこ
　　と。
　二　法第79条第1項第1号（同条第2項に
　　おいて準用する場合を含む。）の規定に
　　より業務に従事することを停止され、そ
　　の処分の期間が終了した日から3箇月を
　　経過していない者であること。
　三　主任無線従事者として選任される日以
　　前5年間において無線局（無線従事者の
　　選任を要する無線局でアマチュア局以外
　　のものに限る。）の無線設備の操作又は
　　その監督の業務に従事した期間が3箇月
　　に満たない者であること。

（主任無線従事者の職務）
第34条の5　法第39条第5項の総務省令で定
める職務は、次のとおりとする。
　一　主任無線従事者の監督を受けて無線設
　　備の操作を行う者に対する訓練（実習を
　　含む。）の計画を立案し、実施すること。
　二　無線設備の機器の点検若しくは保守を
　　行い、又はその監督を行うこと。
　三　無線業務日誌その他の書類を作成し、
　　又はその作成を監督すること（記載され

た事項に関し必要な措置を執ることを含
む。）。
　四　主任無線従事者の職務を遂行するため
　　に必要な事項に関し免許人等は法第70
　　条の9第1項の規定により登録局を運用
　　する当該登録局の登録人以外の者に対し
　　て意見を述べること。
　五　その他無線局の無線設備の操作の監督
　　に関し必要と認められる事項

（講習の期間）
第34条の7　法第39条第7項の規定により、
免許人等は法第70条の9第1項の規定に
より登録局を運用する当該登録局の登録人
以外の者は、主任無線従事者を選任した
ときは、当該主任無線従事者に選任の日から
6箇月以内に無線設備の操作の監督に関し
総務大臣の行う講習を受けさせなければなら
ない。
2　免許人等又は法第70条の9第1項の規定
により登録局を運用する当該登録局の登
録人以外の者は、前項の講習を受けた主任
無線従事者にその講習を受けた日から5
年以内に講習を受けさせなければならない。
当該講習を受けた日以降についても
同様とする。
3　前二項の規定にかかわらず、船舶が航行
中であるとき、その他総務大臣が当該規定
によることが困難又は著しく不合理であ
ると認めるときは、総務大臣が別に告示す
るところによる。

（免許状の目的等にかかわらず運用するこ
とができる通信）
第37条　次に掲げる通信は、法第52条第6号
の通信とする。この場合において、第1号
の通信を除くほか、船舶局についてはその
船舶の航行中、航空機局についてはその航
空機の航行中又は航行の準備中に限る。た
だし、運用規則第40条第1号及び第3号並
びに第142条第1号の規定の適用を妨げな
い。
　一　無線機器の試験又は調整をするために
　　行う通信

二から二十　（省略）

二十一　国又は地方公共団体の飛行場管制塔の航空局と当該飛行場内を移動する陸上移動局又は携帯局との間で行う飛行場の交通の整理その他飛行場内の取締りに関する通信

二十二　一の免許人に属する航空機局と当該免許人に属する海上移動業務、陸上移動業務又は携帯移動業務の無線局との間で行う当該免許人のための急を要する通信

二十三　一の免許人に属する携帯局と当該免許人に属する海上移動業務、航空移動業務又は陸上移動業務の無線局との間で行う当該免許人のための急を要する通信

二十四　電波の規正に関する通信

二十五　法第74条第1項に規定する通信の訓練のために行う通信

二十六　水防法第27条第2項の規定による通信

二十七　消防組織法第41条の規定に基づき行う通信

二十八　災害救助法第11条の規定による通信

二十九　気象業務法第15条の規定に基づき行う通信

三十　災害対策基本法第57条又は第79条（大規模地震対策特別措置法第20条又は第26条第1項において準用する場合を含む。）の規定による通信

三十一　携帯局と陸上移動業務の無線局との間で行う通信であつて、地方公共団体が行う次に掲げる通信及び当該通信の訓練のために行う通信

⑴　消防組織法第1条の任務を遂行するために行う通信

⑵　消防法第2条第9項の業務を遂行するために行う通信

⑶　災害対策基本法第2条第10号に掲げる計画の定めるところに従い防災上必要な業務を遂行するために行う通信（第26条から前号まで並びに⑴及び⑵に掲げる通信を除く。）

三十二　治安維持の業務をつかさどる行政機関の無線局相互間に行う治安維持に関し急を要する通信であつて、総務大臣が別に告示するもの

三十三　人命の救助又は人の生命、身体若しくは財産に重大な危害を及ぼす犯罪の捜査若しくはこれらの犯罪の現行犯人若しくは被疑者の逮捕に関し急を要する通信（他の電気通信系統によつては、当該通信の目的を達することが困難である場合に限る。）

三十四　法第103条の6の規定による許可に基づき第1号包括免許人が運用する同条第1項第2号の無線局と当該第1号包括免許人の包括免許に係る特定無線局の通信の相手方である無線局との間で行う通信

（備付けを要する業務書類）

第38条　法第60条の規定により無線局に備え付けておかなければならない書類は、次の表の上欄の無線局につき、それぞれ同表の下欄に掲げるとおりとする。

表　（省略）

2　（省略）

3　遭難自動通報局（携帯用位置指示無線標識のみを設置するものに限る。）、船上通信局、陸上移動局、携帯局、無線標定移動局、携帯移動地球局、陸上を移動する地球局であつて停止中にのみ運用を行うもの又は移動する実験試験局（宇宙物体に開設するものを除く。）、アマチュア局（人工衛星に開設するものを除く。）、簡易無線局若しくは気象援助局にあつては、第1項の規定にかかわらず、その無線設備の常置場所（VSAT地球局にあつては、当該VSAT地球局の送信の制御を行う他の一の地球局（以下「VSAT制御地球局」という。）の無線設備の設置場所とする。）に同項の免許状を備え付けなければならない。

4～9　（省略）

10　無線従事者は、その業務に従事しているときは、免許証（法第39条又は法第50条の規定により船舶局無線従事者証明を要することとされた者については、免許証及び

船舶局無線従事者証明書）を携帯していなければならない。

（無線局検査結果通知書等）

第39条 総務大臣又は総合通信局長は、法第10条第1項、法第18条第1項又は法第73条第1項本文、同項ただし書、第5項若しくは第6項の規定による検査を行い又はその職員に行わせたとき（法第10条第2項、法第18条第2項又は法第73条第4項の規定により検査の一部を省略したときを含む。）は、当該検査の結果に関する事項を別表第4号に定める様式の無線局検査結果通知書により免許人等又は予備免許を受けた者に通知するものとする。

2 法第73条第3項の規定により検査を省略したときは、その旨を別表第4号の2に定める様式の無線局検査省略通知書により免許人に通知するものとする。

3 免許人等は、検査の結果について総務大臣又は総合通信局長から指示を受け相当な措置をしたときは、速やかにその措置の内容を総務大臣又は総合通信局長に報告しなければならない。

（非常時運用人に対する説明）

第41条の2 法第70条の7第1項の規定により無線局を自己以外の者に運用させる免許人等は、あらかじめ、非常時運用人に対し、当該無線局の免許状又は法第27条の22第1項の登録状に記載された事項、他の無線局の免許人等との間で混信その他の妨害を防止するために必要な措置に関する契約の内容（当該契約を締結している場合に限る。）、当該無線局の適正な運用の方法並びに非常時運用人が遵守すべき法及び法に基づく命令並びにこれらに基づく処分の内容を説明しなければならない。

（非常時運用人に対する監督）

第41条の2の2 法第70条の7第2項に規定する免許人等は、次に掲げる場合には、遅滞なく、非常時運用人に対し、報告させなければならない。

一 非常時運用人が非常通信を行つたとき。

二 非常時運用人が法又は法に基づく命令の規定に違反して運用した無線局を認めたとき。

三 非常時運用人が法又は法に基づく命令に基づく処分を受けたとき。

2 前項の規定によるほか、法第70条の7第2項に規定する免許人等は、非常時運用人に運用させた無線局の適正な運用を確保するために必要があるときは、非常時運用人に対し当該無線局の運用の状況を報告させ、非常時運用人による当該無線局の運用を停止し、その他必要な措置を講じなければならない。

（電波の発射の防止）

第42条の3 法第78条（法第4条の2第5項において準用する場合を含む。）の総務省令で定める電波の発射を防止するために必要な措置は、次の表の上欄に掲げる無線局の無線設備の区別に従い、それぞれ同表の下欄に掲げるとおりとする。ただし、当該無線設備のうち、設置場所（移動する無線局にあつては、移動範囲又は常置場所）、利用方法その他の事情により当該措置を行うことが困難なものであつて総務大臣が別に告示するものについては、同表の下段に掲げる措置に代え、別に告示する措置によることができる。

無 線 設 備	必 要 な 措 置
一 携帯用位置指示無線標識、衛星非常用位置指示無線標識、捜索救助用レーダートランスポンダ、捜索救助用位置指示送信装置、設備規則第45条の3の5に規定する無線設備、航空機用救命無線機及び航空機用携帯無線機	電池を取り外すこと。
二 固定局、基幹放送局及び地上一般放送局の無線設備	空中線を撤去すること（空中線を撤去することが困難な場合にあっては、送信機、給電線又は電源設備を撤去すること。）。

三　人工衛星局その他の宇宙局（宇宙物体に開設する実験試験局を含む。以下同じ。）の無線設備	当該無線設備に対する遠隔指令の送信ができないよう措置を講じること。
四　特定無線局（法第27条の2第1号に掲げる無線局に係るものに限る。）の無線設備	空中線を撤去すること又は当該特定無線局の通信の相手方である無線局の無線設備から当該通信に係る空中線若しくは変調部を撤去すること。
五　法第4条の2第2項の届出に係る無線設備	無線設備を回収し、かつ、当該無線設備が法第4条の規定に違反して開設されることのないよう管理すること。
六　その他の無線設備	空中線を撤去すること。

（報告）

第42条の4　免許人等は、法第80条各号の場合は、できる限りすみやかに、文書によって、総務大臣又は総合通信局長に報告しなければならない。この場合において、遭難通信及び緊急通信にあつては、当該通報を発信したとき又は遭難通信を宰領したときに限り、安全通信にあつては、総務大臣が別に告示する簡易な手続により、当該通報の発信に関し、報告するものとする。

無線局免許手続規則

（申請の期間）

第18条　再免許の申請は、アマチュア局（人工衛星等のアマチュア局を除く。）にあつては免許の有効期間満了前1箇月以上1年を超えない期間、特定実験試験局にあつては免許の有効期間満了前1箇月以上3箇月を超えない期間、その他の無線局にあつては免許の有効期間満了前3箇月以上6箇月を超えない期間において行わなければならない。ただし、免許の有効期間が1年以内である無線局については、その有効期間満了前1箇月までに行うことができる。

2　前項の規定にかかわらず、再免許の申請が総務大臣が別に告示する無線局に関するものであつて、当該申請を電子申請等により行う場合にあつては、免許の有効期間満了前1箇月以上6箇月を超えない期間に行うことができる。

3　前二項の規定にかかわらず、免許の有効期間満了前1箇月以内に免許を与えられた無線局については、免許を受けた後直ちに再免許の申請を行わなければならない。

（免許状の訂正）

第22条　免許人は、法第21条の免許状の訂正を受けようとするときは、次に掲げる事項を記載した申請書を総務大臣又は総合通信局長に提出しなければならない。

一　免許人の氏名又は名称及び住所並びに法人にあつては、その代表者の氏名

二　無線局の種別及び局数

三　識別信号（包括免許に係る特定無線局を除く。）

四　免許の番号又は包括免許の番号

五　訂正を受ける箇所及び訂正を受ける理由

2　前項の申請書の様式は、別表第6号の5のとおりとする。

3　第1項の申請があつた場合において、総務大臣又は総合通信局長は、新たな免許状の交付による訂正を行うことがある。

4　総務大臣又は総合通信局長は、第1項の申請による場合のほか、職権により免許状の訂正を行うことがある。

5　免許人は、新たな免許状の交付を受けたときは、遅滞なく旧免許状を返さなければならない。

（免許状の再交付）

第23条　免許人は、免許状を破損し、汚し、失つた等のために免許状の再交付の申請をしようとするときは、次に掲げる事項を記載した申請書を総務大臣又は総合通信局長に提出しなければならない。

一　免許人の氏名又は名称及び住所並びに法人にあつては、その代表者の氏名

二　無線局の種別及び局数

三　識別信号（包括免許に係る特定無線局を除く。）

四　免許の番号又は包括免許の番号

五　再交付を求める理由

2　前項の申請書の様式は、別表第6号の8のとおりとする。

3　前条第5項の規定は、第1項の規定により免許状の再交付を受けた場合に準用する。ただし、免許状を失つた等のためにこれを返すことができない場合は、この限りでない。

無線設備規則

（周波数の安定のための条件）

第15条　周波数をその許容偏差内に維持するため、送信装置は、できる限り電源電圧又は負荷の変化によつて発振周波数に影響を与えないものでなければならない。

2　周波数をその許容偏差内に維持するため、発振回路の方式は、できる限り外囲の温度若しくは湿度の変化によって影響を受けないものでなければならない。

3　移動局（移動するアマチユア局を含む。）の送信装置は、実際上起り得る振動又は衝撃によつても周波数をその許容偏差内に維持するものでなければならない。

第16条　水晶発振回路に使用する水晶発振子は、周波数をその許容偏差内に維持するため、左の条件に適合するものでなければならない。

一　発振周波数が当該送信装置の水晶発振回路により又はこれと同一の条件の回路によりあらかじめ試験を行つて決定されているものであること。

二　恒温槽を有する場合は、恒温槽は水晶発振子の温度係数に応じてその温度変化の許容値を正確に維持するものであること。

（送信空中線の型式及び構成等）

第20条　送信空中線の型式及び構成は、左の各号に適合するものでなければならない。

一　空中線の利得及び能率がなるべく大であること。

二　整合が十分であること。

三　満足な指向特性が得られること。

第22条　空中線の指向特性は、左に掲げる事項によつて定める。

一　主輻射方向及び副輻射方向

二　水平面の主輻射の角度の幅

三　空中線を設置する位置の近傍にあるものであつて電波の伝わる方向を乱すもの

四　給電線よりの輻射

（副次的に発する電波等の限度）

第24条　法第29条に規定する副次的に発する電波が他の無線設備の機能に支障を与えない限度は、受信空中線と電気的常数の等しい擬似空中線回路を使用して測定した場合に、その回路の電力が4ナノワット以下でなければならない。

2～32　（省略）

無線従事者規則

（免許証の再交付）

第50条　無線従事者は、氏名に変更を生じたとき又は免許証を汚し、破り、若しくは失つたために免許証の再交付を受けようとするときは、別表第11号様式の申請書に次に掲げる書類を添えて総務大臣又は総合通信局長に提出しなければならない。

一　免許証（免許証を失った場合を除く。）

二　写真一枚

三　氏名の変更の事実を証する書類（氏名に変更を生じたときに限る。）

（免許証の返納）

第51条　無線従事者は、免許の取消しの処分を受けたときは、その処分を受けた日から10日以内にその免許証を総務大臣又は総合通信局長に返納しなければならない。免許証の再交付を受けた後失つた免許証を発見したときも同様とする。

2　無線従事者が死亡し、又は失そうの宣告を受けたときは、戸籍法（昭和22年法律第224号）による死亡又は失そう宣告の届出

義務者は、遅滞なく、その免許証を総務大臣又は総合通信局長に返納しなければならない。

無線局運用規則

（無線通信の原則）
第10条　必要のない無線通信は、これを行なつてはならない。

2　無線通信に使用する用語は、できる限り簡潔でなければならない。

3　無線通信を行うときは、自局の識別信号を付して、その出所を明らかにしなければならない。

4　無線通信は、正確に行うものとし、通信上の誤りを知つたときは、直ちに訂正しなければならない。

第14条　無線電話による通信（以下「無線電話通信」という。）の業務用語には、別表第4号に定める略語を使用するものとする。

2　無線電話通信においては、前項の略語と同意義の他の語辞を使用してはならない。ただし、別表第2号に定める略符号（「QRT」、「QUM」、「QUZ」、「$\overline{DDD}$」、「$\overline{SOS}$」、「TTT」及び「XXX」を除く。）の使用を妨げない。

3　海上移動業務又は航空移動業務の無線電話通信において固有の名称、略符号、数字、つづりの複雑な語辞等を一字ずつ区切つて送信する場合及び航空移動業務の航空交通管制に関する無線電話通信において数字を送信する場合は、別表第5号に定める通話表を使用しなければならない。

4　海上移動業務及び航空移動業務以外の業務の無線電話通信においても、語辞を一字ずつ区切つて送信する場合は、なるべく前項の通話表を使用するものとする。

5から6　（省略）

（無線電話通信に対する準用）
第18条　無線電話通信の方法については、第20条第2項の呼出しその他特に規定がある

ものを除くほか、この規則の無線電信通信の方法に関する規定を準用する。

2　（省略）

（発射前の措置）
第19条の2　無線局は、相手局を呼び出そうとするときは、電波を発射する前に、受信機を最良の感度に調整し、自局の発射しようとする電波の周波数その他必要と認める周波数によつて聴守し、他の通信に混信を与えないことを確かめなければならない。ただし、遭難通信、緊急通信、安全通信及び法第74条第1項に規定する通信を行なう場合並びに海上移動業務以外の業務において他の通信に混信を与えないことが確実である電波により通信を行なう場合は、この限りでない。

2　前項の場合において、他の通信に混信を与える虞があるときは、その通信が終了した後でなければ呼出しをしてはならない。

（呼出しの中止）
第22条　無線局は、自局の呼出しが他の既に行われている通信に混信を与える旨の通知を受けたときは、直ちにその呼出しを中止しなければならない。無線設備の機器の試験又は調整のための電波の発射についても同様とする。

2　前項の通知をする無線局は、その通知をするに際し、分で表わす概略の待つべき時間を示すものとする。

（応答）
第23条　無線局は、自局に対する呼出しを受信したときは、直ちに応答しなければならない。

2　前項の規定による応答は、順次送信する次に掲げる事項（以下「応答事項」という。）によつて行うものとする。

一　相手局の呼出符号	3回以下（海上移動業務にあつては2回以下）
二　DE	1回
三　自局の呼出符号	1回

3　前項の応答に際して直ちに通報を受信し
ようとするときは、応答事項の次に「Ｋ」
を送信するものとする。但し、直ちに通報
を受信することができない事由があると
きは、「Ｋ」の代りに「$\overline{AS}$」及び分で表
わす概略の待つべき時間を送信するもの
とする。概略の待つべき時間が10分以上
のときは、その理由を簡単に送信しなけれ
ばならない。

4　前2項の場合において、受信上特に必要
があるときは、自局の呼出符号の次に「Ｑ
ＳＡ」及び強度を表わす数字又は「ＱＲ
Ｋ」及び明瞭度を表わす数字を送信する
ものとする。

（試験電波の発射）

第39条　無線局は、無線機器の試験又は調
整のため電波の発射を必要とするときは、
発射する前に自局の発射しようとする電波
の周波数及びその他必要と認める周波数に
よつて聴守し、他の無線局の通信に混信を
与えないことを確かめた後、次の符号を順
次送信し、更に1分間聴守を行い、他の無
線局から停止の請求がない場合に限り、「Ｖ
ＶＶ」の連続及び自局の呼出符号1回を送
信しなければならない。この場合において、
「ＶＶＶ」の連続及び自局の呼出符号の送
信は、10秒間をこえてはならない。

一　ＥＸ　　　　　　　　　　　3回
二　ＤＥ　　　　　　　　　　　1回
三　自局の呼出符号　　　　　　3回

2　前項の試験又は調整中は、しばしばその
電波の周波数により聴守を行い、他の無線
局から停止の要求がないかどうかを確か
めなければならない。

3　第1項後段の規定にかかわらず、海上移
動業務以外の業務の無線局にあつては、必
要があるときは、10秒間をこえて「ＶＶ
Ｖ」の連続及び自局の呼出符号の送信を
することができる。

表内のAはA問題（午前）、BはB問題（午後）、数字は問題番号です。問題番号のない行は、かつて出題された項目であり、現在でも出題の可能性があるため、そのまま残してあります。

[無線工学]　　　　　　　　　　　　　　　　　　　　　　　　　　＊他項目と重複　　▼ 新問

一陸特　無線工学			令和元年6月期	令和元年10月期	令和2年2月期	令和2年10月期	令和3年2月期	令和3年6月期	令和3年10月期	令和4年2月期	令和4年6月期	令和4年10月期
多重通信の概念	多重通信	多重通信方式							AB2			
		時分割多重（TDM）通信方式の特徴										
		符号分割多重（CDM）方式			AB2					AB2		
		PCM多重通信方式の原理的構成										
	デジタル通信	マイクロ波通信におけるデジタル方式と特徴										
		音声の最高周波数と標本化周波数										
		符号誤り率										
	マイクロ波	通信の特徴					AB2	AB1				AB2
		通信回線又は装置の特徴										
	衛星通信	衛星の特徴	AB1						AB1	AB1		
		通信の特徴		AB1			AB1				AB1	AB1
		使用される周波数										
		接続方式			AB1	AB1						
基礎理論	電気回路	直並列接続回路・ブリッジ回路・格子状回路の合成抵抗の値				AB3	AB3	AB3		AB3		
		直並列回路の電圧、電流、電力の値	AB3	AB3	AB4				AB3		AB3	AB3
		最大電力を取り出すための負荷抵抗とその電力						AB6				
		π形抵抗減衰器の減衰量の値					AB6					
		T形抵抗減衰器の減衰量の値	▼AB6									AB7
		合成静電容量			▼AB3							
	RLC回路	RL、RC直列回路　リアクタンスの値、Rの両端の電圧の値				AB4	AB4		AB4			
		RLC直列回路　電流の値						AB4				
		RLC並列回路　全電流と各リアクタンスの値					AB4					
		RLC直並列回路　Rに流れる電流の値									AB7	
		直列、並列共振回路　Qと共振角周波数、インピーダンス		AB7								
		並列共振回路　アドミタンス、インピーダンスと電流、Q	A4									A4
		直列共振回路　インピーダンス、電圧と電流、Q	B4						AB7			B4
		フィルタの特性の概略図	AB7						AB7			
	半導体・ダイオード	半導体の特性とPN接合ダイオード					AB5					
		トンネルダイオードの特性									B5	AB5*
		ツェナーダイオードの特性	A5					A5				AB5*
		バラクタダイオードの特性									A5	AB5*
		サイリスタの特性			AB22					AB22		
		ガンダイオードの特性	B5					B5				
		MOS形、接合形FETの図記号										
	電子管	進行波管					AB7				AB5	
		マグネトロン										

一陸特 無線工学

大分類	中分類	項目	令和元年 6月期	令和元年 10月期	令和2年 2月期	令和2年 10月期	令和3年 2月期	令和3年 6月期	令和3年 10月期	令和4年 2月期	令和4年 6月期	令和4年 10月期
基礎理論	増幅・発振回路（増幅回路）	増幅器のデシベル表示増幅度、デシベル値変換								AB4		
		負帰還増幅回路の特徴、電圧増幅度			AB7							
		演算増幅器（理想特性、増幅回路）			AB6			AB7				
		位相同期ループ（PLL）の基本構成				AB6						
	パルス回路	パルス繰返し周波数と衝撃係数の値										
		クリップ回路の動作										
	論理回路	論理回路の入出力										
		論理記号と論理式の組合せ										
		フリップフロップ回路の構成										
多重変調方式	パルス変調方式	パルス変調方式の種類										
		標本化定理 標本化、量子化、符号化			AB2 AB8	AB2		AB8		AB8	AB2	
	デジタル変調方式	多相PSK（2相、4相、8相の相違）				AB8						
		誤り制御方法				AB12						
		デジタル伝送における符号誤り率			AB9				AB9			
		誤り訂正符号を付加した文字の通信速度										
		デジタル符号列に対応する伝送符号形式名			AB5							
		直交振幅変調（QAM）方式				AB8					AB8	
		PSKとQAMの符号誤り率の比較	AB9						AB9			
		グレイ符号、QPSK等の信号空間ダイアグラム						AB8			AB9	
		シンボルレート、ビットレート							AB9			AB9
	復調器	BPSK復調器の原理的構成					AB10			AB10		
		QPSK復調器の原理的構成							AB10			
	PCM多重方式	PCM伝送回線の最大チャネル数										
		PCM方式を用いた伝送系の構成	AB8									
		端局装置の対数圧縮器										
	デジタル多重方式	デジタル信号 多重化方式、同期化										
		デジタル伝送の高能率符号化方式										
		直交周波数分割多重方式（OFDM）	AB2			AB9	AB11	AB12	AB2	AB8		AB12
無線送受信装置	FM送受信機	FM送受信機のエンファスィスの機能										
	FM送信機	PLL回路を用いたFM波の変調器の構成						AB11				
		占有周波数帯幅の値	B10									
		変調指数の値										
		瞬時偏移制御（IDC）回路の働き										
	受信機	混信				AB10			AB11			
		相互変調							AB10			
		スーパヘテロダイン受信機の影像周波数の値	A10									
	FM受信機	構成										
		PLL回路を用いたFM波の復調器の構成										
	PCM送受信機	伝送特性の補償用等化器			AB11						AB11	
		デジタル通信の検波方式（同期検波、遅延検波）		AB12			AB12					AB11

資料-2

一陸特 無線工学		令和元年 6月期	令和元年 10月期	令和2年 2月期	令和2年 10月期	令和3年 2月期	令和3年 6月期	令和3年 10月期	令和4年 2月期	令和4年 6月期	令和4年 10月期
無線送受信装置／雑音指数	雑音指数の定義										
	2段接続 増幅器の総合雑音指数の値、等価雑音温度の値						AB10				
	受信機の等価雑音温度の値、雑音指数の値				AB10						AB10
	入力換算の等価雑音電力の値、帯域幅の値		AB10								
無線送受信装置	ダイバーシティ方式	AB12				AB11					AB12
	MIMO（マイモ）			AB12					AB12		
中継方式、接続方式／マイクロ波中継方式	多重無線回線のヘテロダイン中継方式、再生中継方式	AB14	AB13	AB14					AB14	AB14	AB13
	無給電中継方式			AB14				AB14			
	2周波中継方式	AB13				AB14		AB13			
	電波干渉		AB14				AB14				AB14
／衛星通信回線	地球局を構成する装置		AB11						AB11		
	衛星通信に用いられる多元接続方式、回線割当方式				AB13		AB13	AB13		AB13	
	通信衛星に搭載される中継器										
	衛星通信用のVSATシステム				AB13			AB13			
／多元接続方式	各種多元接続方式										
	時分割多元接続（TDMA）										
	符号分割多元接続（CDMA）	AB11			AB9	AB9		AB12			AB8
レーダー／パルスレーダー	送信機 尖頭電力、平均電力の値										
	送信機 パルス幅の値、パルス繰返し周波数、衝撃係数									AB4	
	物標までの距離			AB16			AB15				
	受信機 回路（IAGC、FTC、STC）		AB16				AB15	AB16			
	ビーム幅と探知性能			AB15			AB16				
	最大・最小探知距離	AB15*	AB15			A15 AB16	AB16*		AB15	A15	AB15*
	距離分解能	AB15*					AB16*				AB15*
	方位分解能	AB15*			B15		AB16*			B15	AB15*
レーダー	気象観測用レーダー	AB16					AB16				AB16
	ドップラーレーダー 原理等						AB15			AB16	
アンテナ及び給電線／基本アンテナ	半波長ダイポールの実効長の値						AB17				
	折返し半波長ダイポールアンテナ						AB19				
	アンテナの相対利得、絶対利得			AB17					AB17		AB17
	単一指向性アンテナの電界パターン		AB18								
	ブラウンアンテナの構造、素子長						AB19*				
	スリーブアンテナの構造、素子長						AB19*				
	コリニアレーアンテナの構造、素子長			AB19				AB18			
	八木アンテナ 放射電力、相対利得	AB17								AB17	
	八木アンテナ 素子と機能										AB18
	VHF帯、UHF帯用各種アンテナ	A19									A19
／パラボラアンテナ	特徴				AB17				AB18		
	電力半値幅の値										
	開口効率の値						AB17				
	オフセットパラボラアンテナ		A17								

大分類	中分類	項目	令和元年 6月期	令和元年 10月期	令和2年 2月期	令和2年 10月期	令和3年 2月期	令和3年 6月期	令和3年 10月期	令和4年 2月期	令和4年 6月期	令和4年 10月期
アンテナ及び給電線	開口面アンテナ	コーナレフレクタアンテナ				AB18						
		電磁ホーンアンテナ							AB17			
		妨害波の強度測定用アンテナ										
		カセグレンアンテナ			B17	B18					AB19	
		スロット（アレー）アンテナ	AB18					AB18				
		アダプティブアレーアンテナ					AB18					
		衛星通信用　反射鏡アンテナ	B19		A18							B19
		衛星通信用　地球局用アンテナの望ましい特性										
	給電線	同軸ケーブル				AB19			AB19	AB18		
		同軸ケーブル　特性インピーダンス					AB7					
		電圧定在波比と電圧反射係数										
		伝送線路の反射				AB19			AB19			
		アンテナと給電線との接続										
	導波管	方形導波管の遮断周波数の値と遮断波長の値										
		導波管窓（スリット）素子の動き（等価回路）		AB5					AB5			
		マジックT						AB6			AB6	
		サーキュレータ			AB6							AB6
電波伝搬	電波自由空間伝搬（自由空間伝搬）	自由空間内の平面波の伝搬					AB5		AB6			
		超短波（VHF）帯の電波伝搬					A20					
		超短波帯の受信電界強度と送受信点間距離										
		移動帯通信の伝搬特性			AB21							
		マイクロ波の電波伝搬										
		マイクロ波の大気中における減衰	AB21									
		マイクロ波回線のフレネルゾーン			AB20		AB21				AB20	
		マイクロ波回線　送信電力の値、受信機入力電力の値										
		最大放射方向の電界強度の値										
		受信電界強度と送受信点間の距離		AB20								AB20
		自由空間基本伝搬損の値					AB21		AB21			
	対流圏伝搬	電波の屈折、屈折率										
		特徴						B21				B21
		修正屈折示数（M係数）						A21				A21
		ラジオダクト										
		等価地球半径係数	AB20						AB20			
	地上波伝搬	球面大地上での等価地球半径係数による見通し距離					AB20			AB20	AB21	
		受信電界強度のハイトパターン										
		ナイフエッジ					B20					
	その他の現象	スポラジックE層			AB21					AB21		
		マイクロ波のフェージング							AB20			
		電波雑音										
電源	電池	鉛蓄電池	AB22					B22		AB22		
		シール型鉛蓄電池					AB22					
		リチウムイオン蓄電池							AB22			
		二次電池の使用上の注意										
		浮動充電						A22				

大分類	中分類	項目	令和元年 6月期	令和元年 10月期	令和2年 2月期	令和2年 10月期	令和3年 2月期	令和3年 6月期	令和3年 10月期	令和4年 2月期	令和4年 6月期	令和4年 10月期
電源	電源一般	電源装置										
電源	電源一般	平滑回路		AB22								AB22
電源	電源一般	定電圧定周波電源装置（CVCF）										
電源	電源一般	無停電電源装置の構成、動作			AB22							
測定	指示計器	指示計器										
測定	指示計器	分流器・倍率器						AB23				
測定	指示計器	テスタ（回路計）、デジタルマルチメータ		AB24					AB24			
測定	カウンタ 周波数	動作原理								B24		
測定	カウンタ 周波数	構成例								A24		
測定	カウンタ 周波数	±1カウント誤差										
測定		マイクロ波標準信号発生器の必要条件			A24							A24
測定		オシロスコープ						B24				
測定		オシロスコープとスペクトルアナライザ						A24				
測定	スペアナ	概要				B24						B24
測定	スペアナ	原理的構成					A23					
測定	スペアナ	必要な特性					B23					
測定	電力計	ボロメータによる電力測定	AB24				AB23				AB24	
測定	電力計	カロリーメータによる電力測定										
測定	電力計	減衰器を使用した電力測定	AB23						AB23			
測定	無線機器の測定	増幅器の電力増幅度の値				AB23					AB23	
測定	無線機器の測定	ビット誤り率　測定の方法・構成					AB24			AB23		
測定	無線機器の測定	アイパターンの観測					AB24					
測定		導波管回路の定在波比（SWR）の測定		AB23								AB23

[法規]

凡例　(法)電波法　　　　　　(施令)電波法施行令
　　　(施)電波法施行規則　　(免)　無線局免許手続規則
　　　(従)無線従事者規則　　(運)　無線局運用規則
　　　(設)無線設備規則　　　　　　　　　　　＊他項目と重複　　◢ 新問

一陸特　法規			令和元年		令和2年		令和3年			令和4年		
			6月期	10月期	2月期	10月期	2月期	6月期	10月期	2月期	6月期	10月期
総則		目的 (法1)		A1*							A1*	
	定義 (法2)	電波 (1)		B1*	A1*			A1*	A2*			
		無線電話 (3)		B1*								
		無線設備 (4)		A1* B1*	A1*		B1*	A1*	A2*	A1*		
		無線局 (5)		B1*	A1*		B1*	A1*	A2*	A1*		
		無線従事者 (6)		A1*	A1*		B1*	A1*	A2*			
	定義等 (施2)	単向通信方式 (16)										
		単信方式 (17)					B3*					B5*
		複信方式 (18)					B3*					B5*
		半複信方式 (19)					B3*					B5*
		同報通信方式 (20)					B3*					B5*
		無給電中継装置 (44)				B3			B3			
		無人方式の無線設備 (45)			B3			B3				
		割当周波数 (56)			A4*					A4*		
		特性周波数 (57)			A4*					A4*		
		基準周波数 (58)			A4*					A4*		
		周波数の許容偏差 (59)	A4*				A4*	A4*				
		占有周波数帯幅 (61)	A4*					A4*				
		スプリアス発射 (63)				A4*					B5*	
		帯域外発射 (63の2)									B5*	
		不要発射 (63の3)										
		スプリアス領域 (63の4)										
		帯域外領域 (63の5)										
		混信 (64)			A4			A3*				A3
		尖頭電力 (69)	B3*				A5*			A3*		
		平均電力 (70)	B3*				A5*			A3*		
		搬送波電力 (71)	B3*				A5*			A3*		
		規格電力 (72)	B3*				A5*			A3*		
		実効輻射電力 (78)								B3		
		電波の型式の表示 (施4の2)			B5							
無線局の免許等		無線局の開設 (法4)										
		免許を要しない無線局 (施6)										
		欠格事由 (法5)	A1				B1					B2
		免許の申請 (法6)			A1							
		申請の審査 (法7)				B1				B1		
		予備免許 (法8)	B1	B2*	B1*				A1* B1*			A2*
		工事設計等の変更 (法9)	B2		B1*			A2	B1*			A2*
		落成後の検査 (法10)				B2			A1			
		免許の拒否 (法11)								A2		A2*
		免許の有効期間 (法13、施7)			A2*	A2*			B2*	B2*		
		再免許の申請の期間 (免18)			A2*	A2*			B2*	B2*		
		免許状 (法14)										B12*

一陸特　法規

分類	項目	令和元年 6月期	令和元年 10月期	令和2年 2月期	令和2年 10月期	令和3年 2月期	令和3年 6月期	令和3年 10月期	令和4年 2月期	令和4年 6月期	令和4年 10月期
無線局の免許等	変更等の許可（法17）					A2			B2*		B1
	変更検査（法18）	A1	A2	B2		B2	B2*		B2*	A2	A1
	申請による周波数等の変更（法19）		B2*		A1			A1*		B1*	A2*
	免許状の訂正（法21）		A12	A12*		A12	A12*		B12*	A12	B12*
	免許状の訂正の手続等（免22）				B12*			A12*	A12*		A12* B12*
	免許状の再交付（免23）					A12*	B12*		A12*	A12*	A12* B12*
	無線局の廃止 — 廃止の手続き（法22）		B12*				B12*		A12*		
	無線局の廃止 — 免許の効力（法23）		B12*				B12*		A12*		
	免許状の返納（法24）	A12*	B12*	A12*	A12 B12*	B12*		A12* B12*	A12* B12*	B12*	B12*
	無線局に関する情報の公表等（法25）										
	電波の利用状況の調査等（法26の2）										
無線設備	電波の質（法28）	A9*	B4*		B4*	B4*	A4*	B11*		B4*	
	受信設備の条件（法29）		B4*	B4*	B4*	B4*	B5*			B4*	A4*
	安全施設（法30）		B4*			B4*					
	無線設備の安全性の確保（施21の3）				B5*						B4*
	電波の強度に対する安全施設（施21の4）	B5			B5*			B4			B4*
	高圧電気に対する安全施設 — 機器の収容（施22）				B5*	A5		A3	A4*	A5*	A4
	高圧電気に対する安全施設 — 電線の収容（施23）				B5*				A4*	A5*	
	高圧電気に対する安全施設 — 通商産業省令に準じた保護（施24）				B5*				A4*		
	高圧電気に対する安全施設 — 給電線等の高さ（施25）				B5*		A4		A4*	A5*	
	空中線等の保安施設（施26）								B4		
	周波数測定装置の備付け（法31、施11の3）			A3*			A3*			A3*	
	人工衛星局の条件（法36の2）	B4*									
	人工衛星局の設置場所変更機能の特例（施32の5）	B4*									
	無線設備の機器の検定（法37）			A3*	B3*	A3*	B4		A3*		B3
	周波数の安定のための条件（設15）	A3*			A5*	B5		B5*		A5	A5*
	周波数の安定のための条件（設16）	A3*			A5*			B5*			A5*
	送信空中線の型式及び構成等（設20）	A5	A5*		A3			A5*	B5		
	空中線の指向特性（設22）		A5*	A3		A5	A5*			B3	
	副次的に発する電波等の限度（設24）			B4*			B5*				A4*
無線従事者	無線設備の操作（法39）	A6* B12* B6		A6* B6	A6*	A6*	B6*	B12*	B6*	B6	
	免許（法41）								A6*		A6*
	免許を与えない場合（法42）		A6 B11*			B11*		B9*	A6*		A11*
	選解任届（法51）	B12*						B12*			
	主任無線従事者の非適格事由（施34の3）				A6*			B6*		B6*	
	主任無線従事者の職務（施34の5）	A6*			B6	A6*	B6*				
	講習の期間（施34の7）			B6		A6*	B6*	B6			
	免許証の再交付（従50）			B12*			B6*	A6*	A6*	A6*	A6* B6*
	免許証の返納（従51）		B11*	B12*		B6* B11*	A6*	A6* B9*	A6*	A6*	A6* A11* B6*
	操作及び監督の範囲（一陸特）（施令3）										

一陸特　法規

分類	項目	令和元年 6月期	令和元年 10月期	令和2年 2月期	令和2年 10月期	令和3年 2月期	令和3年 6月期	令和3年 10月期	令和4年 2月期	令和4年 6月期	令和4年 10月期
運用 — 目的外使用の禁止等	目的外通信（法52）	A8* B7		A7*	A7 B7*		B7*	A7	A7*	B8*	B7
	免許状の記載事項の遵守（法53）	A8* B8*	A7*	A7*	B7*	A7*	B7*	B7	A7*	B8*	A7*
	空中線電力（法54）	A8*	A7*		B7*	A7*	B7*	A7* B7			A7*
	運用許容時間（法55）	A8*			B7*		B8*		A7*		B8*
運用	免許状の目的等にかかわらず運用することができる通信（施37）			A8			A7				A8
	混信等の防止（法56）	A7 B8*			B7	B8*	B8*	A8	A8*		B8*
	擬似空中線回路の使用（法57）	B8*	A8*		A8* B8*	B8*	B8*	A8* B8*	A7		B8*
	実験等無線局等の通信（法58）										
	秘密の保護（法59）		B8*	B7*	B8	B7*	B8*	B8	A8*	A8*	B8*
	非常時運用人による無線局の運用（法70の7）						A8				
	非常時運用人に対する説明（施41の2）										
	非常時運用人に対する監督（施41の2の2）										
	無線通信の原則（運10）		B8			A8				B7	
	業務用語（運14）										
	無線電話通信に対する準用（運18）										
	発射前の措置（運19の2）										
	呼出しの中止（運22）		A8*			A8*	B8*			B8*	
	応答（運23）										
	試験電波の発射（運39）		A8*			A8*	B8*			B8*	
運用 — 業務書類等	備付けを要する業務書類（施38）			B12*		B6*	A6*		A6*		A6* B6*
	無線局検査結果通知書等（施39）										B10*
監督	周波数等の変更（法71）		A9		B10	A10			A10	A9	
	技術基準適合命令（法71の5）				B9			B10	B10*	B11	
	電波の発射の停止（法72）	A9* B10	A10	B11	A10*	B9	B11	B11*	B9	B10*	A10
	検査（法73）	B11	B9	A10	A10*	A9	A9	A9		B10*	B10*
	非常の場合の無線通信（法74）			A9*			B9*		A10		
	非常の場合の通信体制の整備（法74の2）			A9*			B9*				
	無線局の免許の取消し等（違反）（法76）	B9	A11	B10		A11	A11	A10	A9	A11 B1*	B9
	電波の発射の防止（法78）	A12*				B12*	B12*		B12*		
	電波の発射の防止（施42の3）										
	無線従事者の免許の取消し等（法79）	A10	B11*	A11	B11	B11*	A10	B9*	B10	B11	A11*
監督 — 報告等	義務（法80）	A11*	B10*	B9*	A9	B10*	B10*	A11*	A11	B9*	A9*
	報告（施42の4）		B10*					A11*			
	要請（法81）	A11*		B9*		B10*	B10*			B9*	
	免許等を要しない無線局及び受信設備に対する監督（法82）				A11				B11		A4*
雑則	指定に係る受信設備の範囲（施50の2）										
	基準不適合設備に関する勧告等（法102の11）										
	電波利用料の徴収等（法103の2）										

一陸特　法規			令和元年		令和2年		令和3年			令和4年		
			6月期	10月期	2月期	10月期	2月期	6月期	10月期	2月期	6月期	10月期
罰則	秘密の漏えい、窃用（法109）			B7*			B7*				A8*	
	秘密の漏えい、窃用目的の暗号通信の復元（法109の2）											
	懲役又は罰金に該当する者（法110）		A2				A7*	B2*				

第一級陸上特殊無線技士
国家試験問題解答集

電略：モマ

平成元年４月14日　初版発行
令和５年５月１日　第21版１刷発行

一般財団法人　情報通信振興会

〒170-8480　東京都豊島区駒込２丁目３番10号
販売　電話　（03）3940－3951
　　　FAX　（03）3940－4055
編集　電話　（03）3940－8900

ホームページ　https://www.dsk.or.jp/

印　刷
株式会社エム.ティ.ディ

ISBN978-4-8076-0974-1　C3055

各刊行物の正誤情報、改訂情報などは当会ホームページ（https://www.dsk.or.jp/）で提供しております。